高等学校“十二五”规划教材·土木工程系列

安装工程概预算与工程量清单计价

主编　赵乃卓　赵乃颖

哈爾濱工業大學出版社

内容简介

本书是根据最新《建筑工程工程量清单计价规范》(GB 50500—2008)编写而成的。主要内容包括安装工程概预算概述,安装工程费用项目组成及计算,安装工程定额计价,工程量清单及其计价,电气设备安装工程,给排水、采暖、燃气工程,通风空调工程,消防及安全防范工程,其他安装工程及工程决(结)算。本书内容丰富、图文并茂、通俗易懂、操作性及实用性强,可作为高等院校安装工程造价人员及建筑工程造价管理人员使用,也可供施工企业概、预算编制人员和建设单位、工程造价咨询单位预算审价人员参考。

图书在版编目(CIP)数据

安装工程概预算与工程量清单计价/赵乃卓,赵乃颖主编. --哈尔滨:哈尔滨工业大学出版社,2011.11

高等学校"十二五"规划教材·土木工程系列

ISBN 978-7-5603-3387-8

Ⅰ.①安… Ⅱ.①赵… ②赵… Ⅲ.①建筑安装-建筑概算定额-高等学校-教材②建筑安装-建筑预算定额-高等学校-教材③建筑安装-工程造价-高等学校-教材 Ⅳ.①TU723.3

中国版本图书馆CIP数据核字(2011)第181529号

责任编辑 郝庆多 段余男
封面设计 刘长友
出版发行 哈尔滨工业大学出版社
社 址 哈尔滨市南岗区复华四道街10号 邮编 150006
传 真 0451-86414749
网 址 http://hitpress.hit.edu.cn
印 刷 哈尔滨市石桥印务有限公司
开 本 787mm×1092mm 1/16 印张19.5 字数490千字
版 次 2011年11月第1版 2011年11月第1次印刷
书 号 ISBN 978-7-5603-3387-8
定 价 38.00元

编　委　会

主　编　赵乃卓　赵乃颖

参　编　林　艳　王东辉　弭连国　虞明华
　　　　季贵斌　马小满　刘　杰　白　莹
　　　　刘　星　姚　迪　朱喜来　王　开
　　　　白雅君

前　言

由国家住房和城乡建设部以国家标准颁布的《建设工程工程量清单计价规范》(GB 50500—2008),从2008年12月1日起实施。该标准的颁布实施,对巩固工程量清单计价改革的成果,以及进一步规范工程量清单计价行为都具有十分重要的意义。为了实现我国工程造价事业与国际接轨,培养和造就一批高素质的工程造价人才队伍,我们结合最新国家标准编写了这本《安装工程概预算与工程量清单计价》,即GB 50500—2008的辅助教材。

安装工程概预算是建设工程造价的一个重要组成部分,它涉及很多学科知识,目前工程造价的确定一般用传统的定额计价方法和工程清单计价方法。本书对安装工程定额计价和工程量清单计价进行了详细介绍。本书共10章,主要内容为:安装工程概预算概述,安装工程费用项目组成及计算,安装工程定额计价,工程量清单及其计价,电气设备安装工程,给排水、采暖、燃气工程,通风空调工程,消防及安全防范工程,其他安装工程及工程决(结)算。

本书内容丰富、图文并茂、通俗易懂、操作性及实用性强,可供高等院校安装工程造价人员及建筑工程造价管理人员使用,也可供施工企业概、预算编制人员和建设单位、工程造价咨询单位预算审价人员的参考书。

由于编者的学识和水平有限,虽然在编写过程中经过反复推敲核实,但仍不免有疏漏之处,敬请有关专家和广大读者提出宝贵意见。

编　者

2011年8月

目 录

第1章　安装工程概预算概述

1.1　基本建设

1.1.1　基本建设的概念与组成

1.基本建设的概念

建筑工程预算是基本建设预算的重要组成部分。物质资料的再生产是社会发展与人类生存的条件,社会固定资产的再生产是物质资料再生产的主要手段。

固定资产的再生产包括简单再生产与扩大再生产。固定资产的简单再生产是通过固定资产的大修或更新改造而进行的;而固定资产的扩大再生产则是通过固定资产的新建、改建、扩建的形式来实现的。

基本建设是以新建、改建、扩建的形式来实现固定资产的扩大再生产。基本建设是指国民经济各部门中固定资产的再生产及相关的其他工作,如工厂、矿井、公路、铁路、水利、住宅、商店、医院、学校等工程的建设和各种设备的购置。基本建设是国民经济发展的重要物质基础,是再生产的重要手段。我国也将某些报废的重建项目的简单再生产划归于基本建设的范畴。

基本建设是一个物质资料生产的动态过程,它是将一定的机器设备、建筑材料等通过购置、建造及安装等活动把它转化为固定资产,形成新的生产能力或具有使用效益的建设工作。与此相关的其他工作,如征用土地、勘察设计、筹建机构及生产职工的培训等,也都属于基本建设工作的组成部分。

2.基本建设的组成

(1)建筑工程。建筑工程是指永久性和临时性的建筑物、构筑物的土建工程,给排水、采暖、通风、照明工程,动力、电信管线的敷设工程,道路、桥涵的建设工程,农田水利工程以及基础的建造、场地平整、清理和绿化工程等。

(2)安装工程。安装工程是指生产、动力、电信、运输、起重、医疗、实验等设备的装配工程与安装工程,以及附属于被安装设备的管线敷设、保温、防腐、调试、运转试车等工作。

(3)设备、工器具及生产用具的购置。设备、工器具及生产用具的购置是指车间、实验室、学校、医院、宾馆、车站等生产、工作、学习所应配备的各种设备、器具、工具、家具及实验设备的购置。

(4)其他基本建设工作。其他基本建设工作包括上述内容以外的工作,如土地征用、建设用场地原有建构筑物拆迁、赔偿,建设单位设计、施工、投资管理工作、生产准备、生产职工培训等工作。

1.1.2　基本建设的程序

1.基本建设程序概念

人们在认识客观规律的基础上制定出基本建设程序,即建设项目从策划、评估、决策、设计、施工到竣工验收、投入生产或交付使用的整个建设过程中各项工作必须遵循的先后次序,它是建设项目科学决策和顺利进行的重要保证。按照建设项目发展的内在联系及发展过程,可以将建设项目分成若干阶段,这些发展阶段有严格的先后次序,不能任意颠倒。

在工程项目建设程序上,世界上各个国家和国际组织可能存在着某些差异,但是按照工程建设项目发展的内在规律,投资建设一个工程项目均需要经过投资决策和建设实施两个发展时期。这两个发展时期可分为若干个阶段,它们之间存在着严格的先后次序,可以进行合理的交叉,但是不能任意颠倒次序。

2. 基本建设程序内容

(1)基本建设程序的阶段划分。按照我国现行规定,一般大中型及限额以上工程项目的建设程序可以分为以下几个阶段,如图1.1所示。

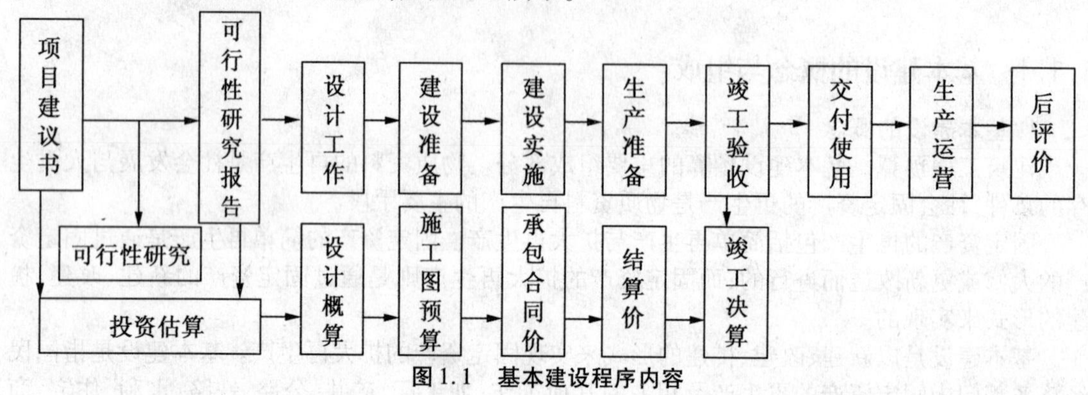

图1.1 基本建设程序内容

1)根据国民经济及社会发展长远规划,并结合行业和地区发展规划的要求,提出项目建议书。

2)根据项目建议书的要求,在勘察、试验、调查研究及详细技术经济论证的基础上,编制可行性研究报告。

3)在可行性研究报告被批准以后,选择建设地点。

4)根据可行性研究报告,编制设计文件。

5)初步设计经过批准后,进行施工图设计,同时做好施工前的各项准备工作。

6)编制年度基本建设投资计划。

7)建设实施。

8)根据施工进度,做好生产或动工前的准备工作。

9)项目按批准的设计内容完成,经过投料试车验收合格后正式投产交付使用。

10)生产运营一段时间(通常为1年)后,进行项目后评价。

(2)基本建设程序各阶段的工作内容。

1)项目建议书阶段。项目建议书是建设起始阶段,是对工程项目建设的轮廓设想,是业主单位向国家提出的要求建设某一项目的建议文件。项目建议书的主要作用是推荐一个拟建项目,论述其建设的必要性、建设条件的可行性及获利的可能性,作为投资者及建设管理部门选择并确定是否进行下一步工作的依据。

项目建议书经过批准后,可以进行详细的可行性研究工作,但这并不表明项目非上不可,项目建议书并不是项目的最终决策。

2)可行性研究阶段。项目建议书一经批准,即可着手开展项目可行性研究工作。可行性研究是对工程项目在技术上是否可行与经济上是否合理进行科学的分析和论证。凡是未经可行性研究确认的项目,不得编制向上报送的可行性研究报告和进行下一步工作。

可行性研究报告经过批准,建设项目才算正式"立项"。

3)建设地点的选择阶段。按照隶属关系,建设地点的选择由主管部门组织勘察设计等单位和所在地部门共同进行。凡是在城市辖区内选点的,应取得城市规划部门的同意,并且要有协议文件。

选择建设地点应当考虑以下3个问题:

①建设时所需水、电、运输等条件是否落实。

②工程、水文地质等自然条件是否可靠。

③项目建成投产后,原材料、燃料等的供应能力是否具备,同时对生产人员生活条件、生产环境等也应全面考虑。

4)设计工作阶段。设计是对拟建工程的实施在技术上与经济上进行全面而详尽地安排,是组织施工的依据,同时是基本建设计划的具体化。通常,工程项目的设计工作划分为两个阶段:初步设计与施工图设计。重大项目和技术复杂项目,可根据需要增加技术设计阶段。

①初步设计。初步设计的目的是为了阐明在指定的地点、时间及投资控制数额内,拟建项目在技术上的可能性和经济上的合理性,并根据对工程项目所作出的基本技术经济规定编制项目总概算。它是根据可行性研究报告的要求所做的具体实施方案。

②技术设计。技术设计应根据初步设计和更详细的调查研究资料编制,以进一步解决初步设计中的重大技术问题,如工艺流程、建筑结构、设备选型及数量确定等,从而使工程建设项目的设计更具体、更完善,技术指标更合理。

③施工图设计。根据初步设计或技术设计的要求,并结合现场实际情况,完整地表现建筑物外形、结构体系、内部空间分隔、构造状况以及建筑群的组成和周围环境的配合。它还包括各种运输、通信、管道系统、建筑设备的设计。在工艺方面,应具体确定各种设备的型号、规格及各种非标准设备的制造加工。

5)建设准备阶段。在开工建设之前,项目应切实做好各项准备工作,其主要内容包括征地、拆迁和场地平整;组织设备、材料订货;完成施工用水、电、道路准备等工作;准备必要的施工图纸;组织施工招标,择优选定施工单位。

在报批开工前,项目必须由审计机关对项目的有关内容进行审计证明。审计机关主要是对项目的资金来源是否正当及落实情况、项目开工前的各项支出是否符合国家有关规定、资金是否存入规定的专业银行等内容进行审计。新开工的项目还必须具备按施工顺序需要至少3个月以上的工程施工图纸,否则不能开工建设。

6)编制年度基本建设投资计划阶段。按规定进行建设准备和具备了开工条件后,便可以组织开工。建设单位申请批准开工要经国家计划部门统一审核后,编制年度大、中型和限额以上工程建设项目新开工计划,并报国务院批准。部门和地方政府无权自行审批大、中型和限额以上工程建设项目开工报告。年度大、中型和限额以上新开工项目经国务院批准,由国家计委下达项目计划。

7)建设实施阶段。工程项目经批准开工实施,项目即进入施工阶段。项目新开工时间是指工程建设项目设计文件中规定的任何一项永久性工程第一次正式破土开槽开始施工的日期;不需开槽的工程,正式开始打桩的日期即为开工日期;公路、铁路、水库等需要进行大量土、石方工程的,以开始进行土方、石方工程的日期作为正式开工日期。工程地质勘察、平整场地、临时建筑、旧建筑物的拆除、施工用临时道路和水、电等工程开始施工的日期不能算作正式开工日期。分期建设的项目分别按各期工程开工的日期计算,如二期工程应根据工程设计文件规定的永久性工程开工的日期计算。

施工安装活动应按照工程设计、施工组织设计及施工合同条款的要求,在保证工程质量、工期、成本以及安全、环保等目标的前提下进行,达到竣工验收标准后,由施工单位移交给建设单位。

8)生产准备阶段。对于生产性工程建设项目来说,生产准备是衔接建设和生产的桥梁,是项目由建设转入生产经营的必要条件,是项目投产前由建设单位进行的一项重要工作。建设单位应适时组成专门班子或机构做好生产准备工作,从而确保项目建成后能及时投产。

9)竣工验收阶段。当工程项目按设计文件的规定内容与施工图纸的要求全部建完后,便可组织验收。竣工验收是投资成果转入生产或使用的标志,也是全面考核基本建设成果、检验设计及工程质量的重要步骤。竣工验收对促进建设项目及时投产、发挥投资效益及总结建设经验均有重要作用。竣工验收可以检查建设项目实际形成的生产能力或效益,也可避免项目建成后继续消耗建设费用。

竣工和投产或交付使用的日期是指经验收合格、达到竣工验收标准、正式移交生产或使用的时间。在正常情况下,建设项目的投产或投入使用的日期与竣工日期是一致的,但实际上,有些项目的竣工日期往往晚于投产日期。这是因为生产性建设项目工程全部建成,经试运转、验收鉴定合格、移交生产部门时,便可算作全部投产,而竣工则要求该项目的生产性、非生产性工程全部建成完工。

10)建设项目后评价阶段。建设项目后评价是工程项目竣工投产、生产运营一段时间后,再对项目的立项决策、设计施工、竣工投产及生产运营等全过程进行系统评价的一种技术经济活动,是固定资产投资管理的一项重要内容,同时也是固定资产投资管理的最后一个环节。建设项目后评价可以达到肯定成绩、总结经验、提出建议、改进工作、研究问题、吸取教训、不断提高项目决策水平和投资效果的目的。

1.1.3　基本建设工程的项目划分

通常,基本建设工程项目分为:建设项目、单项工程、单位工程、分部工程与分项工程等。

1.建设项目

建设项目是指具有设计任务书和总体设计,经济上实行独立核算,行政上具有独立组织形式的基本建设单位。在工业建设中,通常是以一个工厂、一座矿山为建设项目;民用建设中是以一个事业单位,如一所学校、一所医院等为建设项目。一个建设项目可以有几个甚至几十个单项工程,也可以只有一个单项工程。

2.单项工程

单项工程(也称工程项目)是建设项目的组成部分,单项工程具有独立的设计文件,建成后可以独立发挥生产能力或效益。工业建设项目的单项工程是指能独立生产的车间,它包括厂房建筑,设备购置及安装,以及工具、器具的购置等,非生产建设项目的单项工程,如一所学校的办公楼、图书馆、食堂、宿舍等。

3.单位工程

单位工程是指具有单独设计,可以独立组织施工的工程,是单项工程的组成部分,但它不能独立发挥生产能力。在一个单项工程中,按其构成可分为建筑及设备安装两类单位工程,每类单位工程可按专业性质分为若干单位工程。

(1)建筑工程。根据其中各组成部分的性质、作用可以分为如下几种单位工程:

1)一般土建工程。包括房屋和构筑物的各种结构工程和装饰工程等。

2)卫生工程。包括给排水管道、取暖、通风及民用煤气管道敷设工程。

3)工业管道工程。包括蒸气、煤气、压缩空气、输油管道及其他工业介质输送管道工程,此项也有的列为安装工程。

4)构筑物和特殊构筑物工程。包括各种设备基础、冶金炉基础、烟囱、桥梁、水塔、涵洞工程等。

5)电气照明工程。包括室内外照明设备的安装、线路敷设、变电与配电设备的安装工程等。

(2)设备安装工程。根据设备的特性,可分为以下两类安装工程:

1)机械设备及安装工程。包括起重运输设备、各种工艺设备、动力设备等的购置及安装工程。

2)电气设备及其安装工程。包括吊车电气设备、传动电气设备、起重控制设备等的购置及其安装工程。

4. 分部工程

分部工程是按工程部位、设备种类和型号、使用的材料和工种等的不同而分类的,是单位工程的组成部分。如一般土建工程的房屋(单位工程)可划分为:土石方分部工程、基础分部工程、屋面分部工程、楼地面分部工程、梁板柱分部工程等。又如机械设备及安装单位工程又可分为:切削设备及安装工程、起重设备及安装工程、锻压设备及安装工程、化工设备及安装工程等。

在分部工程中,影响工、料、机械消耗多少的因素很多。如同样都是砖石工程的砌基础与砌墙体,但它们所消耗的工、料、机械相差很大。所以,还应将分部工程再分解为分项工程。

5. 分项工程

分项工程是指通过较为简单的施工能完成的工程,并且可以采用适当的计量单位进行计算的建筑设备安装工程。它是确定建筑安装工程造价的最基本的工程单位,是分部工程的组成部分。如钢筋混凝土分部工程可分为模板、钢筋、混凝土等分项工程;给排水管道安装分部工程又可分为室外管道、室内管道、焊接钢管及铸铁管的安装,焊接管的螺纹连接及其焊接,法兰安装、管道消毒冲洗等分项工程;照明器具分部工程又分为普通灯具的安装、荧光灯具的安装、工厂用灯及防水防尘灯的安装、电铃风扇的安装等分项工程。

1.1.4 基本建设分类

基本建设可以按计划年度、建设性质、建设规模、投资用途和投资大小等进行分类。

1. 按计划年度分

(1)筹建项目。筹建项目是指在年度计划内只做准备,不够开工条件的项目。

(2)施工项目。施工项目是指在年度计划内正处在施工中的项目。

(3)投产项目。投产项目是指在年度计划内可以全部竣工投产交付使用的项目。

(4)收尾项目。收尾项目是指在年度计划内已经验收投产,设计能力也已形成,而留有少量扫尾的项目。

2. 按建设性质分

(1)新建项目。新建项目是指从无到有,新开始建设的项目。有的建设项目原有基础很小,重新进行总体设计,经过扩大建设规模后,其新增加的固定资产价值超过原有固定资产价值3倍以上的,也属于新建项目。

(2)扩建项目。扩建项目是指原有企、事业单位为扩大原有产品的生产能力和效益,或者增加新的产品的生产能力和效益而在原有固定资产的基础上兴建的主要生产车间或工程的项目。

(3)改建项目。改建项目是指原有企、事业单位,为提高生产效益,改进产品质量,或改进产品方向,对原有设备、工艺流程进行技术改造的项目。此外,企业增加一些附属和辅助车间或非生产性工程,也属于改建项目。

(4)恢复项目。恢复项目是指企、事业单位的固定资产因自然灾害、战争或人为的灾害等原因已全部或部分报废,而后又投资按原规模进行重新建设,或者在恢复的同时进行扩大建设的项目。

(5)迁建项目。迁建项目是指原有企、事业单位由于各种原因迁到另外的地方建设的项目,不论其建设规模是否维持原来规模,均是迁建项目。

3. 按投资用途分

(1)生产性建设项目。生产性建设项目是指直接用于物质生产或为满足物质生产需要的建设项目,如工业矿山、农林水利、地质资源、运输、邮电等建设。

(2)非生产性建设项目。非生产性建设项目是指用于满足人民物质和文化生活需要的建设项目,如住宅、科学实验研究、文教卫生、公用事业等建设。

4. 按建设规模和投资大小分

通常可分为大、中、小型项目。其划分的标准各行业不尽相同。通常情况下,对于生产单一产品的工业企业,按产品的设计能力划分;对于生产多种产品的,按主要产品的设计能力划分;对于难以按生产能力划分的,按其全部投资额划分。工业建设项目和非工业建设项目的大、中、小型划分标准,国家有明确规定。

5. 按投资来源和渠道分

(1)国家投资的建设项目。国家投资的建设项目是指国家预算直接安排基本建设投资的建设项目,包括财政统借统还的利用外资投资项目。

(2)银行信用筹资的建设项目。银行信用筹资的建设项目是指通过银行信用方式供应基本建设投资的项目,其资金来源于银行自有资金、流通货币、各项存款与金融债券。

(3)自筹资金的建设项目。自筹资金的建设项目是指各部门、各地区、各单位按照财政制度提留、管理和自行分配用于基本建设投资项目,包括部门自筹、地方自筹与单位自筹等。

(4)引进外资的建设项目。引进外资的建设项目是指利用外资的建设项目。外资的来源可以分为以下两种:

1)借用国外资金。借用国外资金包括向国外银行、外国政府或国际金融机构借入资金和在国外金融市场上发行债券,吸收外国银行、企业和私人的存款等。

2)吸引外国资本直接投资。吸引外国资本直接投资包括本国与外国合资经营、合作经营、外资企业,以及合作开发、补偿贸易和设备租赁等。

1.1.5 建设工程造价

1. 建设工程造价的含义

建设工程造价是指建设工程的各种价格,是建设工程价值的货币表现,从不同的角度定义它有不同含义。

(1)从投资者——业主的角度来定义。工程造价是指建设一项工程预期开支或实际开支的全部固定资产投资费用。包括建筑安装工程费、工程建设其他费用、设备及工器具购置费、预备费、建设期贷款利息与固定资产投资方向调节税。也就是说,它是一项工程通过建设形成相应的固定资产、无形资产所需一次性费用的总和。

(2)从市场的角度来定义。工程造价为建成一项工程,预计或实际在土地市场、设备市场、技术劳务市场,以及承包市场等交易活动中所形成的建筑安装工程的价格及建设工程总价格。这一含义是将工程项目作为特殊的商品形式,通过招投标、承发包和其他交易方式,在多次预算的基础上,最终由市场形成价格。通常,将工程造价的第二种含义只认定为工程承发包价格。

工程造价的两种含义是对客观存在的概括。它们既共生于一个统一体,又相互区别。最主要的区别就是需求主体和供给主体在市场追求的经济利益不同,因而管理的性质和管理的目标不同。投资者选定一个投资项目,要按照基本建设程序的要求进行设计、招标、施工,直至竣工验收等一系列投资管理活动。在整个建设期间,所支付的全部费用就构成工程造价。从投资者的角度来说,追求少花钱多办事,尽量降低工程造价。而从承包商的角度来说,工程造价作为工程承发包的价格,是投资者和承包商共同认可的价格,承包商要尽量节约开支,力求降低工程的实际造价,以取得最大的经济利益。所以,区别工程造价的两种含义的现实意义在于为实现不同的管理目标,不断充实工程造价的管理内容,完善管理方法,更好地为实现各自的目标服务,从而有利于提高投资效益。

2. 建设工程造价的计价特征

建筑产品的特殊性使建设工程造价除了具有一般商品价格的共同特点之外,还具有自身的特点。

(1)单件性计价。由于每一项建设工程之间存在着用途、结构、装饰、造型、体积及面积等方面的个别性和差异性,所以,任何建设工程产品单位的价值均不会完全相同,不能规定统一的造价,只能就各个建设项目或单项工程或单位工程,通过特殊的计价程序(即编制估算、概算、预算、合同价、结算价及最后确定竣工决算价)进行单件性计价。

(2)多次性计价。建设工程产品的生产过程环节较多,阶段复杂,周期长,而且是分阶段进行的。为了适应各个工程建设阶段的造价控制与管理,建设工程应按照国家规定的计价程序,按照工程建设程序中各阶段的进展,并相应做出多次性的计价,其过程如图1.2所示。

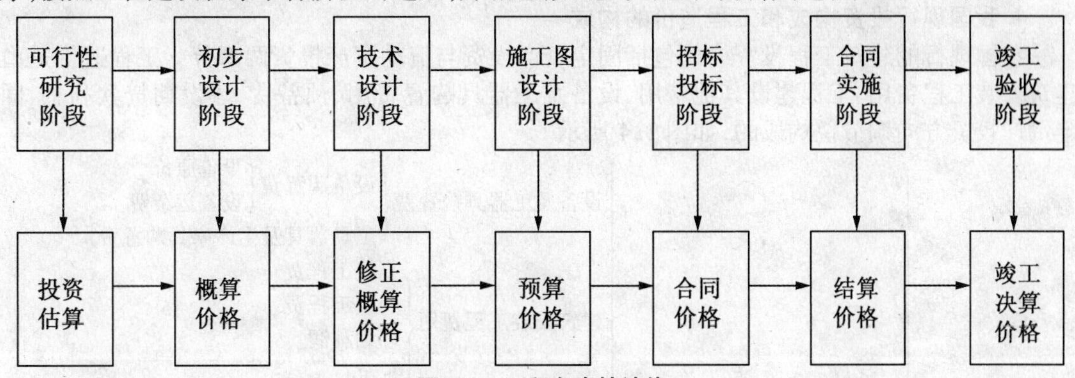

图1.2　工程多次性计价

(3)方法的多样性。在施工生产过程中,建筑工程由于选用的材料、半成品和成品的质量不同,施工技术条件不同,建筑安装工人的技术熟练程度不同,企业生产管理水平不同等因素的影响,造成了生产质量上的差异,从而导致了同类别、同标准、同功能、同工期和同一建设地区的建筑工程,在同一时间与同一市场内价格上的不同。所以在工程造价计价时,应选择多样性的计价方法。

(4)组合性计价。建设工程造价包括从立项到竣工所支出的全部费用,组成内容十分复杂,只有将建设工程分解成能够计算造价的基本组成要素,然后逐步汇总,才能准确计算整个工程造价。建设项目的组合性决定了计价过程是一个逐步组合的过程。这一特征在计算概算造价与预算造价时尤为明显,也反映到合同价和结算价上。其计算过程为:分部分项单价→单位工程造价→单项工程造价→建设项目总造价。

(5)计价依据的复杂性。由于影响工程造价的因素多,计价依据复杂,种类繁多,如包括计算设备和工程量依据,计算人工、机械、材料等实物消耗量依据,计算相关费用的依据,计算工程单价的价格依据,以及政府规定的税、费、物价指数和工程造价指数等。依据的复杂性,不仅使计算过程复杂,而且要求计价人员熟悉各类依据,并予以正确利用。

3. 建设工程造价的理论构成

建筑产品具有商品的属性,即价值与使用价值。它的使用价值主要表现为各项工程建成后的实物效用;它的价值是物化劳动消耗和活劳动消耗,由以下三个部分组成:

(1)在施工生产过程中消耗的生产资料价值,即施工生产中直接和间接消耗的物化劳动(c),它是一种价值的转移。

(2)施工过程中劳动者为工资付出的劳动部分(v)。

(3)施工过程中劳动者为社会付出的劳动部分,即计划利润和税金(m)。

以上三个部分构成了建设工程造价,即 $w = c + v + m$,如图 1.3 所示。

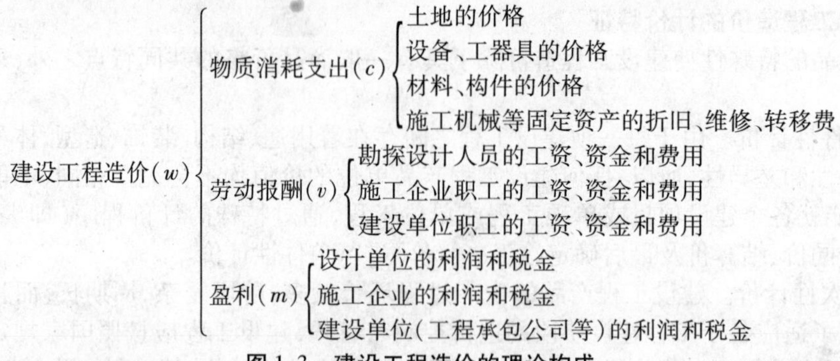

图 1.3 建设工程造价的理论构成

4. 我国现行投资构成和工程造价的构成

我国现行的建筑工程投资构成包括固定资产投资与流动资产投资两部分。工程造价是由建筑安装工程费用、工程建设其他费用、设备及工器具购置费用、预备费、建设期贷款利息、固定资产投资方向调节税构成的,如图 1.4 所示。

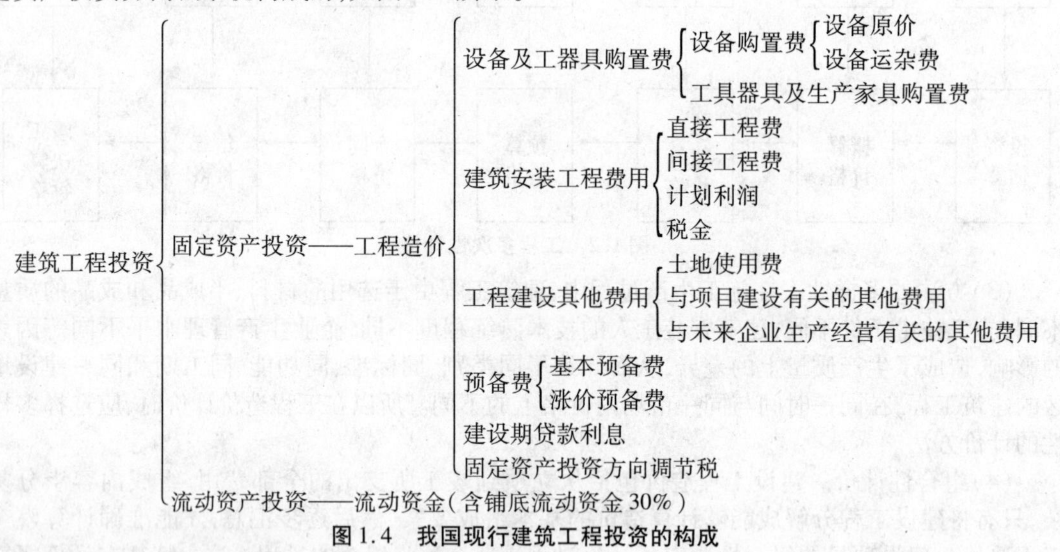

图 1.4 我国现行建筑工程投资的构成

1.1.6 建设工程造价计价的基本计算方法

1. 建设项目总投资的组成

建设项目总投资是从筹建到竣工投产工程的全部建设费用,包括固定资产投资与流动资产投资,其组成如图 1.5 所示。

由图 1.5 可以看出,建设项目总投资包括固定资产投资和流动资产投资两部分。其中,固定资产投资即建设项目的工程造价由建筑安装工程费用、设备及工器具购置费用、工程建设其他费用、预备费、建设期贷款利息和固定资产投资方向调节税构成。

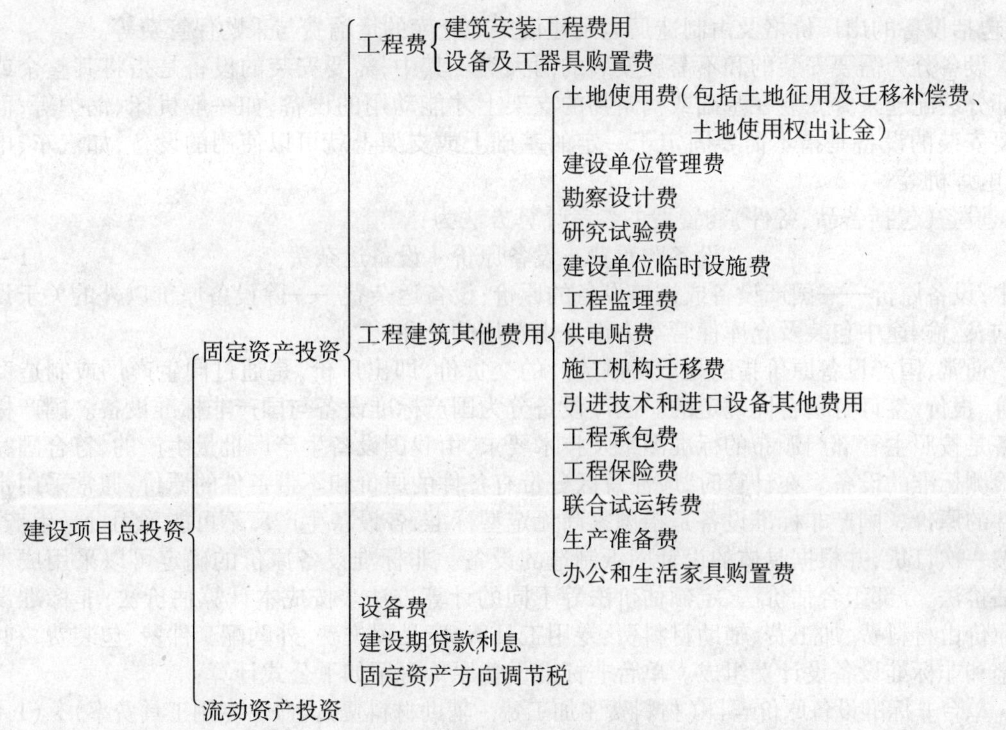

图 1.5　建设项目总投资的组成

建筑安装工程费用是指用于建筑工程与安装工程的工程费用。根据建设部、财政部 2003 年 10 月 15 日的《建筑安装工程费用项目组成》的通知(建标[2003]206 号文件),对原建筑安装工程费用组成进行了调整,《费用项目组成》调整的主要内容如下:

(1)建筑安装工程费用由直接费、间接费、利润及税金组成。

(2)为了适应建筑安装工程招标投标竞争定价的需要,将原其他直接费与临时设施费以及原直接费中属工程非实体消耗费用合并为措施费。措施费可以根据专业和地区的情况自行补充。

(3)对建筑材料、构件和建筑安装物进行一般鉴定、检查所发生的检验试验费列入材料费。

(4)将原现场管理费、企业管理费、财务费与其他费用合并为间接费。根据国家建立社会保障体系的有关要求,在规费中列出社会保证相关费用。

(5)将计划利润改为利润。

2. 建筑安装工程费用

建筑安装工程费用包括建筑工程费用与安装工程费用。建筑工程费用是指新建、改建、扩建和恢复性的建筑物(包括各种厂房、仓库、住宅、宿舍等)的一般土建、给水排水、通风、电气照明等工程费用;公路、铁路、码头各种设备基础、工业炉砌筑、框架、支架、矿井工作平台、储仓等构筑物的工程费用;各种水利工程和其他特殊工程费用;电力和通信线路的敷设、工业管道等工程费用等。

设备安装工程费用是指专为各种需要安装的机械设备、装置工程和附属设施、管线装设、电气设备的装配、敷设工程(包括绝缘、油漆、保温工程等)以及测定安装工程质量,对单个设备进行的各种试车、修配和整理工作的工程费用。

3. 设备、工器具及生产家具购置费

(1)设备购置费。设备购置费是指为购置设计规定的各种机械设备与电气设备的全部费用,包括设备的出厂价格及由制造厂运到建设工地仓库的运输费与采购保管费等。

设备分为需要安装的和不需要安装的两大类。其中,需要安装的设备是指将其整个或个别部分装配起来并安装在基础或构筑物的支架上才能动用的设备,如一般机床、锅炉等;而不需要安装的设备是指不需要固定于一定的基础上或支架上就可以使用的设备,如汽车、电瓶车、电焊机等。

设备(包括备品、备件)购置费的参考计算方法为:

$$设备购置费 = 设备原价 + 设备运杂费 \tag{1-1}$$

式中,设备原价——国产设备或进口设备的原价;设备运杂费——除设备原价以外的关于设备采购、运输、途中包装及仓库保管等方面支出费用的总和。

通常,国产设备原价指的是设备制造厂的交货价,即出厂价,是通过同生产厂或制造商的询价、报价、签订订货合同确定的。国产设备分为国产标准设备与国产非标准设备。国产标准设备是按照主管部门颁布的标准图纸及技术要求,由我国设备生产厂批量生产的,符合国家质量检测标准的设备。在计算时,应注意区分带有备件的原价和不带备件的原价,通常采用带有备件的原价。国产非标准设备是指国家尚无定型标准,各设备生产厂不可能采用批量生产,只能按一次订货,并根据具体的设计图纸制造的设备。非标准设备原价的确定可以采用成本计算估价法、分部组合估价法、定额估价法等不同的计算方法。按成本计算估价法,非标准设备的原价由材料费、加工费、辅助材料费、专用工具费、废品损失费、外购配套件费、包装费、利润、税金和非标准设备设计费组成。单台非标准设备原价可用如下公式计算:

单台非标准设备原价 = {[(材料费 + 加工费 + 辅助材料费) × (1 + 专用工具费率) × (1 + 废品损失费率)] + 外购配套件费 × (1 + 包装费) − 外购配套件费} × (1 + 利润率) + 增值税 + 非标准设备设计费 + 外购配套件费　(1-2)

进口设备的原价是进口设备的抵岸价(即抵达买方港口或边境车站,且交完关税的价格)。进口设备抵岸价的构成比较复杂,其构成可概括为

进口设备抵岸价 = 货价 + 国际运费 + 运输保险费 + 银行财务费 + 外贸手续费 + 关税 + 增值税 + 消费税 + 海关监管手续费 + 车辆购置附加费　(1-3)

式中,货价为装运港船上交货价(FOB);

国际运费为从装运港(站)到我国抵达港(站)的运费,计算公式为

$$国际运费 = 运量 \times 运费单价 \tag{1-4}$$

运输保险费为对外贸易货物办理的财务保险费,计算公式为

$$运输保险费 = \frac{原交货价(FOB) + 国际运费}{(1 - 保险费率)} \times 保险费率 \tag{1-5}$$

银行财务费一般是中方的银行手续费,计算公式为

$$银行财务费 = 人民币货价(FOB价) \times 银行财务费率(0.4\% \sim 0.5\%) \tag{1-6}$$

关税为海关对进出国境或关境征收的一种税;关税计税基数包括离岸价格(FOB价)、国际运费、运输保险等费用;

增值税为对从事进口贸易的单位或个人在进口商品报关进口后征收的税种,进口设备增值税率为17%;

$$进口产品增值税额 = 组成计税价格 \times 增值税率 \tag{1-7}$$

$$组成计税价格 = 关税完税价格 + 关税 + 消费税 \tag{1-8}$$

消费税为对部分进口设备如轿车、摩托车等征收的税,计算公式为

$$应纳消费税额 = [(到岸价 + 关税)/(1 - 消费税税率)] \times 消费税税率 \tag{1-9}$$

海关监管手续费为海关对进口减税、负税、保税货物实施监督、管理、提供服务的手续费,对于全额征收进口关税的货物不计本项费用;

海关监管手续费 = 到岸价 × 海关监管手续费费率(一般为0.3%)　(1-10)

车辆购置附加费为进口车辆需缴纳的车辆购置附加费。

进口车辆购置附加费 = (到岸价 + 关税 + 消费税 + 增值税) × 进口车辆购置附加费率　(1-11)

(2)设备运杂费。

1)运费和装卸费。

国产设备的运费和装卸费是指国产设备由制造厂交货地点起至工地仓库为止所发生的运费和装卸费;进口设备的运费和装卸费指由我国到岸港口或边境车站起至工地仓库所发生的运费和装卸费。

2)包装费。此处的包装费是指在设备原价中没有包含的,为运输而进行包装所支出的各种费用。

3)设备供销部门的手续费。设备供销部门的手续费应按有关部门规定的统一费率计算。

4)采购与仓库保管费。这是指采购、验收、保管和收发设备所发生的各种费用,包括设备采购人员、保管人员和管理人员的工资、工资附加费、差旅交通费、办公费、设备供应部门办公和仓库所占固定资产使用费、工具用具使用费、劳动保护费、检验试验费等。采购与仓库保管费可以按主管部门规定的采购与保管费费率计算。

考虑上述费用,设备运杂费按原价乘以综合确定的费率计算,计算公式为

设备运杂费 = 设备原价 × 设备运杂费率　(1-12)

(3)工具、器具及生产家具购置费。工具、器具及生产家具购置费通常以设备购置费为计算基数,按照部门或行业规定的工具、器具及生产家具费率进行计算,计算公式为

工具、器具及家具购置费 = 设备购置费 × 定额费率　(1-13)

4.工程建设其他费用

工程建设其他费用是指从工程筹建起到工程竣工验收交付使用止的整个建设期间,除了建筑安装工程费用和设备及工、器具购置费用以外的,为了保证工程建设顺利完成和交付使用后能够正常发挥效用而发生的各项费用。工程建设其他费用包括多项费用,按其具体内容大体可分为三类:土地使用费、与项目建设有关的费用、与未来生产经营有关的费用。

(1)土地使用费。土地使用费是指建设项目为获得建设用地而支付的费用,根据建设用地取得的方式不同,有土地征用及迁移补偿费或土地使用权出让金。

1)土地征用及迁移补偿费。土地征用及迁移补偿费是指建设项目通过划拨方式取得无限期土地使用权,依照土地管理法等规定所支付的费用,其总和通常不得超过被征收土地年产值的20倍。土地年产值按该地被征用前3年的平均产量和国家规定价格计算。其具体包括以下内容:

①土地补偿费。征用耕地(包括菜地)的补偿标准为该耕地被征用前3年平均年产值的6~10倍,具体补偿标准由省、市、自治区人民政府在此范围内制定;征用园地、鱼塘、藕塘、苇塘、宅基地、林地、牧场、草原等的补偿标准,由省、市、自治区人民政府制定;征收无收益的土地不予补偿。

②青苗补偿费和被征用土地上的房屋、水井、树木等附着物补偿费。这些补偿费的标准由省、市、自治区人民政府制定。在征用城市郊区的菜地时,还应按照有关规定向国家缴纳新菜地开发建设基金。

③安置补助费。征用耕地的每个农业人口的安置补助费为该耕地被征用前3年平均年产值的4~6倍,每亩耕地的安置补助费最高不得超过被征用前3年平均年产值的15倍。

④缴纳的耕地占用税或城镇土地使用税、土地登记费及征地管理费等。这些费用按有关法规征收。县市土地管理机关从征地费中提取土地管理费的比率,按征地工作量的大小,在

1%～4%幅度内提取。

⑤征地动迁费。征地动迁费包括征用土地上的房屋及附属构筑物、城市公共设施等拆除、迁建的补偿费、搬迁运输费,企业单位因搬迁造成的减产、停工损失补贴费、拆迁管理费等。

⑥水利水电工程水库淹没处理补偿费。该补偿费包括农村移民安置迁建费、城市迁建补偿费、库区工矿企业、交通、电力、通信、广播、管网、水利等的恢复、迁建补偿费,库底清理费,防护工程费,环境影响补偿费用等。

2)土地使用权出让金。按照国家有关土地管理的法规,以出让等有偿使用方式取得国有土地使用权的建设单位在缴纳了土地使用权出让金后,才可使用土地。土地使用权出让金是指土地出让主管部门将国有土地使用权出让给使用者,向使用人收取的土地出让的全部价款,包括土地有偿使用费与其他税费等。土地有偿使用费是指国有土地有偿使用中政府取得的地价(地租)部分。在有偿出让和转让土地时,政府对地价不作统一规定。

(2)与项目建设有关的费用。

1)建设单位管理费。建设单位管理费是指建设项目立项、筹建、建设、联合试运转、竣工验收交付使用及后评估等全过程管理所需费用。它包括建设单位开办费与建设单位经费。建设单位开办费是指新建设项目为保证筹建和建设工作正常进行所需办公设备、生活家具、用具、交通工具等购置费用。建设单位经营费包括工作人员的基本工资、工资性补贴、职工福利费、劳动保险费、劳动保护费、办公费、差旅交通费、工会经费、职工教育经费、固定资产使用费、技术图书资料费、工具用具使用费、业务招待费、生产人员招募费、排污费、竣工支付清理及竣工验收费、后评估等费用。不包括应计入设备、材料预算价格的建设单位采购及保管设备材料所需的费用。

$$建设单位管理费=单项工程费用之和\times建设单位管理费指标 \quad (1-14)$$

式中,单项工程费用之和为建设项目设计范围内的建筑安装工程费和设备、工器具购置费之和;建设单位管理费指标按投资规模确定,规模越大,指标越小,新建项目按表1.1选取,改扩建项目可按不超过新建项目指标的60%计算,三资企业可根据项目需要,适当提高指标费率。

表1.1 建设单位管理费指标

建设总投资/万元	计算基础	费用指标/%
500以下	工程费用	3.0
501～1 000	工程费用	2.7
1 001～5 000	工程费用	2.4
5 001～10 000	工程费用	2.1
10 001～50 000	工程费用	1.8
50 000以上	工程费用	1.5

2)勘察设计费。勘察设计费是指为本建设项目提供项目建议书、可行性研究报告及设计文件等所需费用,主要包括以下内容:

①编制项目建议书、可行性研究报告及投资估算、工程咨询、评价及为编制上述文件所进行勘查、设计、研究试验等所需费用。

②在规定范围内由建设单位自行完成的勘查、设计工作所需费用。

③委托勘察、设计单位进行初步设计、施工图设计及概预算编制等所需费用。

项目建议书、可行性研究报告按国家颁布的收费标准计算;设计费按国家颁布的不同工程设计收费标准计算;勘查费一般民用建筑6层以下的按3～5元/m^2,高层建筑按8～10元/m^2,工业建筑按10～12元/m^2计算。

3)研究试验费。研究试验费是指为建设项目提供和验证设计参数、数据、资料等所进行的必要的试验以及设计规定在施工中必须进行试验、验证等所需的费用。其中,包括自行或委托其他部门研究试验所需的人工费、材料费、仪器使用费及试验设备费等。这项费用按照设计并根据本项目的要求提出的研究试验内容与要求计算确定。

4)建设单位临时设施费。建设单位临时设施费是指建设期间建设单位所需临时设施的搭设、维修、摊销费用或租赁费用。临时设施包括临时宿舍、文化福利及公共事业房屋与构筑物、仓库、办公室、加工厂,以及规定范围内的道路、水、电、管线等临时设施和小型临时设施。

建设单位临时设施费以建筑安装工程费为基数计算,新建项目费率为1%,改扩建项目小于0.6%,三资项目可根据需要适当提高。

5)工程监理费工程监理费是指建设单位委托工程监理单位对工程实施监理工作所需的费用。取费标准应根据委托监理的业务范围、深度和工作性质、规模、难易程度以及工作条件,在下列方法中选择其一:

①按所监理工程概(预)算的百分比计取,标准见表1.2。

②按照参与监理工作的年度平均人数计算:3.5~5万/(人·年)。

③不宜按①与②两种办法计取的,由建设单位和监理单位按商定的其他办法计取。

④中外合资、合作、外商独资的建设工程,工程建设监理费由双方参照国际标准协商确定。

表1.2　工程建设监理收费标准

工程概(预)算 M/万元	设计阶段(含设计招标)监理取费 a/%	施工(含施工招标)及保修阶段监理取费 b/%
$M<500$	$0.20<a$	$2.50<b$
$500\leqslant M<1\ 000$	$0.15<a\leqslant 0.20$	$2.00<b\leqslant 2.50$
$1\ 000\leqslant M<5\ 000$	$0.10<a\leqslant 0.15$	$1.40<b\leqslant 2.00$
$5\ 000\leqslant M<10\ 000$	$0.08<a\leqslant 0.10$	$1.20<b\leqslant 1.40$
$10\ 000\leqslant M<50\ 000$	$0.05<a\leqslant 0.08$	$0.80<b\leqslant 1.20$
$50\ 000\leqslant M<100\ 000$	$0.03<a\leqslant 0.05$	$0.60<b\leqslant 0.80$
$100\ 000\leqslant M$	$a\leqslant 0.03$	$b\leqslant 0.60$

6)工程保险费。工程保险费是指建设项目在建设期间需要实施工程保险所需的费用。它包括以各种建筑工程及其在施工过程中的物料、机器设备为保险标的的安装工程一切险,以及损坏保险费等。工程保险费的编制应根据不同的工程类别,分别以建筑、安装工程费用乘以建筑、安装工程保险费率计算,建筑工程保险费率按表1.3选取。

表1.3　建筑安装工程保险费率

序号	工程名称	保险费率/%
1	建筑工程	
1.1	民用建筑	
	住宅楼、综合性大楼、商场、旅馆、医院、学校等	2~4
1.2	其他建筑	
	工业厂房、仓库、道路、码头、水坝、隧道、桥梁、管道等	3~6
2	安装工程	
	农业、工业、机械、电子、电器、纺织、矿山、石油、化学及钢铁工业、钢结构桥梁	3~6

7)供电贴费。按照国家规定,建设单位为建设项目申请永久性用电或临时性用电时应交纳供电工程贴费或者施工临时用电贴费,它是解决电力建设资金不足的临时对策。供电贴费为用户申请用电时,由供电部门统一规划并负责建设的100 kV以下各级电压外部供电工程的建设、扩充、改建等费用的总称,它只能用为增加或改善用户用电而必须新建、扩建与改善的电网建设以及有关的业务支出,由建设银行监督使用,不得挪作它用。

电力贴费取费标准包括供电贴费与配电贴费标准两部分,根据用户的电压等级,选下列两种方法之一进行计算：

①按项目所在地有关部门现行规定执行。

②当建设单位申请的临时用电与永久性用电为外部工程时，只计永久性用电的贴费，否则按国家计委投资[1993]116号文《关于110 kV以下供电工程收取贴费的暂行规定》增加临时用电贴费。原水电部规定的各级电力的贴费标准列于表1.4。

表1.4 各级电力的贴费标准

用户受电电压等级	用户应交贴费/(元·kV^{-1}·A^{-1})	其中	
		供电贴费/(元·kV^{-1}·A^{-1})	配电贴费
380/220 V	150~180	90~110	60~70
10 kV	120~140	99~110	30
35(66) kV	40~100	80~100	—

8)施工机构迁移费。施工机构迁移费是指施工机构根据建设任务的需要，经过有关部门决定成建制地(指公司或工程处、工区)由原驻地迁移到另一个地区的一次性搬迁费用。在初步设计总概算中，经过建设项目主管部门同意，按建筑安装工程费的百分比或类似工程预算计算。百分比为0.5%~1%。在施工图预算中，应根据主管部门批准的施工队伍调迁计划进行计算，计算公式为

$$施工机构迁移费=建筑安装工程费用\times迁移费率 \quad (1-15)$$

如果施工单位在迁入地点有两个以上建设单位，或施工完成后在迁入地点又承担新的工程项目，此项费用应由各有关建设单位按任务比例分摊。

9)引进技术和进口设备其他费用。引进技术和进口设备其他费用是指在引进技术和进口设备过程中在国外及国内支出的各种费用之和，包括出国人员费用、国外工程技术人员来华费用、技术引进费、担保费及进口设备检验鉴定费、分期或延期付款利息。这些费用按业务主管部门规定的相应标准或费率计算。

10)工程承包费。工程承包费是指具有总承包条件的工程公司，对工程建设项目从开始建设至竣工投产全过程总承包所需的管理费用。它包括组织勘察设计、设备材料采购、非标准设备设计制造与销售、施工招标、发包、工程预决算、施工质量监督、项目管理、隐蔽工程检查、验收和试车直至竣工投产的各种管理费用。该费用按国家主管部门或与各省、市、自治区协调规定的工程总承包费标准计算。如果无规定时，一般工业项目为投资估算的6%~8%，民用建筑(包括住宅建设与市政项目)为4%~6%，不实行工程承包的项目不计算本项费用。

(3)与未来生产经营有关的其他费用。

1)联合试运转费。联合试运转费是指新建企业或新增加生产工艺过程的扩建企业在竣工验收前，按照设计规定的工程质量标准，进行整个车间的负荷或者无负荷联合试运转发生的费用中支出大于试运转收入的亏损部分。费用内容主要包括试运转所需的原料、燃料、机械使用费用、油料和动力的费用、低值易耗品及其他物品的购置费用和施工单位参加联合试运转人员的工资等。试运转收入包括试运转产品销售及其他收入，不包括应由设备安装工程费中开支的单台设备调试费及试车费。如果收入大于支出，则应将盈余部分列入回收金额。

联合试运转费的计算有两种方法：一种是按试运转的成本和销售收入计算；而另一种是以单项工程费用总和为基础按工程项目性质不同分别规定试运转费率或试运转金额。如机械厂按需要试运转车间的工艺设备购置费的0.5%~1.5%计算；火药厂按工程费用之和的1%计算。

2)生产准备费。生产准备费是指新建企业或新增生产能力的企业为保证竣工交付使用进行必要的生产准备所发生的费用，费用内容分为：

①生产人员培训费，包括自行培训、委托其他单位培训的人员的工资、工资性补贴、职工福

利费、差旅交通费、学习费、学习资料费、劳动保护费等。

②生产单位提前进厂参加施工、设备安装、调试等以及熟悉工艺流程及设备性能等人员的工资、职工福利费、工资性补贴、差旅交通费、劳动保护费等。

生产准备费的计算应当根据初步设计规定的培训人员数、提前进厂人数、培训方法、培训时间(通常为 4 ~6 个月)按表 1.5 列出的生产准备费指标进行计算。若无法确定人数,可以按设计定员的 60% ~80% 计算培训费。

表 1.5　生产准备费指标

费用名称	计算基础	费用指标	
		内培	外培
职工培训费	培训人数	300 ~500 元/(人·月$^{-1}$)	600 ~1 000/(人·月$^{-1}$)
提前进厂费	提前进厂人数	6 000 ~10 000 元/(人·月$^{-1}$)	

在实际执行中,生产准备费是一项在时间上、人数上、培训深度上很难划分,活扣很大的支出,应深入调查,特别应从严掌握。

3)办公和生活家具购置费。办公和生活家具购置费是指为保证新建、改建、扩建项目初期正常生产、使用和管理所必须购置的办公和生活家具、用具的费用。其范围包括办公室、会议室、资料档案室、阅览室、文娱室、浴室、食堂、理发室、单身宿舍和设计规定必须建设的托儿所、招待所、卫生所、中小学校等家具、用具的购置费用。该费用按照设计定员人数乘以综合指标计算(见表 1.6)。

表 1.6　办公及生活家具总和费用指标

设计定员/人	费用指标/(元·人$^{-1}$)	
	新建	改建、扩建
1 500 以内	850 ~1 000	500 ~600
1 501 ~3 000	750 ~850	450 ~500
3 001 ~5 000	650 ~750	400 ~450
5 000 以上	<650	<400

5. 预备费、建设期贷款利息、固定资产投资方向调节税

(1)预备费。预备费是指在项目建议书、可行性研究、初步设计阶段中的投资估算与初步设计概算中难以预料的工程和费用,包括按概(预)算加系数的包干费用,预备费分为基本预备费与价差预备费两种。

1)基本预备费。基本预备费是指在初步设计及概算内难以预料的工程费用,费用包括以下内容:

①在批准的初步设计范围内,技术设计、施工图设计及施工过程所增加的工程费用,设计变更、局部地基处理等增加的费用。

②一般自然灾害造成的损失与预防自然灾害所采取的措施费用。实行工程保险的工程项目该费用应当适当降低。

③在竣工验收时,为鉴定工程质量对隐蔽工程进行必要的挖掘和修复费用。

基本预备费的计算公式为

基本预备费 = [设备及工器具购置费 + 建筑安装工程费用 + 工程建设其他费用(不包括本项费用)] × 基本预备费费率　(1 -16)

式中,基本预备费费率按表 1.7 选取。

表1.7　基本预备费费率

设计阶段	计算基数	费率/%
项目建议书、可行性研究	工程费用+其他费用	10~15
初步设计	工程费用+其他费用	7~10

2)价差预备费。价差预备费是指建设项目在建设期间内由于价格等变化引起工程造价变化的预测预留费用。费用内容包括人工、设备、材料、施工机械的价差费,建筑安装工程费用及工程建设其他费用调整,利率、汇率调整等增加的费用。

价差预备费的测算可以根据国家规定的投资价格上涨率进行估算,其计算公式为

$$E=\sum_{t=0}^{n}I_t[(1+f)^n-1] \tag{1-17}$$

式中,E——价差预备费;n——建设期年份;I_t——第t期的投资额,包括设备及工器具购置费、建筑安装工程费用、工程建设其他费用及基本预备费;f——年投资价格上涨率。

(2)建设期贷款利息。建设期贷款利息是指基本建设项目投资的资金来源为银行贷款,建设单位应付给贷款银行的利息,该利息应列入建设项目投资之内。建设期贷款利息按借贷方式的不同,选择不同的计算公式。

1)贷款总额一次性贷出且利率固定的贷款,其利息的计算公式为

$$I=F-P \tag{1-18}$$

$$F=P(1+i)^n \tag{1-19}$$

式中,P——一次性贷款金额;F——还款时的本利和;i——年利率;n——贷款期限。

2)分年度均衡贷款。当贷款为按年度均衡发放时,利息可按当年年初借款在年中支用考虑,即当年贷款按半年利息,上年贷款按全年计息。所以,第j年应计的建设期利息q_j为

$$q_j=(P_{j-1}+\frac{1}{2}A_j)\cdot i \tag{1-20}$$

式中,P_{j-1}——第$j-1$年年末贷款累计金额与利息累计金额之和;A_j——第j年贷款金额;i——年利率。

建设期贷款总利息Q为

$$Q=\sum_{j=1}^{n}q_j \tag{1-21}$$

在国外贷款利息的计算中,还应包括国外贷款银行根据贷款协议向贷款方以年利率的方式收取的手续费、承诺费、管理费,以及国内代理机构经国家主管部门批准的以年利率方式向贷款单位收取的转贷费、管理费、担保费等。

(3)固定资产投资方向调节税。为了贯彻国家产业政策,控制投资规模,调整投资结构,引导投资方向,加强重点工程建设,促进国民经济持续、稳定、协调地发展,依照国家资产投资方向调节税条例,对于在我国境内进行固定资产(包括国家预算资产、国内外贷款、借款、赠款、各种自有资金、自筹资金和其他资金)的单位和个人(不含中外合资企业、中外合作经营企业和外商独资企业)征收固定资产投资方向调节税。

1)税率。根据国家产业政策及项目经济规模,固定资产投资方向调节税实行差别税率,税率为0%、5%、10%、15%和30%几个档次。差别税率按两大类设计:一是基本建设项目投资;二是更新改造项目投资,前者是4档税率,即0%、5%、15%、30%,后者是2档税率,即0%、10%。

①对基本建设项目适用的税率。

a.国家急需发展的投资项目,如农业、林业、水利、交通、能源、通信、原材料、科技、地质、勘

探、矿山开采等基础产业和薄弱环节的部门项目投资，适用零税率。

b.对于国家鼓励发展但受能源交通等制约的项目投资，如钢铁、化工、石油、水泥等部分重要原材料项目，以及一些重要机械、电子、轻工业与新型建材的项目，实行5%的税率。

c.为了配合住房制度改革，对城乡个人修建、购买住宅的投资实行零税率；对单位修建、购买一般性住宅投资，实行5%的低税率；对于单位用公款修建、购买高标准独门独院、别墅式住宅，实行30%的高税率。

d.对于楼堂管所及国家严格限制发展的项目投资，课以重税，税率为30%。

e.对于不属于上述四类的其他项目投资，实行中等税赋政策，税率为15%。

②更新改造项目投资适用的税率。

a.为了鼓励企事业单位进行设备更新和技术改造，促进技术进步，对国家急需发展的项目投资，予以扶持，适用零税率。

b.对不属于上述提到的其他更新改造项目投资，均按建筑工程投资，适用10%的税率。

2)计税依据。固定资产投资方向调节税以固定资产投资项目实际完成投资额为计税依据。实际完成投资额包括设备及工器具购置费、工程建设其他费用及预备费、建筑安装工程费。更新改造项目以建筑工程实际完成的投资额为计税依据。

3)缴纳方法。固定资产投资方向调节税按固定资产投资项目的单位工程年度计划预缴。年度终了，按年度实际完成投资额结算，多退少补。在项目竣工后，按应征投资方向调节税的项目及其单位工程的实际完成投资额进行清算，多退少补。

1.2　基本建设概预算的分类

1.投资估算

投资估算是指在基本建设前期工作（规划、项目建议书、可行性研究、计划任务书）阶段，建设单位向国家申请拟定建设项目或国家对拟定项目进行决策时，确定建设项目在规划、项目建议书、设计任务书等不同阶段的相应投资总额而编制的经济文件。

各个拟建项目的投资估算是编制固定资产长远投资规划和制定国民经济中长期发展计划的重要依据。没有各拟建项目的投资估算，则不可能准确地核算国民经济的固定资产投资需要量，不可能准确地确定国民经济积累的合理比例，也不能保持适度的投资规模和合理的投资结构。

2.初步设计概算

初步设计概算（简称设计概算）是指在初步设计阶段，由设计部门根据初步设计或扩大初步设计图纸、概算定额、概算指标及费用定额、设备预算价格等资料，确定每项新建、扩建、改建与恢复工程从筹建到竣工验收交付使用的全部建设费用的文件。概算文件是设计文件的重要组成部分，在报批设计文件的同时必须附有设计概算，没有设计概算，就不能作为完整的设计文件。

3.施工图预算

施工图预算是指在建设项目正式开工前，由设计单位、工程造价咨询与中介机构或施工企业根据已批准的施工图纸及其施工组织设计、施工现场情况，按照当地现行的预算定额（或单位估价表）及工程量计算规则、各项费用的取费标准或费用定额等资料，逐项计算工程量并套用定额汇总编制而成的确定工程预算造价的经济文件。其内容主要包括单位工程预算书、单项工程综合预算书、建设项目总预算书和建设工程其他费用预算书。

施工图预算主要有以下几方面的作用：

(1)它是确定建设工程预算造价的依据。经过批准的施工图预算就是建设工程的预算造价,即建设工程的出厂价格或称计划价格,所以,它也是控制建设工程投资的依据。建筑安装工程预算造价是确定施工企业收入的依据。

(2)它(或工程量清单报价)是建设单位和施工单位签订工程施工合同、实行工程预算包干、进行工程竣工结算的依据。

根据审批后的施工图预算,施工企业与建设单位签订工程施工合同。对于实行预算包干的工程,双方也是在施工图预算基础上,并根据双方确定的包干范围及各地基本建设主管部门的规定,确定预算包干系数,并计算应增加的不可预见费用(预备费)。双方以此为依据,签订工程费用包干施工合同。在工程竣工后,施工企业就可以施工图预算或以施工图预算加系数包干为依据向建设单位办理结算。

(3)它是拨付工程价款的依据。未经审查定案的施工图预算,不得拨付工程款。国家财政管理部门或建设银行只能根据审批后的施工图预算拨付建筑安装工程的价款,并监督建设单位与施工企业双方按工程施工进度办理预支和结算。

(4)它是施工企业加强经营管理,搞好经济核算的基础。施工图预算所确定的建筑安装工程造价是施工企业产品的出厂价格。它所提供的货币指标与实物指标是施工企业加强经营管理,搞好经济核算的基础。其主要作用表现在:它是施工企业编制经营计划和统计完成工作量的依据;是反映施工企业经营管理效果的依据;是施工企业进行施工预算与施工图预算对比的依据;是施工企业投标报价的依据;也是施工企业加强内部经济责任制的依据。

4.施工预算

施工预算指的是施工阶段,在施工图预算的控制下,施工企业根据施工图纸、施工定额(包括劳动定额、材料和施工机械台班消耗定额)、施工组织设计与降低工程成本技术组织措施等资料,通过计算工程量、进行工料分析,确定完成一个单位工程或其中的分部(项)工程所需要的人工、材料、机械台班消耗量及其相应费用的经济文件。施工预算主要有以下几方面的作用:

(1)它是编制施工作业计划并在施工过程中检查和督促的依据。编好施工作业计划是施工现场管理和执行施工计划的中心环节,同时也是施工企业科学和计划管理的基础和具体化。利用施工预算计算的单位工程或分部、分项、分层、建筑安装工作量、分段的工程量、分工种的劳动力需要量、材料需要量、预制品加工、构件等来安排施工作业计划和形象进度,同时也以此检查施工进度和质量,保证计划的实现。

(2)它是工区或施工队向班组(或队)签发施工任务单和限额领料的依据。施工任务单是记录班组(或队)完成任务情况和结算班组(或队)工人工资的凭证,是把施工作业计划落实到班组(或队)的计划文件。施工任务单的内容包括以下两部分:

1)下达给班组的工程任务。包括工程名称、工作内容、质量要求、开工和竣工日期、工程量、计件单价和平均技术等级等。

2)实际任务完成情况的记载和工资结算。包括实际开工日期、竣工日期、完成工作量、实用工日数、实际平均技术等级、完成工程的工资额、工人工时记录和每人工资分配额等。

限额领料单是随同施工任务单同时签发下达的。限额领料的材料数量来源于施工预算,是施工班组(或队)为完成规定的工程任务消耗材料的最高额度。

(3)它是施工企业实行班组核算、计算超额奖和计件工资,实行按劳分配的依据。因为施工预算中规定的完成每一分项工程所需要的人工、材料、机械台班消耗量,均是按施工定额计算的,所以在完成每个分项工程时,班组进行经济核算、计算计件工资并计算其超额或节约部分,将工人的劳动成果和工人的劳动所得直接联系起来,实行按劳分配。

(4)它是施工企业进行"两算"对比的依据。施工企业通过施工图预算和施工预算的"两算"对比,可以分析超支或节约的原因,改进技术操作和管理,有效地控制施工中人力、物力消耗,节约开支,从而保证降低成本和技术措施计划的完成。

(5)它是单位工程原始经济资料之一,也是开展造价分析和经济对比的基础。施工预算对于加强施工企业的计划管理、组织施工生产、签发施工任务单和限额领料单,实行班组核算,进行"两算"对比,节约物化劳动和活劳动的消耗,提高劳动生产率和降低工程成本均起着重要的作用。此外,工程结算和竣工决算均是基本建设活动中的重要经济文件,它们与以上各种经济文件有着密不可分的联系。

工程结算是指一个单项工程、单位工程、分部或分项工程完工,并经过建设单位及有关部门验收或验收点交后,施工企业根据施工过程中设计变更通知单、现场施工签证、材料预算价格、预算定额和各项费用标准等资料,在施工图预算的基础上,按规定编制的向建设单位办理结算工程价款,取得收入,用以补偿施工过程中的资金消耗,确定施工盈亏的经济文件。

工程结算通常由于建筑产品生产周期长,不能等到工程全部竣工后才结算工程价款,而是按工程进度或时间进行结算。所以,工程结算一般有定期结算、阶段结算与竣工结算等方式。它们是结算工程价款、考核工程成本、确定工程收入、进行计划统计、经济核算及竣工决算等的依据。其中竣工决算是反映工程全部造价的经济文件。

竣工决算是指当建设项目完工后在竣工验收阶段,由建设单位编制的建设项目从筹建到建成投产或使用的全部实际成本的经济文件。它是核算新增固定资产和流动资产价值,办理交付使用财产的重要依据,是基本建设经济效果的全面反映,也是进行建设项目财务总结,银行对其实行监督的必要手段。其内容由文字说明和决算报表两部分组成。从中可以反映:工程概况;设计概算和基建计划执行情况;各项技术经济指标完成情况;各款项使用情况;建设成本和投资效果的分析以及建设过程中的主要经验教训等。另外,施工企业内部通常也根据工程结算结果,编制单位工程竣工成本决算,核算单位工程的承包成本、计划成本、实际成本和成本降低额,作为企业内部成本分析、反映经营效果、总结经验、提高经营管理水平的手段。

综上所述,建设项目的投资估算、设计概算、施工图预算、施工预算以及工程结算、竣工决算均是建设项目不同建设阶段的重要经济文件,它们之间的相互联系,如图 1.6 所示。

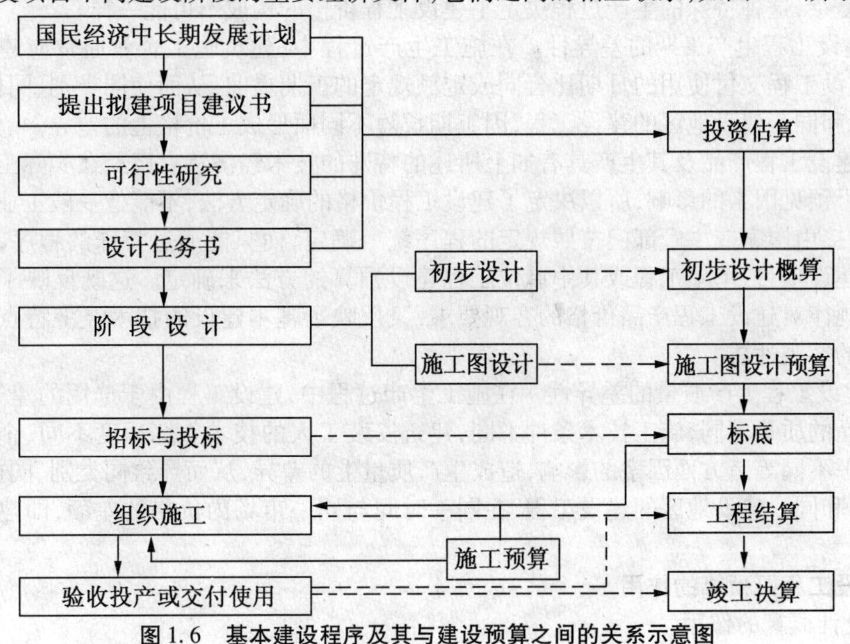

图 1.6　基本建设程序及其与建设预算之间的关系示意图

1.3 建设工程概预算的性质和作用

1.建设工程概预算的性质

通常,建设工程是一种按期货方式进行交换的商品。它的造价具有一般商品价格的共性,在其形成过程中同样受商品经济规律(价值规律、货币流通规律与商品供求规律)的支配。所以,建设工程的价格同其他工业生产的产品价格一样,均要通过国家规定的程序来确定。但是,建设工程及其生产特点与一般商品及生产特点相比,具有特殊的技术经济特点。

(1)建设工程生产的单件性。建设工程的多样性和固定性导致生产的单件性。一般工业产品大多数是标准化的,加工制造的过程也基本上相同,可以重复连续地进行批量生产。而建设工程的生产均是根据每个建设单位的特定要求,单独设计,并在指定的地点单独进行建造,基本上是单个"定做",而不是"批量"生产。为了适应不同的用途,建设工程的设计必须在总体规划、内容、规模、标准、等级、造型、结构、装饰、建筑材料和设备选用等诸方面各不相同。即使是用途完全相同的建设工程,按同一标准设计进行建造,其工程的局部构造、结构和施工方法等方面也会因建造时间、当地工程地质及水文地质情况以及气象等自然条件和社会技术经济条件的不同而发生变化。

(2)建设工程建造地点在空间上的固定性。建设工程均是建造在建设单位所选定的地点,建成后不能移动,只能在建造的地点使用。建设工程的固定性导致建设工程生产的地区性和流动性及其产品价格的差异性。这些特点对于建设工程的造价有很大的影响。

(3)建设工程生产的露天性。由于建设工程的固定性和形体庞大,其生产通常是露天进行的。即使建设工程生产的装配化、工厂化、机械化程度达到很高水平,也还是需要在指定的施工现场来完成固定的最终建设产品。所以,由于气象等自然条件的变化,会引起工程设计的某些内容和施工方法的变动,也会因采取防寒、防冻、防暑、防雨、防汛及防风等措施,而引起费用的增加,所以每个工程的造价会有所不同。

(4)建设工程生产周期长、程序复杂。建设工程的生产周期较长,环节多,涉及面广,社会合作关系复杂,这种特殊的生产过程决定了建设工程价格的构成不可能一样。

(5)建设工程生产工期的差异性。在施工生产过程中,建筑施工企业通常应建设单位的要求,将建设工程交付使用的日期比合同或定额规定的工期提前,从而使同类别、同标准、同功能、同质量和同一建设地区的建设工程,因工期长短不同而形成了价格上的差异。

由于建设工程产品及其生产具有如上所述的特殊的技术经济特点以及在实际工作中遇到的许多不可预见因素的影响,所以决定了建设工程价格的确定方法,不能像一般工业产品的价格那样,直接由国家或主管部门按照规定的程序统一确定,而只能通过特殊的程序,用单独编制每一个建设项目、单项工程或其中单位工程建设预算的方法来确定。这既反映了社会主义商品经济规律对建设工程产品价格的客观要求,又反映了基本建设的技术经济特点对其产品价格影响的客观性质。

(6)建设工程生产质量的差异性。在施工生产过程中,建设工程由于选用的建筑材料、半成品和成品的质量不同,施工技术条件不同,建筑安装工人的技术熟练程度不同,企业生产经营管理水平不同等诸方面因素的影响,造成生产质量上的差异,从而导致同类别、同标准、同功能、同工期和同一建设地区的建设工程,在同一时间与同一市场内价格的差额,即建设工程的质量差价。

2.建设工程概预算的作用

(1)设计概算的作用。

1)设计概算是国家确定和控制基本建设投资的依据。

2)设计概算是编制基本建设计划的依据。

3)设计概算是选择、确定设计方案的依据。

4)设计概算是实行建设项目投资大包干的依据。

5)设计概算是控制施工图概预算、考核建设项目工程成本的依据。

(2)施工图概预算的作用。

1)施工图概预算是确定建筑安装工程造价及建设银行拨付工程款或贷款的依据。

2)施工图概预算是建设单位与施工企业进行“招标”、“投标”、签订承包工程合同、办理工程拨款及竣工结算的依据。

3)施工图概预算是施工企业编制施工生产计划、统计建筑安装工作量和实物量,向施工班组进行承包指标分解的依据,也是编制各种人工、机具、成品、半成品材料供应计划的依据。

4)施工图概预算是施工企业考核工程成本、进行经济核算的依据,也是与施工预算进行对比分析不可缺少的文件。

(3)施工预算的作用。

1)施工预算是企业编制施工作业计划的依据,它为施工作业计划的编制提供分层、分段及分部分项工程量、材料数量及分工种的用工数。

2)施工预算可为施工队向生产班组下达施工任务和限额领料提供依据。

3)施工预算可为推行奖金制度和计件工资的实施提供重要依据。

4)施工预算是进行施工预算和施工图概预算对比的依据。

5)施工预算是督促和加强施工管理、控制和降低工程计划成本的有力措施。

1.4　建设工程概预算文件的组成

1.单位工程概预算书

单位工程概预算书是确定一个生产车间、独立建筑物或构筑物中的一般土建工程、特殊构筑物工程、工业管道工程、电器照明工程、卫生工程、机械设备及安装工程、电气设备及安装工程等单位工程建设费用的文件。

单位工程概预算书是根据设计图纸、概算指标、预算定额、概算定额和各项费用定额、计划利润率与税率等资料编制的。

2.单项工程综合概预算书

单项工程综合概预算书是确定某一生产车间、独立建筑物或构筑物全部建设费用的文件,它是由该单项工程内的各单位工程概预算书汇编而成的。一个建设项目有多少个单项工程就应编制多少份单项工程的综合概预算书。如果某建设项目只有一个单项工程,则与这个工程有关的建设工程的其他费用概预算,也应综合到这个单项工程的综合概预算中。在此种情况下,单项工程综合概预算书实际上就是一个建设项目的总概预算书。

3.建设项目总概预算书

建设项目总概预算书是确定一个建设项目从筹建到竣工验收全过程的全部建设费用的文件。

总概预算书是由各生产车间、独立建筑物、独立构筑物等单项工程的综合概预算书及建设工程其他费用概预算书汇编而成的。所以,总概预算书中的费用项目一般分为两部分,以工业建设项目总概预算为例介绍:

第一部分工程费用项目,可分为

①主要生产性项目和辅助生产性项目。

②公用设施工程项目。

③生活、福利、文化、教育及服务性项目。

第二部分建设工程其他费用项目,可分为

①土地、青苗等补偿费和安置补助费。

②建设单位管理费。

③研究试验费。

④勘察设计费。

⑤施工机构迁移费。

⑥供电贴费。

⑦大型专用机械设备购置费。

⑧固定资产投资方向调节税。

⑨建设期贷款利息。

⑩场地准备及临时设施费。

⑪引进技术和进口设备项目的其他费用。

在第一、第二两部分费用项目的合计之后,应列出预备费;在总概预算书的最后还应列出可以回收的金额。

总概预算书是根据项目所包括的各个工程项目的综合预算书以及该建设项目的建设工程其他费用预算书汇编而成的。需要指出的是,总概预算编制工作还不健全,但总概预算是计算建设成本的基础。所以为了全面搞好基本建设的核算工作,应努力创造条件,把总概预算书编好。

由于大型建设项目工程规模大,距离中心城市较远,构造特殊等,统一的地区单位估价表往往不适用于大型建设项目。所以,国家规定,大型、特殊的建设项目,可以根据工程的需要,按照统一的预算定额,编制适用于该工程要求的单位估价表,并据此确定该工程的建筑及设备安装工程费用。为大型、特殊的建设项目编制的材料预算价格表、单位估价表等资料,从广义上说,也都是建设工程预算文件的组成部分。

每个建设项目的建设工程概预算文件的组成并不都是一样的,它根据工程规模的大小、工程性质和用途以及工程所在地的不同来确定。

第2章　安装工程费用项目组成及计算

2.1　安装工程费用项目的组成

1.建筑安装工程费用项目的调整

根据建设部、财政部的建标[2003]206号文,对建筑安装工程费用项目组成进行了调整。调整的主要内容有如下5点:

(1)建筑安装工程费用由直接费、间接费、利润与税金组成。

(2)为了适应建筑安装工程招标投标竞争定价的需要,将原其他直接费与临时设施费以及原直接费中属于工程非实体消耗费用合并为措施费,措施费可根据专业和地区的情况自行补充。

(3)将原其他直接费项下对建筑材料、构件和建筑安装物进行一般鉴定、检查所发生的检验试验费列入材料费。

(4)将原现场管理费、企业管理费、财务费与其他费用合并为间接费。根据国家建立社会保障体系的有关要求,在规费中列出社会保障相关费用。

(5)原计划利润改为利润。

2.现行的建筑安装工程费用项目组成

新的费用项目组成自2004年1月1日起施行,其具体费用组成如图2.1所示。建筑安装工程费由直接费、间接费、利润与税金组成。

(1)直接费,由直接工程费与措施费组成。

1)直接工程费。直接工程费是指施工过程中消耗的构成工程实体的各项费用,包括人工费、材料费、施工机械使用费。

①人工费。是指直接从事建筑安装工程施工的生产工人开支的各项费用,内容包括如下几项。

a.基本工资:是指发放给生产工人的基本工资。

b.工资性补贴:是指按规定标准发放的物价补贴,煤、燃气补贴,交通补贴,住房补贴,流动施工津贴等。

c.生产工人辅助工资:是指生产工人年有效施工天数以外非作业天数的工资,包括职工学习、培训期间的工资,调动工作、探亲、休假期间的工资,因气候影响的停工工资,女工哺乳时间的工资,病假在6个月以内的工资及产、婚、丧假期的工资。

d.职工福利费:是指按规定标准计提的职工福利费。

e.生产工人劳动保护费:是指按规定标准发放的劳动保护用品的购置费及修理费,徒工服装补贴,防暑降温费,在有碍身体健康环境中施工的保健费用等。

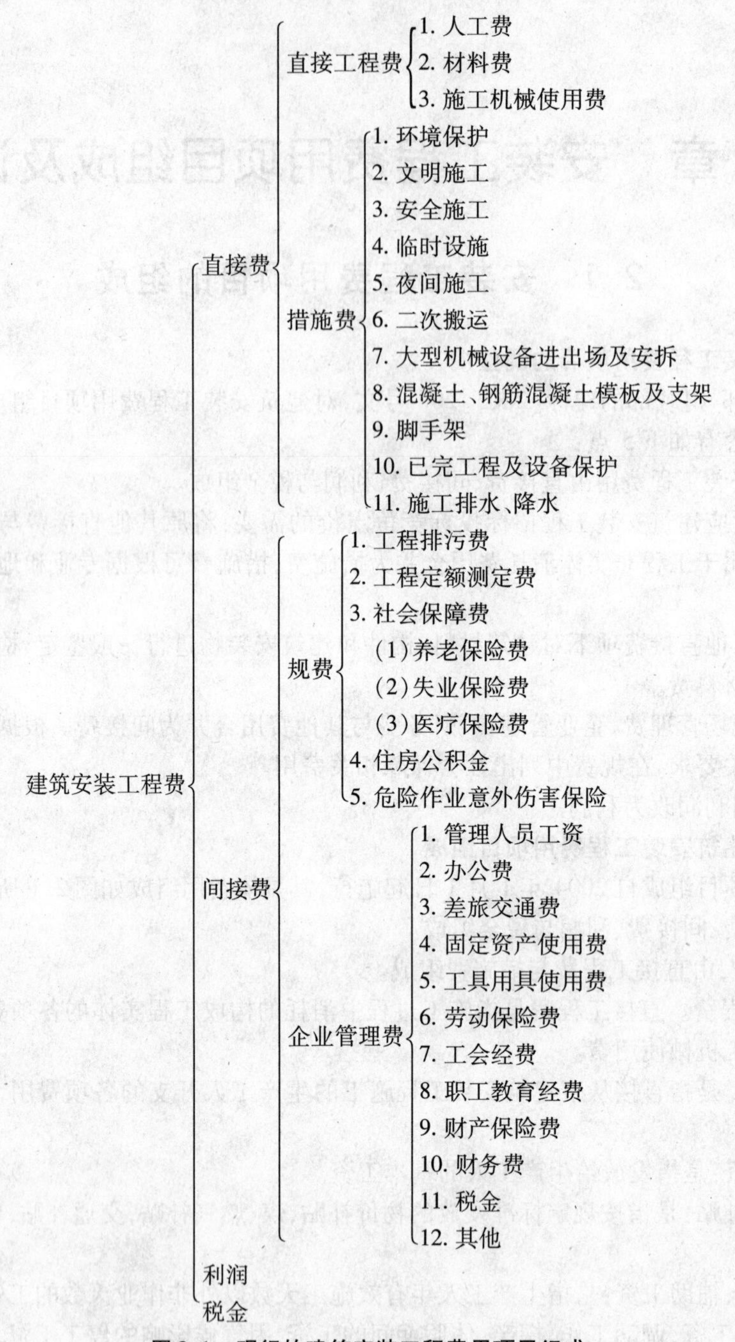

图 2.1 现行的建筑安装工程费用项目组成

②材料费。是指施工过程中耗费的构成工程实体的原材料、辅助材料、构配件、零件、半成品的费用,材料费的内容主要有以下几项:

a. 材料原价(或供应价格)。

b. 材料运杂费:是指材料自来源地运至工地仓库或指定堆放地点所发生的全部费用。

c. 运输损耗费:是指材料在运输装卸过程中不可避免的损耗。

d. 采购及保管费:是指为组织采购、供应和保管材料过程中所需要的各项费用,包括采购费、仓储费、工地保管费及仓储损耗。

e. 检验试验费:是指对建筑材料、构件和建筑安装物进行一般鉴定、检查所发生的费用,包括自设试验室进行试验所耗用的材料和化学药品等费用,不包括新结构、新材料的试验费和建设单位对具有出厂合格证明的材料进行检验,对构件做破坏性试验及其他特殊要求检验试验的费用。

③施工机械使用费。它是指施工机械作业所发生的机械使用费以及机械安拆费和场外运费。施工机械台班单价应由以下7项费用组成。

a. 折旧费:指施工机械在规定的使用年限内,陆续收回其原值及购置资金的时间价值。

b. 大修理费:指施工机械按规定的大修理间隔台班进行必要的大修理,以恢复其正常功能所需的费用。

c. 经常修复费:指施工机械除大修理以外的各级保养和临时故障排除所需的费用。包括为保障机械正常运转所需替换设备与随机配备工具附具的摊销和维护费用,机械运转中日常保养所需润滑与擦拭的材料费用及机械停滞期间的维护和保养费用等;

d. 安拆费及场外运费安拆费:指施工机械在现场进行安装与拆卸所需的人工、材料、机械和试运转费用以及机械辅助设施的折旧、搭设、拆除等费用;场外运费指施工机械整体或分体自停放地点运至施工现场或由一施工地点运至另一施工地点的运输、装卸、辅助材料及架线等费用。

e. 人工费:指机械上司机和其他操作人员的工作日人工费及上述人员在施工机械规定的年工作台班以外的人工费。

f. 燃料动力费:指施工机械在运转作业中所消耗的固体燃料(煤、木柴)、液体燃料(汽油、柴油)及水、电等。

g. 养路费及车船使用税:指施工机械按照国家规定和有关部门规定应缴纳的养路费、车船使用税、保险费及年检费等。

2)措施费。措施费是指为了完成工程项目施工,发生于该工程前和施工过程中非工程实体项目的费用。

措施费的内容主要有以下几项:

①环境保护费。它是指施工现场为达到环保部门要求所需要的各项费用。

②文明施工费。它是指施工现场文明施工所需要的各项费用。

③安全施工费。它是指施工现场安全施工所需要的各项费用。

④临时设施费。它是指施工企业为进行建筑工程施工所必须搭设的生活和生产用的临时建筑物、构筑物和其他临时设施费用等。

临时设施费主要包括临时宿舍、文化福利及公用事业房屋与构筑物、仓库、办公室、加工厂以及规定范围内道路、水、电、管线等临时设施。

其它临时设施费用主要包括临时设施的搭设、维修、拆除费或摊销费。

⑤夜间施工费。它是指因夜间施工所发生的夜班补助费、夜间施工降效、夜间施工照明设备摊销及照明用电等费用。

⑥二次搬运费。它是指因施工场地狭小等特殊情况而发生的二次搬运费用。

⑦大型机械设备进出场及安拆费。它是指机械整体或分体自停放场地运至施工现场或由一个施工地点运至另一个施工地点,所发生的机械进出场运输及转移费用,及机械在施工现场进行安装、拆卸所需的人工费、材料费、机械费、试运转费和安装所需的辅助设施的费用。

⑧混凝土、钢筋混凝土模板及支架费。它是指混凝土施工过程中需要的各种钢模板、木模板、支架等的支、拆、运输费用及模板、支架的摊销(或租赁)费用。

⑨脚手架费。它是指施工需要的各种脚手架搭、拆、运输费用及脚手架的摊销(或租赁)费用。

⑩已完工程及设备保护费。它是指竣工验收前,对已完工程及设备进行保护所需费用。

⑪施工排水、降水费。它是指为确保工程在正常条件下施工,采取各种排水、降水措施所发生的各种费用。

(2)间接费,由规费与企业管理费组成。

1)规费。规费是指政府和有关权利部门规定必须缴纳的费用(简称规费),包括以下内容:

①工程排污费。它是指施工现场按规定缴纳的工程排污费。

②工程定额测定费。它是指按规定支付工程造价(定额)管理部门的定额测定费。

③社会保障费。

a. 养老保险费。它是指企业按规定标准为职工缴纳的基本养老保险费。

b. 失业保险费。它是指企业按照规定标准为职工缴纳的失业保险费。

c. 医疗保险费。它是指企业按照规定标准为职工缴纳的基本医疗保险费。

④住房公积金。它是指企业按规定标准为职工缴纳的住房公积金。

⑤危险作业意外伤害保险。它是指按照建筑法规定,企业为从事危险作业的建筑安装施工人员支付的意外伤害保险费。

2)企业管理费。它是指建筑安装企业组织施工生产和经营管理所需费用,主要包括以下内容:

①管理人员工资。它是指管理人员的基本工资、工资性补贴、职工福利费、劳动保护费。

②办公费。它是指企业管理办公用的文具、账表、纸张、印刷、邮电、书报、会议、水电、烧水和集体取暖(包括现场临时宿舍取暖)用煤等费用。

③差旅交通费。它是指职工因公出差、调动工作的差旅费、住勤补助费,市内交通费和误餐补助费,职工探亲路费,劳动力招募费,职工离退休、退职一次性路费,工伤人员就医路费,工地转移费以及管理部门使用的交通工具的油料、燃料、养路费及牌照费。

④固定资产使用费。它是指管理和试验部门及附属生产单位使用的属于固定资产的房屋、设备仪器等的折旧,大修、维修或租赁费。

⑤工具用具使用费。它是指管理使用的不属于固定资产的生产工具、器具、交通工具、家具和检验、试验、测绘、消防用具等的购置、维修和摊销费。

⑥劳动保险费。它是指由企业支付离退休职工的易地安家补助费、职工退职金、6 个月以上的病假人员工资、职工死亡丧葬补助费、抚恤费、按规定支付给离休干部的各项经费。

⑦工会经费。它是指企业按职工工资总额计提的工会经费。

⑧职工教育经费。它是指企业为职工学习先进技术和提高文化水平,按照职工工资总额计提的费用。

⑨财产保险费。它是指施工管理用财产、车辆保险的费用。

⑩财务费。它是指企业为筹集资金而发生的各种费用。

⑪税金。它是指企业按规定缴纳的房产税、车船使用税、土地使用税、印花税等。

⑫其他。包括技术转让费、技术开发费、业务招待费、广告费、绿化费、公证费、法律顾问费、审计费、咨询费等。

(3)利润,是指施工企业完成所承包工程所获得的盈利。

(4)税金,是指国家税法规定的应计入建筑安装工程造价内的营业税、城市维护建设税及教育费附加等。

2.2　安装工程直接费组成及计算

直接费由直接工程费和措施费组成,其计算方法如下。

1. 直接工程费

$$直接工程费=人工费+材料费+施工机械使用费 \tag{2-1}$$

(1)人工费:

$$人工费=\sum(工日消耗量\times日工资单价) \tag{2-2}$$

$$日工资单价(G)=\sum G_i(i=1,\cdots,5) \tag{2-3}$$

1)基本工资(G_1):

$$基本工资(G_1)=生产工人平均月工资/年平均每月法定工作日 \tag{2-4}$$

2)工资性补贴(G_2):

$$工资性补贴(G_2)=\frac{\sum 年发放标准}{全年日历日-法定假日}+每工作日发放标准+\frac{\sum 月发放标准}{年平均每月法定工作日} \tag{2-5}$$

3)生产工人辅助工资(G_3):

$$生产工人辅助工资(G_3)=\frac{全年有效工作日\times(G_1+G_2)}{(全年日历日-法定假日)} \tag{2-6}$$

4)职工福利费(G_4):

$$职工福利费(G_4)=(G_1+G_2+G_3)\times福利费计提比例(\%) \tag{2-7}$$

5)生产工人劳动保护费(G_5):

$$生产工人劳动保护费(G_5)=\frac{生产工人年平均支出劳动保护费}{(全年日历日-法定假日)} \tag{2-8}$$

(2)材料费:

$$材料费=\sum(材料消耗量\times材料基价)+检验试验费 \tag{2-9}$$

$$材料基价=[(供应价格+运杂费)\times(1+运输损耗率)]\times(1+采购保管费率) \tag{2-10}$$

$$检验试验费=\sum(单位材料量检验试验费\times材料消耗量) \tag{2-11}$$

(3)施工机械使用费:

$$施工机械使用费=\sum(施工机械台班消耗量\times机械台班单价) \tag{2-12}$$

$$机械台班单价=台班折旧费+台班大修费+台班经常修理费+台班安拆费及场外运费+台班人工费+台班燃料动力费+台班养路费及车船使用税 \tag{2-13}$$

2. 措施费

建设部、财政部的建标[2003]206号文的规则只列出通用措施费用项目的计算方法,各专业工程的专用措施费项目的计算方法由各地区或国务院有关专业主管部门的工程造价管理机构自行规定。

(1)环境保护:

$$环境保护费=直接工程费\times环境保护费费率(\%) \tag{2-14}$$

$$环境保护费费率(\%)=\frac{本项费用年度平均支出}{全年建安产值\times直接工程费占总造价比例(\%)} \tag{2-15}$$

(2)文明施工:

$$文明施工费=直接工程费\times文明施工费费率(\%) \tag{2-16}$$

$$文明施工费费率(\%)=\frac{本项费用年度平均支出}{全年建安产值\times直接工程费占总造价比例(\%)} \quad (2-17)$$

(3)安全施工:

$$安全施工费=直接工程费\times安全施工费费率(\%) \quad (2-18)$$

$$安全施工费费率(\%)=\frac{本项费用年度平均支出}{全年建安产值\times直接工程费占总造价比例(\%)} \quad (2-19)$$

(4)临时设施费:

临时设施费由以下三部分组成:

1)周转使用临建(如活动房屋)。

2)一次性使用临建(如简易建筑)。

3)其他临时设施(如临时管线):

$$临时设施费=(周转使用临建费+一次性使用临建费)\times[1+其他临时设施所占比例(\%)] \quad (2-20)$$

$$①周转使用临时费=\sum\left[\frac{临建面积\times每平方米造价}{使用年限\times365\times利用率(\%)}\times工期(天)\right]+一次性拆除费 \quad (2-21)$$

$$②一次性使用临建费=\sum临建面积\times每平方米造价\times[1-残值率(\%)]+一次性拆除费 \quad (2-22)$$

③其他临时设施在临时设施费中所占比例可由各地区造价管理部门依据典型施工企业的成本资料经分析后综合测定。

(5)夜间施工增加费:

$$夜间施工增加费=(1-合同工期/定额工期)\times(直接工程费用中的人工费合计/平均日工资单价)\times每工日夜间施工费开支 \quad (2-23)$$

(6)二次搬运费:

$$二次搬运费=直接工程费\times二次搬运费费率(\%) \quad (2-24)$$

$$二次搬运费费率(\%)=\frac{年平均二次搬运费开支额}{全年建安产值\times直接工程费占总造价的比例(\%)} \quad (2-25)$$

(7)大型机械进出场及安拆费:

$$大型机械进出场及安拆费=\frac{一次进出场及安拆费\times年平均安拆次数}{年工作台班} \quad (2-26)$$

(8)混凝土、钢筋混凝土模板及支架:

$$模板及支架费=模板摊销量\times模板价格+支、拆、运输费摊销量=一次使用量\times(1+施工损耗)\times[1+(周转次数-1)\times补损率/周转次数-(1-补损率)50\%/周转次数] \quad (2-27)$$

$$租赁费=模板使用量\times使用日期\times租赁价格+支、拆、运输费 \quad (2-28)$$

(9)脚手架搭拆费:

$$脚手架搭拆费=脚手架摊销量\times脚手架价格+搭、拆、运输费 \quad (2-29)$$

$$脚手架摊销量=\frac{单位一次使用量\times(1-残值率)}{耐用期/一次使用期} \quad (2-30)$$

$$租赁费=脚手架每日租金\times搭设周期+搭、拆、运输费 \quad (2-31)$$

(10)已完工程及设备保护费:

$$已完工程及设备保护费=成品保护所需机械费+材料费+人工费 \quad (2-32)$$

(11)施工排水、降水费:

$$排水降水费=\sum排水降水机械台班费\times排水降水周期+排水降水使用材料费、人工费 \quad (2-33)$$

2.3 安装工程间接费组成及计算

1. 间接费的计算方法

间接费的计算方法按取费基数的不同分为以下三种：

(1)以直接费为计算基础：

$$间接费 = 直接费合计 \times 间接费费率(\%) \tag{2-34}$$

(2)以人工费和机械费合计为计算基础：

$$间接费 = 人工费和机械费合计 \times 间接费费率(\%) \tag{2-35}$$

$$间接费费率(\%) = 规费费率(\%) + 企业管理费费率(\%) \tag{2-36}$$

(3)以人工费为计算基础：

$$间接费 = 人工费合计 \times 间接费费率(\%) \tag{2-37}$$

2. 规费费率和企业管理费费率的计算公式

(1)规费费率。根据本地区典型工程发承包价的分析资料综合取定规费计算中的所需数据：

1)每万元发承包价中人工费含量和机械费含量。

2)人工费占直接费的比例。

3)每万元发承包价中所含规费缴纳标准的各项基数。

规费费率的计算公式有以下三种：

1)以直接费为计算基础：

$$规费费率(\%) = \frac{\sum 规费缴纳标准 \times 每万元发承包价计算基数}{每万元发承包价中的人工费含量} \times 人工费占直接费的比例(\%) \tag{2-37}$$

2)以人工费和机械费合计为计算基础：

$$规费费率(\%) = \frac{\sum 规费缴纳标准 \times 每万元发承包价计算基数}{每万元发承包价中的人工费含量和机械费含量} \times 100\% \tag{2-38}$$

3)以人工费为计算基础：

$$规费费率(\%) = \frac{\sum 规费缴纳标准 \times 每万元发承包价计算基数}{每万元发承包价中的人工费含量} \times 100\% \tag{2-39}$$

(2)企业管理费费率。企业管理费费率计算公式有以下三种：

1)以直接费为计算基础：

$$企业管理费费率(\%) = \frac{生产工人年平均管理费}{年有效施工天数 \times 人工单价} \times 人工费占直接费比例(\%) \tag{2-40}$$

2)以人工费和机械费合计为计算基础：

$$企业管理费费率(\%) = \frac{生产工人年平均管理费}{年有效施工天数 \times (人工单价 + 每日机械使用费)} \times 100\% \tag{2-41}$$

3)以人工费为计算基础：

$$企业管理费费率(\%) = \frac{生产工人年平均管理费}{年有效施工天数 \times 人工单价} \times 100\% \tag{2-42}$$

2.4 安装工程利润及其计算

利润的计算公式按工料单价法和综合单价法及计算基数有不同的公式,具体如下。

1. 工料单价法计价程序

工料单价法是以分部分项工程量乘以单价后的合计为直接工程费,直接工程费以人工、材料、机械的消耗量及其相应价格确定。直接工程费汇总后另加间接费、利润、税金生成工程发承包价,其计算程序分为以下三种。

(1)以直接费为计算基础,以直接费为计算基础的工料单价法计价程序见表2.1所示。

表2.1　以直接费为基础的工料单价法计价程序

序号	费用项目	计算方法	备注
1	直接工程费	按预算表	
2	措施费	按规定标准计算	
3	小计	1+2	
4	间接费	3×相应费率	
5	利润	(3+4)×相应利润率	
6	合计	3+4+5	
7	含税造价	6×(1+相应税率)	

(2)以人工费和机械费为计算基础,以人工费和机械费为计算基础的工料单价法计价程序见表2.2所示。

表2.2　以人工费和机械费为基础的工料单价法计价程序

序号	费用项目	计算方法	备注
1	直接工程费	按预算表	
2	其中人工费和机械费	按预算表	
3	措施费	按规定标准计算	
4	其中人工费和机械费	按规定标准计算	
5	小计	1+3	
6	人工费和机械费小计	2+4	
7	间接费	6×相应费率	
8	利润	6×相应利润率	
9	合计	5+7+8	
10	含税造价	9×(1+相应税率)	

(3)以人工费为计算基础,以人工费为计算基础的工料单价法计价程序如表2.3所示。

表2.3　以人工费为基础的工料单价法计价程序

序号	费用项目	计算方法	备注
1	直接工程费	按预算表	
2	直接工程费中人工费	按预算表	
3	措施费	按规定标准计算	
4	措施费中人工费	按规定标准计算	
5	小计	1+3	
6	人工费小计	2+4	
7	间接费	6×相应费率	
8	利润	6×相应利润率	

续表 2.3

序号	费用项目	计算方法	备注
9	合计	5+7+8	
10	含税造价	9×(1+相应税率)	

2. 综合单价法计价程序

综合单价法是分部分项工程单价为全费用单价,全费用单价经综合计算后生成,其内容包括直接工程费、间接费、利润和税金,措施费也可按此方法生成全费用价格。

各分项工程量乘以综合单价的合价汇总后,生成工程发承包价。

由于各分部分项工程中的人工、材料、机械含量的比例不同,各分项工程可根据其材料费占人工费、材料费、机械费合计的比例(以字母“C”代表该项比值)在以下三种计算程序中选择一种计算其综合单价。

(1)以人工费、材料费、机械费合计为计算基数。当 $C>C_0$(C_0 为本地区原费用定额测算所选典型工程材料费占人工费、材料费和机械费合计的比例)时,可以采用以人工费、材料费、机械费合计为基数计算该分项的间接费和利润(见表 2.4 所示)。

表 2.4　以直接费为基础的综合单价法计价程序

序号	费用项目	计算方法	备注
1	分项直接工程费	人工费+材料费+机械费	
2	间接费	1×相应费率	
3	利润	(1+2)×相应利润率	
4	合计	1+2+3	
5	含税造价	4×(1+相应税率)	

(2)以人工费和机械费合计为计算基数。当 $C<C_0$ 值的下限时,可以采用以人工费和机械费合计为基数计算该分项的间接费和利润(见表 2.5 所示)。

表 2.5　以人工费和机械费为基础的综合单价计价程序

序号	费用项目	计算方法	备注
1	分项直接工程费	人工费+材料费+机械费	
2	其中人工费和机械费	人工费+机械费	
3	间接费	2×相应费率	
4	利润	2×相应利润率	
5	合计	1+3+4	
6	含税造价	5×(1+相应税率)	

(3)以人工费为计算基数。若该分项的直接费仅为人工费,无材料费和机械费时,可采用以人工费为基数计算该分项的间接费和利润(见表 2.6 所示)。

表 2.6　以人工费为基础的综合单价计价程序

序号	费用项目	计算方法	备注
1	分项直接工程费	人工费+材料费+机械费	
2	直接工程费中人工费	人工费	
3	间接费	2×相应费率	
4	利润	2×相应利润率	
5	合计	1+3+4	
6	含税造价	5×(1+相应税率)	

2.5 安装工程税金组成及计算

1. 税金计算公式

税金的计算公式为

$$税金=(税前造价+利润)\times税率(\%) \tag{2-43}$$

2. 税率计算公式

按纳税地点的不同有如下三种税率计算公式:

(1)纳税地点在市区的企业:

$$税率(\%)=\frac{1}{1-3\%-(3\%\times7\%)-(3\%\times3\%)}-1=3.413\% \tag{2-44}$$

(2)纳税地点在县城、镇的企业:

$$税率(\%)=\frac{1}{1-3\%-(3\%\times5\%)-(3\%\times3\%)}-1=3.348\% \tag{2-45}$$

(3)纳税地点不在市区、县城、镇的企业:

$$税率(\%)=\frac{1}{1-3\%-(3\%\times1\%)-(3\%\times3\%)}-1=3.22\% \tag{2-46}$$

上述公式是根据国家税法的规定确定的,按国家税法的规定应计入建筑安装工程造价的税种有营业税、城市维护建设税与教育费附加三种。

(1)营业税。营业税是按承包工程营业收入征收的一种税,建筑业适用的营业税税率为3%,对于建筑安装工程,营业税的计算公式为

$$营业税=含税造价\times适用税率=含税造价\times3\% \tag{2-47}$$

(2)城市维护建设税。城市维护建设税是国家为了加强城市的维护建设,扩大和稳定维护建设资金来源而征收的一种税,与营业税同时缴纳。城市维护建设税计税基数为营业税额,实行比例税率,纳税人所在地分别为市区、城镇、不在市区城镇的,其税率分别为7%、5%、1%。其计算公式为

$$城市维护建设税=营业税\times适用税率=含税造价\times3\%\times城建税率 \tag{2-48}$$

1)纳税点在市区的企业:

$$城市维护建设税=含税造价\times3\%\times7\% \tag{2-49}$$

2)纳税地点在县城、镇的企业:

$$城市维护建设税=含税造价\times3\%\times5\% \tag{2-50}$$

3)纳税地点不在市区、县城、镇的企业:

$$城市维护建设税=含税造价\times3\%\times1\% \tag{2-51}$$

(3)教育费附加。它是一种扩大地方教育资金来源的税种,与营业税同时缴纳,计税基数为营业税,适用税率一般为3%,教育费附加的计算公式为

$$教育费附加=含税造价\times3\%\times3\% \tag{2-52}$$

在工程造价计算程序中,税金的计算在各种费用计算之后进行。税金计算之前的所有费用之和称为税前造价,税前造价加税金称为含税造价,即

$$含税造价=税金+税前造价 \tag{2-53}$$

$$税金=税前造价\times税前造价税金率 \tag{2-54}$$

$$税前造价税金率=\frac{1}{1-含税造价税金率}-1 \tag{2-55}$$

第3章　安装工程定额计价

3.1　定额概述

1. 定额的发展概况

新中国成立以来,为了适应我国经济建设发展的需要,党和政府对建立和加强各种定额的管理工作十分重视。

1955年,劳动部和建筑工程部联合编制了《全国统一建筑安装工程劳动定额》,这是我国建筑业第一次编制的全国统一劳动定额。1962年、1966年建筑工程部先后两次修订并颁发了《全国建筑安装统一劳动定额》,这一时期是定额管理工作比较健全的时期。由于集中统一领导,执行定额认真,并且广泛开展技术测定,定额的深度和广度都有发展。当时对组织施工、改善劳动组织、降低工程成本、提高劳动生产率起到了有力的促进作用。

在1966－1967年期间,由于定额管理制度被取消,造成劳动无定额、核算无标准、效率无考核,施工企业出现严重亏损,给建筑业造成了不可弥补的损失。

在1967年之后,工程定额在建筑业的作用逐步得到恢复和发展。国家主管部门为了恢复和加强定额工作,1979年编制并颁发了《建筑安装工程统一劳动定额》。随后,各省、市、自治区相继设立了定额管理机构,企业配备了定额人员,并在此基础上编制了本地区的《建筑工程施工定额》。从而使定额管理工作进一步适应各地区生产发展的需要,调动了广大建筑工人的生产积极性,对提高劳动生产率起到了明显的促进作用。为了适应建筑业的发展和施工中不断涌现的新结构、新技术、新材料的需要,城乡建设环境保护部于1985年编制并颁发了《全国建筑安装工程统一劳动定额》。

随着工程预算制度的建立和发展,工程预算定额也相应产生并且不断发展。1955年,建筑工程部编制了《全国统一建筑工程预算定额》;1957年,国家建委在此基础上进行了修订并颁发全国统一的《建筑工程预算定额》;随后,国家建委通知将建筑工程预算定额的编制和管理工作,下放到省、市、自治区。各省、市、自治区于以后几年间先后组织编制了本地区的建筑安装工程预算定额。1981年,国家建委组织编制了《建筑工程预算定额》(修改稿),各省、市、自治区在此基础上于1984年、1985年先后编制了适合本地区的建筑安装工程预算定额。预算定额是预算制度的产物,它为各地区建筑产品价格的确定提供了重要依据。

北京市城乡建设委员会先后于1977年、1984年编制了《北京市建筑工程预算定额》;1986年,依据1984年定额又重新编制了《单位估价表》。为了适应改革的需要,1989年在全国率先编制实行了《概算定额》,1992年又进行了修订,1996年在总结几年执行过程中的经验基础上,又颁布了1996年《概算定额》。

1996年的概算定额执行了6年,为了适应市场的需要,北京市造价管理处在充分调查研究的基础上组织强有力的专业人员重新编制了2001年《北京市建设工程预算定额》,并于2002年4月1日起执行。

为了加强设计概算管理,规范工程计价行为,北京造价管理处编制了2004年《北京市建设工程概算定额》,并于2005年4月1日起执行。

应该提出的是,《建设工程工程量清单计价规范》(GB 50500—2008)自2008年12月1日起在全国开始执行,这在我国工程计价管理方面是一个重大改革,在工程造价领域与国际惯例接轨方面是一个重大的举措。

2. 定额的基本概念

(1)定额的概念。"定"就是规定;"额"就是额度或限额,是进行生产经营活动时,在人力、物力、财力消耗方面所应遵守或达到的数量标准。从广义理解,定额是规定的额度或限额,即标准或尺度,也是处理特定事物的数量界限。

在现代社会经济生活中,定额应用广泛。就生产领域来说,工时定额、原材料消耗定额、流动资金定额、原材料和成品半成品储备定额等均是企业管理的重要基础。在工程建设领域也存在多种定额,它是工程造价计价的重要依据。更为重要的是,在市场经济条件下,从市场价格机制角度,该如何看待现行工程建设定额在工程价格形成中的作用。所以,在研究工程造价的计价依据与计价方式时,有必要首先对工程建设定额的基本原理有一个基本认识。

(2)建设工程定额的概念。建设工程定额是指在正常的施工条件与合理劳动组织、合理使用材料及机械的条件下,完成单位合格产品所必须消耗资源的数量标准。

建设工程定额是工程造价的计价依据。在建设管理中,反映社会生产力投入和产出关系的定额必不可缺。尽管建设管理科学在不断发展,但是仍然离不开建设工程定额。

定额概念中的"正常施工条件"是界定研究对象的前提条件。通常,在定额子目中,仅规定了完成单位合格产品所必须消耗人工、材料、机械台班的数量标准,而定额的总说明、册说明、章说明中,则对定额编制的依据、定额子目包括的内容和未包括的内容、正常施工条件和特殊条件下,数量标准的调整系数等均作了说明和规定。所以,了解正常施工条件是学习使用定额的基础。

定额概念中"合理劳动组织、合理使用材料和机械"是指按定额规定的劳动组织、施工应符合国家现行的施工及验收规范、规程、标准,施工条件完善,材料符合质量标准,运距在规定的范围内,施工机械设备符合质量规定的要求,运输、运行正常等。

定额概念中"单位合格产品"的单位是指定额子目中的单位。合格产品的含义是施工生产提供的产品,必须符合国家或行业现行施工及验收规范和质量评定标准的要求。

定额概念中"资源"是指施工中人工、材料、机械、资金这些生产要素。

综上所述,定额不仅规定了建设工程投入产出的数量标准,而且还规定了具体工作内容、质量标准和安全要求。由于个别生产过程中的投入产出关系不能形成定额,所以只有大量科学分析、考查建设工程中投入和产出关系,并取其平均先进水平或社会平均水平,才能确定某一研究对象的投入和产出的数量标准,从而制定定额。

3. 定额的性质

(1)科学性。定额的科学性主要表现为定额的编制是在认真研究客观规律的基础上,自觉遵循客观规律的要求,用科学方法确定各项消耗量标准。所确定的定额水平是大多数企业和职工经过努力能够达到的平均先进水平。

(2)群众性。定额的拟定和执行都要有广泛的群众基础。通常,定额的拟定采取工人、技术人员与专职定额人员三结合方式。从而使拟定定额时能够从实际出发,反映建筑安装工人的实际水平,并保持一定的先进性,使定额容易为广大职工所掌握。

(3)法令性。定额的法令性是指定额一经国家、地方主管部门或授权单位颁发,各地区及有关施工企业单位,都必须严格遵守和执行,不得随意变更定额的内容和水平。定额的法令性保证了建筑工程统一的造价与核算尺度。

(4)稳定性和时效性。建筑工程定额中的任何一种定额,在一段时期内都表现出稳定的状态。根据具体情况不同,稳定的时间一般为5~10年。

任何一种建筑工程定额都只能反映一定时期的生产力水平,当生产力向前发展了,定额就会变得陈旧。所以,建筑工程定额在具有稳定性特点的同时,也具有显著的时效性。当定额不能起到它应有作用的时候,建筑工程定额就要重新修订了。

4.定额的分类

建筑工程定额种类很多,按照生产要素不同、编制程序及定额的用途不同、专业及费用的性质不同、主编单位和管理权限的不同,可以分为四大类,如图3.1所示。

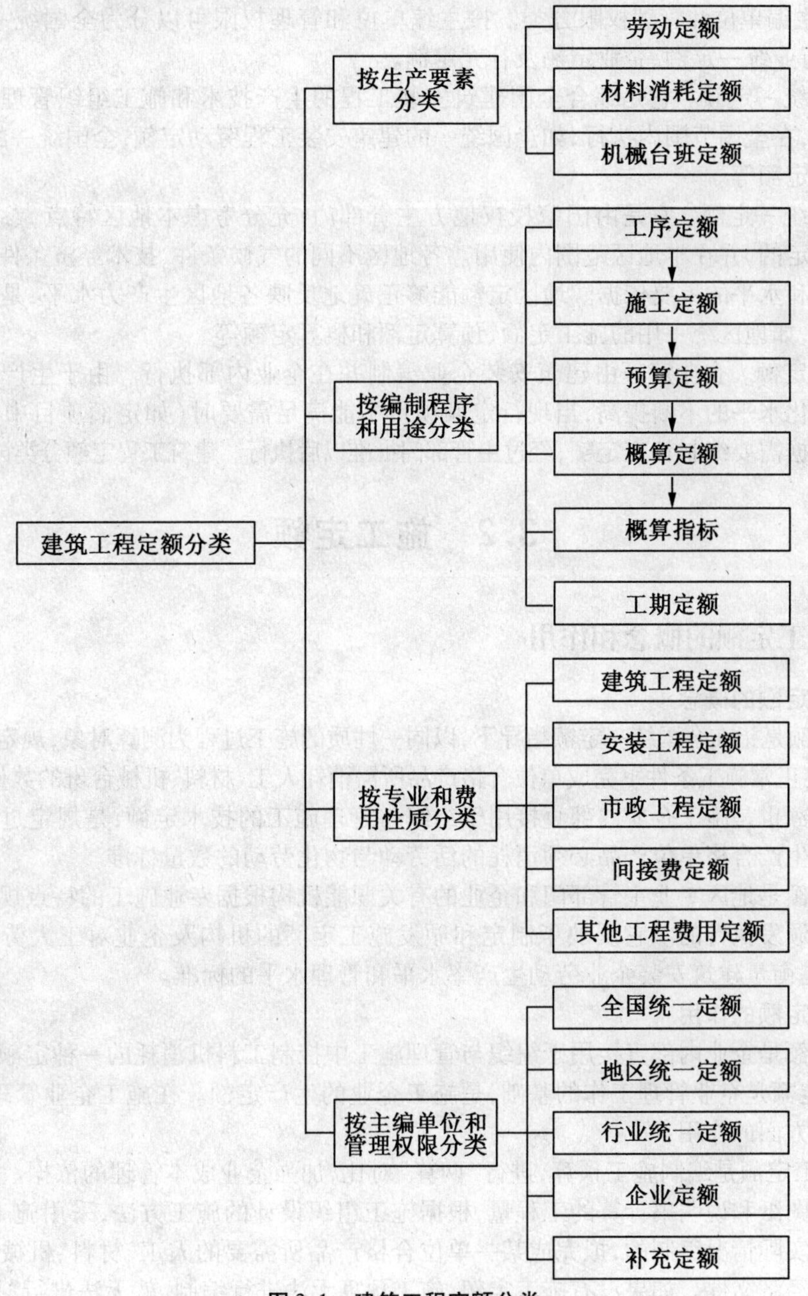

图3.1 建筑工程定额分类

(1)按生产要素分类。按生产要素,可以分为劳动定额、机械台班使用定额与材料消耗定额三种定额。由于这三种定额是制定图3.1中其他各种定额的基础,所以又称全国统一的基础定额或基本定额。

(2)按编制程序和用途分类。按编制程序和用途,可以分为工序定额、施工定额、预算定额、概算定额与概算指标,以及工期定额。

(3)按专业和费用性质。按专业和费用性质,可以分为建筑工程定额、安装工程定额、市政工程定额、间接费定额及其他工程费用定额。

(4)按主编单位和管理权限分类。按主编单位和管理权限可以分为全国统一定额、地区统一定额、行业统一定额、企业定额及补充定额。

1)全国统一定额。它是综合全国建筑安装工程的生产技术和施工组织管理的平均先进水平编制的,在全国范围内执行,如全国统一的建筑安装工程劳动定额,全国统一的专业通用、专业专用的定额等。

2)地区统一定额。它是由国家授权地方主管部门,充分考虑本地区特点,参照全国统一定额水平制定的,并在本地区范围内使用。各地区不同的气候条件、技术经济条件是确定地区定额的内容和水平的重要依据。地区定额能够正确地反映各地区生产力水平,是对全国统一定额的补充,如地区统一用的施工定额、预算定额和概算定额等。

3)企业定额。企业定额由建筑安装企业编制并在企业内部执行。由于生产技术的发展和建筑工业化水平的不断提高,当现行定额项目不能满足需要时(如定额项目中的缺项等),企业可以根据需要编制补充定额,经过主管部门批准以后执行。建筑工程定额分类详见图3.1。

3.2　施工定额

3.2.1　施工定额的概念和作用

1.施工定额的概念

施工定额是指在全国统一定额指导下,以同一性质的施工过程为测算对象,规定建筑安装工人或班组,在正常施工条件下完成单位合格产品所需消耗人工、材料、机械台班的数量标准。

施工定额也是施工企业内部直接用于组织与管理施工的技术定额,是规定过程或综合工作过程中所生产合格单位产品必须消耗的活劳动与物化劳动的数量标准。

施工定额是地区专业主管部门和企业的有关职能机构根据专业施工的特点规定出来并按照一定程序颁发执行的。它反映了制定和颁发施工定额的机构及企业对工人劳动成果的要求,同时也是衡量建筑安装企业劳动生产率水平和管理水平的标准。

2.施工定额的作用

施工定额是企业内部直接用于组织与管理施工中控制工料机消耗的一种定额。在施工过程中,施工定额是企业管理工作的基础,是施工企业的生产定额。在施工企业管理中,施工定额有以下几方面的作用:

(1)施工定额是编制施工预算,进行“两算”对比,加强企业成本管理的依据。施工预算是指按照施工图纸和说明书计算的工程量,根据施工组织设计的施工方法,采用施工定额,并结合施工现场实际情况编制的,拟完成某一单位合格产品所需要的人工、材料、机械消耗数量和生产成本的经济文件。如果没有施工定额,施工预算无法进行编制,就无法进行“两算”(施工图预算和施工预算)对比,企业管理就缺乏基础。

(2)施工定额是组织施工的依据。施工定额是施工企业下达施工任务单、劳动力安排、材料供应及限额领料、机械调度的依据;是施工队向工人班组签发施工任务书和限额领料单的依据;是编制施工组织设计,制定施工作业计划和人工、材料、机械台班需用量计划的依据。

(3)施工定额是计算劳动报酬和按劳分配的依据。施工企业内部推行多种形式的经济承包责任制是实行计件、定额包工包料、考核工效的依据;是班组开展劳动竞赛、班组核算的依据;是计算承包指标和考核劳动成果、发放劳动报酬和奖励的依据。

(4)施工定额能促进技术进步和降低工程成本。施工定额的编制采用平均先进水平,平均先进水平是指在正常条件下,多数施工班组或生产者经过努力可以达到,少数班组或生产者可以接近,个别班组或生产者可以超过的水平。通常,它低于先进水平,略高于平均水平。这种水平使先进的班组或工人感到有一定压力,能够鼓励他们进一步提高技术水平;大多数处于中间水平的班组或工人感到定额水平可望也可及,能增强他们达到定额甚至超过定额的信心。平均先进水平是一种鼓励先进、勉励中间、鞭策后进的定额水平。平均先进水平不迁就少数后进者,而是使他们产生努力工作的责任感,认识到必须花较大的精力去改善施工条件,改进技术操作方法,才能缩短差距,尽快达到定额水平。只有贯彻这样的定额水平,才能达到不断提高劳动生产率,从而提高企业经济效益的目的。

所以,施工定额不仅可以计划、控制、降低工程成本,而且可以促进基层学习,采用新技术、新工艺、新材料和新设备,提高劳动生产率,从而达到快、好、省地完成施工任务的目的。

(5)施工定额是编制预算定额的基础。预算定额是在施工定额的基础上,通过综合和扩大编制而成的。由于新技术、新结构、新工艺等的采用,在预算定额或单位估价表中缺项时,要补充或测定新的预算定额及单位估价表都是以施工定额为基础来制定的。

3.2.2 施工定额的编制原则和依据

1.施工定额的编制原则

施工定额能否得到广泛使用主要取决于定额的质量和水平及项目的划分是否简明适用。

为了保证定额的编制质量,必须贯彻下列原则:

(1)确定施工定额水平要贯彻先进合理的原则。定额水平是指规定消耗在单位产品上劳动力、机械和材料的数量多少,水平高低。定额水平与劳动生产率的水平成正比。劳动生产率高,单位产品上劳动力、机械和材料消耗少,定额水平就高;相反,定额水平就低。所以,定额水平直接反映劳动生产率的水平。

施工定额不同于预算定额、综合预算定额及概算定额,它是一种企业内部使用的定额。所以,确定定额的水平有利于提高劳动生产率、降低材料消耗;有利于加强施工管理;有利于正确地考核和评价工人的劳动成果。这就决定施工定额的水平既不能以少数先进企业、先进生产者所达到的水平为依据,更不能以落后的生产者和企业的水平为依据,而应该采用先进合理的水平。

先进合理的水平是在正常条件下,多数工人和多数施工企业能够达到和超过的水平。它低于先进水平略高于平均水平,少数落后企业和生产者,如果不经过一番努力则不能达到。先进合理的定额水平既要反映已成熟并得到推广的先进技术和先进经验,反映先进水平,又要从实际出发,认真分析各种有利和不利因素,做到合理可行。通过实践证明,施工定额水平过高,多数企业和多数生产者达不到,势必要挫伤其生产积极性与主营管理的积极性,甚至还会不合理的减少工人的劳动报酬。如果定额水平过低,企业和工人不经努力就能出现大幅度超额的现象,这样当然也就起不到鼓励和调动其生产积极性的作用。

(2)施工定额的内容和形式要贯彻简明适用的原则。定额在内容与形式上既要具有多方面的适应性,能够满足不同用途的需要,又要简单明了,易于掌握,便于利用。

贯彻定额的简明适用性原则,应特别注意项目的齐全与粗细的恰当。定额的项目是否齐全对定额是否适用关系很大。定额分项要考虑充分,项目要根据施工过程来划分。施工定额应为所有的各种不同性质的施工过程规定出定额指标。特别是那些主要的、常有的施工过程,均必须直接反映在各个定额项目中,以便在需要时能及时查找到它们的劳动力、机械和材料消耗量。

为了使定额项目齐全,首先应积极把已经成熟和推广的新结构、新材料和新的施工技术编制在定额中;其次,对于缺漏项目,应注意积累资料、组织测定,尽快补充到定额项目中来;另外,淘汰定额项目要慎重。对于那些已经过时,在实际中已不采用的结构、材料和施工工艺,应予淘汰;但是,对那些虽已过时、落后,在实际中尚有采用的结构、材料和施工技术,则还应暂时保留其定额项目。

施工定额的项目划分应粗细恰当、步距合理。确定定额的粗细程度是贯彻简明适用原则的核心问题。通常,定额项目划分粗些,比较简明,但精确程度较低;定额项目划分细些,精确程度虽较高,但又较复杂。从原则上讲,定额的项目划分应该做到粗而精确,细而不繁。但是,施工定额是企业内部使用的定额,要满足编制施工作业计划、签发施工任务书、计算工人劳动报酬等要求,项目划分必须以工种工序为基础适当综合,项目划分粗细适当。

贯彻简明适用原则还要注意计量单位的选择、系数的利用和说明附注的设计。

(3)在编制施工定额的方法上要贯彻专群结合,以专业人员为主的原则。编制施工定额是一项专业性很强的技术经济工作,也是一项政策性很强的工作。它要求参加定额编制工作的人员具有丰富的技术知识与管理工作经验,并需有专门的机构来进行大量的组织工作和协调指挥。所以,编制施工定额必须有专门的组织机构和专职人员,掌握方针政策,做经常性的定额资料积累工作、技术测定工作、整理和分析资料工作、拟定定额方案的工作、广泛征求群众意见的工作,以及组织出版发行工作等。

但是,广大工人是社会生产力的创造者,同时也是施工定额的执行者。他们对施工生产中的劳动消耗情况最了解,对定额执行情况和执行中的问题也最了解。所以,在编制施工定额过程中,应广泛征求工人群众的意见,自始至终注意发扬工人群众在编制定额中的民主权利,注意取得工人群众的密切配合和支持。

贯彻专群结合以专为主的原则是定额质量的组织保证。不以专业机构及专业人员为主编制定额,实际上就取消了定额和定额管理,没有工人群众参加和配合,定额就没有群众基础,在实际工作中就很难贯彻。

2. 施工定额编制的主要依据

(1)现行施工验收规范,技术安全操作规程和有关标准图集。

(2)全国建筑安装工程统一劳动定额。

(3)现行材料消耗定额。

(4)机械台班使用定额。

(5)现行建筑安装工程预算定额。

3.2.3 劳动定额

1. 劳动定额及其表现形式

劳动定额(也称人工定额)是在正常的施工技术组织条件下,完成单位合格产品所必需的劳动消耗量的标准。这个标准是国家和企业对工人在单位时间内完成产品的数量和质量的综合要求。

劳动定额的表现形式分为时间定额与产量定额两种。采用复式表示时,其分子为时间定额,分母为产量定额。

(1)时间定额。时间定额是指在一定的生产技术和生产组织条件下,某工种、某种技术等级的工人班组或个人,完成符合质量要求的单位产品所必须的工作时间。定额时间包括工人的有效工作时间(准备与结束时间、基本工作时间、辅助工作时间)、不可避免的中断时间及工人必须的休息时间。

时间定额以工日为单位,每个工日工作时间按现行制度规定为8 h,其计算方法如下:

$$单位产品时间定额(工日)=1/每工产量 \tag{3-1}$$

或

$$单位产品时间定额(工日)=小组成员工日数总和/台班产量 \tag{3-2}$$

(2)产量定额。产量定额是指在一定的生产技术和生产组织条件下,某工种、某种技术等级的班组或个人,在单位时间内(工日)应完成合格产品的数量,其计算方法如下:

$$每工产量=1/单位产品时间定额(工日) \tag{3-3}$$

或

$$台班产量=小组成员工日数总和/单位产品时间定额(工日) \tag{3-4}$$

时间定额与产量定额互为倒数,即

$$时间定额\times 产量定额=1 \tag{3-5}$$

或

$$时间定额=1/产量定额 \tag{3-6}$$

$$产量定额=1/时间定额 \tag{3-7}$$

按定额标定的对象不同,劳动定额又可以分单项工序定额与综合定额。综合定额表示完成同一产品中的各单项(工序或工种)定额的综合。按工序综合的用“综合”表示,按工种综合的一般用“合计”表示,计算方法如下:

$$综合时间定额(工日)=各单项(工序)时间定额的总和 \tag{3-8}$$

$$综合产量定额=1/综合时间定额(工日) \tag{3-9}$$

2.劳动定额的作用

(1)它是计算定额用工、编制施工组织设计、施工作业计划、劳动工资计划和下达施工任务书的依据。

(2)它是推行经济责任制、实行计件工资、栋号人工费包干和计算劳动报酬、贯彻按劳分配原则的依据。

(3)它是衡量工人劳动生产率、考核工效的主要尺度。

(4)它是确定定员和合理劳动组织的依据。

(5)它是企业实行经济核算的重要基础。

(6)它是开展社会主义劳动竞赛的必要条件。

(7)它是编制施工定额、预算定额、概算定额的基础。

3.制定劳动定额的基本原则

(1)劳动定额的水平应是平均先进水平。劳动定额的水平是定额所规定的劳动消耗量的标准,一定历史条件下的定额水平是社会生产力水平的反映,同时又能推动社会生产力的发展。所以,定额的水平不能简单的采用先进企业或先进个人的水平,也不能采用后进企业的水平,而应采用平均先进水平,这一水平低于先进企业或先进个人的水平,又略高于平均水平,多数工人或多数企业经过努力可以达到或超过,少数工人可以接近的水平。

确定这一水平,应进行全面调查研究、分析比较、测算并反复平衡。既要反映已经成熟并得到推广的先进技术和经验,又必须从实际出发、实事求是,既不挫伤工人的积极性又起到促进生产的作用,使定额水平确实合理可行。

(2)定额应简明适用。简明适用是指定额项目齐全,步距大小适当,粗细适度,文字通俗易懂,计算方法简便,易于掌握,便于利用。

项目齐全是指在施工中常用项目和已成熟或已普遍推广的新工艺、新技术、新材料都应编入定额中去,从而以扩大定额的适用范围。

定额项目的划分应根据定额的用途,确定其项目的粗细程度。但应做到粗而不漏、细而不繁,以工序为基础适当进行综合。对于主要工种、项目和常用项目要细一些,定额步距应小一些;对于次要工种或不常用的项目可粗一些,定额步距应大一些。

此外,应注意名词术语应为全国统用,计量单位选择应符合通用原则等。

(3)定额的编制要贯彻专业与群众结合,以专业人员为主的原则。

4.劳动定额的编制

(1)劳动定额编制的主要依据。编制劳动定额必须以党和国家的有关经济政策和可靠的技术资料为依据。

(2)劳动定额编制前的准备工作。

1)施工过程的分类。施工过程是指在施工现场范围内所进行的建筑安装活动的生产过程。对施工过程的研究是制定劳动定额的基本环节。施工过程按使用的工具、设备的机械化程度不同,可以分为手工施工过程、机械施工过程与机手并动施工过程。按施工过程组织上的复杂程度不同,可分为工序、工作过程与综合工作过程。

2)施工过程的影响因素。在建筑安装施工过程中,影响单位产品所需工作时间消耗量的因素很多,主要归纳为以下三大类:

①技术因素。

②组织因素。

③其他因素。

3)工人工作时间的分析。工人工作时间的分析如图3.2所示。

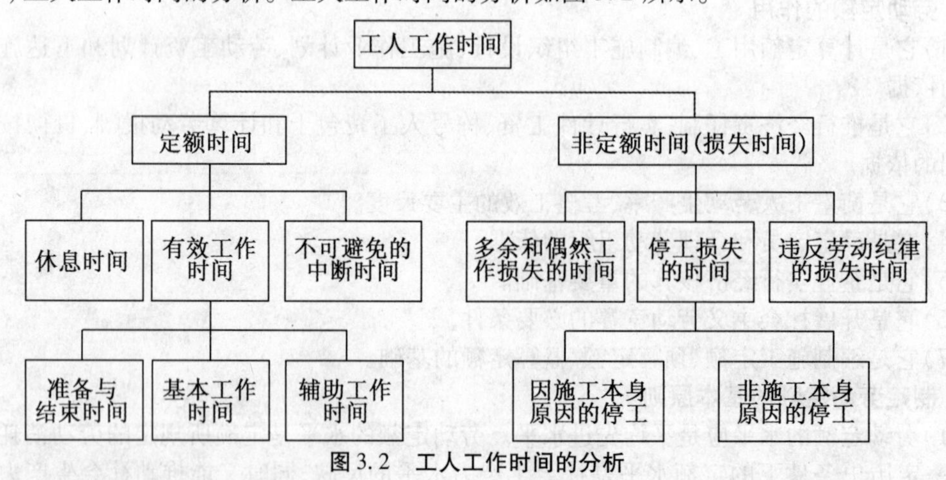

图3.2 工人工作时间的分析

①定额时间。定额时间是指工人在正常的施工条件下,完成一定数量的产品所必须消耗的工作时间。它包括有效工作时间、不可避免的中断时间及休息时间。

a. 有效工作时间。它是指与完成产品有直接关系的工作时间消耗，括准备与结束时间、基本工作和辅助工作时间。

准备与结束时间。它是指工人在执行任务前的准备工作和完成任务后的结束工作所需消耗的时间，如熟悉施工图纸、领取材料与工具、保养机具、布置操作地点、清理工作地点等。其特点是它与生产任务的大小无关，但与工作内容有关。

基本时间。它是指直接与施工过程的技术操作发生关系的时间消耗，例如砌砖墙工作中所需进行的校正皮数杆、挂线、铺灰、砌砖、选砖、吊直、找平等技术操作所消耗的时间。

辅助工作时间。它是指为了保证基本工作顺利进行而做的与施工过程的技术操作没有直接关系的辅助工作所需消耗的时间，如修磨工具、转移工作地点等所需消耗的时间。

b. 不可避免的中断时间。它是指工人在施工过程中由于技术操作和施工组织的原因而引起的工作中断所需消耗的时间。如汽车司机等候装货、安装工人等候起吊构件等所消耗的时间。

c. 休息时间。它是指在施工过程中，工人为了恢复体力所必需的暂时休息，以及工人生理上的要求所必需消耗的时间。

②非定额时间。

a. 多余和偶然工作的时间。它是指在正常施工条件下不应发生的时间消耗，以及由于意外情况所引起的工作所消耗的时间，如质量不符合要求，返工所造成的多余的时间消耗。

b. 停工时间。它是指在施工过程中，由于施工或非施工的本身原因造成停工的损失时间。前者是由于施工组织和劳动组织不善，材料供应不及时，施工准备工作没做好而引起的停工时间，后者是由于外部原因，如水电供应临时中断以及由于气候条件（如大雨、酷热天气）造成的停工时间。

c. 违反劳动纪律时间。它是指工人不遵守劳动纪律而造成的损失时间，如迟到、早退、擅自离开工作岗位以及由个别人违反劳动纪律而使其他的工人无法工作的时间损失。

上述非定额时间，在确定单位产品用工标准时，均不予考虑。

（3）劳动定额的编制方法。劳动定额水平测定的方法较多，通常比较常用的方法有技术测定法、经验估计法、统计分析法与比较类推法四种，如图3.3所示。

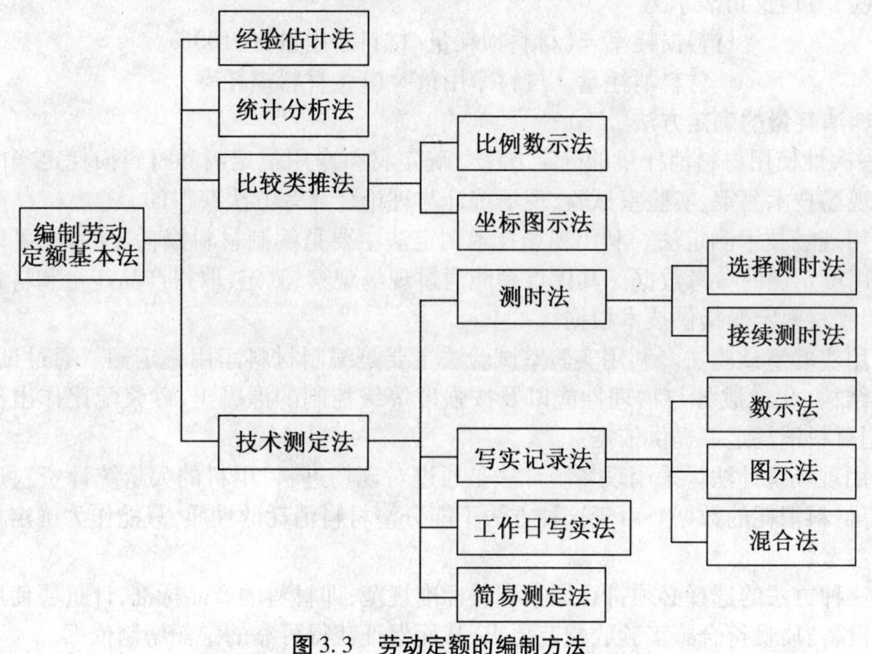

图3.3　劳动定额的编制方法

3.2.4 建筑材料消耗定额

1.材料消耗定额的概念

在工程建设中,所用材料品种繁多,耗用量大。在建筑安装工程中,材料费用占工程造价的60%~70%。材料消耗量的多少,是节约还是浪费,对于产品价格及工程成本都有着直接影响。所以,合理使用材料,降低材料消耗,对于降低工程成本具有重要意义。

材料消耗定额是指规定在正常施工条件、合理使用材料条件下,生产单位合格产品所必须消耗的一定品种和规格的原材料、半成品、构配件的数量标准。

2.材料消耗量的组成

在工程建设中,使用的材料有一次性使用材料与周转性使用材料两种类型。一次性使用材料(如水泥、钢材、砂、碎石等材料)在使用时直接被消耗而转入产品组成部分之中。而周转性使用的材料是指施工中必须使用,但不是一次性被全部消耗掉的材料,如脚手架、挡土板、模板等,它们可以多次使用,是逐渐被消耗掉的材料。

一次性使用材料的总耗量由以下两部分组成:

(1)净用量。净用量是指直接用到工程上、构成工程实体的材料消耗量。

(2)损耗量。损耗量是指不可避免的合理损耗量,包括材料从现场仓库领出到完成合格产品过程中的施工操作损耗量、场内运输损耗量、加工制作损耗量与场内堆放损耗量。计入材料消耗定额内的损耗量,应当是在正常条件下,采用合理施工方法时所形成的不可避免的合理损耗量。

材料净耗量与材料不可避免损耗量之和构成材料必需消耗量,其计算公式为

$$材料消耗量=材料净用量+材料损耗量 \tag{3-10}$$

材料不可避免损耗量与材料必需消耗量之比,称为材料损耗率,其计算公式为

$$材料损耗率=材料损耗量/材料消耗量 \tag{3-11}$$

在实际计算中,由于材料的损耗量毕竟是少数,常把材料损耗量与材料净耗量之比作为损耗率,则式(3.11)又可表示为

$$材料损耗率=(材料损耗量/材料净用量)\times 100\% \tag{3-12}$$

$$材料消耗量=材料净用量\times(1+材料损耗率) \tag{3-13}$$

3.材料消耗量的确定方法

(1)一次性使用材料消耗量的确定方法。确定材料净用量定额和材料损耗定额的计算数据是通过现场技术测定、实验室试验、现场统计与理论计算等方法获得的。

1)利用现场技术测定法。利用现场技术测定法主要是编制材料损耗定额,也可以提供编制材料净用量定额的参考数据。其优点是能通过现场观察、测定,取得产品产量和材料消耗的情况,为编制材料定额提供技术根据。

2)利用实验室试验法。利用实验室试验法主要是编制材料净用量定额。通过试验,能够对材料的结构、化学成分与物理性能以及按强度等级控制的混凝土、砂浆配比作出科学的结论,给编制材料消耗定额提供依据。

3)采用现场统计法。采用现场统计法是通过对现场进料、用料的大量统计资料进行分析计算,获得材料消耗的数据。由于这种方法不能分清材料消耗的性质,只能作为确定材料净用量定额的参考。

上述三种方法的选择必须符合国家有关标准规范,即材料的产品标准,计量要使用标准容器和称量设备,质量符合施工验收规范要求,从而保证获得可靠的定额编制依据。

4)理论计算法。理论计算法是运用一定的数学公式计算材料消耗定额。如砌体工程中砖(或砌块)和砂浆净用量一般都采用以下公式计算:

①计算每立方米砌体中砖(砌块)的净用量:

$$砖(砌块)数=\frac{墙厚砖数\times 2}{墙厚\times(砖长+灰缝)\times(砖厚+灰缝)} \quad (3-14)$$

②计算每立方米砖墙砂浆的净用量:

$$砂浆(m^3)=(1\ m^3 砌体-砖数的体积) \quad (3-15)$$

砖(砌块)与砂浆的损耗量是根据现场观察资料计算的,并以损耗率表现出来。净用量和损耗量相加,即等于材料的消耗总量。

(2)周转性使用的材料消耗量的确定方法。在施工中,周转性材料是在工程施工中多次周转使用而逐渐消耗的工具性材料,在周转使用过程中不断补充,多次反复地使用。如木脚手架、钢脚手架、模板、挡土板、活动支架、支撑等材料。

在编制材料消耗定额时,应当按多次使用、分次摊销的办法进行计算或确定。为了使周转性材料的周转次数确定接近合理,应根据工程类型与使用条件,采用各种测定手段进行实地观察,结合有关的原始记录、经验数据加以综合取定。纳入定额的周转性材料消耗指标应当有两个:一次使用量与摊销量。

1)一次使用量。一次使用量供申请备料和编制施工作业计划使用,通常是根据施工图纸进行计算。

2)摊销量。摊销量即周转性材料使用一次摊销在单位工程产品上的消耗量。

周转次数是指周转性材料,从第一次使用到这部分材料不能再提供使用的使用次数。其计算公式为

$$一次使用量=材料净用量\times(1+材料损耗率) \quad (3-16)$$

$$材料摊销量=一次使用量\times 摊销系数 \quad (3-17)$$

$$摊销系数=周转使用系数-\frac{(1-损耗率)\times 回收价值率}{周转次数}\times 100\% \quad (3-18)$$

$$周转使用系数=\frac{(周转次数-1)\times 损耗率}{周转次数}\times 100\% \quad (3-19)$$

$$回收价值率=\frac{一次使用量\times(1-损耗率)}{周转次数}\times 100\% \quad (3-20)$$

3.2.5 机械台班使用定额

1.机械台班使用定额的概念

机械台班使用定额(又称机械台班定额)可分为机械时间定额与机械产量定额两种。

(1)机械时间定额。机械时间定额是指在合理劳动组织与合理使用机械的条件下,完成单位合格产品所必须消耗的工作时间。机械时间定额以台班或台时为单位,计算式为

$$单位产品的机械时间定额(台班)=1/机械台班产量 \quad (3-21)$$

(2)机械产量定额。机械产量定额是指在合理劳动组织与合理使用机械的条件下,某种机械在一个台班时间内所必须完成合格产品的数量。计算式为

$$机械产量定额=1/机械时间定额 \quad (3-22)$$

机械时间定额和机械产量定额是互为倒数的关系。

(3)机械和人工共同工作时的人工定额。由于机械必须由工人小组配合,所以,完成单位合格产品的时间定额应包括人工时间定额。计算式为

$$单位产品人工时间定额(工日)=小组成员工日数总和/台班产量 \tag{3-23}$$

2. 机械台班费用定额编制依据

(1)施工机械、设备及零配件的现行出厂价格、供销部门手续费及运杂费率等有关资料。

(2)建筑机械设备技术经济定额。其中,包括机械保养工时定额,机械保养材料、配件消耗定额,机械燃料消耗定额等。

(3)机械保养规程。

(4)现行的公路养路费、车船税与公路运输管理费等征收办法和规定。

(5)施工企业固定资产折旧条例等有关的规定、法规等。

3. 机械台班费的内容

机械台班费用的内容组成主要根据建设部建标[1994 年]449 号关于印发《全国统一施工机械台班费用定额》的通知精神确定的。台班费定额费用内容各部门、各地区并不完全相同,如北京市现行机械台班费用定额中还包括了机械租赁部门的管理费、利润和税金。其台班费组成内容如下:

(1)折旧费。折旧费是指机械在规定的使用期限内,陆续收回其原值和贷款贴息费用。

(2)大修费。大修费是机械按规定大修间隔期(台班)必须进行大修理(或进行项修),从而恢复机械正常功能所需的费用。

(3)维修费。维修费(又称经常修理费)是指机械大修或项修以外的各级保养(一、二、三级保养)以及临时小修费、替换设备、随机工具附具摊销、润滑擦拭材料费和机械停置期间的维修保养费。

(4)安、拆及场外运输费。安、拆及场外运输费是指机械整体或分体自停放场运至工地或一个工地运至另一个工地的机械运输转移费用以及机械在工地进行安装、拆卸所需的人工、材料、机具费。

(5)辅助设施费。辅助设施费是指机械进行安、拆、试运转所需的辅助设施(如固定锚桩、枕木、行走轨道等)费用。

(6)动力燃料费。动力燃料费是指机械在运转过程中所需用的各种燃料等费用。

(7)人工费。人工费是指机上人员工资。其工资是以平均工资单价列入台班费的。对于机械年工作台班小于国家法定工作天的工资差额均以系数方法列入工资单价中。

(8)养路费。养路费是指应按规定向国家交纳的公路养护费。

(9)车船税及公路运输管理费。车船税及公路运输管理费是按国家规定凡拥有并使用的车船都应缴纳车船使用税和公路运输管理费。

(10)管理费。管理费是指机械租赁单位在经营过程中所发生的各项费用。

(11)利润。根据建设部、国家体改委、国务院经贸办《关于全民所有制建筑安装企业转换经营机制实施办法》精神确定。

(12)税金。税金是指租赁公司按照国家规定应缴纳的营业税。

4. 机械台班费中各项费用计算方法

(1)台班折旧费。

$$台班折旧费=\frac{机械预算价格\times(1-残值率)\times贷款利息系数}{机械耐用台班} \tag{3-24}$$

1)机械预算价格。机械预算价格是指机械出厂价格加供销部门手续费和机械由出厂地点或口岸(进口机械到达口岸),运到使用单位的一次运杂费。计算公式为

$$机械预算价格=机械出厂价格\times(1+进货费率) \tag{3-25}$$

进货费(供应机构手续费和运杂费)率:国产机械为 5%,进口机械按到岸完税价格的

11%计算。

2)机械残值率。机械残值是指机械设备经使用磨损达到规定使用年限时的残余价值(即报废时的残余价值),通常以残值率表示。计算公式为

$$机械残值率=(机械残值/机械预算价格)\times100\% \quad (3-26)$$

全国建筑工程预算定额规定机械残值率为:大型施工机械3%,运输机械2%,中小型机械4%。

3)机械使用总台班。机械使用总台班(或耐用总台班)是指机械使用的年限。计算公式为

$$机械使用总台班=机械使用年限\times年工作台班 \quad (3-27)$$

或

$$耐用总台班=耐用周期\times大修理间隔台班 \quad (3-28)$$

4)机械年工作台班。

$$机械年工作台班=(365天-节假日-全年平均气候影响工日)\times机械利用率\times工作班次系数 \quad (3-29)$$

5)贷款利息系数。贷款利息系数是指为补偿企业贷款购置机械设备所支付的利息,从而合理反映资金的时间价值,它是以大于1的贷款利息系数,将贷款利息分摊在台班折旧费中。其计算公式为

$$贷款利息系数=1+\frac{(n-1)}{2}i \quad (3-30)$$

式中,n——此类机械的折旧年限;i——当年设备更新贷款年利率。

(2)大修理费用。大修理费用是指当机械使用达到规定的大修间隔台班,为了恢复机械使用功能,必须进行大修理时所需支出的修理费用。其计算公式为

$$台班大修理费=(一次大修理费\times大修理次数)/使用总台班 \quad (3-31)$$

式中,大修理次数=使用总台班数/大修理间隔台班-1,或大修理次数=使用周期-1。

(3)经常维修费。经常维修费是指一个大修周期内的中修和定期各级保养所需要的费用。其计算公式为

$$台班维修费=\frac{中修费+\sum(各级保养一资费用\times各级保养次数)}{大修理间隔台班} \quad (3-32)$$

或

$$台班维修费=台班大修理费\times K_E \quad (3-33)$$

式中

$$K_a=台班维修费/台班大修费 \quad (3-34)$$

(4)替换设备及工具、附具费。替换设备及工具、附具费是指为使用机械正常运转所需要的附属设备(如轮胎、电瓶、钢丝绳、电缆、开关、传送皮带、胶皮管等)和随机应用的工具、附具的摊销及维护费用。其计算公式为

$$替换设备工具附具费=\sum\{[某替换设备工具一次使用量\times相应预算单价\times(1-残值率)]/替换设备、工具、附具耐用总台班\} \quad (3-35)$$

(5)润滑材料及擦拭材料费。润滑材料及擦拭材料费是为了保证机械正常运转进行日常保养所需的润滑油脂(机油、黄油等)及棉纱和擦拭用布等。其计算公式为

$$润滑材料及擦拭材料费=\sum[某润滑材料台班使用量\times相应单价] \quad (3-36)$$

$$某润滑材料台班使用量=\frac{一次使用量\times每个大修理间隔平均加油次数}{大修间隔台班} \quad (3-37)$$

(6)安装拆卸及辅助设施费。这项费用是指机械进出工地必须安装拆卸所需的工料机具消耗与试运转费以及辅助设施分摊费用。其计算公式为

$$台班安装拆卸费=(一次安拆费\times每年安拆次数)/年工作台班 \tag{3-38}$$

$$台班辅助设施分摊费=\sum\left[\frac{一次使用量\times预算单价\times(1-残值率)}{摊销台班数}\right] \tag{3-39}$$

(7)机械进出场费。机械进出场费是指机械整体或解体(分部件),自停放场至工地或在工地间的转运,运距在25 km以内的进出场费。其计算公式为

$$台班进出场费=\frac{(每次运输费+每次装卸费)\times每年平均次数}{年工作台班} \tag{3-40}$$

对于这项费用的处理,各地区有所不同。如北京市现行的中小型机械台班费中就包括这项费用;但是大型机械台班费中不包括这项费用,而是单独列出。

(8)机械管理费。机械管理费是指机械管理部门保管机械所消耗的费用,包括行政用房、停车库(棚)、材料库等的折旧维修费,管理人员的工资、劳保费、职工福利费及行政费,机械在规定年工作台班以外的保养维护费等。其计算公式为

$$台班机械保管费=(机械预算价格\times保管费率)/年工作台班 \tag{3-41}$$

(9)机上人工工资。机上人工工资是指操作机械的工人的工资。它是按机械化施工定额,不同类型机械性能配备的一定技术等级的机上人员数量和本地区人工工资标准计算的。

机械台班费中的人工费包括基本工资、辅助工资,工资性质津贴、生产工人的工资附加费,交通补助和劳动保护费。

(10)动力、燃料费。动力、燃料费是指机械在运转过程中需用的各种燃料费、电力费等。它根据机械燃料、动力消耗定额和本地区电力、燃料价格计算。

(11)其他费用。其他费用包括养路费、车船税与公路运输管理费,应根据地区规定计算。

3.3　预算定额

3.3.1　预算定额的概念和作用

1. 预算定额的概念

预算定额以工程基本构造要素,即以分项工程与结构构件为研究对象。计算建筑安装工程产品价格的基础是规定完成单位合格产品,需要消耗的人工、材料、机械台班的数量标准。

预算定额是由国家主管机关或被授权单位组织编制并颁发的一种法令性指标,同时也是工程建设中一项重要的技术经济文件,在执行中具有很大的权威性。它的各项指标反映了在完成规定计量单位符合设计标准和施工及验收规范要求的分项工程消耗的活劳动与物化劳动的数量限度。这种限度决定着单项工程和单位工程的成本和造价。

2. 预算定额的作用

预算定额是确定单位分项工程或结构构件价格的基础,它体现着国家、建设单位与施工企业之间的一种经济关系。建设单位按预算定额为拟建工程提供必要的资金供应,施工企业在预算定额的范围内,通过建筑施工活动,按质、按量、按期地完成工程任务。在我国建筑安装工程中,预算定额具有以下重要作用:

(1)预算定额是编制施工图预算及确定和控制建筑安装工程造价的依据。施工图预算是控制和确定建筑安装工程造价的必要手段,是施工图设计文件之一。编制施工图预算,除了设计文件决定的建设工程功能、规模、尺寸及文字说明是计算分部分项工程量和结构构件数量的

依据外，预算定额是确定一定计量单位分项工程(或结构构件)人工、材料、机械消耗量的依据，同时也是计算分项工程(或结构构件)单价的基础。预算定额对建筑安装工程直接工程费影响很大。所以，依据预算定额编制施工图预算，对确定建筑安装工程费用会起到很好的作用。

(2)预算定额是对设计方案进行技术经济分析和比较的依据。设计方案的确定在设计工作中处于中心地位。设计方案的选择应满足功能要求，符合设计规范，既要技术先进，又要经济合理。根据预算定额，对方案进行技术经济分析和比较是选择经济合理设计方案的重要方法。对设计方案进行比较主要是通过定额对不同方案所需人工、材料和机械台班消耗量，材料重量、材料资源等进行比较。通过这种比较，可以判明不同方案对工程造价的影响，从而选择经济合理的设计方案。

新结构、新材料的应用和推广也需要借助于预算定额进行技术经济分析和比较，从技术与经济的结合上考虑普遍采用的可能性和效益。

(3)预算定额是编制施工组织设计的依据。施工组织设计的重要任务之一就是确定施工中所需人力、物力的供求量，并作出最佳安排。施工单位在缺乏施工定额的情况下，根据预算定额，也能比较精确地计算出施工中各项资源的需要量，为有计划地组织材料采购与预制件加工、劳动力和施工机械的调配提供可靠的计算依据。

(4)预算定额是工程结算的依据。按照进度支付工程款，需要根据预算定额将已完分项工程造价算出，在单位工程验收后，再按竣工工程量、预算定额和施工合同规定进行结算，从而保证建设单位资金的合理使用和施工单位的经济收入。

(5)预算定额是施工企业进行经济活动分析的依据。实行经济核算的根本目的是用经济的方法促使企业在保证质量和工期的条件下，用少的劳动消耗取得好的经济效果。目前，预算定额仍然决定着施工企业的效益，企业必须以预算定额作为评价施工企业工作的重要标准。施工企业可以根据预算定额，对施工中的人工、材料、机械的消耗情况进行具体分析，从而便于找出低工效、高消耗的薄弱环节及其原因，为实现经济效益的增长由粗放型向集约型转变提供对比数据，促进企业提高在市场上的竞争能力。

(6)预算定额是编制标底和投标报价的基础。我国加入 WTO 以后，为了与国际工程承包管理的惯例接轨，随着工程量清单计价的推行，预算定额的指令性作用日益削弱，但对施工企业按照工程个别成本报价的指导性作用仍然存在。所以，预算定额作为编制标底的依据与施工企业投标报价的基础性的作用仍将存在，这是由于它本身的科学性与权威性决定的。

(7)预算定额是编制概算定额和概算指标的基础。概算定额与概算指标是在预算定额基础上经综合扩大编制的，利用预算定额作为编制依据不但可以节约编制工作中大量的人力、物力和时间，收到事半功倍的效果，还可以使概算定额和概算指标在水平上与预算定额一致，从而避免造成同一工程项目在不同阶段造价管理中的不一致。

3.3.2 预算定额的编制

1. 预算定额的编制依据

(1)现行的设计规范、施工及验收规范、质量评定标准及安全操作规程等建筑技术法规。

(2)现行的人工工资标准、材料预算价格和施工机械台班预算价格等。

(3)通用标准图集和定型设计图纸及有代表性的设计图纸和图集。

(4)历年及现行的预算定额、施工定额及全国各省、市、自治区的预算定额和施工定额。

(5)有关科学实验、技术测定和统计资料。

(6)新技术、新结构、新材料和先进施工经验等资料。

2.预算定额编制程序

(1)制订预算定额的编制方案。预算定额的编制方案的内容主要包括建立相应的机构;确定编制定额的指导思想、编制原则和编制进度;明确定额的作用;明确编制的范围和内容;确定人工、材料、机械消耗定额的计算基础和收集的基础资料,并对收集到的资料进行分析整理,使其资料系统化。

(2)预算定额项目及其工作内容。划分定额项目是以施工定额为基础的,合理确定预算定额的步距,进一步考虑其综合性,尽可以做到项目齐全、粗细适度、简明适用。在划分项目的同时,应将各工程项目的工程内容、范围予以确定。

(3)确定分项工程的定额消耗指标。确定分项工程的定额消耗指标应在选择计量单位、确定施工办法、计算工程量及含量测算的基础上进行。

1)选择计量单位。预算定额的计量单位应使用方便,并与工程项目内容相适应,且能反映分项工程最终产品形态和实物量。

计量单位通常应根据结构构件或分项工程的特征及变化规律来确定。当物体的三个度量(长、宽、高)均会发生变化时,选用 m^3(立方米)为计量单位,如土方、砖石、混凝土等工程;当物体的三个度量(长、宽、高)中有两个度量经常发生变化时,选用 m^2(平方米)为计量单位(如地面、抹灰、门窗等工程);与物体的截面形状基本固定,长度变化不定时,选用 m(米)、km(千米)为计量单位(如踢脚线、管线工程等)。当分项工程无一定规格,且构造又比较复杂时,可按个、块、套、座、t(吨)等为计量单位,一般情况下的计量单位应按公制执行。

2)确定施工方法。不同的施工方法会直接影响预算定额中的人工、材料和施工机械台班的消耗指标。所以,在编制定额时,必须以本地区的施工(生产)技术组织条件、施工验收规范、安全技术操作规程以及已经推广和成熟的新结构、新工艺、新材料和新的操作方法等为依据。合理地确定施工方法,从而使其正确反映当前社会生产力的水平。

3)计算工程量及含量的测算。工程量计算应选择有代表性的图纸、资料及已经确定的定额项目、计量单位,按照工程量的计算规则进行计算。

计算中应特别预算定额项目的工作内容、范围及其所包括内容在该项目中所占的比例,即含量的测算。通过会计师的测算,才能保证定额项目综合的合理性,使定额内的人工、材料、机械台班的消耗做到相对准确。

4)确定人工、材料、机械台班消耗量指标。

5)编制定额项目表。在预算定额项目表中的人工消耗部分,应列出综合工日与其他人工费。

定额表中的机械台班消耗部分,应列出主要机械名称、主要机械台班消耗定额(以台班为计量单位)或其他机械费。

定额表中的材料消耗部分,应列出不同规格的主要材料名称、计量单位、主要材料的数量;对次要材料综合列入其他材料费,其计量单位以元表示。

在预算定额的基价部分,应分别列出人工费、材料费、机械费,还应列出基价(预算价值)。

6)修改定稿,颁发执行。初稿编出后,应与以往相应的定额进行对比,对新定额进行水平测算。根据测算结果,分析出新定额水平提高或降低的因素,而后对初稿进行合理的修订。

在测算及修改的基础上,组织有关部门进行讨论并征求意见,在定稿后,连同编制说明书呈报上级主管部门审批。经过批准后,在正式颁发执行前,应向各有关部门进行政策性和技术性的交底,从而利于定额的正确贯彻执行。

3.预算定额项目消耗指标的确定

(1)人工消耗指标的组成。预算定额中人工消耗指标由基本用工与其他用工两部分组成。

1)基本用工。基本用工是指为完成某个分项工程所需主要用工量,如砌筑各种墙体工程中的砌砖、调制砂浆以及运砖和运砂浆的用工量。另外,还包括属于预算定额项目工作内容范围的一些基本用工量,如在墙体工程中的门窗洞口、垃圾道、砌砖 、预留抗震柱孔、附墙烟囱等工程内容。

2)其他用工。其他用工是辅助基本用工消耗的工日,按其工作内容分为三类:

①人工幅度差用工。指在劳动定额中未包括的,而在一般正常施工情况下又不可避免的一些工时消耗。如施工过程中各工种的工序搭接、交叉配合所需的停歇时间、场内工作操作地点的转移所消耗的时间及少量的零星用工、工程检查及隐蔽工程验收而影响工人的操作时间等。

②超运距用工。指超过劳动定额所规定的材料、半成品运距的用工数量。

③辅助用工。指材料需要在现场加工的用工数量,如淋石灰膏、筛砂子等需增加的用工数量。

(2)材料消耗指标的确定。

1)材料消耗指标的组成。预算定额中的材料用量是由材料的净用量与材料的损耗量组成的。

预算定额的材料,按其使用性质、用途及用量大小可划分为以下三类:

①主要材料。指直接构成工程实体而且用量较大的材料。

②周转性材料。又称为工具性材料,在施工中可多次使用,但不构成工程实体的材料,如脚手架、模板等。

③次要材料。指用量不多,价值不大的材料。可采用估算法计算,通常将此类材料合并为"其他材料费",其计量单位用"元"来表示。

2)材料消耗指标的确定。材料消耗指标是在编制预算定额方案中已经确定的有关因素(如工程项目的划分、工程内容确定的范围计量单位与工程量计算)的基础上,分别采用观测法、试验法、统计法与计算法,首先研究出材料的净用量,而后确定材料的损耗率计算出材料的消耗量,并结合测定的资料,采用加权平均的方法计算确定出材料的消耗指标,材料损耗率见表3.1。

表3.1　材料、成品、半成品损耗率参考表

材料名称	工程项目	损耗率/%
标准砖	基础	0.4
标准砖	实砖墙	1.0
标准砖	方砖柱	3.0
多孔砖	墙	1.0
白瓷砖	—	1.5
陶瓷锦砖	(马赛克)	1.0
铺地砖	(缸砖)	0.8
水磨石板	—	1.0
小青瓦、黏土瓦及水泥瓦	(包括脊瓦)	2.5
天然砂	—	2.0

续表3.1

材料名称	工程项目	损耗率/%
砂	混凝土工程	1.5
砾(碎)石	—	2.0
生石灰	—	1.0
水泥	—	1.0
砌筑砂浆	砖砌体	1.0
混合砂浆	抹天棚	3.0
混合砂浆	抹墙及墙裙	2.0
石灰砂浆	抹天棚	1.5
石灰砂浆	抹墙及墙裙	1.0
水泥砂浆	天棚、梁、柱、腰线	2.5
水泥砂浆	抹墙及墙裙	2.0
水泥砂浆	地面、屋面	1
混凝土(现浇)	地面	1
混凝土(现浇)	其余部分	1.5
混凝土(预制)	桩基础、梁、柱	1
混凝土(预制)	其余部分	1.5
钢筋	现浇及预制混凝土	2
铁件	成品	1
钢材	—	6
木材	门窗	6
木材	门心板制作	13.1
玻璃	配制	15
玻璃	安装	3
沥青	操作	1

(3)机械台班消耗指标的确定。

1)编制的依据。预算定额中的机械台班消耗指标是以台班为单位的,每个台班按8小时计算,其中:以手工操作为主的工人班组所配备的施工机械(如砂浆、混凝土搅拌机、垂直运输用的塔式起重机)为小组配合使用,所以应以小组产量计算机械台班量;机械施工过程(如打桩工程、机械化土石方工程、机械化运输及吊装工程所用的大型机械及其他专用机械)应在劳动定额中的台班定额的基础上另加机械幅度差。

2)机械幅度差。机械幅度差是指在劳动定额中机械台班耗用量中未包括的,而机械在合理的施工组织条件下所必需的停歇时间。这些因素会影响机械的生产效率,所以应另外增加一定的机械幅度差的因素。其包括以下内容:

①施工机械转移工作面及配套机械互相影响损失的时间。

②施工中工作不饱和及工程结尾时工作量不多而影响机械的操作时间等。

③在正常施工情况下,机械施工中不可避免的工序间歇时间。

④临时水电线路在施工中移动位置所发生的机械的操作时间等。

⑤工程检查质量影响机械的操作时间。

机械幅度差系数,通常根据测定和统计资料取定。大型机械幅度差系数规定为:打桩机械1.33;土方机械为1.25;吊装机械1.3。其他分项工程机械,如木作、蛙式打夯机、水磨石机等专用机械均为1.1。

3)预算定额中机械台班消耗指标的计算方法。

①按工人小组配用的机械应按工人小组日产量计算机械台班量,不另增加机械幅度差。其计算公式如下:

$$分项定额机械台班使用量=预算定额项目计量单位值/小组总产量 \tag{3-42}$$

式中

$$小组总产量=小组总人数\times\sum(分项计算取定的比重\times劳动定额每工综合产量) \tag{3-43}$$

②按机械台班产量计算。

$$分项定额机械台班使用量=\frac{预算定额项目计量单位值}{机械台班产量}\times机械幅度差系数 \tag{3-44}$$

3.3.3 《全国统一安装工程预算定额》简介

1.《全国统一安装工程预算定额》的分类

《全国统一安装工程预算定额》(简称全统定额)是由建设部组织修订和批准执行的,全统定额共分十三册。包括以下内容:

第一册《机械设备安装工程》　GYD 201—2000;

第二册《电气设备安装工程》　GYD 202—2000;

第三册《热力设备安装工程》　GYD 203—2000;

第四册《炉窑砌筑工程》　GYD 204—2000;

第五册《静置设备与工艺金属结构制作安装工程》　GYD 205—2000;

第六册《工业管道工程》　GYD 206—2000;

第七册《消防及安全防范设备安装工程》　GYD 207—2000;

第八册《给排水、采暖、燃气工程》　GYD 208—2000;

第九册《通风空调工程》　GYD 209—2000;

第十册《自动化控制仪表安装工程》　GYD 210—2000;

第十一册《刷油、防腐蚀、绝热工程》　GYD 211—2000;

第十二册《通信设备及线路工程》　GYD 212—2000;

第十三册《建筑智能化系统设备安装工程》　GYD 213—2003。

2. 全统定额的特点

与过去颁发的预算定额比较,全统定额具有以下几个特点:

(1)全统定额扩大了适用范围。

(2)全统定额反映了现行技术标准规范的要求。

(3)全统定额尽量做到了综合扩大、少留活口。

(4)凡是已有定点批量生产的产品,全统定额中未编制定额,应当以商品价格列入安装工程预算。

(5)根据现有的企业施工技术装备水平,在全统定额中合理地配备了施工机械,适当提高了机械化水平,减少了工人的劳动强度,提高了劳动效率。

(6)全统定额增加了一些新的项目,使定额内容更加完善,扩大了定额的覆盖面。

3. 全统定额的组成

《全国统一安装工程预算定额》共分十三册,每册均包括总说明、册说明、目录、章说明、定额项目表、附录。

(1)总说明。总说明主要说明定额的内容、适用范围、编制依据、作用,定额中人工、材料、机械台班消耗量的确定及其有关规定。

(2)册说明。册说明主要介绍该册定额的适用范围、编制依据、定额包括的工作内容与不包括的工作内容、有关费用(如脚手架搭拆费、高层建筑增加费)的规定以及定额的使用方法和使用中应注意的事项及有关问题。

(3)目录。开列定额组成项目名称与页次,以方便查找相关内容。

(4)章说明。章说明主要说明定额章中以下几方面的问题:

1)定额适用的范围。

2)界线的划分。

3)定额包括的内容与不包括的内容。

4)工程量计算规则和规定。

(5)定额项目表。定额项目表是预算定额的主要内容,包括以下内容:

1)分项工程的工作内容(一般列入项目表的表头)。

2)一个计量单位的分项工程人工、材料、机械台班单价。

3)一个计量单位的分项工程人工、材料、机械台班消耗量。

4)分项工程人工、材料、机械台班基价。

(6)附录。附录放在每册定额表之后,为使用定额提供参考数据,主要内容包括以下几个方面:

1)工程量计算方法及有关规定。

2)材料、构件、元件等重量表、配合比表、损耗率。

3)选用的材料价格表。

4)仪器仪表台班单价表等。

5)施工机械台班单价表。

4. 安装工程预算定额基价的确定

全统定额是编制概算定额(指标)、投资估算指标的基础;是完成规定计量单位分项工程计价所需的人工、材料、施工机械台班、仪器仪表台班的消耗量标准,是统一全国安装工程预算工程量计算规则、项目划分、计量单位的依据;是编制安装工程地区单位估价表、施工图预算、招标工程标底、确定工程造价的依据;同时也可作为制订企业定额和投标报价的参考。

全统定额是依据国家有关现行产品标准、设计规范、施工及验收规范、技术操作规程、质量评定标准与安全操作规程编制的,是按目前国内大多数施工企业采用的施工方法、机械化装备程度、合理的工期、施工方法、施工工艺和劳动组织条件进行编制的,同时也参考了行业、地方标准,以及有代表性的工程设计、施工资料和其他资料。

(1)人工工日消耗量的确定。全统定额的人工工日不分列工种和技术等级,均以综合工日表示,内容包括基本用工与人工幅度差。

(2)材料消耗量的确定。

1)全统定额中的材料消耗量包括直接消耗在安装工作内容中的主要材料、辅助材料与零星材料等,并计入了相应损耗。其内容和范围包括:从工地仓库、现场集中堆放地点或现场加工地点到操作或安装地点的运输损耗、施工操作损耗、施工现场堆放损耗。

2)凡是定额中材料数量内带有括号的材料均为主材。

(3)施工机械台班消耗量的确定。

1)全统定额的机械台班消耗量是按正常合理的机械配备、机械施工工效测算确定的。

2)凡是单位价值在 2 000 元以内、使用年限在 2 年以内的、不构成固定资产的低值易耗的小型机械未列入定额,应在建筑安装工程费用定额中考虑。

(4)关于水平和垂直运输。

1)设备包括自安装现场指定堆放地点运至安装地点的水平和垂直运输。

2)材料、成品、半成品包括自施工单位现场仓库或现场指定堆放地点运至安装地点的水平与垂直运输。

3)垂直运输基准面,室内以室内地平面为基准面,室外以安装现场地平面为基准面。

3.3.4　定额项目表中各项消耗量指标的确定

人工、材料和机械台班消耗指标是预算定额的重要内容。预算定额水平的高低主要取决于这些指标的合理确定。

预算定额包括为完成一个分项工程所必需的全部工程内容,是一种综合性定额,在施工定额的基础上综合扩大而成。在确定各项指标前,应根据编制方案所确定的定额项目与已选定的典型图纸,按照定额子目与已确定的计量单位,按工程量计算规则分别计算工程量,在计算工程量时,应当测算该分项工程的主体工程数量及所包括的各种工程内容和数量。

1.人工消耗指标的确定

(1)人工消耗指标的内容。定额中人工消耗指标是指完成定额计量单位及相应内容所需要的全部用工数量。包括基本用工、辅助用工、超运距用工与人工幅度差四项,其中后三项又称为其他用工。

1)基本用工。基本用工指完成单位合格产品所必须消耗相应技术工种的用工。如管道工程中的管道安装用工等。

2)其他用工。其他用工指技术工种用工以外的用工。包括超运距用工、辅助用工、人工幅度差。

①超运距用工。指施工现场材料(包括半成品材料)运距,超过劳动定额中规定运距所增加的用工。劳动定额中材料运距的用工是按合理的施工组织规定的。实际上,各类建设场地的条件很不一致,实际运距与劳动定额规定的运距往往有较大的出入,在编制预算定额时,必须根据本地区各施工现场的实际情况综合取定一个合理运距。

②辅助用工。指施工现场内所发生的材料加工所用工日,它是预算定额人工消耗指标的组成部分。辅助用工是施工生产不可缺少的用工,在编制预算定额计算总的用工指标时,必须按需要加工的劳动数量和劳动定额中相应的加工定额,计算辅助用工量。建筑安装工程统一劳动定额,规定了完成质量合格单位产品的基本用工量(工日),并未考虑施工现场的某些材料的加工用工。如施工现场筛砂等用工均未纳入劳动定额中。

③人工幅度差。指正常施工条件下,所必须发生的预算定额与劳动定额之间水平差的非生产性用工。这些用工不能单独列项计算,通常是综合定出一个人工幅度差系数,即增加一定比例的用工量,纳入预算定额,国家现行规定人工幅度差系数为10%。

人工幅度差包括以下内容:

a.各工种间的工序搭接及工序交叉作业互相配合所发生的用工间歇。

b.质量检查及隐蔽工程验收所发生的用工间歇。

c.临时水电路转移所造成的用工间歇。

d.工序交接时所发生的间歇。

e.操作地点转移所造成的间歇。

f.施工中不可避免的发生其他零星用工。

(2)人工消耗指标的计算。预算定额子目的用工数量是根据它的工程内容范围及综合取定的工程量与劳动定额中的时间定额，计算出各种用工数量，加上人工幅度差计算出来的。

1）基本用工。工日消耗指标按综合取定的工程量与劳动定额中的综合时间定额计算。

$$基本用工数量 = \sum(时间定额 \times 工序工程量) \tag{3-45}$$

2）超运距用工。按照超运距的材料数量与相应的劳动定额规定用工量计算。

$$超运距用工数量 = \sum(时间定额 \times 超运距材料数量) \tag{3-46}$$

其中，超运距 = 预算定额规定的运距 - 劳动定额规定的运距。

3）辅助用工。一般按所需加工的各种材料数量与劳动定额中相应的材料加工时间定额计算。

$$辅助用工数量 = \sum(时间定额 \times 加工材料数量) \tag{3-47}$$

4）人工幅度差。

$$人工幅度差用工 = (基本用工 + 超运距用工 + 辅助用工) \times 人工幅度差系数 \tag{3-48}$$

$$\begin{aligned} 定额工日数量 &= 基本用工 + 其他用工 \\ &= 基本用工 + 超运距用工 + 辅助用工 + 人工幅度差用工 \\ &= (基本用工 + 超运距用工 + 辅助用工) \times (1 + 人工幅度差系数) \end{aligned} \tag{3-49}$$

通常，定额项目各种用工数采用“定额项目劳动力计算表”计算。

（3）平均工资等级的确定。预算定额不仅要计算出完成一定计量单位的分项工程的人工的消耗量，同时还要计算出完成该分项工程的劳动技术等级，即平均工资等级。平均工资等级是指预算定额中总用工量的平均工资等级。预算定额中的人工消耗指标，有不同种类的工种，如现浇钢筋混凝土的各分项工程用工种，有混凝土工、木工、钢筋工、其他用工，各工种用工又有不同的工资等级，为了统一计算定额中的人工费，必须按照预算定额各种用工量、各种工资等级与工资等级系数，采用加权平均方法，计算预算定额总用工量的平均工资等级与平均工资等级系数。

1）基本用工平均工资等级系数的计算。基本用工的平均工资等级系数应按劳动小组的平均工资等级系数确定。

《全国统一建筑安装工程劳动定额》中对劳动小组的成员数量、技工与普工的技术等级均作了规定，应根据这些数据和工资等级系数表，用加权平均方法计算小组成员的平均工资等级系数与工资等级总系数。

平均工资等级系数计算公式如下：

$$劳动小组成员平均工资等级系数 = \sum(相应等级工资系数 \times 人工数量)/人工总数 \tag{3-50}$$

$$基本工工资等级总系数 = 基本工工日总量 \times 基本工平均工资等级系数 \tag{3-51}$$

2）超运距用工平均工资等级系数的计算。劳动定额规定材料超运距用工平均工资等级系数同相应工程的基本用工的平均工资等级系数。

$$运距用工工资等级总系数 = 超运距用工平均工资等级系数 \times 超运距用工总量 \tag{3-52}$$

3）辅助用工的平均工资等级系数的计算。劳动定额对辅助用工的平均工资等级规定为2级，系数为1.189。

4）人工幅度差的平均工资等级系数的计算。国家规定人工幅度差的平均工资等级系数为计算该项用工的平均工资等级系数，等级为该项平均等级。

$$人工幅度差平均工资等级系数 = (基本用工等级总系数 + 超运距用工等级总系数 + 辅助用工等级总系数)/(基本用工量 + 超运距用工量 + 辅助用工量) \tag{3-53}$$

5)定额用工的平均工资等级系数的确定。

平均工资等级系数 = 各种用工等级总系数/各种用工工日总数　　(3-54)

平均工资等级系数计算出后,按照工资等级系数表中的系数确定定额用工的平均工资等级。

2. 材料消耗指标的确定

预算定额中材料消耗分为主要材料、辅助材料、周转性材料与次要材料的消耗。

预算定额中的材料用量,分为净用量、消耗量与损耗量等三种,它们的关系为

定额材料消耗量 = 净用量 + 损耗量　　(3-55)

预算定额中材料净用量是指直接用于分项工程的建筑材料消耗量。

损耗量是指不可避免的废料和损耗。

损耗率 = 损耗量/消耗量　　(3-56)

消耗量是指净用量和损耗量之和。

消耗量 = 净用量 + 损耗量 = 净用量/(1-损耗率)　　(3-57)

预算定额材料消耗量指标应根据编制预算定额的原则、依据,采用理论与实际相结合,图纸计算与施工现场测算相结合等方法进行计算,从而使定额既符合党的路线、方针、政策要求,又基本上与客观情况相一致,便于贯彻执行。

(1)材料净用量的计算。材料净用量的计算方法见表3.2。

表3.2　材料净用量的计算方法

类别	方法介绍
理论计算法	根据设计、施工验收规范和材料规格等,从理论上计算材料的净用量,是定额编制中常用的一种方法
图纸计算方法	根据选定的图纸,计算各种材料的体积、面积、延长米或重量
测定法	根据科学试验情况和现场测定资料,确定材料的消耗量
下料方法	根据施工设计等要求计算材料的消耗量
经验方法	根据历史上的经验估算

由于预算定额是一种综合性的定额,所以为了使工程量计算工作简单、方便,预算定额中材料净用量的确定应根据各分项工程的特点与相应的方法综合进行计算。预算定额砖墙工程量计算规则中指明:不扣除0.3 m^2 以下的孔洞、梁垫、嵌入外墙的混凝土楼板板头等所占的面积……计算墙身工程量简便,但是在编制墙身预算定额砖和砂浆材料净用量时,除了按理论计算方法计算出砖和砂浆的用量外,还应测算几个工程,如墙体内重叠梁头、垫块、凸出墙面等按比例综合取定,加以扣除或增加。

(2)材料损耗量的确定。材料损耗量包括从工地仓库、现场堆放地点或现场加工地点至安装地点的运输损耗,施工操作损耗,施工现场堆放损耗。

为了合理确定材料损耗量,首先应当正确确定材料损耗率,它对保证定额的经济合理性,节约原材料消耗,降低工程预算造价有着重要的意义。材料的损耗率应当是在正常的条件下采用比较合理的施工方法时,所形成的合理的材料损耗。各地区、部门、企业均应进行合理的测定和积累这方面资料。要研究过去损耗率中存在的问题,综合多方面情况,按平均水平确定一个损耗率。在损耗率确定后,应将各种建筑材料、成品、半成品的损耗率及其包括的具体内容,编制一个损耗率表,供编制各分部分项工程定额使用查阅,各种材料损耗率取定值见表3.3。

表3.3 管道安装工程主要和辅助材料损耗率

材料名称	取定值/%	材料名称	取定值/%
室外钢管(丝接、焊接)	1.5	高低水箱配件	1.0
室内钢管(丝接)	2.0	冲洗管配件	1.0
室内钢管(焊接)	2.0	钢管接头零件	1.0
室内煤气用钢管(丝接)	2.0	型钢	5.0
室外排水铸铁管	3.0	单管卡子	5.0
室内排水铸铁管	7.0	带帽螺栓	3.0
室内塑料管	2.0	木螺栓	4.0
铸铁暖气片	1.0	锯条	5.0
光排管散热器制作用钢管	3.0	氧气	17.0
散热器对丝及托钩	5.0	乙炔气	17.0
散热器补芯	4.0	铅油	2.5
散热器丝堵	4.0	清油	2.0
散热器胶垫	10.0	机油	3.0
净身盆	1.0	沥青油	2.0
洗脸盆	1.0	橡胶石棉板	15.0
洗手盆	1.0	橡胶板	15.0
洗涤盆	1.0	石棉绳	4.0
立式洗脸盆铜活	1.0	石棉	10.0
理发用洗脸盆铜活	1.0	青铅	8.0
脸盆架	1.0	铜丝	1.0
脸盆排水配件	1.0	锁紧螺母	6.0
浴盆水嘴	1.0	压盖	6.0
普通水嘴	1.0	焦炭	5.0
丝扣阀门	1.0	木柴	5.0
化验盆	1.0	红砖	4.0
大便器	1.0	水泥	10.0
磁高低水箱	1.0	砂子	10.0
存水弯	0.5	胶皮碗	10.0
小便器	1.0	油麻	5.0
小便槽冲水管	2.0	线麻	5.0
喷水鸭嘴	1.0	漂白粉	5.0
立式小便器配件	1.0	油灰	4.0
水箱进水嘴	1.0		

(3)预算定额中次要材料的确定。次要材料是指用量不多,价值不大的材料,可采用估算等方法计算其数量后,合并为“其他材料费”的项目,以“元”表示。

(4)周转性材料消耗量的确定。周转性材料是指在施工中多次使用、周转的工具性材料,如制作各种混凝土构件用的钢模板、木模板,搭设脚手架用的钢管、脚手架等,它们在施工中是多次重复使用的,其价值逐渐转移到工程成本中,但不构成工程实体。周转性材料使用量要按照多次使用,分次摊销的方法进行计算并纳入预算定额中。

为了正确的计算纳入预算定额的周转性材料的消耗指标(即周转材料摊销量),应当计算一系列的数据。现将现浇混凝土与预制混凝土构件模板摊销量的计算方法介绍如下:

1)现浇混凝土构件模板摊销量的计算。

①模板一次使用量的计算。周转性材料模板一次使用量是指在不重复使用的条件下,完成定额计量单位产品需要的模板数量。木模板按材积以“m^3”为计量单位,钢模按重量以“t”为计量单位。模板一次使用量应根据选定的典型构件图等进行计算。首先计算出每一构件需要的模板数量,然后计算每一定额计量单位产品包含的构件数量及其模板的使用数量。模板一次使用量是计算模板摊销量的最基本数据之一。我国有些省份,在编制预算定额时,还把模板一次使用量与摊销量同时列入预算定额项目表中,以分数式表示,分子为摊销量,分母为一次使用量,供建设单位与施工单位申请材料与编制施工作业计划等参考。

②模板周转使用量的计算。模板周转使用量是指在考虑了使用次数和补损数量后的模板使用量。施工是分阶段进行,模板可以多次周转使用。所以,完成每一定额计量单位产品的模板使用量,应根据模板的周转次数与每次周转应当补损的数量等因素来确定。按以下条件计算出的使用量即为模板的周转使用量,其计算公式为

$$\text{周转使用量}=\frac{\text{一次使用量}+\text{一次使用量}\times(\text{周转次数}-1)\times\text{损耗率}}{\text{周转次数}}=\text{一次使用量}\frac{1+(\text{周转次数}-1)\times\text{损耗率}}{\text{周转次数}} \tag{3-58}$$

③周转材料的周转次数。周转材料的周转次数是指周转材料在补损的条件下可以重复使用的次数。周转材料的周转次数由于周转材料和施工方法的不同而有所区别。正确规定周转材料的周转次数有利于准确计算应纳入预算定额中周转材料的摊销量和促进企业加强经济核算。

④周转材料回收量。周转材料回收量是指周转材料在周转使用完后可以回收的数量。回收量应从摊销量中扣掉,其计算公式为

$$\text{回收量}=\frac{\text{一次使用量}-(\text{一次使用量}\times\text{损耗率})}{\text{周转次数}}=\frac{\text{一次使用量}\times(1-\text{损耗率})}{\text{周转次数}} \tag{3-59}$$

⑤周转材料回收折价率。周转材料回收折价率是指回收材料价值的折损系数。回收材料是一种经过多次使用材料,其内在价值已远远低于原来的价值。所以,应规定一个合理的折价率进行折算,回收材料量乘以回收折价率,才是应从摊销量中扣除的部分。

⑥周转材料模板摊销量。周转材料模板摊销量是指完成每一定额计量单位产品应当消耗掉的模板数量。模板摊销量是预算定额的一个材料消耗指标,是计算材料费用的依据之一。现浇结构模板的摊销量计算公式为

$$\text{摊销量}=\text{周转使用量}-\frac{\text{回收量}\times\text{回收折价率}}{1+\text{间接费率}} \tag{3-60}$$

2)预制构件模板用量计算。由于预制构件模板每次拆卸损耗很小,在计算模板消耗指标时,可以不考虑每次周转的损耗量因素,而应当按照多次使用,平均分摊的方法进行计算。

预制构件模板一次使用量,仍然先按模板图计算每个构件的一次使用量,再折算每一定额单位产品模板一次使用量。

预制构件模板摊销量计算公式为

$$\text{摊销量}=\text{一次使用量}/\text{周转次数} \tag{3-61}$$

在上述模板计算公式中,现浇结构模板计算公式比较复杂,虽然它从理论上概括了模板周转的全过程,但这些公式中未知数多,无法直接确定。在这些未知数中,周转次数与损耗率最主要,只有把这两个数据加以合理的确定,才能较准确地确定模板的摊销量。北京和广东等地区不分现浇和预制构件,均按下述简化式计算:

$$\text{摊销量}=[\text{一次使用量}\times(1+\text{损耗率})]\text{周转次数} \tag{3-62}$$

式中,损耗率可以按15%计算;周转次数按各地具体情况合理确定。

(5)辅助材料消耗量的确定。辅助材料也是直接构成工程实体的材料,但占比重较少,如砌墙木砖、水磨石地面嵌条等。辅助材料消耗量的确定可以采用相应的计算方法计算或估算,列入定额内。它与次要材料的区别在于是否构成工程实体。

预算定额中的各种主要材料、次要材料、周转性材料与辅助材料的消耗指标,都应编表计算。

3. 机械台班消耗指标的确定

预算定额中的施工机械台班消耗指标是以台班为单位进行计算的,每一个台班为8小时工作制。

(1)编制依据。预算定额的机械化水平应以多数施工企业采用的和已推广的先进施工方法为标准。

确定预算定额中的机械台班使用量应根据全国统一劳动定额中各种机械施工项目所规定的台班产量进行计算。

(2)机械台班使用量的确定。预算定额的机械台班使用量的计算方法主要有以下两种:

1)按工人小组产量的计算方法。

$$小组总产量 = 小组总人数 \times \sum(分项计算取定的比重 \times 劳动定额每工日综合产量) \tag{3-63}$$

$$定额机械台班使用量 = 预算定额项目计量单位值/小组总产量 \tag{3-64}$$

2)按机械台班产量的计算方法。

$$定额机械台班使用量 = (预算定额项目计量单位值/机械台班产量) \times 机械幅度差系数 \tag{3-65}$$

在编制预算定额时,应当考虑机械幅度差。机械幅度差是指在劳动定额中未包括的,而机械在施工中的一些必要的停歇时间。这些因素会影响机械的效率,所以必须加以考虑,并加上一定的机械幅度差系数。

机械幅度差通常包括以下内容:

①在正常施工情况下,机械施工中不可避免的工序间歇。

②施工机械转移工作面及配套机械互相影响损失的时间。

③检查工程质量影响机械操作的时间。

④工程结尾工作量不饱满所损失的时间。

⑤冬季施工期内发动机械操作的时间。

⑥临时水电线路在施工过程中不可避免的工序间歇。

⑦不同厂牌机械的工效差。

⑧配合机械的人工在人工幅度差范围内的工作间歇而影响的机械操作时间。

大型机械的幅度差系数一般取1.3左右。

预算定额中的机械台班消耗指标应当利用"定额项目材料及机械台班计算表"计算。

3.3.5　安装工程消耗量定额概述

1. 消耗量定额的基本情况

(1)定额的主要内容。根据安装工程的专业特征和全国统一安装工程预算定额的结构设置以及多年来的传统习惯作法,将消耗量定额分为十一册(印装为八本),共有14 262个定额子目。具体包括以下内容:

第一册　《机械设备安装工程》DXD 37-201—2002;

第二册　《电气设备安装工程》DXD 37 - 202—2002;
第三册　《热力设备安装工程》DXD 37 - 203—2002;
第四册　《炉窑砌筑工程》DXD 37 - 204—2002;
第五册　《静置设备与工艺金属结构制作安装工程》DXD37 - 205—2002;
第六册　《工业管道工程》DXD 37 - 206—2002;
第七册　《消防及安全防范设备安装工程》DXD 37 - 207—2002;
第八册　《给排水、采暖、燃气工程》DXIY37 - 208—2002;
第九册　《通风空调工程》DXD 37 - 209—2002;
第十册　《自动化控制仪表安装工程》DXD 37 - 210—2002;
第十一册　《刷油、防腐蚀、绝热工程》DXD 37 - 211—2002。

(2)定额结构形式。消耗量定额是由定额总说明、册说明、目录、各章(节)说明、定额表和附录或附注组成。消耗量定额表是消耗量定额的核心内容,它包括分部分项工程的工作内容、计量单位、项目名称及其各类消耗的名称、规格、数量等,其结构形式见表 3.4。

表 3.4　安装工程消耗量定额形式

一、单级离心泵及离心式耐腐蚀泵　　　　计量单位:台

定额编号			1 - 813	1 - 814	1 - 815	1 - 816	1 - 817	1 - 818
项目			设备重量(t 以内)					
			0.2	0.5	1.0	1.5	3.0	5.0
	名称	单位	数量					
人工	综合工日	工日	2.303	4.803	7.825	12.585	17.200	21.688
材料	平垫铁 Q235 1#	kg	1.800	2.032	3.048	3.048	4.064	5.085
	斜垫铁 Q235 1#	kg	1.200	2.040	3.060	3.060	4.080	5.100
	普通钢板 Q235δ1.6 ~ 1.9	kg	0.200	0.300	0.400	0.400	0.450	0.500
	电焊条 结 422Φ4	kg	0.100	0.126	0.189	0.242	0.357	0.441
	镀锌低碳钢丝 8# ~ 12#	kg	—	—	0.800	0.800	1.200	1.200
	棉纱头	kg	0.100	0.143	0.165	0.209	0.264	0.297
	黄油钙基脂	kg	0.150	0.202	0.556	0.707	0.909	0.909
	机油	kg	0.410	0.606	0.859	1.091	1.364	1.515
	煤油	kg	0.560	0.788	0.945	1.260	1.890	2.625
	汽油 60# ~ 70#	kg	0.160	0.204	0.306	0.408	0.510	0.612
	氧气	m^3	0.133	0.204	0.204	0.204	0.408	0.510
	乙炔气	kg	0.045	0.068	0.068	0.068	0.136	0.170
	铅油	kg	—	—	0.300	0.400	0.500	0.550
	油浸石棉盘根 编制 6 ~ 10 250 ℃	kg	0.250	0.350	0.350	0.700	0.940	1.200
	破布	kg	0.120	0.158	0.158	0.242	0.315	0.420
	木板	m^3	0.001	0.002	0.004	0.004	0.008	0.010
	其他材料费占辅材费	%	4.600	4.600	4.600	4.600	4.600	4.600
机械	叉式装载机 5 t	台班	0.100	0.100	0.200	0.300	0.400	0.300
	汽车式起重机 8 t	台班	—	—	—	—	—	0.500
	交流弧焊机 21 k · VA	台班	0.100	0.100	0.100	0.200	0.300	0.400

消耗量定额与全统定额相比,结构形式上的区别就是消耗量定额表中未列定额基价、人工费、材料费和机械费,其他均相同。

(3)定额的适用范围及作用。

1)适用范围。安装工程消耗量定额(以下简称为本定额)适用于山东省行政区域内新建、扩建和技术改造或整体更新改造的一般工业与民用安装工程。它不适用于修缮和临时安装工程。整体更新改造指在已有建筑物或生产装置区内,增加或重新更换完整、独立的功能系统安装工程,如消防、给排水、通风空调、照明、热力设备等系统,而不是局部或系统中的一部分。

2)定额的作用。消耗量定额是指完成合格的规定计量单位分部分项安装工程所需要的人工、材料、施工机械台班的消耗量标准。其作用有以下几个方面:

①在安装工程计价活动中,消耗量定额是统一安装工程内容的项目划分、项目名称、计量单位和计算消耗量的依据。

②消耗量定额应以建设部第107号令《建筑工程施工发包与承包计价管理办法》的规定作为招标工程编制标底价的依据。

③消耗量定额是编制概算定额(指标)、投资估算指标以及测算工程造价指数的依据。

③消耗量定额是编制施工图预算和投标报价的基础,也可作为制订企业定额的参考。

(4)定额主要特点。消耗量定额与以往综合定额和预算定额相比,具有许多相同的特点,如科学性、灵活性、相对稳定性、实用性、连续性等。但同时也具有明显的不同特点:定额水平不是平均先进水平而是社会平均水平;在内容上,将分部分项工程定额项目列有实体工程项目与措施项目;在内容结构上,只列有消耗量而未列定额基价及其他费用;在计算上,不论是计算消耗量,还是计算相关费用,都应借助于计算机应用软件;在使用上,不再是工业安装和民用安装使用不同定额,而是相同专业工程执行同一定额。

1)安装工程消耗量定额(配套使用安装工程价目表)的组成。安装工程消耗量定额主要由总说明、目录、分册说明、分部说明、工程量计算规则、定额项目表以及有关附录组成。

①总说明。总说明主要阐述了定额的编制原则、编制依据、适用范围以及定额的作用,同时说明了编制定额时已经考虑和没有考虑的因素,允许换算与不允许换算的内容,使用方法及有关规定等。

②分册说明。说明本册适用范围、定额主要依据的标准和规范、定额各章节包括的内容、定额超高增加消耗量系数、高层和脚手架系数以及定额不包括的内容。

③分部说明及工程量计算规则。它是定额手册的重要部分,是执行定额和进行工程量计算的基准,必须全面掌握。主要介绍了分部工程所包括的主要项目及工作内容,编制中有关问题的说明,执行中的一些规定,特殊情况的处理,各分项工程量计算规则等。

④定额项目表。定额项目表一般由工作内容、定额计量单位、项目表和附注组成,它是山东省安装工程消耗量定额的主要组成部分。工作内容(也称为工程内容)是说明该分节(项)中所包括的主要内容,通常列在定额项目表的表头左上方。定额计量单位一般列在表头右上方,一般为扩大单位,如10 m^3、100 m^2、10 m等。定额项目表中,竖向排列为定额编号、项目名称、人工综合工日、材料、机械以及人工、材料和施工机械的消耗量指标,供编制工程预算单价表及换算定额单价等使用;横向排列着定额的具体编号、子项工程名称等。现将安装工程消耗量定额项目表摘录下来见表3.4。

⑤附录。附录列在安装工程消耗量定额的最后,包括加工铁件型号取定表、主要材料损耗率表、常用耐火(隔热)制品密度(容重)表、装饰灯具安装工程(示意图集)等。

2)安装工程消耗量定额项目的划分和定额编号。为了使编制预算项目和定额项目一致,便于查对,册、章、子目均应有固定的编号,称之为定额编号。编号的方法通常有汇总号、二符号与三符号等编法。册号按套全顺序编排,章号在册内顺序排列,子目号在章内顺序排列,则为三符号编法。如第一册、第二节、第八个子目用“1－2－8”表示。册号按套全顺序编排,子目号在册内顺序排列则为二符号编法,如电气设备安装工程“2.1”表示第二册、第一个子目:油浸电力变压器安装。有的定额子目号按全册排列,则为汇总号编法,如“298”表示本册第二百九十八项定额。

3)新编定额的格式。新编定额为安装工程消耗量定额(表3.4)和安装工程价目表(表3.5)。

表3.5　安装工程价目表

定额编号	项目名称	单位	基价/元	其中		
				人工费/元	材料费/元	机械费/元
一、单级离心泵及离心式耐腐蚀泵						
1－813	设备重量0.2 t以内	台	125.38	50.67	38.69	36.02
1－814	设备重量0.5 t以内	台	199.51	105.67	57.82	36.02
1－815	设备重量1.0 t以内	台	329.17	172.15	90.42	66.60
1－816	设备重量1.5 t以内	台	480.56	276.87	101.07	102.62
1－817	设备重量3.0 t以内	台	658.45	378.40	141.42	138.63
1－818	设备重量5.0 t以内	台	975.66	477.14	173.83	324.69
1－819	设备重量8.0 t以内	台	1 624.01	744.88	325.60	553.53
1－820	设备重量12.0 t以内	台	2 167.61	998.29	507.98	661.34
1－821	设备重量17.0 t以内	台	2 613.79	1 294.79	532.54	786.46
1－822	设备重量23.0 t以内	台	3 896.85	1 866.77	609.03	1 421.05
1－823	设备重量30.0 t以内	台	6 716.91	2 284.70	646.67	3 785.54

对应的安装工程综合定额见表3.6。

表3.6　泵类安装

工作内容:泵本体及附件安装、泵拆装检查、压力表安装

一、单级离心泵及耐腐蚀泵　　　　单位:台

	定额编号		2－6－103	2－6－103	2－6－103	2－6－103	2－6－103	2－6－103	2－6－103
	项目		出口管径(mm以内)						
			32	40	50	80	100	125	150
	基价/元		179.78	217.83	254.87	312.21	364.50	375.01	407.42
其中	人工费/元		73.07	95.53	118.00	145.24	165.19	185.13	205.07
	材料费/元		98.98	111.99	123.98	149.46	157.67	167.36	177.33
	机械费/元		7.73	10.31	12.89	17.51	41.64	22.52	25.02
	名称	单位	数量						
人工	综合工日	工日	6.966	9.107	11.249	13.846	15.747	17.648	19.549

续表 3.6

	名称	单位	数量						
计价材料	平垫铁 0-3#钢 1#	块	4.000	4.000	4.000	6.000	6.000	6.000	6.000
	斜垫铁 0-3#钢 1#	块	8.000	8.000	8.000	12.000	12.000	12.000	12.000
	普通钢板 0-3#δ1.6~1.9	kg	0.180	0.240	0.300	0.300	0.320	0.360	0.400
	紫铜皮 0.25~0.5mm 以内	kg	—	—	—	0.035	0.040	0.045	0.050
	木板	m^3	0.003	0.004	0.005	0.005	0.006	0.006	0.007
	普通硅酸盐水泥 425#	kg	21.000	28.000	35.000	37.920	39.480	41.040	45.600
	砂子	m^3	0.039	0.052	0.065	0.065	0.069	0.077	0.086
	碎石 0.5~3.2	m^3	0.043	0.057	0.071	0.075	0.075	0.085	0.094
	石棉橡胶板中压 δ0.8~6 mm	kg	0.300	0.400	0.500	0.700	0.800	0.900	1.000
	油浸石棉盘根 编制 6~10 250 ℃	kg	0.210	0.280	0.350	0.350	0.350	0.350	0.350
	电焊条 结 422Φ4	kg	0.072	0.096	0.120	0.126	0.144	0.162	0.180
	铅油	kg	0.120	0.160	0.200	0.420	0.480	0.540	0.600
	红丹粉 98% 以上	kg	0.120	0.160	0.200	0.210	0.240	0.270	0.300
	汽油 60#~70#	kg	0.300	0.400	0.500	0.500	0.560	0.630	0.700
	煤油	kg	1.170	1.560	1.560	1.760	0.920	2.160	2.400
	机油 5#~7#	kg	0.480	0.640	0.800	0.875	1.000	1.125	1.125
	黄油钙基脂	kg	0.240	0.320	0.400	0.725	0.840	0.200	0.200
	氧气	m^3	0.120	0.160	0.200	0.200	0.200	0.200	0.200
	电石	kg	0.240	0.320	0.400	0.400	0.400	0.400	0.400
	精制六角带帽螺栓	套	4.000	4.000	4.000	4.000	4.000	4.000	4.000
	镀锌铁丝 8#~12#	kg	—	—	—	0.560	0.640	0.720	0.800
	医用胶管 Φ9~10	m	1.000	1.000	1.000	1.000	1.000	1.000	1.000
	铝牌	个	1.000	1.000	1.000	1.000	1.000	1.000	1.000
	棉纱头	kg	0.248	0.314	0.380	0.410	0.410	0.455	0.500
	白布 216 市布	m	0.120	0.160	0.200	0.280	0.320	0.360	0.400
	破布	kg	0.270	0.360	0.450	0.455	0.520	0.585	0.650
	铁砂布 0#~2#	张	0.600	0.800	1.000	1.400	1.600	1.800	2.000
	研磨膏	盒	0.120	0.160	0.200	0.210	0.240	0.270	0.300
	压力表	块	1.000	1.000	1.000	1.000	1.000	1.000	1.000
	起重机具摊销费	元	2.620	3.500	4.370	6.120	6.990	7.870	8.740
	其他材料费	元	1.000	1.230	1.430	1.130	0.950	1.690	1.530
机械	叉式装载机 5 t	台班	0.030	0.040	0.050	0.070	0.080	0.090	0.100
	交流弧焊机 21 k·VA	台班	0.030	0.040	0.050	0.056	0.064	0.072	0.080

2. 消耗量定额的编制

(1)编制原则。山东省安装工程消耗量定额的编制是以全国统一安装工程预算定额为基础,以有利于企业自主计价和编制工程量清单综合单价为重点,以现行工程建设技术规范标准为依据,以合理确定消耗量标准为核心,采用人工决策、微机运算为主的工作手段,调配技术优势力量,统筹安排,严肃认真,积极工作,力求消耗量定额达到"合理、准确、简明、实用"的目的。

在消耗量定额编制工作中,主要遵循的原则如表 3.7 所示。

表3.7　消耗量定额的编制原则

原则	内容
坚持以全统定额为基础的原则	消耗量定额的内容、范围、工效条件、项目设置、册、章、节的划分、计算规则、计量单位以及各类消耗的种类，尽量与全统定额相接近
坚持专业相近及工作内容相统一的原则	各册定额相类似的工程项目，其工作内容尽量一致。如支架制作安装均含除锈刷底漆；机械设备和静置设备安装均不含基础灌浆 在设置项目时考虑专业相近，易于掌握定额的原则。将第三册《热力设备安装》中的"轻型炉墙"部分列入第四册《炉窑砌筑工程》中；第六册《工业管道工程》中的手摇泵列入第一册《机械设备安装》中泵安装一章内
坚持推广科技进步成果和实际需要的原则	根据目前已被推广应用的新材料、新设备、新工艺、新技术，增列定额项目。本定额中共增加近1 300多条子目，充分考虑满足工程实际需要，如增加电热锅炉、地板辐射采暖；扩延了工业管道、阀门、管件连接定额的步距等
坚持简化综合原则	简化综合是指在项目设置时，尽量少列项目，将与主体分部分项项目相关的且同时发生的子项工作内容综合在一起。以主要工序带次要工序，以主要项目带次要项目，大面积地割小尾巴，减少使用中计算的麻烦，如暖卫器具支架的零星刷油内容综合在器具安装中，管道支架的制作与安装综合在一项中
坚持同一项目、同一消耗量，统一表示的原则	即在多册消耗量定额中都有同一种消耗材料或机械，应表示统一的计量单位。如螺栓有的册为10套，定额中统一换算为套；型钢有100 kg、kg两种单位，定额中统一换算为kg。又如电气、水暖、消防、通风空调的超高系数，计算步距各不一致，本定额就统一规定，高度分10 m、15 m、20 m、20 m以上四种情况

（2）编制依据。定额的编制除了依据国家有关法规文件外，其他技术依据主要有：

1）国家及各专业部门现行的设计、施工验收规范、施工技术安全操作规程、质量评定标准等。

2）国家及山东省、华北地区等有关部门颁发的现行安装标准图集，构件施工图册、定型标准设计图册及设备、材料、产品说明书等。

3）《全国统一安装工程预算定额》（GYD 201－211—2000）及有关资料。

4）《全国统一建筑安装劳动定额》及有关资料。

5）《全国统一施工机械台班费用定额》。

6）《全国统一施工机械台班费用编制规则》。

7）《全国统一安装工程施工仪器仪表台班费用定额》（GFD 201—1999）。

8）《山东省安装工程综合定额》。

9）其他省、市和专业部门的安装工程定额。有北京市、上海市、广东省、黑龙江省、深圳市和中石化、电力、邮电、冶金等部门颁发的定额。

10）各市地颁发的一次性补充定额及相关资料。

11）已经推广应用的新工艺、新材料、新技术实践的技术资料。

12）具有代表性工程设计图纸以及施工记录资料。

（3）消耗量定额编制中主要问题的确定。消耗量定额以反映社会平均生产力水平为前提，充分考虑了目前大多数施工企业采用的施工方法、机械化装备程度、合理的工期、施工工艺与劳动组织条件进行编制而成。

定额的编制是按下列正常施工条件进行编制的:

1)设备、材料、成品、半成品、构件完整无损,符合质量标准和设计要求,附有合格证书和试验记录。

2)安装地点、建筑物、设备基础、预留孔洞等均符合安装要求。

3)安装工程和土建工程之间的交叉作业正常。

4)水、电供应均满足安装施工正常使用。

5)正常的气候、地理条件和施工环境。

需要注意的是,定额没有考虑特殊施工条件下施工所发生的人工、材料、机械等各类消耗量。如在非常条件下施工,可按批准的施工组织设计另行计算或按规定编列措施项目。

在编制过程中,现对主要问题的确定进行如下介绍。

1)册、章项目的设置。与原定额比较,各册消耗量定额有以下变化:

①取消了原全统定额第三册《送电线路工程》、第四册《通信设备安装工程》、第五册《通信线路工程》、第七册《长距离输送管道工程》。

②合并了原第十一、第十五、第十六册,列为第五册《静置设备与工艺金属结构制作安装工程》。

③原补充定额汇编册中的部分项目与相应专业册合并或取消。

④《热力设备安装工程》册中的"轻型炉墙"部分内容,移入《炉窑砌筑工程》册中。

⑤新增加第七册《消防及安全防范设备安装工程》,该册中又增设广播电视通信安装等内容。

⑥第十册《自动化控制仪表安装》中的"同轴电缆"及相关项目移入第七册《消防及安全防范设备安装工程》册内。

各册内分项内容也有不同程度的变化及调整,详见各册介绍,此处不作介绍。

2)定额人工、材料、机械、仪器仪表消耗量

①关于人工。定额中的人工工日不分列工种和技术等级,均以综合工日表示。其综合人工工日消耗量包括基本用工、超运距用工和人工幅度差。公式为

$$综合工日 = \sum(基本用工 + 超运距用工) \times (1 + 人工幅度差率) \tag{3-66}$$

a.基本用工是以劳动定额或施工记录为基础,按照相应的工序内容进行计算的用工数量。

b.超运距用工是指定额取定的材料、成品、半成品的水平运距超过施工定额(或劳动定额)规定的运距所增加的用工。

c.人工幅度差是指工种之间的工序搭接,土建与安装工程的交叉、配合中不可避免的停歇时间,施工机械在场内变换位置及施工中移动临时水、电线路引起的临时停水、停电所发生的不可避免的间歇时间,施工中水、电维修用工,隐蔽工程验收质量检查掘开及修复的时间,现场内操作地点转移影响的操作时间,施工过程中不可避免的少量零星用工。

安装工程定额中人工幅度差,除另有说明外通常为12%左右。

②关于材料。

a.本定额中的材料消耗量包括直接消耗在安装工作内容中的主要材料、辅助材料和零星材料等,并计入了相应损耗。其内容和范围包括:从工地仓库、现场集中堆放地点或现场加工地点到操作或安装地点的运输损耗、施工操作损耗、施工现场堆放损耗等。

b.定额内分主要材料与辅助材料两部分列出,凡是定额中列有"(　　)"的均为主材,其中括号中数量为该主要材料的消耗量:有一横线者,即"(—)",是指按设计要求和工程量计算规则计算的主要材料消耗量(含损耗量)。

c. 施工措施性消耗材料、周转性材料，按不同施工方法、不同材质分别列出一次使用量与一次摊销量。

d. 用量很少的零星材料，计列入其他材料费内，并以占该定额项目的辅助材料的百分比表示。

e. 主要材料损耗率见各册介绍表。

③关于施工机械台班。

a. 本定额中机械台班消耗量是按正常合理的机械设备和大多数施工企业的机械化装备程度综合取定的。它包括施工机械台班使用量及其机械幅度差。

b. 凡是单位价值在2 000元以内，使用年限在两年以内的不构成固定资产的工具、用具等未列入定额。

c. 本定额中未包括大型施工机械进出场费及其安拆费，应按照《山东省安装工程费用项目构成及计算规则》有关规定另计专项措施费。

④关于施工仪器。

a. 本定额的施工仪器仪表消耗量是按大多数施工企业的现场校验仪器仪表配备情况综合取定的。它包括施工仪器仪表台班使用量及其幅度差。

b. 凡是单位价值在2 000元以内，使用年限在两年以内的不构成固定资产的施工仪器仪表等未列入定额。

3）关于场内运输。除各册内另有明确规定外，均按下列规定进行编制：

①水平运输。水平运输是指安装物自施工现场内施工单位仓库或现场指定堆放地点运至安装地点的水平运输。即设备水平运输按100 m计；材料、成品、半成品按300 m计。

②垂直运输。垂直运输是指安装物自设备安装现场基准面运至安装位置的垂直运输。室外基准面以安装现场地平面正负零为准。室内基准面以室内地平面正负零为准。设备垂直运输按±10 m计；材料、成品、半成品构件等垂直运输按六层（或20 m）计。其超过部分的垂直运输，在高层建筑增加费用中计取。

（4）定额的水平测算。消耗量定额应当反映社会平均生产力水平，并使之符合山东省实际，是定额编制质量的关键所在。主要体现为工、料、机消耗量是否符合山东省大多数施工企业的情况，是否能反映定额项目的合理性，是否能反映社会必要劳动量，定额内容是否满足工程实际需要。

在消耗量定额成果初稿形成后，有计划有组织地进行了认真的水平测算。

1）测算的基本方法。以同一工程项目的设计施工图的相关资料为技术条件，依据新编《山东省安装工程消耗量定额》和2000年《全统定额》两套定额，按照“四个一致”的要求，分别计算出两个工程直接费文件及消耗量分析表，进行对比，从而得出消耗量定额与全统定额相比后的水平情况，再与工程实际消耗情况对比，然后分析影响定额水平偏差较大的主要原因，确定调整内容及幅度。

2）选择工程项目及测算范围内容。在测算过程中，可选择具体工程项目。

测算的范围主要针对消耗量定额第一、二、四、五、六、七、八、九、十一册定额中的相关项目。主要内容有：通用机械设备，热力设备，电气动力，照明，防雷工程，采暖、给排水、燃气工程，工业管道及探伤，静置设备、金属结构制安，通风空调及空调水系统，自动水灭水、气体灭火系统及其消防报警，安全防范和保温防腐工程等十几个专业的分部分项工程项目。

3）定额水平测算结果。

①14 262个定额项目，基本满足了上述工程计价的需要。特别是采暖、给排水、通风空调设备、自动消防报警等工程采用的新材料均能满足使用。所以，消耗量定额项目，符合山东省

工程实际情况。

②与部分施工企业的实际资料对比，排除特殊情况及不可比因素，与企业状况非常相近。

③消耗量定额的水平与原定额相比总水平在-1.4%~+4.3%，人工水平平均在-1%~+2%之间。其中各册水平为

第一册《机械设备安装工程》总水平为-5.04%，人工水平为-6.98%；

第二册《电气设备安装工程》总水平为-1.56%，人工水平为-3.92%；

第三册《热力设备安装工程》总水平为-4.05%，人工水平为-1.0%；

第四册《炉窑砌筑工程》总水平为+0.19%，人工水平为-0.36%；

第五册《静置设备与工艺金属结构制作安装工程》总水平为+1.6%，人工水平为-2.0%：

第六册《工业管道工程》总水平为+0.98%，人工水平为-8.0%；

第八册《给排水、采暖、燃气工程》总水平为-1.0%，人工水平为+2.3%；

第九册《通风空调工程》总水平为-0.01%，人工水平为+0.66%；

第十册《自动化控制仪表安装工程》总水平为-21.37%，人工水平为+28.94%；

第十一册《刷油、防腐蚀、绝热工程》总水平为-1.27%，人工水平为+4.67%。

由于各专业工程的情况复杂、各册定额的水平也不一致。经过对比分析，其具体原因主要是：

1)原来定额中太多的漏项和重项进行了调整。

2)施工验收标准规范的变更，增加了内容，提高了质量标准。

3)原定额中的消耗量现已改换为新产品。

4)机械化程度提高，小型高效施工机具增多。

5)施工工艺方案改变。

6)机械选择的规格型号以及最小计量单位的改变等以及其他原因。

3.3.6　消耗量定额应用中应注意的主要问题

在使用消耗量定额时，除了应认真学习理解各册定额的说明、规定以及配套的工程量计算规则外，还应注意以下几个主要问题。

1.正确分列分部分项工程实体项目和措施性项目

使用量价分离的新定额必须将分部分项工程实体项目和措施性项目区别开来。以后实行工程量清单计价形式时，编制工程量清单或进行清单报价都应当明确区别、准确套用，并按照安装工程费用项目构成及计算规则的规定计列。

分部分项工程实体项目通常指组成工程实体的定额项目，由于安装工程的专业特点，也包含部分非工程实体的项目，同样也是主要工程内容，如探伤、试压、冲洗等定额项目；又如高层建筑增加费、超高增加费、安装生产同时施工增加费、有害身体健康环境施工增加费、洞库工程增加费、采暖、通风空调系统调整费等项目。

措施性项目是指在《安装工程费用项目构成及计算规则》中措施项目中的技术措施项目（也称定额措施项目），是指在特定施工条件下，经常采用的且列有项目或规定的施工措施项目，如金属桅杆、焦炉施工大棚、现场组装平台、焦炉热态试验、金属胎具等措施项目。

定额中的分部分项工程实体项目和措施性项目均分别列有定额子目或规定（文字说明或累数）。在实际工作中，会出现同一定额子目既用于分部分项工程实体项目，也用于措施性项目。如配电箱安装、电缆敷设等。所以当定额子目用于措施性项目时，计算书中的定额名称前加“（措施）”字样。

2.定额中各种系数的区别

安装定额中系数繁多，有换算系数、子目系数与综合系数，共780多项。正确选套项目系

数才能合理确定工程消耗量是工程造价专业人员业务水平的重要体现。

(1)换算系数。换算系数大部分是由于安装工作物的材质、几何尺寸或施工方法与定额子目规定不一致,需进行调整的换算系数,如安装前集中刷油,相应项目乘以系数0.7;矩形容器按平底平盖容器乘以系数1.1;低碳不锈钢容器制作按不锈钢项目乘以系数1.35。换算系数通常都标注在各册的章节说明或工程量计算规则中。

(2)子目系数。子目系数通常是对特殊的施工条件、工程结构等因素影响进行调整的系数,如暗室施工增加,高层建筑增加,操作高度增加等。通常,子目系数都标注在各册说明中。

(3)综合系数。综合系数是针对专业工程特殊需要、施工环境等进行调整的系数。如脚手架搭拆,通风空调系统调整费,采暖系统调整费,小型站类工艺系统调整费,安装与生产同时施工和有害身体健康环境施工增加费等。综合系数通常标注在总说明和各册说明中。

3. 主要系数的使用

各系数的计算,通常按照先计换算系数、再计子目系数、最后计算综合系数的顺序逐级计算,且前项计算结果作为后项的计算基础。子目系数、综合系数发生多项可多项计取,通常不可在同级系数间连乘。各系数的计算应根据具体情况,严格按定额的规定计取,切记不可重复或漏计。

(1)超高增加系数。超高系数是指安装物设计高度离操作地面的垂直距离。有楼层的按楼地面计,无楼层的按设计地坪计。

全统安装定额对该系数规定不一致:第二册《电气设备安装工程》规定操作高度为5 m以上,20 m以下计取一个系数;第七册《消防及安全防范设备安装工程》规定,5~8 m、5~12 m、5~16 m、5~20 m计取四个系数;第八册《给排水、采暖、燃气工程》规定,3.6~8 m、3.6~12 m、3.6~16 m、3.6~20 m计取四个系数;第九册《通风空调工程》规定6 m以上计取一个系数。为了同一种系数统一口径,易于掌握,本定额将上述四册民用安装工程的超高系数,统一作如下调整:

1)分10 m内、15 m内、20 m内、20 m以上四个系数,但起算点高度仍按各册的规定计算;

2)在计算该系数时,不再扣除起算点以下部分,按全部定额人工乘以规定系数,费率也作了相应测算调整。

各册章中已说明包括超高内容的项目不再计算该系数,其他册中的超高系数仍按各册规定执行。

(2)高层建筑增加系数。高层建筑增加系数指高层民用建筑物高度以室内设计地坪为准超过6层或室外设计地坪至檐口高度超过20 m以上时,其安装工程应计取高层建筑增加系数。其费用内容应包括人工降效,材料、工器具的垂直运输增加的机械台班费,操作工人所乘坐的升降设备中台班及通信联络工具等费用。该系数仅限于给排水、采暖、燃气、电气、消防、安防、通风空调、电话、有线电视、广播等工程。但是,以下情况不可计取:

1)定额中已说明包括的不再计取,如电梯等。

2)层高不超过2.2 m时,不计层数。

3)高层建筑中地下室部分不能计算层数和高度。

4)屋顶单独水箱间、电梯间不能计算层数,也不计高度。

5)高层建筑物坡形顶时可按平均高度计算。

6)同一建筑物高度不同时,可按垂直投影以不同高度分别计算。

7)如果层数不超过6层,但总高度超过20 m,可按层高3.3 m折算层数。

该系数的计算是按包括六层或20 m以下全部工程(含其刷油保温)人工费乘以相应系数。其中70%为人工费,30%为机械费。

(3)洞库暗室增加系数。洞库暗室在施工时,其定额人工、机械消耗量各增加15%。

洞库工程是指设置在没有自然采光、没有正常通风、没有正常运输行走通道的情况下施工,而进行补偿的施工降效费。地下室无地上窗或地上洞口均可以取该系数。

(4)系统调整系数。系统调整是由于工程专业特点,需对其安装系统进行调整测试后才能交工或使用,而定额没有设子项,只规定用系数计算。如通风空调系统调整费,采暖系统调整费,小型站类系统调整费。系统调整费的计算除定额另有规定外,均按系统全部工程人工费乘以相应系数计算。全部工程人工费包括附属的分部分项工程项目。

(5)脚手架搭拆系数。消耗量定额中除第一册《机械设备安装工程》中第四章起重机设备安装、第五章起重机轨道安装,第二册《电气设备安装工程》中10 kV以下架空线路等脚手架搭拆费用已列入定额外,其他册需要计列的均已规定了调整系数。该系数已考虑到以下因素:

1)安装工程大部分按简易脚手架考虑的,与土建工程脚手架不同。

2)各专业工程交叉作业施工时可以互相利用的因素,测算中已扣除可以重复利用的脚手架。

3)在施工时,如部分或全部使用土建的脚手架时,按有偿使用处理。

脚手架费用的计算按定额人工费乘以相应系数。其中,25%为人工费,其余75%为材料费。

(6)安装与生产(或使用)同时施工增加费。该费用是指施工中因生产操作或生产条件限制干扰了安装工作正常进行而增加的降效费用,不包括为保证安全生产与施工所采取的措施费用。如安装工作不受干扰的,不应计取此项费用。

该费用按定额人工费的10%计取,其中100%为人工费。

(7)有害身体健康的环境中施工增加费。该费用是指施工中由于有害气体粉尘或高分贝的噪音等,超过国家标准导致影响身体健康增加的降效费用,不包括劳保条例规定应享受的工种保健费。

该费用按定额人工费的10%计取,其中100%为人工费。

其他内容在后面章节将作详细介绍。

3.4 概算定额与概算指标

1.概算定额

(1)概算定额的概念。建筑工程概算定额(也叫做扩大结构定额)具体规定了完成一定计量单位的扩大结构构件或扩大分项工程的人工、材料和机械台班消耗数量的标准。

概算定额是在预算定额的基础上,按照施工顺序相衔接与关联性较大的原则划分定额项目,通常以主体结构或主要项目列项,将前后的施工过程合并在一起,并综合预算定额的分项内容后编制而成。如人工挖地槽、基础防潮、砖砌基础、回填土、余土外运等工程内容,在预算定额中分别列项;编制五个分项工程定额,在概算定额中,将这五个施工顺序相衔接而且关联性较大的分项工程合并为一个扩大分项工程,即砖基础定额。又如砌砖墙、钢筋混凝土圈梁、钢筋混凝土过梁、墙加固钢筋、砖砌垃圾道等工程内容在预算定额中应分别列项,而概算定额则以砖墙(分内外墙、分厚度)列项,将过梁、圈梁、钢筋混凝土加固带、墙体加固钢筋、砖砌垃圾道、通风道、附墙烟囱等工程项目内容综合扩大合并进来。又如现浇钢筋混凝土柱的子目中,除了柱子模板、钢筋、混凝土工程内容外,还综合了预埋铁件、拉结筋等工程内容。

(2)概算定额的作用。

1)它是初步设计阶段编制工程概算,施工图设计阶段编制施工图概预算的依据。

2)它是签订施工承发包合同、结算及拨付工程价款、审定工程造价的依据。

3)它是编制建设工程招标标底、投标报价,以及评标、决标的依据。

4)它是进行设计方案经济比较的必要依据。

5)它是编制建设工程主要材料及设备申请计划的基础。

6)它是编制概算指标的基础。

(3)概算定额的编制原则和编制依据。

1)概算定额的编制原则。概算定额应该贯彻社会平均水平和简明适用的原则。由于概算定额与预算定额均是工程计价的依据,所以,应符合价值规律和反映现阶段大多数企业的设计、生产及施工管理水平。但是,在概预算定额水平之间应保留必要的幅度差,通常概算定额加权平均水平比综合预算定额增加造价2.06%,并在概算定额的编制过程中严格控制。概算定额的内容和深度是以预算定额为基础的综合和扩大。所以,在合并中不得遗漏或增减项目,从而保证其严密性和正确性。概算定额务必达到简化、准确和适用。

2)概算定额的编制依据。由于概算定额与预算定额的使用范围不同,编制依据也有所不同。其编制依据通常有以下几种:

①现行的设计规范和建筑工程预算定额。

②具有代表性的标准设计图纸和其他设计资料。

③现行的人工工资标准、材料预算价格、机械台班预算价格以及其他的价格资料。

(4)概算定额的编制步骤。

1)准备工作阶段。该阶段的主要工作是确定编制机构和人员的组成;进行调查研究,了解现行概算定额的执行情况和存在的问题,明确编制定额的目的。在这个基础上,制定出编制方案与确定概算定额的全部项目。

2)编制初稿阶段。该阶段根据制定的编制方案和确定的定额项目,收集各种资料和整理各种数据,对各种资料进行深入细致的测算和分析,确定各项目的消耗指标,最后编制出定额初稿。

该阶段应测算概算定额的水平。内容包括两个方面:一方面是新编概算定额与原概算定额的水平;另一方面是新编概算定额与预算定额的水平。

3)审查阶段。该阶段应组织有关单位、专家讨论概算定额初稿,在听取合理意见和建议的基础上进行修改,将修改稿报主管部门审批。

2.概算指标

(1)概算指标的概念和作用。建筑安装工程概算指标是国家或其授权机关规定的生产一定的扩大计量单位建筑工程的造价和工料消耗量的标准。如建筑工程中的每m^2建筑面积造价和工料消耗量指标,每百m^2土建工程、采暖工程、给排水工程、电气照明工程的造价和工料消耗量指标,每一座构筑物造价和工料消耗指标等。

建筑安装工程概算指标比建筑安装工程概算定额更为综合、扩大。建筑安装工程概算指标的作用主要体现在以下几个方面:

1)它是基建部门编制基本建设投资计划和估算主要材料需要量的依据。

2)它是设计单位在方案设计阶段编制投资估算、选择设计方案的依据。

3)它是施工单位编制施工计划,确定施工方案和进行经济核算的依据。

(2)概算指标的编制。

1)编制依据。

概算指标的编制依据主要包括以下内容:

①国家颁发的建筑标准、设计规范、施工技术验收规范和有关技术规定。

②现行的标准设计,各类工程的典型设计和有代表性的标准设计图纸。

③现行预算定额、概算定额、补充定额和有关费用定额。

④国家颁发的工程造价指标和地区造价指标。

⑤典型工程的概算、预算、结算和决算资料。

⑥地区工资标准、材料预算价格和机械台班预算价格。

⑦国家和地区现行的基本建设政策、法令和规章等。

2)编制步骤。

编制概算指标,通常为三个阶段:

①准备工作阶段。

②编制工作阶段。

②复核送审阶段。

(3)概算指标的内容。

1)总说明。总说明包括概算指标的编制依据、适用范围、指标的作用、工程量计算规则及其他有关规定。

2)经济指标。经济指标包括工程造价指标、人工指标与材料消耗指标。

3)结构特征说明及概算指标的使用条件,可作为不同结构进行换算的依据。

4)建筑物结构示意图。概算指标在表现方法上,分为综合指标与单项指标两种形式。综合指标是按照工业与民用建筑或按结构类型分类的一种概括性比较大的指标。单项指标是一种以典型的建筑物或构筑物为分析对象的概算指标。单项概算指标均附有工程结构内容介绍,使用时如果在建项目与指标结构内容基本相符,还是比较准确的。

3.5 投资估算指标

1.投资估算指标的概念与作用

投资估算指标(以下简称估算指标)是编制项目建议书和可行性研究报告投资估算的依据,也可作为编制固定资产长远规划投资额的参考。估算指标的制订是工程建设管理的一项重要基础工作。估算指标中的主要材料消耗也是一种扩大材料消耗定额,可作为计算建设项目主要材料消耗量的基础。科学、合理地制订估算指标对于保证投资估算的准确性和项目决策的科学化,都具有重要意义。

2.投资估算编制的依据

(1)投资估算的编制依据是指在编制投资估算时需要进行计量、价格确定、工程计价有关参数、率值确定的基础资料。

(2)投资估算的编制依据主要有以下几个方面:

1)国家、行业和地方政府的有关规定。

2)行业部门、项目所在地工程造价管理机构或行业协会等编制的投资估算指标、概算指标(定额)、工程建设其他费用定额(规定)、综合单价、价格指数和有关造价文件等。

3)工程勘察与设计文件,图示计量或有关专业提供的主要工程量和主要设备清单。

4)类似工程的各种技术经济指标和参数。

5)政府有关部门、金融机构等部门发布的价格指数、利率、汇率、税率等有关参数。

6)工程所在地的同期的工、料、机市场价格,建筑、工艺及附属设备的市场价格和有关费用。

7)与建设项目相关的工程地质资料、设计文件、图纸等。

8)委托人提供的其他技术经济资料。

3.投资估算的分类及表现形式

由于建设项目建议书,可行性研究报告编制深度不同,估算指标应结合行业工程特点,按各项指标的综合程度相应分类。通常可分为建设项目指标、单项工程指标与单位工程指标。

(1)建设项目指标。建设项目指标通常是指按照一个总体设计进行施工的、经济上统一核算、行政上有独立组织形式的建设工程为对象的总造价指标,同时也可表现为以单位生产能力(或其他计量单位)为计算单位的综合单位造价指标。总造价指标(或综合单位造价指标)的费用构成主要包括按照国家有关规定列入建设项目总造价的全部建筑安装工程费、设备工器具购置费、其他费用、预备费以及固定资产投资方向调节税。

建设期贷款利息和铺底流动资金应根据建设项目资金来源的不同,按照主管部门规定,在编制投资估算时单算,并列入项目总投资中。

(2)单项工程指标。单项工程指标通常是指组成建设项目、能够单独发挥生产能力和使用功能的各单项工程为对象的造价指标。单项工程指标应包括单项工程的建筑安装工程费,设备、工器具购置费和应列入单项工程投资的其他费用,还应列有单项工程占总造价的比例。

建设项目指标和单项工程指标应分别说明与指标相应的工程特征,工程组成内容,主要工艺、技术指标,主要设备名称、型号、规格、重量、数量和单价,其他设备费占主要设备费的百分比,以及主要材料用量和价格等。

(3)单位工程指标。单位工程指标通常是指组成单项工程、能够单独组织施工的工程,如建筑物、构筑物等为对象的指标。通常是以 m^2、m^3、延长米、座、套等为计算单位的造价指标。

单位工程指标应说明工程内容,建筑结构特征,主要材料量,工程量,其他材料费占主要材料费比例,人工工日数以及人工费、材料费、施工机械费占单位工程造价的比例。

估算指标应有附录。附录应列出不同建设地点、自然条件以及设备材料价格变化等情况下,并对估算指标进行调整换算的调整办法和各种附表。

4.投资估算编制办法

(1)一般要求。

1)建设项目投资估算应根据主体专业设计的阶段和深度,结合各自行业的特点,所采用生产工艺流程的成熟性,以及编制者所掌握的国家及地区、行业或部门相关投资估算基础资料和数据的合理、可靠、完整程度(包括造价咨询机构自身统计和积累的、可靠的相关造价基础资料),采用生产能力指数法、系数估算法、比例估算法、混合法(指生产能力指数法与比例估算法、系数估算法与比例估算法等综合使用)、指标估算法进行建设项目投资估算。

2)建设项目投资估算无论采用何种办法,均应充分考虑拟建项目设计的技术参数和投资估算所采用的估算系数、估算指标,在质和量方面所综合的内容,应遵循口径一致的原则。

3)建设项目投资估算无论采用何种办法,均应将所采用的估算系数和估算指标价格、费用水平调整到项目建设所在地及投资估算编制年的实际水平。建设项目的边界条件,如建设用地费和外部交通、水、电、通讯条件,或市政基础设施配套条件等差异所产生的与主要生产内容投资无必然关联的费用,应结合建设项目的实际情况修正。

(2)项目建议书阶段投资估算。

1)项目建议书阶段的投资估算通常要求编制总投资估算,总投资估算表中工程费用的内容应分解到主要单项工程,工程建设其他费用可在总投资估算表中分项计算。

2)项目建议书阶段建设项目投资估算可采用生产能力指数法、系数估算法、比例估算法、混合法、指标估算法等。

①生产能力指数法。生产能力指数法是根据已建成的类似建设项目生产能力与投资额,进行粗略估算拟建建设项目相关投资额的方法,其计算公式为

$$C = C_1(Q/Q_1)^X \cdot f \qquad (3-67)$$

式中,C——拟建建设项目的投资额;G——已建成类似建设项目的投资额;Q——拟建建设项

目的生产能力；Q_1——已建成类似建设项目的生产能力；X——生产能力指数（$0 \leqslant X \leqslant 1$）；$f$——不同的建设时期、不同的建设地点而产生的定额水平、设备购置和建筑安装材料价格、费用变更和调整等综合调整系数。

②系数估算法。系数估算法是根据已知的拟建建设项目主体工程费或主要生产工艺设备费为基数，以其他辅助费或配套工程费占主体工程费或主要生产工艺设备费的百分比为系数，进行估算拟建建设项目相关投资额的方法，其计算公式为

$$C = E(1 + f_1P_1 + f_2P_2 + f_{P3} + \cdots) + I \tag{3-68}$$

式中，C——拟建建设项目的投资额；E——拟建建设项目的主体工程费或主要生产工艺设备费；f_1、f_2、f_3——由于建设时间、地点不同而产生的定额水平、建筑安装材料价格、费用变更和调整等综合调整系数；P_1、P_2、P_3——已建成类似建设项目的辅助或配套工程费占主体工程费或主要生产工艺设备费的比重；I——根据具体情况计算的拟建建设项目各项其他基本建设费用。

③比例估算法。比例估算法是根据已知的同类建设项目主要生产工艺设备投资占整个建设项目的投资比例，首先逐项估算出拟建建设项目主要生产工艺设备投资，然后按比例进行估算拟建建设项目相关投资额的方法，其计算公式为

$$C = \sum_{i=1}^{n} Q_iP_i/k \tag{3-69}$$

式中，C——拟建建设项目的投资额；n——主要生产工艺设备的种类；k——主要生产工艺设备费占拟建建设项目投资额的比例；Q_i——第 i 种主要生产工艺设备的数量；P_i——第 i 种主要生产工艺设备购置费（到厂价格）。

④混合法。混合法是根据主体专业设计的阶段和深度，投资估算编制者所掌握的国家及地区、行业或部门相关投资估算基础资料与数据（包括造价咨询机构自身统计和积累的相关造价基础资料），对一个拟建建设项目采用生产能力指数法与比例估算法或系数估算法与比例估算法混合估算其相关投资额的方法。

⑤指标估算法。指标估算法是将拟建建设项目以单项工程或单位工程，按建设内容纵向划分为各个主要生产设施、行政及福利设施、辅助及公用设施以及各项其他基本建设费用，按费用性质横向划分为建筑工程、设备购置，安装工程等，根据各种具体的投资估算指标，进行各单位工程或单项工程投资的估算，在此基础上，汇集编制成拟建建设项目的各个单项工程费用和拟建建设项目的工程费用投资估算。然后按相关规定估算工程建设其他费用、预备费、建设期贷款利息等，形成拟建建设项目总投资。

（3）可行性研究阶段投资估算。

1）在原则上，可行性研究阶段建设项目投资估算应采用指标估算法，对投资有重大影响的主体工程应估算出分部分项工程量，参考相关综合定额（概算指标）或概算定额编制主要单项工程的投资估算。

2）预可行性研究阶段、方案设计阶段，项目建设投资估算视设计深度，应参照可行性研究阶段的编制办法进行。

3）在一般的设计条件下，可行性研究投资估算深度在内容上应达到规定要求。子项单一的大型民用公共建筑，主要单项工程估算应细化到单位工程估算书。可行性研究投资估算深度应满足项目的可行性研究与评估要求，并最终满足国家与地方相关部门批复或备案的要求。

（4）投资估算过程中的方案比选、优化设计和限额设计。

1）工程建设项目由于受资源、市场、建设条件等因素的限制，为了提高工程建设投资效果，拟建项目可能存在建设场址、产品方案、建设规模、所选用的工艺流程不同等多个整体设计

方案。而在一个整体设计方案中也可存在厂区总平面布置、建筑结构形式等不同的多个设计方案。当出现多个设计方案时,工程造价咨询机构与注册造价工程师有义务与工程设计者配合,为建设项目投资决策者提供方案比选的意见。

2)建设项目设计方案比选应遵循以下三个原则:

①建设项目设计方案比选除考虑一次性建设投资的比选,还应考虑项目运营过程中的费用比选,即项目寿命期的总费用比选。

②建设项目设计方案比选要兼顾近期与远期的要求,即建设项目的功能和规模应根据国家和地区远景发展规划,适当留有发展余地。

③建设项目设计方案比选要协调好技术选进性和经济合理性的关系,即在满足设计功能和采用合理先进技术的条件下,尽可能降低投入。

3)建设项目设计方案比选的内容。在宏观方面有建设规模、建设场址、产品方案等;对于建设项目本身有厂区或居住小区总平面布置、主体工艺流程选择、主要设备选型等;小的方面有工程设计标准、工业与民用建筑的结构形式、建筑安装材料的选择等。

4)建设项目设计方案比选的方法。建设项目多方案整体宏观方面的比选,通常采用投资回收期法、计算费用法、净年值法、净现值法、内部收益率法,以及上述几种方法同时使用等。建设项目本身局部多方案的比选,除了可用上述宏观方案的比较方法外,通常采用价值工程原理或多指标综合评分法(对参与比选的设计方案设定若干评价指标,并按其各自在方案中的重要程度给定各评价指标的权重和评分标准,计算各设计方案的权重加得分的方法)比选。

5)优化设计的投资估算编制是针对在方案比选确定的设计方案基础上,通过设计招标、方案竞选、深化设计等措施,从而降低成本或功能提高为目的的优化设计或深化过程中,对投资估算进行调整的过程。

6)限额设计的投资估算编制的前提是严格按照基本建设程序进行,前期设计的投资估算应准确和合理,限额设计的投资估算编制应进一步细化建设项目投资估算,按项目实施内容和标准合理分解投资额度与预留调节金。

3.6　施工图预算

1. 施工图预算的概念

在设计的施工图完成以后,施工图预算是以施工图为依据,根据预算定额、费用标准以及工程所在地区的人工、材料、施工机械设备台班的预算价格编制的,是确定建筑工程、安装工程预算造价的文件。

2. 施工图预算的作用

(1)施工图预算是签订建设工程施工合同的重要依据。

(2)施工图预算是工程实行招标、投标的重要依据。

(3)施工图预算是施工单位进行人工和材料准备、编制施工进度计划、控制工程成本的依据。

(4)施工图预算是落实或调整年度进度计划和投资计划的依据。

(5)施工图预算是施工企业降低工程成本、实行经济核算的依据。

(6)施工图预算是办理工程财务拨款、工程贷款和工程结算的依据。

3. 施工图预算的编制

(1)施工图预算编制的依据。

1)各专业设计施工图和文字说明、工程地质勘察资料。

2）当地和主管部门颁布的现行建筑工程与专业安装工程预算定额（基础定额）、单位估价表、地区资料、构配件预算价格（或市场价格）、间接费用定额和有关费用规定等文件。

3）现行的有关其他费用定额、指标和价格。

4）现行的有关设备原价（出厂价或市场价）及运杂费率。

5）建设场地中的自然条件和施工条件，并据以确定的施工方案或施工组织设计。

（2）施工图预算编制的方法。

1）工料单价法。

工料单价法指分部分项工程量的单价为直接费，直接费以人工、材料、机械的消耗量及其相应价格与措施费确定。间接费、利润、税金按照有关规定另行计算。

①传统施工图预算使用工料单价法，其计算步骤如下：

a. 准备资料，熟悉施工图。准备的资料包括施工组织设计、预算定额、取费标准、工程量计算标准、地区材料预算价格等。

b. 计算工程量。首先应根据工程内容和定额项目，列出分项工程目录；其次根据计算顺序和计算规划列出计算式；然后，根据图纸上的设计尺寸及有关数据代入计算式进行计算；最后，对计算结果进行整理，使之与定额中要求的计量单位保持一致，并予以核对。

c. 套工料单价。核对计算结果后，按单位工程施工图预算直接费计算公式求得单位工程人工费、材料费和机械使用费之和。同时应注意以下几项内容。

进行局部换算或调整时，换算指定额中已计价的主要材料品种不同而进行的换价，通常不调量；调整指施工工艺条件不同而对人工、机械的数量增减，一般调量不换价。

分项工程的名称、规格、计量单位必须与预算定额工料单价或单位计价表中所列内容完全一致。以防重套、漏套或错套工料单价而产生偏差。

若分项工程不能直接套用定额、不能换算和调整时，应编制补充单位计价表。

定额说明允许换算与调整以外部分不得任意修改。

d. 编制工料分析表。根据各分部分项工程项目实物工程量和预算定额中项目所列的用工及材料数量，计算各分部分项工程所需人工及材料数量，汇总后算出该单位工程所需各类人工、材料的数量。

e. 计算并汇总造价。根据规定的税、费率与相应的计取基础，分别计算措施费、间接费、利润、税金等。将上述费用累计后进行汇总，求出单位工程预算造价。

f. 复核。对项目填列、工程量计算公式、计算结果、套用的单价、采用的各项取费费率、数字计算、数据精确度等进行全面复核，便于及时发现差错，及时修改，提高预算的准确性；

g. 填写封面、编制说明。封面应写明工程编号、工程名称、工程量、预算总造价和单方造价、编制单位名称、负责人和编制日期以及审核单位的名称、负责人和审核日期等。编制说明主要应写明预算所包括的工程内容范围、依据的图纸编号、有关部门现行的调价文件号、承包企业的等级和承包方式、套用单价需要补充说明的问题及其他需说明的问题等。

在编制施工图预算时应注意，所用的工程量和人工、材料量是统一的计算方法和基础定额；所用的单价是地区性的（定额、价格信息、价格指数和调价方法）。由于在市场条件下价格是变动的，所以要特别重视定额价格的调整。

②实物法编制施工图预算的步骤：实物法编制施工图预算是先算工程量、人工、材料量、机械台班（即实物量）。然后再计算费用和价格的方法。这种方法适应市场经济条件下编制施工图预算的需要，在改革中应当努力实现这种方法的普遍应用。其编制步骤如下：

a. 准备资料，熟悉施工图纸。

b. 计算工程量。

c.套基础定额。计算人工、材料、机械数量。

d.根据当时、当地的人工、材料、机械单价,计算并汇总人工费、材料费、机械使用费,得出单位工程直接工程费。

e.计算措施费、间接费、利润和税金,并进行汇总,得出单位工程造价(价格)。

f.复核。

g.填写封面、编写说明。

从上述步骤可见,实物法与定额单价法不同,实物法的关键在于第三步和第四步,特别是第四步,使用的单价已不是定额中的单价了,而是在由当地工程价格权威部门(主管部门或专业协会)定期发布价格信息和价格指数的基础上,自行确定材料单价、人工单价、施工机械台班单价。这样便不会使工程价格脱离实际,为价格的调整减少许多麻烦。

2)综合单价法。综合单价法指分部分项工程量的单价为全费用单价,它既包括直接费、间接费、利润(酬金)、税金,也包括合同约定的所有工料价格变化风险等一切费用,是一种国际上通行的计价方式。综合单价法按其所包含项目工作的内容及工程计量方法的不同,又可分为以下三种表达形式:

①参照现行预算定额(或基础定额)对应子目所约定的工作内容、计算规则进行报价。

②由投标者依据招标图纸、技术规范,按其计价习惯,自主报价,即工程量的计算方法、投标价的确定,均由投标者根据自身情况决定。

③按招标文件约定的工程量计算规则,以及按技术规范规定的每一分部分项工程所包括的工作内容进行报价。

按照《建筑工程施工发包承包管理办法》的规定,综合单价是由分项工程的直接费、间接费、利润和税金组成的,而直接费是以人工、材料、机械的消耗量及相应价格与措施费确定的。所以,计价顺序应当是:

a.准备资料,熟悉施工图纸。

b.划分项目,按统一规定计算工程量。

3)计算人工、材料和机械数量。

4)套综合单价,计算各分项工程造价。

5)汇总得分部工程造价。

6)各分部工程造价汇总得单位工程造价。

7)复核。

8)填写封面、编写说明。

“综合单价”的产生是使用该方法的关键。显然,编制全国统一的综合单价是不现实或不可能的,而由地区编制较为可行。理想的是由企业编制“企业定额”产生综合单价。由于在每个分项工程上确定利润和税金比较困难,所以可以编制含有直接费和间接费的综合单价,在求出单位工程总的直接费和间接费后,再统一计算单位工程的利润和税金,汇总得出单位工程的造价。《建设工程工程量清单计价规范》(GB 50500—2008)中规定的造价计算方法,就是根据实物计算法原理编制的。

4.施工图预算的审查

(1)施工图预算审查的作用。

1)对降低工程造价具有现实意义。

2)有利于节约工程建设资金。

3)有利于积累和分析各项技术经济指标。

4)有利于发挥领导层、银行的监督作用。

(2)施工图预算审查的内容。审查施工图预算的重点是:工程量计算是否准确;各项取费标准是否符合现行规定;分部、分项单价套用是否正确等方面。

1)建筑工程施工图预算各分部工程的工程量审核重点。

①土方工程。工程量审核的重点为

a. 平整场地、挖地槽、挖地坑、挖土方工程量的计算是否符合定额计算规定和施工图纸标示尺寸,土壤类别是否与勘察资料一致,地槽与地坑放坡、带挡土板是否符合设计要求,有无重算和漏算。

b. 运土方的审查除了注意运土距离外,还要注意运土数量是否扣除了就地回填的土方。运土距离应是最短运距,需作比较。

c. 回填土工程量应注意地槽、地坑回填土的体积是否扣除了基础、垫层所占体积,地面和室内填土的厚度是否符合设计要求。

②打桩工程。工程量审核的重点为

a. 注意审查各种不同桩料,必须分别计算,施工方法必须符合设计要求或经设计院同意。

b. 桩料长度必须符合设计要求,桩料长度如果超过一般桩料长度需要接桩时,注意审查接头数是否正确。

c. 必须核算实际钢筋量(抽筋核算)。

③砖石工程。工程量审核的重点为

a. 墙基与墙身的划分是否符合规定。

b. 不同砂浆强度的墙和定额规定按立方米或按平方米计算的墙,有无混淆、错算或漏算。

c. 按规定不同厚度的墙、内墙和外墙是否是分别计算的,应扣除的门窗洞口及埋入墙体各种钢筋混凝土梁、柱等是否已经扣除。

④混凝土及钢筋混凝土工程。工程量审核的重点为

a. 现浇柱与梁,主梁与次梁及各种构件计算是否符合规定,有无重算或漏算。

b. 现浇构件与预制构件是否分别计算。

c. 钢筋混凝土的含钢量与预算定额的含钢量发生差异时,是否按规定予以增减调整。

d. 有筋和无筋构件是否按设计规定分别计算,有没有混淆。

e. 钢筋按图抽筋计算。

⑤木结构工程。工程量审核的重点为

a. 门窗是否按不同种类按框外面积或扇外面积计算。

b. 门窗孔面积与相应扣除的墙面积中的门窗孔面积核对应一致。

c. 木装修的工程量是否按规定分别以延长米或平方米计算。

⑥地面工程。工程量审核的重点为

a. 细石混凝土地面找平层的设计厚度与定额厚度不同时,是否按其厚度进行换算。

b. 楼梯抹面是否按踏步和休息平台部分的水平投影面积计算。

c. 台阶不包括嵌边、侧面装饰。

⑦屋面工程。工程量审核的重点为

a. 卷材层工程量是否与屋面找平层工程量相等。

b. 屋面找平层的工程量同卷材屋面,其嵌缝油膏已包括在定额内,不另计算。

c. 瓦材规格如实际使用与定额取定规格不同时,其数量换算,其他不变。

d. 屋面保温层的工程量是否按屋面层的建筑面积乘保温层平均厚度计算,不做保温层的挑檐部分是否按规定计算。

e. 刚性屋面按图示尺寸水平投影面积乘以屋面坡度系数以平方米计算。不扣除房上烟

囱、风帽底座、风道所占面积。

⑧构筑物工程。工程量审核的重点为

a. 凡是定额按钢管脚平架与竹脚手架综合编制，包括挂安全网与安全笆的费用。如实际施工不同均可换算或调整；如施工需搭设斜道则可另行计算。

b. 烟囱和水塔脚手架是以座编制的，凡是地下部分已包括在定额内，按规定不能再另行计算。审查是否符合要求，有无重算。

⑨装饰工程。工程量审核的重点为

a. 内墙抹灰的工程量是否按墙面的净高和净宽计算，有无重算或漏算。

b. 油漆、喷涂的操作方法和颜色不同时，均不调整。如设计要求的涂刷遍数与定额规定不同时，可按"每增加一遍"定额项目进行调整。

c. 抹灰厚度，如设计规定与定额取定不同时，在不增减抹灰遍数的情况下，通常按每增减1 mm 定额调整。

⑩金属构件制作。工程量审核的重点为

a. 金属构件制作工程量多数以吨为单位。在计算时，型钢按图示尺寸求出长度，再乘每米的重量；钢板要求出面积，再乘以每平方示尺寸求出长度，再乘每米的重量；钢板要求出面积，再乘以每平方。

b. 加工点至安装点的构件运输，应另按"构件运输定额"相应项目计算。

c. 除注明者外，定额均已包括现场（工厂）内的材料运输、下料、加工、组装及产品堆放等全部工序。

2）审查定额或单价的套用。

①预算中所列各分项工程单价是否与预算定额的预算单价相符；其名称、规格、计量单位和所包括的工程内容是否与预算定额一致。

②对补充定额和单位计价表的使用应审查补充定额是否符合编制原则、单位计价表计算是否正确。

③有单价换算时应审查换算的分项工程是否符合定额规定及换算是否正确。

3）审查其他有关费用。其他有关费用包括的内容各地不同，具体审查时应注意是否符合当地规定和定额的要求。

①是否按本项目的工程性质计取费用、有无高套取费标准。

②有无将不需安装的设备计取在安装工程的间接费中。

③间接费的计取基础是否符合规定。

④预算外调增的材料差价是否计取间接费；直接费或人工费增减后，有关费用是否做了相应调整。

⑤有无巧立名目、乱摊费用的情况。利润和税金的审查重点应放在计取基础和费率是否符合当地有关部门的现行规定、有无多算或重算方面。

（3）施工图预算审查的方法。施工图预算审查的方法如表3.8所示。

表3.8　施工图预算审查的方法

方法	内容
逐项审查法	逐项审查法（又称全面审查法）是按定额顺序或施工顺序，对各分项工程中的工程细目逐项全面详细审查的一种方法。其优点是全面、细致，审查质量高、效果好；缺点是工作量大，时间较长。这种方法适合于一些工程量较小、工艺比较简单的工程

续表 3.8

方法	内容
标准预算审查法	标准预算审查法就是对利用标准图纸或通用图纸施工的工程,先集中力量编制标准预算,以此为准来审查工程预算的一种方法。按标准设计图纸或通用图纸施工的工程,一般上部结构和做法相同,只是根据现场施工条件或地质情况不同,仅对基础部分做局部改变。凡是这样的工程,以标准预算为准,对局部修改部分单独审查即可,不需逐一详细审查。该方法的优点是时间短、效果好、易定案。其缺点是适用范围小,仅适用于采用标准图纸的工程
分组计算审查法	分组计算审查法就是把预算中有关项目按类别划分若干组,利用同组中的一组数据审查分项工程量的一种方法。这种方法首先将若干分部分项工程按相邻且有一定内在联系的项目进行编组,利用同组分项工程间具有相同或相近计算基数的关系,审查一个分项工程数量,由此判断同组中其他几个分项工程的准确程度。该方法特点是审查速度快、工作量小
对比审查法	对比审查法是当工程条件相同时,用已完工程的预算或未完但已经过审查修正的工程预算对比审查拟建工程的同类工程预算的一种方法
"筛选"审查法	"筛选"审查法是能较快发现问题的一种方法。建筑工程虽面积和高度不同,但其各分部分项工程的单位建筑面积指标变化却不大。将这样的分部分项工程加以汇集、优选,找出其单位建筑面积工程量、单价、用工的基本数值,归纳为工程量、价格、用工三个单方基本指标,并注明基本指标的适用范围。这些基本指标用来筛选各分部分项工程,对不符合条件的应进行详细审查,如果审查对象的预算标准与基本指标的标准不符,就应对其进行调整。"筛选法"的优点是简单易懂,便于掌握,审查速度快,便于发现问题。但问题出现的原因还需继续审查。该方法适用于审查住宅工程或不具备全面审查条件的工程
重点审查法	重点审查法就是抓住工程预算中的重点进行审核的方法。审查的重点一般是工程量大或者造价较高的各种工程、补充定额、计取的各项费用(计取基础、取费标准)等。重点审查法的优点是突出重点、审查时间短、效果好

(4)施工图预算审查的步骤。

1)做好审查前的准备工作。

①了解预算包括的范围。根据预算编制说明,了解预算包括的工程内容。如配套设施,室外管线,道路以及会审图纸后的设计变更等。

②熟悉施工图纸。施工图纸是编制预算分项工程数量的重要依据,必须全面熟悉了解。一是核对所有的图纸,清点无误后,依次识读;二是参加技术交底,解决图纸中的疑难问题,直至完全掌握图纸。

③弄清编制预算采用的单位工程估价表。任何单位估价表或预算定额都有一定的适用范围。根据工程性质,搜集熟悉相应的单价、定额资料,特别是市场材料单价和取费标准等。

2)选择合适的审查方法,按相应内容审查。由于工程规模、繁简程度不同,以及施工企业情况不同,所编工程预算繁简和质量也不同,所以需针对情况选择相应的审查方法进行审核。

3)综合整理审查资料,编制调整预算。经过审查,如果发现有差错,需要进行增加或核减的,经与编制单位逐项核实,统一意见后,修正原施工图预算,汇总核减量。

第4章　工程量清单及其计价

4.1　实行工程量清单计价的目的和意义

1. 实行工程量清单计价，是工程造价深化改革的产物

我国发承包计价、定价以工程预算定额作为主要依据。为了适应建设市场改革的要求，1992年，针对工程预算定额编制和使用中存在的问题，提出了“控制量、指导价、竞争费”的改革措施，工程造价管理由静态管理模式逐步转变为动态管理模式。其中，对工程预算定额改革的主要思路和原则是：将工程预算定额中的人工、材料、机械的消耗量和相应的单价分离，人、材、机的消耗量国家根据有关规范、标准以及社会的平均水平来确定。控制量的目的是保证工程质量，指导价就是要逐步走向市场形成价格，这一措施在我国实行社会主义市场经济初期起了积极的作用。但是，随着建设市场化进程的发展，这种做法仍然难以改变工程预算定额中国家指令性的状况，难以满足招标、投标和评标的要求。因为控制的量是反映的社会平均消耗水平，不能准确地反映各个企业的实际消耗量，不能全面地体现企业技术装备水平、管理水平和劳动生产率，还不能充分体现市场公平竞争，工程量清单计价将改革以工程预算定额为计价依据的计价模式。

2. 实行工程量清单报价，是规范市场建设秩序，适应社会主义市场经济发展的需要

工程造价是工程建设的核心内容，同时也是建设市场运行的核心内容，建设市场存在许多不规范行为大多与工程造价有关。过去的工程预算定额在工程发包与承包工程计价中调节双方利益、反映市场价格等方面显得滞后，特别是在公开、公平、公正竞争等方面，缺乏合理完善的机制，出现了一些漏洞。实现建设市场的良性发展除了加强法律法规和行政监管以外，充分发挥市场规律中“竞争”与“价格”的作用才是治本之策。工程量清单计价是市场形成工程造价的主要形式，工程量清单计价有利于发挥企业自主报价的能力，实现政府定价到市场定价的转变；有利于规范业主在招标中的行为，能够有效改变招标单位在招标中盲目压价的行为，从而真正体现公开、公平、公正的原则，反映市场经济规律。

3. 实行工程量清单计价，是为促进建设市场有序竞争和企业健康发展的需要

采用工程量清单计价模式投标、招标，对发包单位，由于工程量清单是招标文件的组成部分，招标单位必须编制出工程量清单，并承担相应的风险，这样就可以促进招标单位提高管理水平。工程量清单是公开的，从而避免了工程招标中的弄虚作假、暗箱操作等不规范行为。承包企业采用工程量清单报价，必须对单位工程成本、利润进行分析，统筹考虑、精心选择施工方案，并根据企业的定额合理确定人工、材料、施工机械等要素的投入与配置，优化组合，合理控制现场费用和施工技术措施费用，确定投标价。改变过去过分依赖国家发布定额的状况，企业根据自身的条件编制出自己的企业定额。所以，工程量清单计价的实行有利于规范建设市场计价行为，规范建设市场秩序，促进建设市场有序竞争；有利于提高造价工程师的素质，使其成为懂技术、懂经济、懂管理的全面发展的复合型人才；有利于控制建设项目投资，合理利用资源；有利于促进技术进步，提高劳动生产率。

4. 实行工程量清单计价，有利于我国工程造价管理政府职能的转变

按照政府部门真正履行起“经济调节、市场监管、社会管理和公共服务”职能的要求，政府对工程造价管理的模式应相应的改变，将推行政府宏观调控、企业自主报价、市场竞争形成价格、社会全面监督的工程造价管理思路。实行工程量清单计价将会有利于我国工程造价政府职能的转变，由过去行政直接干预转变为工程造价依法监管，有效地强化政府对工程造价的宏观调控，由过去政府控制的指令性定额转变为制定适应市场经济规律需要的工程量清单计价方法。

5.实行工程量清单计价，是适应我国加入世界贸易组织(WTO)，融入世界大市场的需要

随着我国改革开放的进一步加快，中国经济日益融入全球市场，特别是我国在加入世界贸易组织(WTO)后，行业壁垒下降，建设市场将进一步对外开放。国外的企业以及投资的项目越来越多的进入国内市场，我国企业走出国门在海外投资和经营的项目也在增加。为了适应这种对外开放建设市场的形势，必须与国际通行的计价方法相适应，为建设市场主体创造一个与国际惯例接轨的市场竞争环境。工程量清单计价是国际通行的计价做法，我国实行工程量清单计价有利于提高国内建设各方主体参与国际化竞争的能力，有利于提高工程建设的管理水平。

4.2 工程量清单计价与定额计价的差别

1.计价模式不同

工程量清单计价与传统计价模式即定额计价的不同主要表现在：

(1)费用构成形式不同。

定额计价模式下费用构成的数学模式为

工程造价＝直接费＋间接费＋利润＋税金 (4－1)

清单计价模式下费用构成的数学模式为

工程造价＝分部分项工程费＋措施项目费＋其他项目费＋规费＋税金) (4－2)

(2)计价依据不同。

在定额计价模式下，其计价依据的是各地区行政主管部门颁布的预算定额管理及费用定额。在清单计价模式下，其计价依据的是各投标单位所编制的企业定额和市场价格信息。

(3)“量”“价”确定的方式方法不同。

影响工程价格的两大因素为：分部分项工程数量及其相应的单价。

在定额计价模式下，招投标工作中，分部分项工程数量由各投标单位分别计算，相应的单价按统一规定的预算定额计取。

在清单计价模式下，招投标工作中，分部分项工程数量由招标人按照国家规定的统一工程量计算规则计算，并且提供给各投标人，各投标单位在“量”一致的前提下，根据各企业的技术、管理水平的高低，材料、设备的进货渠道和市场价格信息，并考虑竞争的需要，自主确定“单价”，且竞标过程中，合理低价中标。

从上述区别中可看出，在清单计价模式下，将定价权交给了企业，因为竞争的需要，促使投标企业通过科技、创新、加强施工项目管理等来降低工程成本，同时不断采用新技术、新工艺施工，从而达到获得期望利润的目的。

2.反映的成本不同

工程量清单计价反映的是个别成本。各个投标人根据市场的人工、材料、机械价格行情、自身技术实力与管理水平投标报价，其价格有高有低，具有多样性。招标人在考虑投标单位的综合素质的同时，还应选择合理的工程造价。

定额计价反映的是社会平均成本。各个投标人根据相同的预算定额及估价表投标报价，所报的价格基本相同，不能反映中标单位的真正实力。由于预算定额的编制是按社会平均消耗量考虑，所以其价格反映的是社会平均价，也就给招标人提供盲目压价的可能，从而造成结算突破预算的现象。

3. 风险承担人不同

定额计价模式下承发包计价、定价,其风险承担人是由合同价的确定方式决定的。当采用固定价合同时,其风险由投标人承担,当采用可调价合同时,其风险由招标人、投标人共同承担。

工程量清单计价模式的工程承发包计价、定价,由招标人提供工程量清单。投标人自主报价,投标人承担报"价"的风险,招标人承担提供"量"的风险。这是因为投标人在报"价"时,本身包含了对市场预测分析的风险及考虑竞争需要采用的一些报价技巧所带来的风险等。而且综合单价一经确定,结算时只要工程量变更的幅度在合同约定的范围内,其单价不可以调整。此外,投标人对工程量变更或计算错误不负责任,体现在工程结算时,工程数量是按实结算。所以,工程量清单计价模式的工程承发包计价、定价,风险共担,这种格局符合风险合理分担与责权利关系对等的原则。

4. 项目名称划分不同

(1)定额计价模式中项目名称按"分项工程"划分,而清单计价模式中项目名称按"工程实体"划分。

(2)定额计价模式下,实体的措施项目相结合,而清单计价模式下,实体和措施项目相分离。

(3)定额计价模式中项目内含施工方法因素,而清单计价模式中不含。

5. 工程量计算规则有原则上的不同

按照定额计价模式中的工程量计算规则计算的工程数量,是设计图纸中所表现的工程实际数量(即实物加上人为规定的预留量与操作程度等因素所确定的量);而清单计价模式中的工程量计算规则,所计算的工程数量为实体净量。

6. 合同价形成过程不同

定额计价模式下合同价形成过程是:得到招标文件→编制施工图预算(包括计算工程量、确定直接费、工料分析、计算材差、计算建安工程造价)→投标报价→中标(接近标底价)→形成合同价。

清单计价模式下合同价形成过程是:得到招标文件(包含工程量清单)→投标人自主报价→合理低标价中标→形成合同价。

综上所述,两种不同计价模式的本质区别在于:"工程量"和"工程价格"的来源不同。定额计价模式下"量"由投标人计算,"价"按统一规定计取;而清单计价模式,"量"由招标人统一提供,"价"由投标人根据自身实力,市场各种要素,考虑竞争需要自主报价。清单计价模式能够真正实现"招投标活动应当遵循公平、公正、公开和诚实信用原则"。

4.3 工程量清单编制

分部分项工程量清单是指构成拟建工程实体的全部分项实体项目名称及相应数量的明细清单。

分部分项工程量清单应包括项目编码、项目名称、计量单位与工程数量。"计价规范"规定:分部分项工程量清单应根据附录规定的统一项目编码、项目名称、计量单位和工程量计算规则进行编制。

1. 项目编码

项目编码按"计价规范"规定,采用五级编码,12位阿拉伯数字表示,一至九位为统一编码,即必须依据规范设置。其中,一、二位(一级)为附录顺序码,三、四位(二级)为专业工程顺序码,五、六位(三级)为分部工程顺序码,七、八、九位(四级)为分项工程顺序码,十至十二位

(五级)为清单项目名称顺序码,第五级编码应根据拟建工程的工程量清单项目名称设置,月-招标工程的项目编码不得有重码。

(1)第一、二位,附录顺序码。附录A编码为01;附录B编码为02;附录C编码为03;附录D编码为04;附录E编码为05。

(2)第三、四位,专业工程顺序码。以建筑工程为例,建筑工程共分八项专业工程,相当于8章。

(A.1)土(石)方工程,编码0101;
(A.2)桩与地基基础工程,编码0102;
(A.3)砌筑工程,编码0103;
(A.4)混凝土及钢筋混凝土工程,编码0104;
(A.5)厂库房大门、特种门、木结构工程,编码0105;
(A.6)金属结构工程,编码0106;
(A.7)屋面及防水工程,编码0107;
(A.8)防腐、隔热、保温工程,编码0108。

(3)第五、六位,分部工程顺序码。

以现浇混凝土工程为例:
现浇混凝土基础,编码010401;
现浇混凝土柱,编码010402;
现浇混凝土梁,编码010403;
现浇混凝土墙,编码010404;
现浇混凝土板,编码010405;
现浇混凝土楼梯,编码010406;
现浇混凝土其他构件,编码010407。

(4)第七、八、九位,分项工程顺序码
现浇混凝土基础梁,编码010403001;
现浇混凝土矩形梁,编码010403002;
现浇混凝土异形梁,编码010403003;
现浇混凝土圈梁,编码010403004;
现浇混凝土过梁,编码010403005;
现浇混凝土弧形、拱形梁,编码010403006。

(5)第十至十二位,清单项目名称顺序码。

现浇混凝土矩形梁考虑混凝土强度等级,还有抗渗、抗冻等要求,其编码由清单编制人在全国统一9位编码的基础上,在第10,11,12位上自行设置,编制出项目名称顺序码001,002,003,…,假设还有抗渗、抗冻等要求,就可以继续编制004,005,006等,如:
现浇混凝土矩形梁C20,编码010403002001;
现浇混凝土矩形梁C30,编码010403002002;
现浇混凝土矩形梁C35,编码010403002003。

清单编制人在自行设置编码时,应注意以下几方面:

(1)项目编码不应再设付码。因第五级编码的编码范围从001至999共有999个,对于一个项目即使特征有多种类型,也不会超过999个,在实际工程应用中足够使用。

(2)同一个单位工程中第五级编码不应重复。即同一性质项目,只要形成的综合单价不同,第五级编码就应分别设置,如墙面抹灰中的混凝土墙面和砖墙面抹灰其第五级编码就应分别设置。

(3)一个项目编码对应于一个项目名称、计量单位、计算规则、工程内容、综合单价。因而清单编制人在自行设置编码时,以上五项中只要有一项不同,就应另设编码。

2. 项目名称

分部分项工程量清单项目应按"计价规范"规定统一项目名称进行设置,具体划分时应考虑三个因素:一是附录中的项目名称;二是附录中的项目特征和所完成的工程内容多少;三是拟建工程的实际情况。在编制工程量清单时,清单编制人要以附录中的项目名称为主体,同时考虑该项目的规格、种类等特征要求,结合拟建工程的实际情况,使其工程量清单项目名称具体化、细化。

(1)项目名称。"计价规范"中,项目名称通常是以"工程实体"命名的。如水泥砂浆楼地面、筏片基础、矩形柱、圈梁等。需要注意的是,附录中的项目名称所表示的工程实体,有些是可用适当的计量单位计算的简单完整的分项工程,如砌筑砖墙;也有些项目名称所表示的工程实体是分项工程的组合,如块料楼地面就是由楼地面垫层、找平层、防水层、面层铺设等分项工程组成。

在进行工程量清单项目设置时,不可以只考虑附录中的项目名称,忽视附录中的项目特征,造成工程量清单项目的丢项、错项或重复列项。如附录中清单项目现浇混凝土基础就包括其下的垫层内容,如某建筑物基础为C30钢筋混凝土筏片基础,垫层为C10无筋混凝土垫层,在编制工程量清单时,分项工程量清单项目名称应列为"钢筋混凝土筏片基础",混凝土垫层不能再列项,只能把垫层厚度及强度等级等特征在项目名称栏内描述出来,供投标人核算工程量及准确报价之用。

(2)项目特征。项目特征是指分部分项工程的主要特征,如挖土方中要描述土壤的类别、弃土的运距、挖土的平均厚度等。附录中的项目特征是提示工程量清单编制人应在工程量清单项目名称栏内描述项目的哪些特征,便于投标人核算工程量及准确报价。

项目特征应根据工程的实际情况来定,如果附录中未列的项目特征,拟建工程中有的,在编制清单项目时,在项目名称栏内应补充进去;而对于实际工程中不存在的,而附录中已列出的,在编制清单时,要在项目名称栏内删掉。

项目特征直接影响工程项目的价格高低,它既是投标人进行投标报价时的依据,又是有关信息系统进行项目综合单价分析、研究发布综合单价信息的基础,所以在进行项目特征描述时,文字要简练、内容要详尽、数据要准确。

(3)缺项补充。随着科学技术的发展,新技术、新材料、新的施工工艺将伴随出现,所以"计价规范"规定,在编制工程量清单时,凡是附录中的缺项,编制人可做补充。补充项目应填写在工程量清单相应分部分项工程项目之后,且应在项目编码栏中以"补"字表示,并应报省、自治区、直辖市工程造价管理机构备案。

3. 计量单位

"计价规范"规定,分部分项工程量清单中的计量单位应按附录中统一规定的计量单位确定,如挖土方的计量单位为m^3,楼地面工程工程量计量单位为m^2,钢筋工程计量单位为t等。当计量单位有两个或两个以上时,应根据所编工程量清单项目的特征要求,选择最适宜表现该项目特征并方便计量的单位。

4. 工程数量

工程数量的计算应按"计价规范"规定的统一计算规则进行计量,工程数量的有效位数应遵守下列规定:

(1)以"t"为单位,应保留小数点后三位数字,第四位四舍五入。

(2)以"m^3""m^2""m"为单位,应保留小数点后两位数字,第三位四舍五入。

(3)以"个""项"等为单位,应取整数。

5. 分部分项工程量清单的编制程序

在进行分部分项工程量清单编制时，其编制程序为：

分部分项工程量清单项目的设置及工程量计算，首先应熟悉设计文件，读取项目内容，对照设计规范项目名称及用于描述项目名称的项目特征，确定具体的分部分项工程名称；其次，设置项目编码，再按计价规范中的计量单位，确定分部分项工程的计量单位；然后，按计价规范中规定的工程量计算规则，读取设计文件数据，计算工程数量；最后，参考计价规范中列出的工程内容，组合分部分项工程量清单的综合工程内容。

6. 注意事项

分部分项工程量清单为不可调整的闭口清单，投标人对招标文件提供的分部分项工程量清单必须逐一计价，对清单所列内容不允许作任何更改变动。投标人如果认为清单内容有不妥或遗漏，则只能通过质疑的方式由清单编制人做统一的修改更正，并将修正后的工程量清单发给所有投标人。

4.4　工程量清单计价

1. 一般规定

(1)《建设工程工程量清单计价规范》(GB 50500—2008)规定了实行工程量清单计价时，工程造价由分部分项工程费、措施项目费、其他项目费和规费、税金五部分组成，见图 4.1 所示。

(2)《建筑工程施工发包与承包计价管理办法》(建设部令第 107 号)第五条规定，工程计价方法包括工料单价法和综合单价法。实行工程量清单计价应采用综合单价法。

(3)招标文件中工程量清单所列的工程量是一个预计工程量，它一方面是各投标人进行投标报价的共同基础，而另一方面也是对各投标人的投标报价进行评审的共同平台，体现了招投标活动中的公开、公平、公正和诚实信用原则。发包方与承包方双方竣工结算的工程量应按经发、承包双方认可的实际完成的工程量确定，而非招标文件中工程量清单所列的工程量。

(4)措施项目计价清单应根据拟建工程的施工组织设计，可以计算工程量的措施项目应按分部分项工程量清单的方式采用综合单价计价；其余的措施项目可以“项”为单位的方式计价，应包括除规费、税金外的全部费用。

(5)根据《中华人民共和国安全生产法》、《中华人民共和国建筑法》、《建设工程安全生产管理条例》、《安全生产许可证条例》等法律、法规的规定，建设部办公厅印发了《建筑工程安全防护、文明施工措施费及使用管理规定》(建办[2005]89 号)，将安全文明施工费纳入国家强制性标准管理范围，其费用标准不予竞争。措施项目清单中的安全文明施工费应按国家或省级、行业建设主管部门的规定费用标准计价，招标人不得要求投标人对该项费用进行优惠，投标人也不得将该项费用参与市场竞争。

措施项目清单中的安全文明施工费包括《建筑安装工程费用项目组成》(建标[2003]206 号)中措施费的文明施工费、环境保护费、临时设施费、安全施工费。

建筑工程安全防护、文明施工措施项目清单见表 4.1。

(6)其他项目清单应根据工程特点和招标控制制定投标价和工程结算的具体规定计划。

(7)招标人在工程量清单中提了暂估价的材料和专业工程属于依法必须招标的，由承包人和招标人共同通过招标确定材料单价和专业工程分包价。若材料不属于依法必须招标的，经发、承包双方协商确认单价后及计价。如果专业工程不属于依法必须招标的，由发包人、总承包人与分包人按有关计价依据进行计价。

上述规定同样适用于以暂估价形式出现的专业分包工程。对未达到法律、法规规定招标规模标准的材料和专业工程，需要约定定价的程序和方法，并与材料样品报批程序相互衔接。

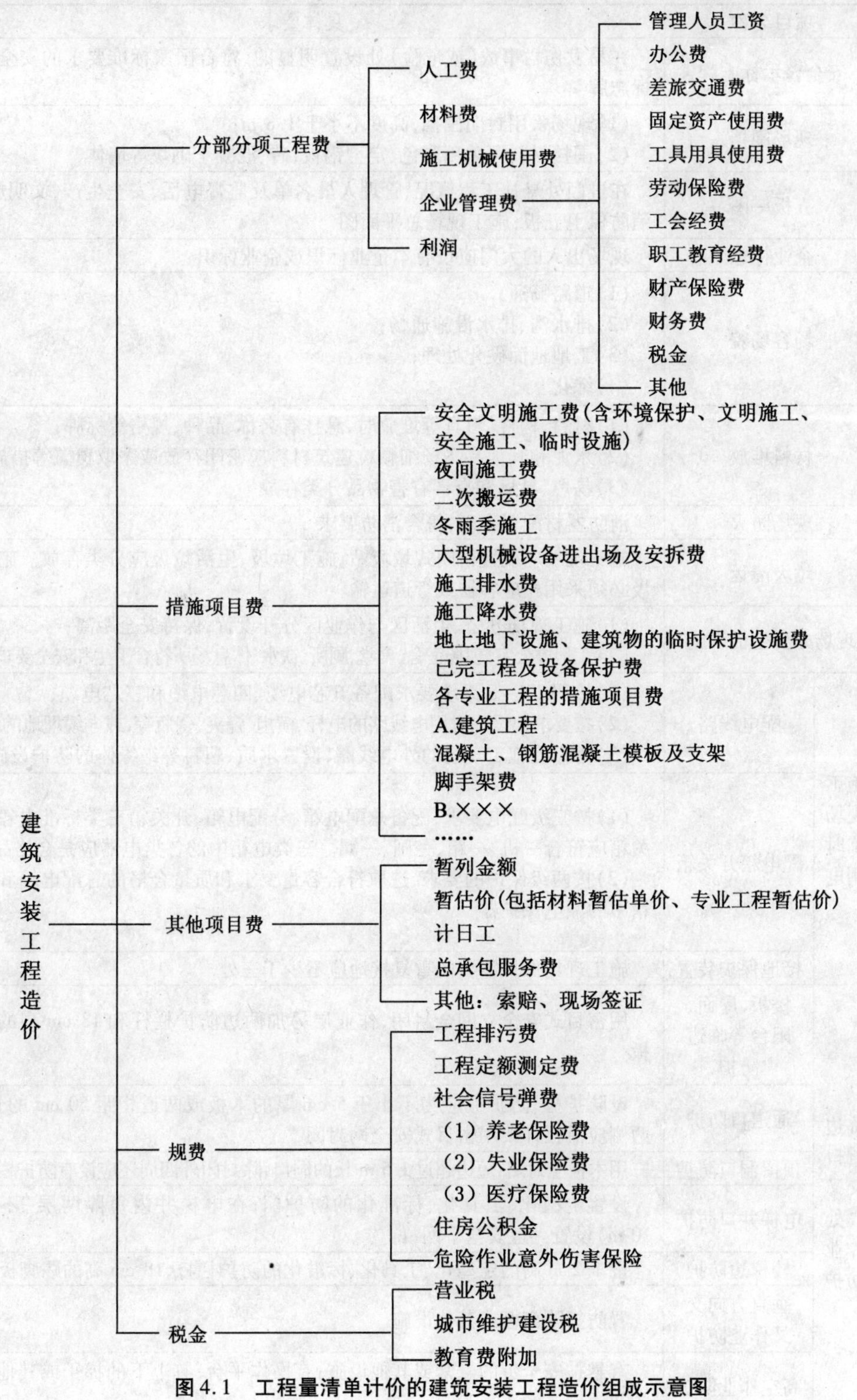

图 4.1　工程量清单计价的建筑安装工程造价组成示意图

表4.1　建筑工程安全防护、文明施工措施项目清单

<table>
<tr><th>类别</th><th colspan="2">项目名称</th><th>具体要求</th></tr>
<tr><td rowspan="8">文明施工与环境保护</td><td colspan="2">安全警示标志牌</td><td>在易发伤亡事故(或危险)处设置明显的、符合国家标准要求的安全警示标志牌</td></tr>
<tr><td colspan="2">现场围挡</td><td>(1)现场采用封闭围挡,高度不小于1.8 m;
(2)围挡材料可采用彩色、定型钢板,砖、混凝土砌块等墙体</td></tr>
<tr><td colspan="2">五板一图</td><td>在进门处悬挂工程概况、管理人员名单及监督电话、安全生产、文明施工、消防保卫五板;施工现场总平面图</td></tr>
<tr><td colspan="2">企业标志</td><td>现场出入的大门应设有本企业标识或企业标识</td></tr>
<tr><td colspan="2">场容场貌</td><td>(1)道路畅通;
(2)排水沟、排水设施通畅;
(3)工地地面硬化处理;
(4)绿化</td></tr>
<tr><td colspan="2">材料堆放</td><td>(1)材料、构件、料具等堆放时,悬挂有名称、品种、规格等标牌;
(2)水泥和其他易飞扬细颗粒建筑材料应密闭存放或采取覆盖等措施;
(3)易燃、易爆和有毒有害物品分类存放</td></tr>
<tr><td colspan="2">现场防火</td><td>消防器材配置合理,符合消防要求</td></tr>
<tr><td colspan="2">垃圾清运</td><td>施工现场应设置密闭式垃圾站,施工垃圾、生活垃圾应分类存放。施工垃圾必须采用相应容器或管道运输</td></tr>
<tr><td rowspan="4">临时设施</td><td colspan="2">现场办公生活设施</td><td>(1)施工现场办公、生活区与作业区分开设置,保持安全距离;
(2)工地办公室、现场宿舍、食堂、厕所、饮水、休息场所符合卫生和安全要求</td></tr>
<tr><td rowspan="3">施工现场临时用电</td><td>配电线路</td><td>(1)按照TN－S系统要求配备五芯电缆、四芯电缆和三芯电缆;
(2)按要求架设临时用电线路的电杆、横担、瓷夹、瓷瓶等,或电缆埋地的地沟;
(3)对靠近施工现场的外电线路,设置木质、塑料等绝缘体的防护设施</td></tr>
<tr><td>配电箱开关箱</td><td>(1)按三级配电要求,配备总配电箱、分配电箱、开关箱三类标准电箱。开关箱应符合一机、一箱、一闸、一漏。三类电箱中的各类电器应是合格品;
(2)按两级保护的要求,选取符合容量要求和质量合格的总配电箱和开关箱中的漏电保护器</td></tr>
<tr><td>接地保护装置</td><td>施工现场保护零线的重复接地应不少于三处</td></tr>
<tr><td rowspan="7">安全施工</td><td rowspan="7">临边洞口交叉高处作业防护</td><td>楼板、屋面、阳台等临边防护</td><td>用密目式安全立网全封闭,作业层另加两边防护栏杆和18 cm高的踢脚板</td></tr>
<tr><td>通道口防护</td><td>设防护棚,防护棚应为不小于5 cm厚的木板或两道相距50 cm的竹笆。两侧应沿栏杆架用密目式安全网封闭</td></tr>
<tr><td>预留洞口防护</td><td>用木板全封闭;短边超过1.5 m长的洞口,除封闭外四周还应设有防护栏杆</td></tr>
<tr><td>电梯井口防护</td><td>设置定型化、工具化、标准化的防护门;在电梯井内每隔两层(不大于10 m)设置一道安全平网</td></tr>
<tr><td>楼梯边防护</td><td>设1.2 m高的定型化、工具化、标准化的防护栏杆,18 cm高的踢脚板</td></tr>
<tr><td>垂直方向交叉作业防护</td><td>置防护隔离棚或其他设施</td></tr>
<tr><td>高空作业防护</td><td>有悬挂安全带的悬索或其他设施;有操作平台;有上下的梯子或其他形式的通道</td></tr>
</table>

注:表中所列建筑工程安全防护、文明施工措施项目,是依据现行法律法规及标准规范确定。如修订法律

法规和标准规范，本表所列项目应按照修订后的法律法规和标准规范进行调整。

(8)规费和税金应按照国家或省级、行业建设主管部门依据国家税法及省级政府或省级有关权力部门的规定确定，在工程计价时应按规定计算，不得作为竞争性费用。

(9)招标人应在招标文件中或在签订合同时，载明投标人应考虑的风险内容及其风险范围或风险幅度。

风险是一种客观存在的、会带来损失的、不确定的状态。它具有客观性、损失性、不确定性等特点，并且风险始终是与损失相联系的。工程施工发包是一种期货交易行为，工程建设本身又具有单件性和建设周期长的特点。在工程施工过程中影响工程施工及工程造价的风险因素很多，但并非所有的风险都是承包人能预测、能控制和应承担其造成损失的。基于市场交易的公平性和工程施工过程中发、承包双方权、责的对等性要求，发包方与承包方应合理分摊风险，所以要求招标人在招标文件中或在合同中禁止采用无限风险、所有风险或类似语句规定投标人应承担的风险内容及其风险范围或风险幅度。

根据我国工程建设特点，投标人应完全承担的风险是技术风险和管理风险，如管理费和利润；应有限度承担的是市场风险，如材料价格、施工机械使用费等风险；应完全不承担的是法律、法规、规章和政策变化的风险。

《建设工程工程量清单计价规范》(GB 50500—2008)定义的风险是综合单价包含的内容。根据我国目前工程建设的实际情况，各省、自治区、直辖市建设行政主管部门均根据当地劳动行政主管部门的有关规定发布人工成本信息，对此关系职工切身利益的人工费不宜纳入风险，材料价格的风险宜控制在 5% 以内，施工机械使用费的风险可控制在 10% 以内，超过者予以调整，管理费和利润的风险由投标人全部承担。

2. 招标控制价

(1)国有资金投资的工程建设项目应实行工程量清单招标，并应编制招标控制价。招标控制价超过批准的概算时，招标人应将其报原概算审批部门审核。投标人的投标报价高于招标控制价的，其投标应予以拒绝。

(2)招标控制价应由具有编制能力的招标人，或受其委托具有相应资质的工程造价咨询人编制。

(3)招标控制价应根据下列依据编制：

1)《建设工程工程量清单计价规范》(GB 50500—2008)。

2)国家或省级、行业建设主管部门颁发的计价定额和计价办法。

3)建设工程设计文件及相关资料。

4)与建设项目相关的标准、规范、技术资料。

5)招标文件中的工程量清单及有关要求。

6)工程造价管理机构发布的工程造价信息；工程造价信息没有发布的参照市场价。

7)其他的相关资料。

(4)分部分项工程费应根据招标文件中的分部分项工程量清单项目的特征描述及有关要求，按上一条的规定确定综合单价计算。

在综合单价中，应包括招标文件中要求投标人承担的风险费用。

招标文件提供了暂估单价的材料，按暂估的单价计入综合单价。

(5)措施项目费应根据招标文件中的措施项目清单按《建设工程工程量清单计价规范》(GB 50500—2008)的规定计价。

(6)其他项目费应按下列规定计价：

1)暂列金额应根据工程特点，按有关计价规定估算。

2)暂估价中的材料单价应根据工程造价信息或参照市场价格估算；暂估价中的专业工程金额应分不同专业，按有关计价规定估算。

3)计日工应根据工程特点和有关计价依据计算。

4)总承包服务费应根据招标文件列出的内容和要求估算。

(7)规费和税金应按国家或省级、行业建设主管部门的规定计算,不得作为竞争性费用。

(8)招标控制价应在招标时公布,不应上调或下浮,招标人应将招标控制价及有关资料报送工程所在地工程造价管理机构备查。

(9)投标人经复核认为招标人公布的招标控制价未按照《建设工程工程量清单计价规范》(GB 50500—2008)的规定进行编制的,应在开标前5天向招投标监督机构或(和)工程造价管理机构投诉。招投标监督机构应会同工程造价管理机构对投诉进行处理,发现确有错误的,应责成招标人修改。

3. 投标价

(1)除《建设工程工程量清单计价规范》(GB 50500—2008)强制性规定外,投标价由投标人自主确定,但不得低于成本。投标价应由投标人或受其委托具有相应资质的工程造价咨询人编制。

(2)投标人应按招标人提供的工程量清单填报价格。填写的项目编码、项目名称、项目特征、计量单位、工程量必须与招标人提供的一致。

(3)投标报价应根据下列依据编制:

1)《建设工程工程量清单计价规范》(GB 50500—2008)。

2)国家或省级、行业建设主管部门颁发的计价办法。

3)企业定额,国家或省级、行业建设主管部门颁发的计价定额。

4)招标文件、工程量清单及其补充通知、答疑纪要。

5)施工现场情况、工程特点及拟定的投标施工组织设计或施工方案。

6)建设工程设计文件及相关资料。

7)市场价格信息或工程造价管理机构发布的工程造价信息。

8)与建设项目相关的标准、规范等技术资料。

9)其他的相关资料。

(4)分部分项工程费应依据综合单价的组成内容,按招标文件中分部分项工程量清单项目的特征描述确定综合单价计算。综合单价中应考虑招标文件中要求投标人承担的风险费用。

招标文件中提供了暂估单价的材料,按暂估的单价计入综合单价。

(5)投标人可根据工程实际情况结合施工组织设计,对招标人所列的措施项目进行增补。

措施项目费应根据招标文件中的措施项目清单及投标时拟定的施工组织设计或施工方案按《建设工程工程量清单计价规范》(GB 50500—2008)第4.1.4条的规定自主确定。其中措施项目清单中的安全文明施工费应按国家或省级、行业建设主管部门的规定计价,不得作为竞争性费用。

(6)其他项目费应按下列规定报价:

1)暂列金额应按招标人在其他项目清单中列出的金额填写。

2)材料暂估价应按招标人在其他项目清单中列出的单价计入综合单价;专业工程暂估价应按招标人在其他项目清单中列出的金额填写。

3)计日工按招标人在其他项目清单中列出的项目和数量,自主确定综合单价并计算计日工费用。

4)总承包服务费根据招标文件中列出的内容和提出的要求自主确定。

(7)规费和税金应按《建设工程工程量清单计价规范》(GB 50500—2008)第4.1.8条的规定确定。

(8)投标总价应当与分部分项工程费、措施项目费、其他项目费和规费、税金的合计金额一致。

4. 工程合同价款的约定

(1)实行招标的工程合同价款应在中标通知书发出之日起 30 天内,由发、承包双方依据招标文件和中标人的投标文件在书面合同中约定。

不实行招标的工程合同价款,在发、承包双方认可的工程价款基础上,由发、承包双方在合同中约定。

(2)实行招标的工程,合同约定不得违背招标文件与投标文件中关于工期、造价、质量等方面的实质性内容。招标文件与中标人投标文件不一致的地方,以投标文件为准。

(3)实行工程量清单计价的工程,宜采用单价合同。

(4)发、承包双方应在合同条款中对下列事项进行约定;合同中没有约定或约定不明的,由双方协商确定;协商不能达成一致的,按《建设工程工程量清单计价规范》(GB 50500—2008)执行。

1)预付工程款的数额、支付时间及抵扣方式。

2)工程价款的调整因素、方法、程序、支付及时间。

3)工程计量与支付工程进度款的方式、数额及时间。

4)索赔与现场签证的程序、金额确认与支付时间。

5)发生工程价款争议的解决方法及时间。

6)承担风险的内容、范围以及超出约定内容、范围的调整办法。

7)工程质量保证(保修)金的数额、预扣方式及时间。

8)工程竣工价款结算编制与核对、支付及时间。

9)与履行合同、支付价款有关的其他事项等。

5. 工程计量与价款支付

(1)发包人应按合同约定的时间和比例(或金额)向承包人支付工程预付款。当合同对工程预付款的支付没有约定时,按以下规定办理:

1)工程预付款的额度:原则上预付比例不低于合同金额(扣除暂列金额)的 10%,不高于合同金额(扣除暂列金额)的 30%,对重大工程项目,按年度工程计划逐年预付。实行工程量清单计价的工程,实体性消耗和非实体性消耗部分宜在合同中分别约定预付款比例(或金额)。

2)工程预付款的支付时间:在具备施工条件的前提下,发包人应在双方签订合同后的 1 个月内或约定的开工日期前的 7 天内预付工程款。

3)如果发包人未按合同约定预付工程款,承包人应在预付时间到期后 10 天内向发包人发出要求预付的通知,发包人收到通知后仍不按要求预付,承包人可在发出通知 14 天后停止施工,发包人应从约定应付之日起按同期银行贷款利率计算向承包人支付应付预付款的利息,并承担违约责任。

4)凡是没有签订合同或不具备施工条件的工程,发包人不得预付工程款,不得以预付款为名转移资金。

(2)工程量的正确计量是发包人向承包人支付工程进度款的前提和依据。计量和付款周期可采用分段或按月结算的方式,当采用分段结算方式时,应在合同中约定具体的工程分段划分,付款周期应与计量周期一致。

(3)工程计量时,若发现工程量清单中出现漏项、工程量计算偏差,以及工程变更引起工程量的增减,应按承包人在履行合同义务过程中实际完成的工程量计算。

(4)当发、承包双方在合同中未对工程量的计量时间、程序、方法和要求作约定时,按以下规定办理:

1)承包人应在每个月末或合同约定的工程段末,向发包人递交上月或工程段已完工程量报告。

2)发包人应在接到报告后 7 天内按施工图纸(包括设计变更)核对已完工程量,并应在计量前24小时通知承包人,承包人应按时参加。

3)计量结果:

①如发、承包双方均同意计量结果,则双方应签字确认。

②如发包人未在规定的核对时间内进行计量,视为承包人提交的计量报告已经认可。

③如承包人未按通知参加计量,则由发包人批准的计量应认为是对工程量的正确计量。

④对于承包人超出施工图纸范围或因承包人原因造成返工的工程量,发包人不予计量。

⑤如发包人未在规定的核对时间内通知承包人,致使承包人未能参加计量,则由发包人所作的计量结果无效。

⑥如承包人不同意发包人的计量结果,承包人应在收到上述结果后7天内向发包人提出,申报承包人认为不正确的详细情况。发包人收到后,应在2天内重新检查对有关工程量的计量,或予以确认,或将其修改。

发、承包双方认可的核对后的计量结果应作为支付工程进度款的依据。

(5)承包人应在每个付款周期末,向发包人递交进度款支付申请,并附相应的证明文件。除合同另有约定外,进度款支付申请应包括下列内容:

1)本周期已完成工程的价款。

2)累计已支付的工程价款。

3)累计已完成的工程价款。

4)本周期已完成计日工金额。

5)应增加和扣减的索赔金额。

6)应增加和扣减的变更金额。

7)应扣减的质量保证金。

8)应抵扣的工程预付款。

9)根据合同应增加和扣减的其他金额。

10)本付款周期实际应支付的工程价款。

(6)发包人应按合同约定的时间核对承包人的支付申请,并应按合同约定的时间和比例向承包人支付工程进度款。当发、承包双方在合同中未对工程进度款支付申请的核对时间以及工程进度款支付时间、支付比例作约定时,按以下规定办理:

1)发包人应在批准工程进度款支付申请的14天内,向承包人按不低于计量工程价款的60%,不高于计量工程价款的90%向承包人支付工程进度款。

2)发包人应在收到承包人的工程进度款支付申请后14天内核对完毕。否则,从第15天起承包人递交的工程进度款支付申请视为被批准。

3)发包人在支付工程进度款时,应按合同约定的时间、比例(或金额)扣回工程预付款。

(7)发包人未在合同约定时间内支付工程进度款,承包人应及时向发包人发出要求付款的通知,发包人收到承包人通知后仍不按要求付款,可与承包人协商签订延期付款协议,经承包人同意后延期支付。协议应明确延期支付的时间和从付款申请生效后按同期银行贷款利率计算应付款的利息。

(8)发包人不按合同约定支付工程进度款,双方又未达成延期付款协议,导致施工无法进行时,承包人可停止施工,由发包人承担违约责任。

6.索赔与现场签证

(1)合同一方向另一方提出索赔时,应有正当的索赔理由和有效证据,并应符合合同的相关约定。

(2)如果承包人认为非承包人原因发生的事件造成了承包人的经济损失,承包人应在确认该事件发生后,按合同约定向发包人发出索赔通知。

发包人在收到最终索赔报告后并在合同约定时间内,未向承包人作出答复,视为该项索赔已经认可。

(3)承包人索赔按下列程序处理:

1)承包人在合同约定的时间内向发包人递交费用索赔意向通知书。

2)发包人指定专人收集与索赔有关的资料。

3)承包人在合同约定的时间内向发包人递交费用索赔申请表。

4)发包人指定的专人初步审查费用索赔申请表,符合第1)条规定的条件时予以受理。

5)发包人指定的专人进行费用索赔核对,经造价工程师复核索赔金额后,与承包人协商确定并由发包人批准。

6)发包人指定的专人应在合同约定的时间内签署费用索赔审批表,或发出要求承包人提交有关索赔的进一步详细资料的通知,待收到承包人提交的详细资料后,按第4)、5)条的程序进行。

(4)如承包人的费用索赔与工程延期索赔要求相关联时,发包人在作出费用索赔的批准决定时,应结合工程延期的批准,综合作出费用索赔和工程延期的决定。

(5)如果发包人认为由于承包人的原因造成额外损失,发包人应在确认引起索赔的事件后,按合同约定向承包人发出索赔通知。

承包人在收到发包人索赔通知后并在合同约定时间内,未向发包人作出答复,视为该项索赔已经认可。

(6)承包人应发包人要求完成合同以外的零星工作或非承包人责任事件发生时,承包人应按合同约定及时向发包人提出现场签证。

(7)发、承包双方确认的索赔与现场签证费用与工程进度款同期支付。

7.工程价款调整

(1)招标工程以投标截至日前28天,非招标工程以合同签订前28天为基准日,其后国家的法律、法规、规章和政策发生变化影响工程造价的,应按省级或行业建设主管部门或其授权的工程造价管理机构发布的规定调整合同价款。

(2)如施工中出现施工图纸(包括设计变更)与工程量清单项目特征描述不符的,发、承包双方应按新的项目特征确定相应工程量清单项目的综合单价。

(3)因分部分项工程量清单漏项或非承包人原因的工程变更,造成增加新的工程量清单项目,其对应的综合单价按下列方法确定:

1)合同中已有适用的综合单价,按合同中已有的综合单价确定。

2)合同中有类似的综合单价,参照类似的综合单价确定。

3)合同中没有适用或类似的综合单价,由承包人提出综合单价,经发包人确认后执行。

(4)因分部分项工程量清单漏项或非承包人原因的工程变更,引起措施项目发生变化,造成施工组织设计或施工方案变更,原措施费中已有的措施项目,按原措施费的组价方法调整;原措施费中没有的措施项目,由承包人根据措施项目变更情况,提出适当的措施费变更,经发包人确认后调整。

(5)因非承包人原因引起的工程量增减,该项工程量变化在合同约定幅度以内的,应执行原有的综合单价;该项工程量变化在合同约定幅度以外的,其综合单价及措施项目费应予以调整。

(6)如施工期内市场价格波动超出一定幅度时,应按合同约定调整工程价款;合同没有约定或约定不明确的,应按省级或行业建设主管部门或其授权的工程造价管理机构的规定调整。

(7)因不可抗力事件导致的费用,发、承包双方应按以下原则分别承担并调整工程价款。

1)工程本身的损害、因工程损害导致第三方人员伤亡和财产损失以及运至施工场地用于施工的材料和待安装的设备的损害,由发包人承担。

2)承包人的施工机械设备损坏及停工损失,由承包人承担。

3)发包人、承包人人员伤亡由其所在单位负责,并承担相应费用。

4)停工期间,承包人应发包人要求留在施工场地的必要的管理人员及保卫人员的费用,由发包人承担。

5)工程所需清理、修复费用,由发包人承担。

(8)工程价款调整报告应由受益方在合同约定时间内向合同的另一方提出,经对方确认后调整合同价款。受益方未在合同约定时间内提出工程价款调整报告的,视为不涉及合同价款的调整。

收到工程价款调整报告的一方应在合同约定时间内确认或提出协商意见,否则,视为工程价款调整报告已经确认。

(9)经发、承包双方确定调整的工程价款,作为追加(减)合同价款与工程进度款同期支付。

8.竣工结算

(1)工程完工后,发、承包双方应在合同约定时间内办理工程竣工结算。

(2)工程竣工结算由承包人或受其委托具有相应资质的工程造价咨询人编制,由发包人或受其委托具有相应资质的工程造价咨询人核对。

(3)工程竣工结算应依据:

1)《建设工程工程量清单计价规范》(GB 50500—2008)。

2)施工合同。

3)工程竣工图纸及资料。

4)双方确认的工程量。

5)双方确认追加(减)的工程价款。

6)双方确认的索赔、现场签证事项及价款。

7)投标文件。

8)招标文件。

9)其他依据。

(4)分部分项工程费应依据双方确认的工程量、合同约定的综合单价计算;如发生调整的,以发、承包双方确认调整的综合单价计算。

(5)措施项目费应依据合同约定的项目和金额计算;如发生调整的,以发、承包双方确认调整的金额计算,其中安全文明施工费应按《建设工程工程量清单计价规范》(GB 50500—2008)第4.1.5条的规定计算。

(6)其他项目费用应按下列规定计算:

1)计日工应按发包人实际签证确认的事项计算。

2)暂估价中的材料单价应按发、承包双方最终确认价在综合单价中调整;专业工程暂估价应按中标价或发包人、承包人与分包人最终确认价计算。

3)总承包服务费应依据合同约定金额计算,如发生调整的,以发、承包双方确认调整的金额计算。

4)索赔费用应依据发、承包双方确认的索赔事项和金额计算。

5)现场签证费用应依据发、承包双方签证资料确认的金额计算。

6)暂列金额应减去工程价款调整与索赔、现场签证金额计算,如有余额,则归发包人。

(7)规费和税金应按《建设工程工程量清单计价规范》(GB 50500—2008)第4.1.8条的规定计算。

(8)承包人应在合同约定时间内编制完成竣工结算书,并在提交竣工验收报告的同时递交给发包人。承包人未在合同约定时间内递交竣工结算书,经发包人催促后仍未提供或没有明确答复的,发包人可以根据已有资料办理结算。

(9)发包人在收到承包人递交的竣工结算书后,应按合同约定时间核对。

同一工程竣工结算核对完成,发、承包双方签字确认后,禁止发包人又要求承包人与另一个或多个工程造价咨询人重复核对竣工结算。

(10)发包人或受其委托的工程造价咨询人收到承包人递交的竣工结算书后,在合同约定时间内,不核对竣工结算或未提出核对意见的,视为承包人递交的竣工结算书已经认可,发包人应向承包人支付工程结算价款。

承包人在接到发包人提出的核对意见后,在合同约定时间内,不确认也未提出异议的,视为发包人提出的核对意见已经认可,竣工结算办理完毕。

(11)发包人应对承包人递交的竣工结算书签收,拒不签收的,承包人可以不交付竣工工程。

承包人未在合同约定时间内递交竣工结算书的,发包人要求交付竣工工程,承包人应当交付。

(12)竣工结算办理完毕,发包人应将竣工结算书报送工程所在地工程造价管理机构备案。竣工结算书作为工程竣工验收备案、交付使用的必备文件。

(13)竣工结算办理完毕,发包人应根据确认的竣工结算书在合同约定时间内向承包人支付工程竣工结算价款。

(14)发包人未在合同约定时间内向承包人支付工程结算价款的,承包人可催告发包人支付结算价款。如达成延期支付协议的,发包人应按同期银行同类贷款利率支付拖欠工程价款的利息。如未达成延期支付协议,承包人可以与发包人协商将该工程折价,或申请人民法院将该工程依法拍卖,承包人就该工程折价或者拍卖的价款优先受偿。

9. 工程计价争议处理

(1)在工程计价中,对工程造价计价依据、办法以及相关政策规定发生争议事项的,由工程造价管理机构负责解释。

(2)发包人以对工程质量有异议,拒绝办理工程竣工结算的,已竣工验收或已竣工未验收但实际投入使用的工程,其质量争议按该工程保修合同执行,竣工结算按合同约定办理;已竣工未验收且未实际投入使用的工程以及停工、停建工程的质量争议,双方应就有争议的部分委托有资质的检测鉴定机构进行检测,根据检测结果确定解决方案,或按工程质量监督机构的处理决定执行后办理竣工结算,无争议部分的竣工结算按合同约定办理。

(3)发、承包双方发生工程造价合同纠纷时,应通过下列办法解决:

1)双方协商。

2)提请调解,工程造价管理机构负责调解工程造价问题。

3)按合同约定向仲裁机构申请仲裁或向人民法院起诉。

(4)在合同纠纷案件处理中,需作工程造价鉴定的,应委托具有相应资质的工程造价咨询人进行。

4.5　工程量清单的标准格式

工程量清单计价一般需要采用统一格式,应包括封面,总说明,招标控制价、投标报价和竣工结算汇总表,分部分项工程量清单表,措施项目清单与计价表,其他项目清单表,规费、税金项目清单与计价表和工程款支付申请表等内容。

1. 工程量清单计价表格

(1)封面。招标控制价、投标总价和竣工结算总价封面见表 4.2~4.4。

表 4.2 招标控制价封面

____________________工程

招标控制价

招标控制价（小写）：____________________

（小写）：____________________

招 标 人：____________ 工程造价咨询人：____________

（单位盖章） （单位资质专用章）

法定代表人或其授权人：____________ 法定代表人或其授权人：____________

（签字或用章） （签字或用章）

编 制 人：____________ 复 核 人：____________

（造价人员签字盖专用章） （造价工程师签字盖专用章）

编制时间： 年 月 日 复核时间： 年 月 日

表 4.3 投标总价封面

投 标 总 价

招 标 人：____________________

工 程 名 称：____________________

投标总价(小写)：____________________

(大写)：____________________

投 标 人：____________________

（单位盖章）

法 定 代 表 人或 其 授 权 人：____________________

（签字或盖章）

编 制 人：____________________

（造价人员签字盖专用章）

编 制 时 间： 年 月 日

当招标人自行编制招标控制价时,由招标人单位注册的造价人员编制。招标人盖单位公章,法定代表人或其授权人签字或盖章;当编制人是造价工程师时,由其签字盖执业专用章;当编制人是造价员时,由其在编制人栏签字盖专用章,应由造价工程师复核,并在复核栏签字盖执业专用章。招标人委托工程造价咨询人编制招标控制价时,由工程造价咨询人单位注册的造价人员编制。工程造价咨询人盖单位资质专用章,法定代表人或其授权人签字或盖章;当编制人是造价工程师时,由其签字盖执业专用章;当编制人是造价员时,在编制人栏签字盖专用章,应由造价工程师复核,并在复核栏签字盖执业专用章。

表4.4　竣工结算总价封面

________工程

竣工结算总价

中标价（小写）：________（大写）：________

结算价（小写）：________（大写）：________

发　包　人：________（单位盖章）　承　包　人：________（单位盖章）　工程造价咨询人：________（单位资质专用章）

法定代表人或其授权人：________（签字或盖章）　法定代表人或其授权人：________（签字或盖章）　法定代表人或其授权人：________（签字或盖章）

编　制　人：________（造价人员签字盖专用章）　核　对　人：________（造价工程师签字盖专用章）

编制时间：　年　月　日　核对时间：　年　月　日

当投标人编制投标报价时,由投标人单位注册的造价人员编制。投标人盖单位公章,法定代表人或其授权人签字或盖章;编制的造价人员(造价工程师或造价员)签字盖执业专用章。

当承包人自行编制竣工结算总价时,由承包人单位注册的造价人员编制。承包人盖单位公章,法定代表人或其授权人签字或盖章;编制的造价人员(造价工程师或造价员)在编制人栏签字盖执业专用章。当发包人自行核对竣工结算时,由发包人单位注册的造价工程师核对。发包人盖单位公章,法定代表人或其授权人签字或盖章,造价工程师在核对人栏签字盖执业专用章。当发包人委托工程造价咨询人核对竣工结算时,由工程造价咨询人单位注册的造价工程师核对。发包人盖单位公章,法定代表人或其授权人签字或盖章;工程造价咨询人盖单位资质专用章,法定代表人或其授权人签字或盖章,造价工程师在核对人栏签字盖执业专用章。除非出现发包人拒绝或不答复承包人竣工结算书的特殊情况,竣工结算办理完毕后,竣工结算总价封面发、承包双方的签字、盖章应当齐全。

当招标人自行编制招标控制价时,由招标人单位注册的造价人员编制。招标人盖单位公章,法定代表人或其授权人签字或盖章;当编制人是造价工程师时,由其签字盖执业专用章;当编制人是造价员时,由其在编制人栏签字盖专用章,应由造价工程师复核,并在复核栏签字盖执业专用章。招标人委托工程造价咨询人编制招标控制价时,由工程造价咨询人单位注册的造价人员编制。工程造价咨询人盖单位资质专用章,法定代表人或其授权人签字或盖章;当编制人是造价工程师时,由其签字盖执业专用章;当编制人是造价员时,在编制人栏签字盖专用章,应由造价工程师复核,并在复核栏签字盖执业专用章。

当投标人编制投标报价时,由投标人单位注册的造价人员编制。投标人盖单位公章,法定代表人或其授权人签字或盖章;编制的造价人员(造价工程师或造价员)签字盖执业专用章。

当承包人自行编制竣工结算总价时,由承包人单位注册的造价人员编制。承包人盖单位公章,法定代表人或其授权人签字或盖章;编制的造价人员(造价工程师或造价员)在编制人栏签字盖执业专用章。当发包人自行核对竣工结算时,由发包人单位注册的造价工程师核对。发包人盖单位公章,法定代表人或其授权人签字或盖章,造价工程师在核对人栏签字盖执业专用章。当发包人委托工程造价咨询人核对竣工结算时,由工程造价咨询人单位注册的造价工程师核对。发包人盖单位公章,法定代表人或其授权人签字或盖章;工程造价咨询人盖单位资质专用章,法定代表人或其授权人签字或盖章,造价工程师在核对人栏签字盖执业专用章。除非出现发包人拒绝或不答复承包人竣工结算书的特殊情况,竣工结算办理完毕后,竣工结算总价封面发、承包双方的签字、盖章应当齐全。

(2)总说明。总说明的格式见表4.5。

表4.5　总说明

工程名称:　　　　　　　　　　　　　　　　　第　页共　页

1)编制招标控制价时,总说明的内容应包括以下内容:

①采用的计价依据。

②采用的材料价格来源。

③采用的施工组织设计。

④综合单价中风险因素、风险范围(幅度)。

⑤其他等。

2)编制投标报价时,总说明的内容应包括以下所示:

①采用的施工组织设计。
②采用的计价依据。
③综合单价中包含的风险因素,风险范围(幅度)。
④措施项目的依据。
⑤其他有关内容的说明等。
3)竣工结算时,总说明的内容应包括以下所示:
①工程概况。
②编制依据。
③工程变更。
④工程价款调整。
⑤索赔。
⑥其他等。
(3)汇总表。工程项目招标控制价/投标报价汇总表见表4.6。

表4.6　工程项目招标控制价/投标报价汇总表

工程名称:　　　　第　页　共　页

序号	单项工程名称	金额/元	其中		
			暂估价/元	安全文明施工费/元	规费/元
合　计					

单项工程招标控制价/投标报价汇总表见表4.7。

表4.7　单项工程招标控制价/投标报价汇总表

工程名称:　　　　第　页　共　页

序号	单项工程名称	金额/元	其中		
			暂估价/元	安全文明施工费/元	规费/元
合　计					

注:本表适用于单项工程招标控制价或投标报价的汇总。暂估价包括分部分项工程中的暂估价和专业工程暂估价。

单位工程招标控制价/投标报价汇总表见表4.8。

表4.8　单位工程招标控制价/投标报价汇总表

工程名称:　　　　标段:　　　　第　页　共　页

序号	汇总内容	金额/元	其中:暂估价/元
1.0	分部分项工程		
1.1			
1.2			
…			
2.0	措施项目		—
2.1	安全文明施工		—

续表 4.8

工程名称： 标段： 第 页 共 页

序号	汇总内容	金额/元	其中：暂估价/元
3.0	其他项目		—
3.1	暂列金额		—
3.2	专业工程暂估价		—
3.3	计日工		—
3.4	总承包服务费		—
4.0	规费		—
5.0	税金		—
招标控制价合计 =1 +2 +3 +4 +5			

注：本表适用于单位工程招标控制价或投标报价的汇总，如无单位工程划分，单项工程也使用本表汇总。

工程项目竣工结算汇总表见表 4.9 所示。

表 4.9 工程项目竣工结算汇总表

工程名称： 第 页 共 页

序号	单项工程名称	金额/元	其中	
			安全文明施工费/元	规费/元
合 计				

工程竣工结算的单项工程竣工结算汇总表见表 4.10 所示。

表 4.10 单项工程竣工结算汇总表

工程名称： 第 页 共 页

序号	单项工程名称	金额/元	其中	
			安全文明施工费/元	规费/元
合 计				

工程竣工结算的单位工程竣工结算汇总表见表 4.11 所示。

表 4.11 单位工程竣工结算汇总表

工程名称： 标段： 第 页 共 页

序号	汇总内容	金额/元
1.0	分部分项工程	
1.1		
1.2		
…		
2.0	措施项目	
2.1	安全文明施工	
3.0	其他项目	
3.1	暂列金额	

续表4.11

工程名称:　　　　　　　　　　　　标段:　　　　　　　　　　　　第　页　共　页

序号	汇总内容	金额/元
3.2	专业工程暂估价	
3.3	计日工	
3.4	总承包服务费	
4.0	规费	
5.0	税金	
竣工结算合计=1+2+3+4+5		

注:如无单位工程划分,单项工程也使用本表汇总。

招标控制价使用表4.6、表4.7和表4.8,由于编制招标控制价和投标控制价包含的内容相同,只是对价格的处理不同,所以对招标控制价和投标报价汇总表的设计使用同一表格。

投标报价与招标控制价使用的表格一致,投标报价汇总表与投标函中投标报价金额应当一致。对于投标文件的各个组成部分来说,投标函是最重要的文件,其他组成部分均为投标函的支持性文件,投标函是必须经过投标人签字画押,并且在开标会上必须当众宣读的文件。如果投标报价汇总表的投标总价与投标函填报的投标总价不一致,则应当以投标函中填写的大写金额为准。

在实践中,对该原则一直缺少一个明确的依据,为了避免出现争议,可以在"投标人须知"中给予明确,用在招标文件中预先给予明示约定的方式来弥补法律、法规依据的不足。

(4)分部分项工程量清单表。

1)分部分项工程量清单与计价表。分部分项工程量清单与计价表见表4.12。

表4.12　分部分项工程量清单与计价表

工程名称:　　　　　　　　　　　　标段:　　　　　　　　　　　　第　页　共　页

序号	项目编码	项目名称	项目特征描述	计量单位	工程量	金额/元		
						综合单价	合价	其中:暂估价
本页小计								
合　计								

①在编制招标控制价时,使用本表"综合单价""合价"以及"其中:暂估价"按《建设工程工程量清单计价规范》(GB 50500—2008)的规定填写。

②在编制投标报价时,投标人对表中的"项目编码""项目名称""项目特征""计量单位""工程量"均不应作改动。"综合单价""合价"自主决定填写,对其中的"暂估价"栏,投标人应将招标文件中提供了暂估材料单价的暂估价进入综合单价,并应计算出暂估单价的材料在"综合单价"及其"合价"中的具体数额,所以,为更详细反应暂估价情况,也可在表中增设一栏"综合单价"其中的"暂估价"。

③在编制竣工结算时,使用本表可取消"暂估"价。

2)工程量清单综合单价分析表,工程量清单综合单价分析表见表4.13。

表4.13　工程量清单综合单价分析表

工程名称:　　　　　　　　　　　　标段:　　　　　　　　　　　　第　页　共　页

项目编码		项目名称		计量单位	

清单综合单价组成明细											
定额编号	定额名称	定额单位	数量	单价				合计			
				人工费	材料费	机械费	管理费和利润	人工费	材料费	机械费	管理费和利润

续表 4.13

定额编号	定额名称	定额单位	数量	单价				合计			
				人工费	材料费	机械费	管理费和利润	人工费	材料费	机械费	管理费和利润
人工单价		小计									
		未计价材料费									
材料费明细	主要材料名称、规格、型号					单位	数量	单价/元	合价/元	暂估单价/元	暂估合价/元
	其他材料费										
	材料费小计										

工程量清单综合单价分析表是评标委员会评审与判别综合单价组成和价格完整性、合理性的主要基础,对因工程变更调整综合单价也是必不可少的基础价格数据来源。当采用经评审的最低投标价法评标时,该分析表的重要性更加突出。

工程量清单单价分析表集中反映了构成每一个清单项目综合单价的各个价格要素的价格及主要的"工、料、机"消耗量。当投标人在投标报价时,需要对每一个清单项目进行组价,为了使组价工作具有可追溯性(回复评标质疑时尤其需要),需要表明每一个数据的来源。

工程量清单单价分析表一般随投标文件一同提交,作为竞标价的工程量清单的组成部分。以便中标后,作为合同文件的附属文件。通常,该分析表所载明的价格数据对投标人是有约束力的,但是投标人能否以此作为错报和漏报等的依据而寻求招标人的补偿是实践中值得注意的问题。比较恰当的做法就是通过评标过程中的清标、质疑、澄清、说明和补正机制,解决清单综合单价的合理性问题,将合理化的清单综合单价反馈到综合单价分析表中,形成相互衔接、相互呼应的最终成果。

编制投标报价,使用工程量清单综合单价分析表应填写使用的省级或行业建设主管部门发布的计价定额,如不使用,不填写。

(5)措施项目清单表,措施项目清单与计价表见表 4.14、表 4.15。

表 4.14 措施项目清单与计价表(一)

工程名称: 标段: 第 页 共 页

序号	项目名称	计算基础	费率/%	金额/元
	合 计			

注:①本表适用于以"项"计价的措施项目。

②根据建设部、财政部发布的《建筑安装工程费用组成》(建标[2003]206 号)的规定,"计算基础"可为"直接费""人工费"或"人工费 + 机械费"。

表 4.15 措施项目清单与计价表(二)

工程名称: 标段: 第 页 共 页

序号	项目编码	项目名称	项目特征描述	计量单位	工程量	金额/元	
						综合单价	合价
		合 计					

注:本表适用于以综合单价形式计价的措施项目。

适用于以“项”计价的措施项目有：

1）在编制招标控制价时，计费基础、费率应按省级或行业建设主管部门放入规定计取。

2）在编制投标报价时，除“安全文明施工费”必须按《建设工程工程量清单计价规范》（GB 50500—2008）的强制性规定，按省级、行业建设主管部门的规定计取外，其他措施项目均可根据投标施工组织设计自主报价。

（6）其他项目清单表。

1）其他项目清单与计价汇总表。

其他项目清单与计价汇总表见表 4.16。

表 4.16　其他项目清单与计价汇总表

工程名称：　　　　标段：　　　　第　页　共　页

序号	项目名称	计量单位	金额/元	备注
1	暂列金额			
2	暂估价			
2.1	材料暂估价			
2.2	专业工程暂估价			
3	计日工			
4	总承包服务费			
5				
合　计				

在使用其他项目清单与计价汇总表时，由于计价阶段的差异，应注意以下几点：

①编制招标控制价应按有关计划确定估算“计日工”和“总承包服务费”。如工程量清单中未列“暂列金额”和“专业工程暂估价”，应按有关规定编列。

②编制投标报价应按招标文件工程量清单提供的“暂列金额”和“专业工程暂估价”填写金额，不得变动。“计日工”“总承包服务费”自主确定报价。

③编制或核对竣工结算，“专业工程暂估价”按实际分包结算价填写，“计日工”“总承包服务费”按双方认可的费用填写，如发生“索赔”或“现场签证”费用，按双方认可的金额计入其他项目清单与计价汇总表。

2）暂列金额明细表。暂列金额明细表见表 4.17，其编制方法与工程量清单中“暂列金额明细表”的编制相同。

表 4.17　暂列金额明细表

工程名称：　　　　标段：　　　　第　页　共　页

序号	项目名称	计量单位	暂定金额/元	备注
合　计				

3）材料暂估单价表。材料暂估单价表见表 4.18，其编制方法与工程量清单中“材料暂估单价表”的编制相同。

表 4.18　材料暂估单价表

工程名称：　　　　标段：　　　　第　页　共　页

序号	材料名称、规格、型号	计量单位	单价/元	备注

4)专业工程暂估价表。专业工程暂估价表见表4.19,其编制方法同工程量清单中"专业工程暂估价表"的编制。

表4.19　专业工程暂估价表

工程名称：　　标段：　　第　页　共　页

序号	工程名称	工程内容	金额/元	备注
合　计				

5)计日工表,计日工表见表4.20。

表4.20　计日工表

工程名称：　　标段：　　第　页　共　页

编号	项目名称	单位	暂定数量	综合单价	合价
一	人工				
人工小计					
二	材料				
材料小计					
三	施工机械				
施工机械小计					
总　计					

①在编制招标控制价时,人工、材料、机械台班单价由招标人按有关计价规定填写并计算合价。

②在编制投标报价时,人工、材料、机械台班单价由投标人自主确定,按已给暂估数量计算合价计入投标总价中。

6)总承包服务费计价表,总承包服务费计价表见表4.21。

①在编制招标控制价时,招标人应按有关计价规定计价。

②编制投标报价时,由投标人根据工程量清单中的总承包服务内容,自主决定报价。

表4.21　总承包服务费计价表

工程名称：　　标段：　　第　页　共　页

序号	项目名称	项目价值/元	服务内容	费率/%	金额/元
合　计					

7)索赔与现场签证计价汇总表,索赔与现场签证计价汇总表见表4.22。

表 4.22　索赔与现场签证计价汇总表

工程名称：　　　　　　　　　　　　标段：　　　　　　　　　　　　第　页　共　页

序号	签证及索赔项目名称	计量单位	数量	单价/元	合价/元	索赔及签证依据
	本页小计					
	合　计					

签证及索赔依据是指经双方认可的签证单和索赔依据的编号。

本表是对发、承包双方签证认可的“费用索赔申请（核准）表”和“现场签证表”的汇总。

8）费用索赔申请（核准）表，费用索赔申请（核准）表见表 4.23。

表 4.23　费用索赔申请（核准）表

工程名称：　　　　　　　　　　　　标段：　　　　　　　　　　　　编号：

致：________________________（发包人全称）

根据施工合同条款第________条的约定，由于________原因，我方要求索赔金额（大写）________元，（小写）________元，请予核准。

附：1. 费用索赔的详细理由和依据：

2. 索赔金额的计算：

3. 证明材料：

承包人（章）

承包人代表________

日　　期________

复核意见：

根据施工合同条款第________条的规定，你方提出的费用索赔申请经复核：

☐不同意此项索赔，具体意见见附件。

☐同意此项索赔，索赔金额的计算，由造价工程师复核。

监理工程师________

日　　期________

复核意见：

根据施工合同条款第________条的规定，你方提出的费用索赔申请经复核，索赔金额为（大写）________元，（小写）________元。

造价工程师________

日　　期________

审核意见：

☐不同意此项索赔。

☐同意此项索赔，与本期进度款同期支付。

发包人（章）

发包人代表________

日　　期________

注:①在选择栏中的"□"内作标识"√"。

②本表一式四份,由承包人填报,发包人、监理人、造价咨询人、承包人各存一份。

本表将费用索赔申请与核准设置于一个表,非常直观。在使用本表时,承包人代表应按合同条款的规定,阐述原因,附上索赔证据、费用计算报发包人,经监理工程师复核(按照发包人的授权不论是监理工程师或发包人现场代表均可),经造价工程师(此处造价工程师可以是发包人现场管理人员,也可以是发包人委托的工程造价咨询企业的人员)复核具体费用,经发包人审核后生效,该表以在选择栏中"□"内作标识"√"表示。

9)现场签证表,现场签证表见表4.24。

表4.24　现场签证表

工程名称:　　　　　　　　　　　　标段:　　　　　　　　　　　　编号:

<table>
<tr><td>施工单位</td><td></td><td>日期</td><td></td></tr>
<tr><td colspan="4">致:______________________________(发包人全称)
根据______(指令人姓名)______年____月____日的口头指令或你方______(或监理人)______年____月____的书面通知,我方要求完成此项工作应支付价款金额为(大写)______元,(小写)______元,请予核准。
附:1.签证事由及原因:
2.附图及计算式:
承包人(章)
承包人代表______
日　　期______</td></tr>
<tr><td colspan="2">复核意见:
你方提出的此项签证申请申请经复核:
□不同意此项签证,具体意见见附件。
□同意此项签证,签证金额的计算,由造价工程师复核。
监理工程师______
日　　期______</td><td colspan="2">复核意见:
□此项签证按承包人中标的计日工单价计算,金额为(大写)______元,(小写)______元。
□此项签证因无计日工单价,金额为(大写)______元,(小写)______元。
造价工程师______
日　　期______</td></tr>
<tr><td colspan="4">审核意见:
□不同意此项签证赔。
□同意此项签证,价款与本期进度款同期支付。
发包人(章)
发包人代表______
日　　期______</td></tr>
</table>

注:①在选择栏中的"□"内作标识"√"。

②本表一式四份,由承包人在收到发包人(监理人)的口头或书面通知后填写,发包人、监理人、造价咨询人、承包人各存一份。

本表是对“计日工”的具体化，在考虑到招标时，招标人对计日工项目的预估难免会有遗漏，带来实际施工发生后，无相应的计日工单位时，现场签证职能包括单价一并处理，所以，在汇总时，有计日工单价的，可归并于计日工，如无计日工单价，归并于现场签证，以示区别。当然，现场签证全部汇总于计日工也是一种可行的处理方式。

(7)规费、税金项目清单与计价表，规费、税金项目清单与计价表见表4.25。

表4.25　规费、税金项目清单与计价表

工程名称：　　　　　　　　　　　　　　　标段：　　　　　　　　　　　　　　　编号：

序号	项目名称	计算基础	费率/%	金额/元
1	规费			
1.1	工程排污费			
1.2	社会保障费			
(1)	养老保险费			
(2)	失业保险费			
(3)	医疗保险费			
1.3	住房公积金			
1.4	危险作业意外伤害保险			
1.5	工程定额测定费			
2	税金	分部分项工程费＋措施项目费＋其他项目费＋规费		
合　计				

注：根据建设部、财政部发布的《建筑安装工程费用组成》(建标[2003]206号)的规定，“计算基础”可为“直接费”“人工费”或“人工费＋机械费”。

(8)工程款支付申请(核准表)，工程款支付申请(核准表)见表4.26。

本表将工程款支付申请和核准设置于一表，表达直观，由承包人代表在每个计量周期结束后向发包人提出，由发包人授权的现场代表(监理工程师)复核工程量，由发包人授权的造价工程师(可以是委托的造价咨询企业)复核应付款项，经发包人批准实施。

2.工程量清单计价编制表的使用

招标控制价、投标报价与竣工结算的编制应符合下列规定：

(1)使用表格。

1)招标控制价使用表格包括：4.2、4.5、4.6、4.7、4.8、4.12、4.13、4.14、4.15、4.16、4.17、4.18、4.19、4.20、4.21、4.25。

2)投标报价使用的表格包括：4.3、4.5、4.6、4.7、4.8、4.12、4.13、4.14、4.15、4.16、4.17、4.18、4.19、4.20、4.21、4.25。

3)竣工结算使用的表格包括：4.4、4.5、4.9、4.10、4.11、4.12、4.13、4.14、4.15、4.16、4.17、4.18、4.19、4.20、4.21、4.22、4.23、4.24、4.25、4.26。

(2)封面应按规定的内容填写、签字、盖章，除承包人自行编制的投标报价和竣工结算外，受委托编制的招标控制价、投标报价、竣工结算若为造价员编制的，应有负责审核的造价工程师签字、盖章以及工程造价咨询人盖章。

注：①在选择栏中的“□”内作标识“√”。

②本表一式四份，由承包人填报，发包人、监理人、造价咨询人、承包人各存一份。

(3)总说明应按下列内容填写：

1)工程概况：建设规模、工程特征、计划工期、合同工期、实际工期、施工现场及变化情况、施工组织设计的特点、自然地理条件、环境保护要求等。

2）编制依据等。

表4.26　工程款支付申请（核准表）

致：＿＿＿＿＿＿＿＿＿＿＿＿＿＿＿＿＿＿＿＿＿＿＿＿＿＿＿＿＿＿（发包人全称）

我方于＿＿＿＿至＿＿＿＿期间已完成了＿＿＿＿＿工作，根据施工合同的约定，现申请支付本期的工程款额为（大写）＿＿＿＿＿＿元，（小写）＿＿＿＿＿＿元，请予核准。

序号	名　称	金额（元）	备注
1	累计已完成的工程价款		
2	累计已实际支付的工程价款		
3	本周期已完成的工程价款		
4	本周期完成的计日工金额		
5	本周期应增加和扣减的变更金额		
6	本周期应增加和扣减的索赔金额		
7	本周期应抵扣的预付款		
8	本周期应扣减的质保金		
9	本周期应增加或扣减的其他金额		
10	本周期实际应支付的工程价款		

承包人（章）

承包人代表＿＿＿＿＿

日　　期＿＿＿＿＿

复核意见：

□与实际施工情况不相符，修改意见见附件。

□与实际施工情况相符，具体金额由造价工程师复核。

造价工程师＿＿＿＿＿

日　　期＿＿＿＿＿

复核意见：

你方提出的支付申请经复核，本期间已完成工程款额为（大写）＿＿＿＿＿＿元，（小写）＿＿＿＿＿元，本期间应支付金额为（大写）＿＿＿＿＿元，（小写）＿＿＿＿＿元。

造价工程师＿＿＿＿＿

日　　期＿＿＿＿＿

审核意见：

□不同意。

□同意，支付时间为本表签发后的15天内。

发包人（章）

发包人代表＿＿＿＿＿

日　　期＿＿＿＿＿

第 5 章　电气设备安装工程

5.1　电气设备安装工程基础知识

在工业与民用建设项目中,电气工程的内容主要包括变配电设备,电机及动力、照明控制设备,照明器具,电缆,配管配线,起重设备,电梯电气装置及防雷接地装置和 10 kV 以下架空线路以及电气调整等工程。

1. 变配电装置

变配电设备是用来变换电压与分配电能的电气装置。它主要由变压器、高低压开关设备、保护电器、测量仪表、母线、整流器、蓄电池等组成。变配电设备分室内室外两种,厂矿的变配电设备大多数是安装在室内。

(1)配电柜(盘)。为了集中控制和统一管理供配电系统,通常将整个系统中或配电分区中的开关、计量、保护和信号等设备,分路集中布置在一起,形成各种配电柜(盘)。

配电柜是用于成套安装供配电系统中受配电设备的定型柜,各类柜各有统一的外形尺寸,按照供配电过程中不同功能要求,选用不同标准接线方案。

按照用电设备的种类,配电盘有照明配电盘与照明动力配电盘。配电盘可明装在墙外或暗装镶嵌在墙体内。箱体材料有木制、塑料制与钢板制三种。

当配电盘明装时,应在墙内适当位置预埋木砖或铁件,如果不加说明,盘底离地面的高度一律为 1.2 m。当配电盘暗装时,应在墙面适当部位预留洞口,若不加说明,底口距地面高度为 1.4 m。

(2)刀开关。刀开关是最简单的手动控制电器,可用于非频繁接通和切断容量不大的低压供电线路,也可用于电源隔离开关。刀开关按工作原理和结构形式可分为胶盖闸刀开关、刀形转换开关、熔断式刀开关、铁壳开关、组合开关等五类。

“H”为刀开关和转换开关的产品编码,HD 为刀型开关,HH 为封闭式负荷开关,HR 为熔断式刀开关,HK 为开启式负荷开关, HS 为刀型转换开关,HZ 为组合开关。

刀开关按其极数分,有三极开关与二极开关。二极开关可用于照明和其他单相电路,三极开关可用于三相电路。各种低压刀开关的额定电压,二极有 250 V,三极有 380 V、500 V 等,开关的额定电流可从产品样本中查找,其最大等级为 1 500 A。

(3)熔断器。熔断器是一种保护电器,它主要由熔体与安装熔体用的绝缘体组成。它在低压电网中主要用作短路保护,有时也用于过载保护。熔断器的保护作用主要靠熔体来完成,一定截面的熔体只能承受一定值的电流,当通过的电流超过规定值时,熔体将熔断,从而起到保护作用。

汉语拼音“R”为熔断器的型号编码;RC 为插入式熔断器;RH 为汇流排式;RL 为螺旋式,RS 为快速式;RM 为封闭管式;RT 为填料管式;RX 为限流式熔断器。

(4)漏电保护器。漏电保护器(又称触电保安器)是一种自动电器,装有检漏元件及联动执行元件,能自动分断发生故障的线路。漏电保护器能迅速断开发生人身触电、漏电与单相接地故障的低压线路。

2. 电机及电气控制设备

电气控制是指安装在控制室、车间的动力配电控制设备，主要有控制盘、箱、柜、动力配电箱以及各类开关、起动器、继电器、测量仪表等。这些设备主要是对用电设备起停电、送电、保证安全生产的作用。电动机安装包括在设备安装中，这里仅指电动机检查接线。

3. 配电导线

(1)电线。室内低压线路通常采用绝缘电线。绝缘电线按绝缘材料的不同，分为橡皮绝缘电线与塑料绝缘电线；按导体材料分为铝芯电线与铜芯电线，铝芯电线比铜芯电线电阻率大、机械强度低，但质轻、价廉；按制造工艺分为单股电线与多股电线，截面在10 mm^2 以下的电线通常为单股。

低压供电线路及电气设备连线，多采用绝缘电线。常用绝缘电线的种类及型号见表5.1。

表5.1　常用绝缘电线的种类及型号

类别	名称	型号	
		铜芯	铝芯
橡胶绝缘线	橡胶线	BX	BLX
	氯丁橡胶线	BXF	BLXF
	橡胶软线	BXR	—
塑料绝缘线	塑料线	BV	BLV
	塑料软线	BVR	—
	塑料护套线	BVV	BLVV
	塑料胶质线	RVB	—

注：绝缘电线型号中的符号含义如下：B－布线用；X－橡胶绝缘；V－塑料绝缘；L－铝芯(铜芯不表示)；R－软电线。

(2)电缆。电缆按用途可分为电力电缆、控制电缆与通讯电缆等，按电压可分为500 V、1 000 V、6 000 V、10 000 V，最高电压可达到110 kV、220 kV、330 kV等多种，按其绝缘材料可分为油浸纸绝缘电缆、橡皮绝缘电缆与塑料绝缘电缆三大类。通常均由线芯、绝缘层和保护层三个部分组成。线芯分为单芯、双芯、三芯及多芯，其型号、名称及主要用途见表5.2。

表5.2　塑料绝缘电力电缆种类及用途

型号		名称	主要用途
铝芯	铜芯		
VLV	VV	聚氯乙烯绝缘、聚氯乙烯护套电力电缆	敷设在室内、隧道内及管道中，不能受机械外力作用
VLV29	VV29	聚氯乙烯绝缘、聚氯乙烯护套内钢带铠装电力电缆	敷设在地下，能承受机械外力作用，但不能承受大的拉力
VLV30	VV30	聚氯乙烯绝缘、聚氯乙烯护套裸细钢丝铠装电力电缆	敷设在室内，能承受机械外力作用，并能承受相当的拉力
VLV39	VV39	聚氯乙烯绝缘、聚氯乙烯护套内细钢丝铠装电力电缆	敷设在水中
VLV50	VV50	聚氯乙烯绝缘、聚氯乙烯护套裸粗钢丝铠装电力电缆	敷设在室内，能承受机械外力作用，并能承受较大的拉力
VLV59	VV59	聚氯乙烯绝缘、聚氯乙烯护套内粗钢丝铠装电力电缆	敷设在水中，能承受较大的拉力

4. 配管配线

配管配线是指由配电箱接到用电器具的供电和控制线路的安装,分明配和暗配两种。明配线是指导线沿墙壁、天花板、梁、柱等明敷;暗配线是指导线在顶棚内,用瓷夹或瓷瓶配线。

配管配线按敷设方式分类:配线工程常用的有瓷夹配线、塑料夹配线、瓷珠配线、瓷瓶配线、蝶式绝缘子配线、针式绝缘子配线、木槽板配线、塑料槽板配线、钢精扎头配线等。配管工程分为沿砖或混凝土结构明配、沿砖或混凝土结构暗配、钢结构支架配管、钢模板配管、钢索配管等。

配管配线按材质不同分类:绝缘导线主要有聚丁绝缘导线、聚氯乙烯绝缘导线、橡皮绝缘线、耐高温布电线等。其中,各种绝缘导线又有铜芯和铝芯之分。各种配管管材有电线管、钢管、半硬塑料管、硬塑料管及金属软管等。

5. 电气照明

(1)照明方式。照明可以分为正常照明与事故照明两大类。正常照明即满足一般生产、生活需要的照明,在突然停电、正常照明中断的情况下供继续工作和使人员安全通行的照明称为事故照明,也称应急照明。

正常照明分为一般照明、局部照明与混合照明三种方式。一般照明即整体照明,可以使整个房屋内都具有一定的照度(如学校教室、阅览室内的照明)。局部照明是为了满足局部区域高照度的要求,单独为其设置照明灯具的方式,分固定式和移动式两种。混合式照明即一般照明和局部照明兼而有之的照明方式,多用于工业厂房的照明。

(2)灯具。灯具是能透光、分配和改变光源光分布的器具,从而达到合理利用和避免眩光的目的。灯具由光源和控照器(灯罩)配套组成。

电光源按照其工作原理可分为两大类:一类是热辐射光源,如白炽灯、卤钨灯等;而另一类是气体放电光源,如荧光灯、高压汞灯、高压钠灯、金属卤化物灯等。

灯具有多种形式,其类型按结构分为以下几种。

1)开启式灯具,开启式灯具是指光源与外界环境直接相通。

2)保护式灯具,保护式灯具具有闭合的透光罩,但内外仍能自由通气,如半圆罩天棚灯和乳白玻璃球形灯等。

3)密封式灯具,密封式灯具是指透光罩将灯具内外隔绝,如防水防尘,灯具。

4)防爆式灯具,防爆式灯具是指在任何条件下,不会产生因灯具引起爆炸的危险。

建筑物灯具安装方式如图5.1所示。

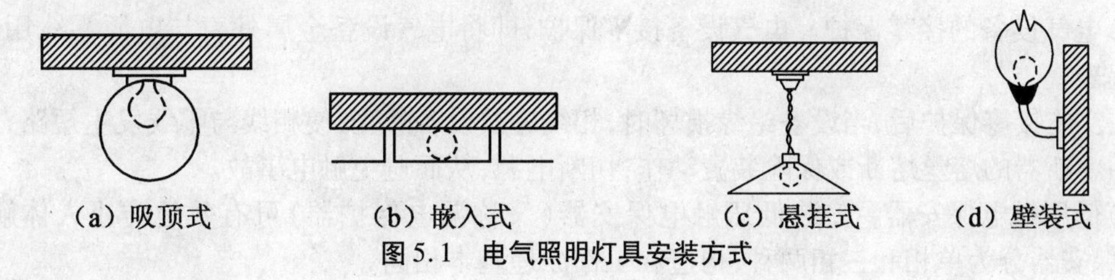

图5.1　电气照明灯具安装方式

6. 防雷及接地装置

防雷及接地装置是指建筑物,构筑物电气设备等为了防止雷击的危害以及为了预防人体接触电压及跨步电压、保证电气装置可靠运行等所设置的防雷及接地设施。

防雷接地装置由接地极、接地母线避雷针、避雷网与避雷针引下线等构成。

(1)防雷装置。

1)防直击雷的装置。防直击雷的避雷装置有避雷针、避雷带、避雷网与避雷笼等。均由接闪器、引下线与接地装置三部分组成。

①接闪器。接闪器是收集电荷的装置,其基本形式有针、带、网、笼四种。

②引下线。引下线是连接接闪器与接地装置的导体。其作用是将接闪器接到的雷电流引入接地装置。通常用圆钢(直径不小于8 mm)或扁钢(截面积不小于48 mm^2,厚度不小于4 mm)制成。

③接地装置。接地装置(即散流装置)的作用是将雷电流通过引下线引入大地。接地装置由接地线和接地体组成。接地线是连接引下线与接地体的导体,通常用直径10 mm圆钢制成。接地体可用圆钢、扁钢、角钢与钢管制成。一般圆钢直径为10 mm,扁钢截面积100 mm^2(厚度为4 mm),角钢厚度为4 mm,钢管壁厚为3.5 mm。

2)防雷电波侵入的装置。为了防止雷电波侵入建筑物内,常采用阀型避雷器,

阀型避雷器的构造与接线图如图5.2。

3)消雷器防雷。消雷器防雷就是增大消雷装置电晕电流的方法,中和雷云电荷以减弱雷电活动。随着半导体小长针消雷器的研制成功,消雷器防雷法的应用日趋广泛。

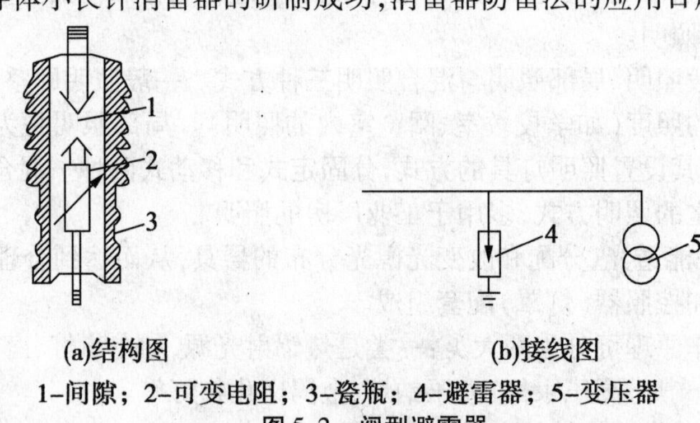

(a)结构图　　(b)接线图

1-间隙；2-可变电阻；3-瓷瓶；4-避雷器；5-变压器

图5.2　阀型避雷器

(2)接地与接零保护。电气设备在运行过程中,如果某个部位绝缘损坏并触及金属外壳,则设备金属外壳上就带电,当人员触及外壳时,则可能导致电击触电事故,造成人员伤亡。为了用电安全,避免发生触电事故,必须采取相应的保护措施。

1)电气设备的接地保护。电气设备接地保护,即将电气设备的金属外壳通过导线与接地体和大地之间作良好的连接(电阻≤10 Ω)。

在电源中性点接地的系统中,通常采取接零保护。

2)电气设备的接零保护。电气设备接零保护,即将电气设备金属外壳与电源零线用导线连接起来。

在实施接零保护后,当设备绝缘损坏时,相线碰及设备外壳,使相线与零线发生短路,迅速使该相熔断器的熔丝熔断或保险装置动作,切断电源,从而避免触电事故。

3)低压触电保安器。安装低压触电保安器(又称漏电保护器)可有效地防止人体触电。通常,保安器分为单相和三相两种,构造和工作原理基本相同。

7.10 kV以下架空线路

远距离输电,通常采取架空线路。10 kV以下架空线路通常是指从区域性变电站至厂内专用变电站(总降压站)配电线路以及厂区内的高低压架空线路。

架空线路通常由电杆、金具、绝缘子、横担、拉线与导线组成。

电杆按材质区分,有木电杆、水泥电杆与铁塔三种。

横担有木横担、角铁横担与瓷横担三种。

绝缘子有针式绝缘子、蝶式绝缘子与悬式绝缘子。

拉线有普通拉线、水平拉线、弓形拉线与 V(Y)型拉线。

导线,架空用的导线分为绝缘导线与裸导线两种。

5.2　电气设备安装工程工程量计算说明

5.2.1　定额工程量计算说明

1. 变压器安装工程量计算说明

(1)油浸电力变压器安装定额同样适用于自耦式变压器、带负荷调压变压器及并联电抗器的安装。电炉变压器按同容量电力变压器定额乘以系数 2.0,整流变压器执行同容量电力变压器定额乘以系数 1.60。

(2)变压器的器身检查:1 000 kV · A 以下是按吊芯检查考虑,4 000 kV · A 以上是按吊钟罩考虑;如果 4 000 kV · A 以上的变压器需吊芯检查时,定额机械乘以系数 2.0。

(3)干式变压器如果带有保护外罩时,人工和机械乘以系数 1.2。

(4)整流变压器、消弧线圈、并联电抗器的干燥,执行同容量变压器干燥定额。电炉变压器执行同容量变压器干燥定额乘以系数 2.0。

(5)变压器油是按设备带来考虑的,但施工中变压器油的过滤损耗及操作损耗已包括在有关定额中。

(6)变压器安装过程中放注油、油过滤所使用的油罐,已摊入油过滤定额中。

(7)本定额不包括下列工作内容:

1)变压器干燥棚的搭拆工作,若发生时可按实计算。

2)变压器铁梯及母线铁构件的制作、安装,另执行铁构件制作、安装定额。

3)瓦斯继电器的检查及试验已列入变压器系统调整试验定额内。

4)端子箱、控制箱的制作、安装,执行相应定额。

5)二次喷漆发生时按相应定额执行。

2. 配电装置安装工程量计算说明。

(1)设备本体所需的绝缘油、六氟化硫气体、液压油等均按设备带有考虑。

(2)本设备安装定额不包括下列工作内容,另执行下列相应定额:

1)端子箱安装。

2)设备支架制作及安装。

3)绝缘油过滤。

4)基础槽(角)钢安装。

(3)设备安装所需的地脚螺栓按土建预埋考虑,不包括二次灌浆。

(4)互感器安装定额系按单相考虑,不包括抽芯及绝缘油过滤,特殊情况另作处理。

(5)电抗器安装定额系按三相叠放、三相平放和二叠一平的安装方式综合考虑,不论何种安装方式,均不作换算,一律执行本定额。干式电抗器安装定额适用于混凝土电抗器、铁芯干式电抗器与空心电抗器等干式电抗器的安装。

(6)高压成套配电柜安装定额系综合考虑的,不分容量大小,也不包括母线配制及设备干燥。

(7)低压无功补偿电容器屏(柜)安装列入本定额的控制设备及低压电器中。

(8)组合型成套箱式变电站主要是指 10 kV 以下的箱式变电站,一般布置形式为变压器在箱的中间,箱的一端为高压开关位置,另一端为低压开关位置。组合型低压成套配电装置,外形像一个大型集装箱,内装6~24台低压配电箱(屏),箱的两端开门,中间为通道,称为集装箱式低压配电室。该内容列入本定额的控制设备及低压电器中。

3. 母线安装工程定额工程量计算说明

(1)本定额不包括支架、铁构件的制作、安装,发生时执行相应定额。

(2)软母线、带形母线、槽形母线的安装定额内不包括母线、金具、绝缘子等主材,具体可按设计数量加损耗计算。

(3)组合软导线安装定额不包括两端铁构件制作、安装和支持瓷瓶、带形母线的安装,发生时应执行相应定额。其跨距是按标准跨距综合考虑的,如实际跨距与定额不符时不作换算。

(4)软母线安装定额是按单串绝缘子考虑的,如设计为双串绝缘子,其定额人工乘以系数1.08。

(5)软母线的引下线、跳线、设备连线均按导线截面分别执行定额。不区分引下线、跳线和设备连线。

(6)带形钢母线安装执行铜母线安装定额。

(7)带形母线伸缩节头和铜过渡板均按成品考虑,定额只考虑安装。

(8)高压共箱母线和低压封闭式插接母线槽均按制造厂供应的成品考虑,定额只包含现场安装。封闭式插接母线槽在竖井内安装时,人工和机械乘以系数2.0。

4. 控制设备及低压电器安装工程量计算说明

(1)定额包括电气控制设备、低压电器的安装,盘、柜配线,焊(压)接线端子,穿通板制作、安装,基础槽、角钢及各种铁构件、支架制作、安装。

(2)控制设备安装,除限位开关及水位电气信号装置外,其他均未包括支架制作、安装,发生时可执行相应定额。

(3)控制设备安装不包括的工作内容如下所示:

1)二次喷漆及喷字。

2)电器及设备干燥。

3)焊、压接线端子。

4)端子板外部(二次)接线。

(4)屏上辅助设备安装,包括标签框、光字牌、信号灯、附加电阻、连接片等,但不包括屏上开孔工作。

(5)设备的补充油按设备考虑。

(6)各种铁构件制作,均不包括镀锌、镀锡、镀铬、喷塑等其他金属防护费用,发生时应另行计算。

(7)轻型铁构件系指结构厚度在3 mm以内的构件。

(8)铁构件制作、安装定额适用于定额范围内的各种支架、构件的制作、安装。

5. 蓄电池安装工程量计算说明

(1)本定额适用于220 V以下各种容量的碱性和酸性固定型蓄电池及其防震支架安装、蓄电池充放电。

(2)蓄电池防震支架按随设备供货考虑,安装按地坪打眼装膨胀螺栓固定。

(3)蓄电池电极连接条、紧固螺栓、绝缘垫,均按设备带有考虑。

(4)本定额不包括蓄电池抽头连接用电缆及电缆保护管的安装,发生时应执行相应项目。

(5)碱性蓄电池补充电解液由厂家随设备供货。铅酸蓄电池的电解液已包括在定额内,不另行计算。

(6)蓄电池充放电电量已计入定额,不论酸性、碱性电池均按其电压和容量执行相应项目。

6. 滑触线装置安装工程量计算说明

(1)电机安装定额说明。

1)本定额中的专业术语“电机”系指发电机和电动机的统称。如小型电机检查接线定额,适用于同功率的小型发电机和小型电动机的检查接线,定额中的电机功率系指电机的额定功率。

2)直流发电机组和多台一串的机组,可按单台电机分别执行相应定额。

3)本定额的电机检查接线定额,除发电机和调相机外,均不包括电机的干燥工作,发生时应执行电机干燥定额。本定额的电机干燥定额系按一次干燥所需的人工、材料、机械消耗量考虑。

4)单台质量在 3 t 以下的电机为小型电机,单台质量超过 3 ~ 30 t 以下的电机为中型电机,单台质量在 30 t 以上的电机为大型电机。大中型电机不分交、直流电机,一律按电机质量执行相应定额。

5)微型电机分为三类:驱动微型电机系指微型异步电动机、微型同步电动机、微型交流换向器电动机、微型直流电动机等,控制微型电机系指自整角机、旋转变压器、交直流测速发电机、交直流伺服电动机、步进电动机、力矩电动机等;电源微型电机系指微型电动发电机组和单枢变流机等;其他小型电机(凡是功率在 0.75 kW 以下的电机)均执行微型电机定额,但一般民用小型交流电风扇安装另执行《全国统一安装工程预算定额》第二册第十二章的风扇安装定额。

6)各类电机的检查接线定额均不包括控制装置的安装和接线。

7)电机的接地线材质至今技术规范尚无新规定,本定额仍是沿用镀锌扁钢(25 ×4)编制的。如采用铜接地线时,主材(导线和接头)应更换,但安装人工和机械不变。

8)电机安装执行《机械设备安装工程》(GYD 201—2000)的电机安装定额,其电机的检查接线和干燥执行定额。

9)各种电机的检查接线,规范要求均需配有相应的金属软管,如设计有规定的,按设计规格和数量计算。譬如,设计要求用包塑金属软管、阻燃金属软管或采用铝合金软管接头等,均按设计计算。设计没有规定时,平均每台电机配金属软管 1 ~1.5 m(平均按 1.25 m)。电机的电源线为导线时,应执行《全国统一安装工程预算定额》第二册第四章的压(焊)接线端子定额。

(2)滑触线安装定额说明。

1)起重机的电气装置系按未经生产厂家成套安装和试运行考虑的,因此起重机的电机和各种开关、控制设备、管线及灯具等,均按分部分项定额编制预算。

2)滑触线支架的基础铁件及螺栓,按土建预埋考虑。

3)滑触线及支架的油漆,均按涂一遍考虑。

4)移动软电缆敷设未包括轨道安装及滑轮制作。

5)滑触线的辅助母线安装,执行“车间带形母线”安装定额。

6)滑触线伸缩器和坐式电车绝缘子支持器的安装,已分别包括在“滑触线安装”和“滑触线支架安装”定额内,不另行计算。

7)滑触线及支架安装是按 10 m。以下标高考虑的,如超过 10 m 时,按定额说明的超高系数计算。

8)铁构件制作,执行《全国统一安装工程预算定额》第二册第四章的相应项目。

7. 电缆安装工程量计算说明

(1)电缆敷设定额适用于10kV以下的电力电缆和控制电缆敷设。定额系按平康地区和厂内电缆工程的施工条件编制的,未考虑在积水区、水底、井下等特殊条件下的电缆敷设。

(2)电缆在一般山地、丘陵地区敷设时,其定额人工乘以系数1.3。该地段所需的施工材料如固定桩、夹具等按实另计。

(3)电缆敷设定额未考虑因波形敷设增加长度、弛度增加长度、电缆绕梁(柱)增加长度以及电缆与设备连接、电缆接头等必要的预留长度,该增加长度应计入工程量之内。

(4)这里的电力电缆头定额均按铝芯电缆考虑,铜芯电力电缆头按同截面电缆头定额乘以系数1.2,双屏蔽电缆头制作、安装,人工乘以系数1.05。

(5)电力电缆敷设定额均按三芯(包括三芯连地)考虑,五芯电力电缆敷设定额乘以系数1.3;6芯电力电缆乘以系数1.6,每增加一芯定额增加30%,以此类推。单芯电力电缆敷设按同截面电缆定额乘以0.67。截面400 mm^2以上至800 mm^2的单芯电力电缆敷设,按400 mm^2电力电缆定额执行。240 mm^2以上的电缆头的接线端子为异型端子,需要单独加工,应按实际加工价计算(或调整定额价格)。

(6)电缆沟挖填方定额亦适用于电气管道沟等的挖填方工作。

(7)桥架安装。

1)桥架安装包括运输、组合、螺栓或焊接固定、弯头制作、附件安装、切割口防腐、桥式或托板式开孔、上管件隔板安装、盖板及钢制梯式桥架盖板安装。

2)桥架支撑架定额适用于立柱、托臂及其他各种支撑架的安装。定额已综合考虑了采用螺栓、焊接和膨胀螺栓三种固定方式。实际施工中,不论采用何种固定方式,定额均不作调整。

3)玻璃钢梯式桥架和铝合金梯式桥架定额均按不带盖考虑。如这两种桥架带盖,则分别执行玻璃钢槽式桥架定额和铝合金槽式桥架定额。

4)钢制桥架主结构设计厚度大于3 mm时,定额人工、机械乘以系数1.2。

5)不锈钢桥架按钢制桥架定额乘以系数1.1。

(8)本定额电缆敷设系综合定额,已将裸包电缆、铠装电缆、屏蔽电缆等因素考虑在内。因此,凡10 kV以下的电力电缆和控制电缆均不分结构形式和型号,一律按相应的电缆截面和芯数执行定额。

(9)电缆敷设定额及其相配套的定额中均未包括主材(又称装置性材料),另按设计和工程量计算规则加上定额规定的损耗率计算主材费用。

(10)直径100以下的电缆保护管敷设执行配管配线有关定额。

(11)本定额未包括的工作内容有以下几点。

1)隔热层、保护层的制作、安装。

2)电缆冬季施工的加温工作和在其他特殊施工条件下的施工措施费和施工降效增加费。

8. 防雷及接地装置安装工程量计算说明

(1)本定额适用于建筑物、构筑物的防雷接地,变配电系统接地、设备接地以应避雷针的接地装置。

(2)户外接地母线敷设定额系按自然地坪和一般土质综合考虑的,包括地沟的挖填土和夯实工作,执行本定额时不应再计算土方量。如遇有石方、矿渣、积水、障碍物等情况时可另行计算。

(3)本定额不适于采用爆破法施工敷设接地线、安装接地极,也不包括高土壤电阻率地区采用换土或化学处理的接地装置及接地电阻的测定工作。

(4)本定额中,避雷针的安装、半导体少长针消雷装置安装,均已考虑了高空作业的因素。

(5)独立避雷针的加工制作执行“一般铁构件”制作定额。

(6)防雷均压环安装定额是按利用建筑物圈梁内主筋作为防雷接地连接线考虑的。如果采用单独扁钢或圆钢明敷作均压环时,可执行“户内接地母线敷设”定额。

(7)利用铜绞线作接地引下线时,配管、穿铜绞线执行本定额中同规格的相应项目。

9.10 kV 以下架空配电线路安装工程量计算说明

(1)本定额按平地施工条件考虑,如在其他地形条件下施工时,其人工和机械按表5.3地形系数予以调整。

表5.3　地形系数

地形类别	丘陵(市区)	一般山地、泥沼地带
调整系数	1.20	1.60

(2)地形划分的特征。

1)平地。地形比较平坦、地面比较干燥的地带。

2)丘陵。地形有起伏的矮岗、土丘等地带。

3)一般山地。一般山岭或沟谷地带、高原台地等。

4)泥沼地带。经常积水的田地或泥水淤积的地带。

(3)预算编制中,全线地形分几种类型时,可按各种类型长度所占百分比求出综合系数进行计算。

(4)土质分类。

1)普通土主要包括种植土、黏砂土、黄土和盐碱土等,主要利用锹、铲即可挖掘的土质。

2)坚土主要包括土质坚硬难挖的红土、板状黏土、重块土、高岭土,必须用铁镐、条锄挖松,再用锹、铲挖掘的土质。

3)松砂石是碎石、卵石和土的混合体,各种不坚实砾岩、页岩、风化岩,节理和裂缝较多的岩石等(不需用爆破方法开采的)需要镐、撬棍、大锤、楔子等工具配合才能挖掘者。

4)岩石一般为坚实的粗花岗岩、白云岩、片麻岩、玢岩、石英岩、大理岩、石灰岩、石灰质胶结的密实砂岩的石质,不能用一般挖掘工具进行开挖,必须采用打眼、爆破或打凿才能开挖者。

5)泥水。坑的周围经常积水,坑的土质松散,如淤泥和沼泽地等挖掘时因水渗入和浸润而成泥浆,容易坍塌,需用挡土板和适量排水才能施工者。

6)流砂。坑的土质为砂质或分层砂质,挖掘过程中砂层有上涌现象,容易坍塌,挖掘时需排水和采用挡土板才能施工者。

(5)主要材料运输质量的计算按表5.4规定执行。

表5.4　主要材料运输质量计算

材料名称		单位	运输质量/kg	备注
混凝土制品	人工浇制	—	2 600	包括钢筋
	离心浇制	—	2 860	包括钢筋
线材	导线	kg	$m \times 1.15$	有线盘
	钢绞线	kg	$m \times 1.07$	无线盘
木杆材料		—	450	包括木横担
金具、绝缘子		kg	$m \times 1.07$	—
螺栓		kg	$m \times 1.01$	—

注:①m为理论质量。

②未列入者均按净重计算。

(6)线路一次施工工程量按5根以上电杆考虑;如5根以内者,其全部人工、机械乘以系数1.3。

(7)如果出现钢管杆的组立,按同高度混凝土杆组立的人工、机械乘以系数1.4,材料不调整。

(8)导线跨越架设。

1)每个跨越间距均按50 m以内考虑,大于50 m而小于100 m时,按2处计算,以此类推。

2)在同跨越挡内,有多种(或多次)跨越物时,应根据跨越物种类分别执行定额。

3)跨越定额仅考虑因跨越而多耗的人工、机械台班和材料,在计算架线工程量时,不扣除跨越挡的长度。

(9)杆上变压器安装不包括变压器调试、抽芯、干燥工作。

10. 电气调整试验工程量计算说明

(1)本定额内容包括电气设备的本体试验和主要设备的分系统调试。成套设备的整套起动调试按专业定额另行计算。主要设备的分系统内所含的电气设备元件的本体试验已包括在该分系统调试定额之内。如变压器的系统调试中已包括该系统中的变压器、互感器、开关、仪表和继电器等一、二次设备的本体调试和回路试验。绝缘子和电缆等单体试验,只在单独试验时使用,不得重复计算。

(2)本定额的调试仪表使用费系按“台班”形式表示的,与《全国统一安装工程施工仪器仪表台班费用定额》(GFD 201—1999)配套使用。

(3)送配电设备调试中的1 kV以下定额适用于所有低压供电回路,如从低压配电装置至分配电箱的供电回路;但从配电箱直接至电动机的供电回路已包括在电动机的系统调试定额内。送配电设备系统调试包括系统内的电缆试验、瓷瓶耐压等全套调试工作。供电桥回路中的断路器、母线分段断路器均作为独立的供电系统计算,定额均按一个系统一侧配一台断路器考虑的。若两侧皆有断路器时,则按两个系统计算。如果分配电箱内只有刀开关、熔断器等不含调试元件的供电回路,则不再作为调试系统计算。

(4)由于电气控制技术的飞跃发展,原定额的成套电气装置(如桥式起重机电气装置等)的控制系统已发生了根本的变化,至今尚无统一的标准,故本定额取消了原定额中的成套电气设备的安装与调试。起重机电气装置、空调电气装置、各种机械设备的电气装置,如堆取料机、装料车、推煤车等成套设备的电气调试,应分别按相应的分项调试定额执行。

(5)定额不包括设备的烘干处理和设备本身缺陷造成的元件更换修理和修改,亦未考虑因设备元件质量低劣对调试工作造成的影响。定额系按新的合格设备考虑的,如遇以上情况时,应另行计算。经修配改或拆迁的旧设备调试,定额乘以系数1.1。

(6)本定额只限电气设备自身系统的调整试验,未包括电气设备带动机械设备的试运工作,发生时应按专业定额另行计算。

(7)调试定额不包括试验设备、仪器仪表的场外转移费用。

(8)本调试定额系按现行施工技术验收规范编制的,凡现行规范(指定额编制时的规范)未包括的新调试项目和调试内容均应另行计算。

(9)调试定额已包括熟悉资料、核对设备、填写试验记录、保护整定值的整定和调试报告的整理工作。

(10)电力变压器如有“带负荷调压装置”,调试定额乘以系数1.12。三卷变压器、整流变压器、电炉变压器调试按同容量的电力变压器调试定额乘以系数1.2。3~10 kV母线系统调试包括一组电压互感器,1 kV以下母线系统调试定额不含电压互感器,适用于低压配电装置的各种母线(包括软母线)的调试。

11. 配管、配线安装工程量计算说明

(1)配管工程均未包括接线箱、盒及支架的制作、安装。钢索架设及拉紧装置的制作、安装,插接式母线槽支架制作、槽架制作及配管支架应执行铁构件制作定额。

(2)连接设备导线预留长度见表5.5。

表5.5　连接设备导线预留长度(每一根线)

序号	项目	预留长度	说明
1	各种开关箱、柜、板	高+宽	盘面尺寸
2	单独安装(无箱、盘)的铁壳开关、闸刀开关、起动器、母线槽进出线盒等	0.3 m	以安装对象中心算
3	由地坪管子出口引至动力接线箱	1.0 m	以管口计算
4	电源与管内导线连接(管内穿线与软、硬母线接头)	1.5 m	以管口计算
5	出户线	1.5 m	以管口计算

12. 照明器具安装工程量计算说明

(1)各型灯具的引导线,除注明者外,均已综合考虑在定额内,执行时不得换算。

(2)路灯、投光灯、碘钨灯、氙气灯:烟囱或水塔指示灯,均已考虑了一般工程的高空作业因素,其他器具安装高度如超过5 m,则应按定额说明中规定的超高系数另行计算。

(3)定额中装饰灯具项目均已考虑了一般工程的超高作业因素,并包括脚手架搭拆费用。

(4)装饰灯具定额项目与示意图号配套使用。

(5)定额内已包括利用摇表测量绝缘及一般灯具的试亮工作(但不包括调试工作)。

5.2.2　清单计价工程量计算说明

1. 概况

电气设备安装工程工程量清单共设置了12节12 d个清单项目。主要包括变压器、配电装置、控制设备及低压电器、母线及绝缘子、蓄电池、电机检查接线与调试、滑触线装置、电缆、防雷接地装置、10 kV以下架空及配电线路、电器调整试验、配管及配线、照明器具(包括路灯)等安装工程。主要适用于工业与民用建设工程中10 kV以下变配电设备及线路安装工程量清单编制与计量。

2. 变压器安装工程量清单项目设置

本节适用于油浸电力变压器、自耦式变压器、干式变压器、带负荷调压变压器、电炉变压器、整流变压器、电抗器及消弧线圈安装的工程量清单项目的编制和计量。

(1)清单项目的设置与表述。根据《建设工程工程量清单计价规范》(GB 50500—2008)中表C.2.1变压器安装,工程量清单项目设置及工程计算规则,应按表5.6的规定执行。

从表5.6看,030201001~030201007均是变压器安装项目。所以,设置清单项目时首先要区别所要安装的变压器的种类,即名称、型号,再按其容量来设置项目。名称、型号、容量完全一样的,数量相加后,设置一个项目即可。对于型号、容量不一样的,应分别设置项目,分别编码。

举例说明:某工程的设计图示,需要安装4台变压器,其中分别为

1台油浸式电力变压器SL1-1 000 kV·A/10 kV;

1台油浸式电力变压器SL1-500 kV·A/10 kV;

2台干式变压器SG-100 kV·A/10-0.4 kV

SL1－1 000 kV · A/10 kV 需做干燥处理,其绝缘油要过滤。根据《建设工程工程量清单计价规范》(GB 50500—2008)表 C.2.1 的规定,上例中的项目特征为:名称;型号;容量。

该清单项目名称的表述如表 5.7 所示。

表 5.6 变压器安装(编码:030201)

<table>
<tr><th>项目编码</th><th>项目名称</th><th>项目特征</th><th>计量单位</th><th>工程量计算规则</th><th>工程内容</th></tr>
<tr><td>030201001</td><td>油浸电力变压器</td><td rowspan="2">1. 名称
2. 型号
3. 容量(kV · A)</td><td rowspan="7">台</td><td rowspan="7">按设计图示数量计算</td><td>1. 基础型钢制作、安装
2. 本体安装
3. 油过滤
4. 干燥
5. 网门及铁构件制作、安装
6. 刷(喷)油漆</td></tr>
<tr><td>030201002</td><td>干式变压器</td><td>1. 基础型钢制作、安装
2. 本体安装
3. 干燥
4. 端子箱(汇控箱)安装
5. 刷(喷)油漆</td></tr>
<tr><td>030201003</td><td>整流变压器</td><td rowspan="3">1. 名称
2. 型号
3. 规格
4. 容量(kV · A)</td><td rowspan="3">1. 基础型钢制作、安装
2. 本体安装
3. 油过滤
4. 干燥
5. 网门及铁构件制作、安装
6. 刷(喷)油漆</td></tr>
<tr><td>030201004</td><td>自耦式变压器</td></tr>
<tr><td>030201005</td><td>带负荷调压变压器</td></tr>
<tr><td>030201006</td><td>电炉变压器</td><td rowspan="2">1. 名称
2. 型号
3. 容量(kV · A)</td><td>1. 基础型钢制作、安装
2. 本体安装
3. 刷油漆</td></tr>
<tr><td>030201007</td><td>消弧线圈</td><td>1. 基础型钢制作、安装
2. 本体安装
3. 油过滤
4. 干燥
5. 刷油漆</td></tr>
</table>

表 5.7 工程量清单项目特征

第 1 组特征(名称)	第 2 组特征(型号)	第 3 组特征(容量)
油浸电力变压器	LS1	1 000 kV · A/10 kV
油浸电力变压器	LS1	500 kV · A/10 kV
干式变压器	LG	100 kV · A/10—0.4 kV

依据《建设工程工程量清单计价规范》(GB 50500—2008)的规定,后 3 位数字由编制人设置,依次按顺序排列在清单项目表中。并按设计要求和附录中项目特征,对该项目进行描述,如表 5.8 所示。

表5.8　分部分项工程量清单与计价表

项目编码	项目名称	项目特征描述	计量单位	工程量	金额/元		
					综合单价	合价	其中:暂估价
030201001001	油浸电力变压器	油浸电力变压器安装 SL_1—1 000 kV·A/10kV (1)变压器需作干燥处理 (2)绝缘油需过滤 (3)基础型钢制作安装	台	1			
030201001002	油浸电力变压器	油浸电力变压器安装 SL_1—500 kV·A/10 kV 基础型钢制作、安装	台	1			
030201001003	干式变压器	干式变压器安装 SG—100 kV·A/10—0.4 kV 基础型钢制作、安装	台	2			

(2)清单项目的计量。

1)根据表5.8的规定,变压器安装工程计量单位为“台”。

2)计量规则:按设计图示数量,区别不同容量以“台”计算。

工程量清单项目的计量均指形成实体部分的计量,而且只规定了该部分的计量单位和计算规则。关于需在综合单价中考虑的“工程内容”中的项目,因为它不体现在清单项目表上,其计量单位和计算规则不作具体规定。在计价时,其数量应与该清单项目的实体量相匹配,可参照《消耗量定额》及其计算规则计算在综合单价中。

(3)工程量清单的编制。工程量清单应由分部分项工程量清单、措施项目清单、其他项目清单、规费项目清单与税金项目清单组成,现就分部分项工程量清单的编制做以下说明。

1)工程量清单的编制的规则。分部分项工程量清单应根据《建设工程工程量清单计价规范》(GB 50500—2008)附录规定的项目编码、项目名称、计量单位与工程量计算规则进行编制。

2)工程量清单编制依据。主要依据是设计施工图或扩初设计文件和有关施工验收规范,招标文件、合同条件及拟采用的施工方案可作为参考依据。

(4)工程量清单计价。工程量清单计价主要是指投标标底计算或投标报价的计算。

单位工程造价由分部分项清单费、措施项目清单费、其他项目清单费、规费和税金组成。其中,分部分项清单费是由各清单项目的工程量乘以其综合单价后的总和,即$\sum$清单项目的工程量×综合单价。招标控制价或投标报价均在此工程量清单基础上,先计算出各项目的综合单价,再计算出分部分项清单费用。所以,综合单价的计算成为关键环节。但是,对一个有经验的报价人,可以用经验数字报价,但如果招标人要求提供综合单价分析表时,还要按规范规定的单价分析表做。

综合单价的构成在《建设工程工程量清单计价规范》(GB 50500—2008)2.0.4条已明确规定:即完成一个规定计量单位工程所需的人工费、材料费、机械费、管理费和利润,并考虑风险因素。它的编制依据是投标文件、合同条件、工程量清单及定额。特别应注意清单对项目内容的描述,必须按描述的内容计算,这就是所谓的“包括完成该项目的全部内容”。

3. 配电装置安装工程量清单项目设置

(1)内容。包括各种断路器、真空接触器、隔离开关、负荷开关、电抗器、互感器、电容器、滤液装置、高压成套配电柜、组合型成套箱式变电站及环钢柜等安装。

(2)适用范围。各配电装置的工程量清单项目设置与计量。

(3)清单项目的设置与计量。依据施工图所示的工程内容(指各项工程实体),按照《建设工程工程量清单计价规范》(GB 50500—2008)附录C.2.2上的项目特征:名称、型号、容量等设置具体清单项目名称,按对应的项目编码编好后3位码。

配电装置安装工程量清单大部分项目以"台"为计量单位,少数部分以"组""个"为计量单位。计算规则均是按设计图图示数量计算。

(4)相关说明。

1)配电装置安装工程量清单包括了各种配电设备安装工程的清单项目,但其项目特征大部分是一样的,即设备名称、型号、规格(容量),它们的组合就是该清单项目的名称,但在项目特征中,有一特征为"质量",该"质量"是规范对"重量"的规范用语,它不是表示设备质量的优或合格,而指设备的重量,如电抗器、电容器安装时,均以重量划类区别,所以其项目特征栏中就有"质量"二字。

2)油断路的SF6断路器等清单项目描述时,一定要说明绝缘油,SF6气体是否设备带有,以便计价时确定是否计算此部分费用。

3)配电装置安装工程设备安装如有地脚螺栓者,清单中应注明是由土建预埋还是由安装者浇筑,以便确定是否计算二次灌浆费用(包括抹面)。

4)绝缘油过滤的描述和过滤油量的计算参照绝缘油过滤的相关内容。

5)配电装置安装工程高压设备的安装没有综合绝缘台安装。如果设计有此要求,其内容一定要表述清楚,避免漏项。

4.母线安装工程量清单项目设置

(1)内容。包括软母线、带型母线、槽形母线、共箱母线、低压封闭插接母线、重型母线安装。

(2)适用范围。适用于以上各种母线安装工程工程量清单项目设置与计量。

(3)清单项目的设置与计量。依据施工图所示的工程内容(指各项工程实体),按照《建设工程工程量清单计价规范》(GB 50500—2008)附录C.2.3的项目特征;名称、型号、规格等设置具体项目名称,并按对应的项目编码编好后3位码。

母线安装工程量清单除重型母线外的各项计量单位均为"m",重型母线的计量单位为"t"。计算规则均为按设计图尺寸以单线长度计算,而重型母线按设计图示尺寸以重量计算。

(4)其他相关说明。

1)母线安装工程有关预留长度,在做清单项目综合单价时,按设计要求或施工及验收规范的规定长度一并考虑。

2)清单的工程量为实体的净值,其损耗量由报价人根据自身情况而定。中介在做标底时,可参考定额的消耗量,无论是报价还是做标底,在参考定额时,要注意主要材料及辅材的消耗量在定额中的有关规定。如母线安装定额中就没有包括主辅材的消耗量。

5.控制设备及低压电器安装工程量清单项目设置

(1)内容。包括控制设备:各种控制屏、继电信号屏、模拟屏、配电屏、整流柜、电气屏(柜)、成套配电箱、控制箱等;低压电器:各种控制开关、控制器、接触器、启动器等。本节还包括现在大量使用的集装箱式配电室。

(2)适用范围。上述控制设备及低压电器的安装工程工程量清单项目设置计量。

(3)清单项目的设置与计量。控制设备及低压电器安装的清单项目的特征均为名称、型号、规格(容量),而且特征中的名称即实体的名称,所以设备就是项目的名称,只需表述其型号和规格就可以确定其具体编码。所以项目名称的设置很直观、简单。

控制设备及低压电器安装除集装箱式配电室的计量单位按“t”外,大部分为以“台”计量,个别以“套”“个”计量,计算规则均按设计图示数量计算。

(4)其他相关说明。

1)在清单项目描述时,对各种铁构件如需镀锌、镀锡、喷塑等,需予以描述,以便计价。

2)凡导线进出屏、柜、箱、低压电器的,该清单项目描述时均应描述是否要焊、(压)接线端子。而电缆进出屏、柜、箱、低压电器的,可不描述焊、(压)接线端子,因为已综合在电缆敷设的清单项目中。

3)凡需做盘(屏、柜)配线的清单项目必须予以描述。

4)盘、柜、屏、箱等进出线的预留量(按设计要求或施工及验收规范规定的长度)均不作为实物量,但必须在综合单价中体现。

6. 蓄电池安装工程量清单项目设置

(1)内容。蓄电池安装工程量清单项目包括碱性蓄电池、固定密闭式铅酸蓄电池和免维护铅酸蓄电池安装。

(2)适用范围。适用于以各种蓄电池安装工程量清单项目设置与计量。

(3)清单项目的设置与计量。依据施工图所示的工程内容(指各项工程实体),对应《建设工程工程量清单计价规范》(GB 50500—2008)附录C.2.5的项目特征:名称、型号、容量。设置具体清单项目名称,并按对应的项目编号编好后3位编码。

蓄电池安装工程的各项计量单位均为“个”。免维护铅酸蓄电池的表现形式为“组件”,所以也可称多少个组件。计算规则按设计图示数量计算。

(4)其他相关说明。

1)如果设计要求蓄电池抽头连接用电缆及电缆保护管时,应在清单项目中予以描述,以便计价。

2)蓄电池电解液如需承包方提供,也应描述。

3)蓄电池充放电费用综合在安装单价中,按“组”充放电,但需摊到每一个蓄电池的安装综合单价中报价。

7. 电机检查接线及调试工程量清单项目设置

(1)内容。电机检查接线调试工程量清单项目包括交直流电动机和发电机的检查接线及调试。

(2)适用范围。适用于发电机、调相机、普通小型直流电动机、可控硅调速直流电动机、普通交流同步电动机、低压交流异步电动机、高压交流异步电动机、交流变频调速电动机、微型电机、电加热器、电动机组的检查接线及调试的清单项目设置与计量。

(3)清单项目的设置与计量。电机检查接线及调试工程的清单项目特征除共同的基本特征(如名称、型号、规格)外,还有表示其调试的特殊个性。这个特性直接影响到其接线调试费用,所以必须在项目名称中表述清楚。如:

1)普通交流同步电动机的检查接线及调试项目,应注明启动方式:直接启动还是降压启动。

2)低压交流异步电动机的检查接线及调试项目,应注明控制保护类型:刀开关控制、电磁控制、非电量连锁、过流保护、速断过流保护及时限过流保护……

3)电动机组检查接线调试项目,应表述机组的台数,如有连锁装置应注明连锁的台数。

电机检查接线及调试工程除电动机组清单项目以“组”为单位计量外,其他所有清单项目的计量单位均为“台”。计算规则按设计图示数量计算。

(4)相关说明。

1)电机是否需要干燥应在项目中予以描述。

2)电机接线如需焊压接线端子亦应描述。

3)按规范要求,从管口到电机接线盒间要有软管保护,项目应描述软管的材质和长度,报价时考虑在综合单价中。

4)工程内容中应描述"接地"要求,如接地线的材质、防腐处理等。

5)电机检查接线及调试工程在检查接线项目中,按电机的名称、型号、规格(即容量)列出。而全统定额按中大型列项,以单台重量在3 t以下的为小型;单台重量在3~30 t者为中型;单台重量30 t以上者为大型。在报价时,如果参考《全国统一安装工程预算定额》,就按电机铭牌上或产品说明书上的重量对应定额项目即可。

8.滑触线装置安装工程量清单项目设置

(1)内容。滑触线装置安装工程量清单项目包括轻型、安全节能型滑触线,扁钢、角钢、圆钢、工字钢滑触线及移动软电缆安装。

(2)适用范围。适用于以上各种滑触线安装工程量清单项目的设置与计量。

(3)清单项目的设置与计量。滑触线装置安装工程的清单项目特征均为名称、型号、规格、材质。而特征中的名称既为实体名称,也为项目名称,直观、简单。但是规格却不然。如节能型滑触线的规格是用电流(A)来表述。

角钢滑触线的规格是角钢的边长×厚度;

扁钢滑触线的规格是扁钢截面长×宽;

圆钢滑触线的规格是圆钢的直径;

工字钢、轻轨滑触线的规格是以每米重量(kg/m)表述。

滑触线装置安装工程各清单项目的计量单位均为"m"。计算规则是按设计图示以单根长度计算。

(4)其他相关说明。

1)清单项目应描述支架的基础铁件及螺栓是否由承包商浇筑。

2)沿轨道敷设软电缆清单项目,要说明是否包括轨道安装和滑轮制作的内容,以便报价。

3)滑触线安装的预留长度不作为实物量计量,按设计要求或规范规定长度,在综合单价中考虑。

9.电缆安装工程量清单项目设置

(1)内容。电缆敷设工程量清单项目包括电力电缆和控制电缆的敷设,电缆桥架安装,电缆阻燃槽盒安装,电缆保护管敷设等。

(2)适用范围。适用于以上电缆敷设及相关工程的工程量清单项目的设置与计量。其中电缆保护管敷设项目指埋地暗敷设或非埋地的明敷设两种;不适用于过路或过基础的保护管敷设。

(3)清单项目设置与计量。电缆安装工程的各项目特征基本为型号、规格、材质,但各有其表述法。如:

电缆敷设项目的规格指电缆截面;

电缆保护管敷设项目的规格指管径;

电缆桥架项目的规格指宽+高的尺寸,同时要表述材质:钢制、玻璃钢制或铝合金制。还要表述类型:指槽式、梯式、托盘式、组合式等;

电缆阻燃盒项目的特征是型号、规格(尺寸)。以上所有特征均要表述清楚。

清单项目的计量单位均为“m”。电缆敷设计量规则均为按设计图示单根尺寸计算，桥架按图示中心线长度计算。

清单项目设置的方法为：依据设计图示的工程内容（电缆敷设的方式、位置、桥架安装的位置等）对应《建设工程工程量清单计价规范》（GB 50500—2008）附录C.2.8的项目特征，列出清单项目名称、编码。

（4）相关说明。

1）电缆沟土方工程量清单按计价规范附录A设置编码。项目表述时，要表明沟的平均深度、土质和铺砂盖砖的要求。

2）电缆敷设中所有预留量，应按设计要求或规范规定的长度，考虑在综合单价中，而不作为实物量。

3）电缆敷设需要综合的项目很多，应描述清楚。如工程内容一栏所示：揭（盖）盖板；电缆敷设；电缆终端头、中间头制作、安装；过路、过基础的保护管；防火墙堵洞、防水隔板安装、电缆防火涂料；电缆防护、防腐、缠石棉绳、刷漆。

10. 防雷及接地装置工程量清单项目设置

（1）内容。包括接地装置和避雷装置的安装。接地装置包括生产、生活用的安全接地、防静电接地、保护地等一切接地装置的安装。避雷装置包括建筑物、构筑物、金属塔器等防雷装置，由受雷体、引下线、接地干线与接地极组成一个系统。

（2）适用范围适用于上述接地装置和防雷装置的工程量清单的编制与计量。

（3）清单项目的设置与计量。依据设计图关于接地或防雷装置的内容，对应《建设工程工程量清单计价规范》（GB 50500—2008）附录C.2.9的项目特征，表述其项目名称，并有相对应的编码、计量单位和计算规则。根据“工程内容”一栏的提示，描述该项目的工程内容，如避雷针防雷系统。其特征有：

1）受雷体名称、材质、规格、技术要求。

2）引下线材质（名称）规格、技术要求。

3）接地极材质（名称）规格、数量、技术要求。

4）接地母线材质（名称、规格）。

5）均压环材质（名称）规格、设计要求。

描述在此显得更重要，因为计量单位为“项”，它要求必须把包括的内容说清楚。“项”是按设计要求一个系统（接地电阻值）便可作为一项计量。每一项中应给出各项的数量，如接地极根数、引下线米数等。

（4）相关说明。

1）利用桩基础作接地极时，应描述桩台下桩的根数，每桩几根柱筋需焊接。其工程量可计入柱引下线的工程量中一并计算。

2）利用桩筋作引下线的，一定要描述是几根柱筋焊接作为引下线。

3）“项”的单价，要包括特征和“工程内容”中所有的各项费用之和。

11. 10 kV以下架空配电线路工程量清单项目设置

（1）内容。10 kV以下架空配电线路工程量清单项目包括电杆组立与导线架设两大部分项目。

（2）适用范围。适用于上述工程的工程量清单项目的设置与计量。

（3）清单项目的设置与计量。依据设计图示的工程内容（指电杆组立或线路架设），对应《建设工程工程量清单计价规范》（GB 50500—2008）附录C.2.10电杆组立的项目特征：材质、规格、种类、地形等。材质指电杆的材质,即木电杆还是混凝土杆;规格指杆长;种类指单杆、接腿杆、撑杆。

以上内容必须对项目表述清楚。

电杆组立的计量单位是“根”,按图示数量计。

在设置项目时,应按项目特征表述该清单项目名称。对其应综合的辅助项目(工程内容),也要描述到位:如电杆组立要发生的项目:工地运输;土(石)方挖填;底、拉、卡盘安装;木电杆防腐;电杆组立;横担安装;拉线制作、安装。

导线架设的项目特征为:型号(即有材质)、规格,导线的型号表示了材质,是铝线还是铜导线,规格是指导线的截面。

导线架设的工程内容描述为:导线架设;导线跨越:跨越间距;进户线架设应包括进户横担安装。

导线架设的计量单位为“km”,按设计图示尺寸,以单根长度计算。

在设置清单项目时,对同一型号、同一材质,但规格不同的架空线路要分别设置项目,分别编码(最后三位码)。

(4)相关说明。

1)杆坑挖填土清单项目按清单计价规范《建设工程工程量清单计价规范》(GB 50500—2008)附录 A 的规定设置、编码。

2)杆上变配电设备项目按《建设工程工程量清单计价规范》(GB 50500—2008)附录 C. 2. 1、C. 2. 2、C. 2. 3 相关项目的规定度量与计量。

3)在需要时,对杆坑的土质情况、沿途地形予以描述。

4)架空线路的各种预留长度,按设计要求或施工及验收规范规定的长度计算在综合单价内。

12. 电气调整试验工程量清单项目设置

(1)内容。电气调整试验清单项目包括电力变压器系统、送配电装置系统、特殊保护装置(距离保护、高频保护、失灵保护、失磁保护、交流器断线保护、小电流接地保护)、自动投入装置、接地装置等系统的调整试验。

(2)适用范围。适用于上述各系统的电气设备的本体试验和主要设备分系统调试的工程量清单项目设置与计量。

(3)清单项目的设置与计量。本节的项目特征基本上是以系统名称或保护装置及设备本体名称来设置的。如变压器系统调试就以变压器的名称、型号、容量来设置。

供电系统的项目设置:1 kV 以下和直流供电系统均以电压来设置,而 10 kV 以下的交流供电系统则以供电用的负荷隔离开关、断路器和带电抗器分别设置。

特殊保护装置调试的清单项目按其保护名称设置,其他均按需要调试的装置或设备的名称来设置。

计量单位多为“系统”,也有“台”“套”“组”,按设计图示数量计算。

名称和编码均按《建设工程工程量清单计价规范》(GB 50500—2008)附录 C. 2. 11 规定设置。

(4)相关说明。调整试验项目系指一个系统的调整试验,它是由多台设备、组件(配件)、网络连在一起,经过调整试验才能完成某一特定的生产过程,这个工作(调试)无法综合考虑在某一实体(仪表、设备、组件、网络)上,因此不能用物理计量单位或一般的自然计量单位来计量,只能用“系统”为单位计量。

电气调试系统的划分以设计的电气原理系统图为依据。具体划分可参照《全国统一安装工程预算工程量计算规则》的有关规定。

13. 配管、配线工程量清单项目设置

(1)内容。电气工程的配管、配线工程量清单项目。配管包括电线管敷设,钢管及防煤钢管敷设,可挠金属管敷设,塑料管(硬质聚氯乙烯管、刚性阻燃管、半硬质阻燃管)敷设。配线包括管内穿线,瓷夹板配线,塑料夹板配线,鼓型、针式、蝶式绝缘子配线,木槽板、塑料槽板配线,塑料护套线敷设,线槽配线。

(2)适用范围。适用于上述配管、配线工程量清单项目的设置与计量。

(3)清单项目的设置与计量。依据设计图示工程内容(指配管、配线),按照《建设工程工程量清单计价规范》(GB 50500—2008)附录 C. 2. 12 上的项目特征,如配管特征:名称、材质、规格、配置形式及部位,和对应的编码,编好后 3 位码。

1)在配管清单项目中,名称和材质有时是一体的,如钢管敷设,“钢管”即是名称,又代表了材质,它就是项目的名称。而规格指管的直径,如 Φ25。配置形式在这里表示明配或暗配(明、暗敷设)。部位表示敷设位置:

①砖、混凝土结构上。

②钢结构支架上。

③钢索上。

④钢模板内。

⑤吊棚内。

⑥埋地敷设。

配管、配线工程的计量单位均为“m”。计算规则:按设计图示尺寸以延长米计算,不扣除管路中间的接线箱(盒)、灯位盒、开关盒所占长度。

根据计算规则,将数量填到“工程数量”一栏内就完成了该项目的清单编制。

2)在配线工程中,清单项目名称要紧紧与配线形式连在一起,因为配线的方式会决定选用什么样的导线,所以对配线形式的表述显得更重要。

配线形式有:

①管内穿线。

②鼓型、针式、蝶式绝缘子配线。

③瓷夹板或塑料夹板配线。

④木槽板或塑料槽板配线。

⑤塑料护套线明敷设。

⑥线槽配线。

电气配线项目特征中的“敷设部位或线制”也很重要。

敷设部位通常指:

①木结构上。

②砖、混凝土结构。

③顶棚内。

④支架或钢索上。

⑤沿屋架、梁、柱。

⑥跨层架、梁、柱。

在不同的部位上,工艺不一样,单价就不一样。

线制主要在夹板和槽板配线中要注明,因为同样长度的线路,由于两线制与三线制所用主材导线的量就差30%多。辅材也有差别,所以要描述线制。

计量单位均为"m",计算规则按设计图示尺寸以单线延长米计算。所谓"单线"指两线制或三线制,不是以线路延长米计,而是线路长度乘以线制,即两线制乘以2,三线制乘以3。管内穿线也同样,如穿三根线、则以管长度乘以3即可。

对清单项目工程内容的描述要求,同配管一样,参照《建设工程工程量清单计价规范》(GB 50500—2008)附录C.2.12的工程内容。

(4)相关说明。

1)金属软管敷设不单设清单项目,在相关设备安装或电机核查接线清单项目的综合单价中考虑。

2)在配线工程中,所有的预留量(指与设备连接)均应依据设计要求或施工及验收规范规定的长度考虑在综合单价中,而不作为实物量计算。

3)根据配管工艺的需要和计量的连续性,规范的接线箱(盒)、拉线盒、灯位盒综合在配管工程中,关于接线盒、拉线盒的设置按施工及验收规范的规定执行。

配电线保护管遇到下列情况之一时,中间应增设接线盒和拉线盒,且接线盒或拉线盒的位置应便于穿线:

①管长度每超过30 m,无弯曲。

②管长度每超过20 m有1个弯曲。

③管长度每超过15 m有2个弯曲。

④管长度每超过8 m有3个弯曲。

垂直敷设的电线保护管遇下列情况之一时,应增设固定导线用的拉线盒:

①管内导线截面为50 mm^2 及以下,长度每超过30 m。

②管内导线截面为70~95 mm^2,长度每超过20 m。

③管内导线截面为120~240 mm^2,长度每超过18 m。

在配管清单项目计量时,设计无要求时则上述规定可以作为计量接线箱(盒)、拉线盒的依据。

14.照明器具安装工程量清单项目设置

(1)内容。各种照明灯具、开关、插座、门铃等工程量清单项目。包括普通吸顶灯及其他灯具、工厂灯及其他灯具、荧光灯具、装饰灯具、医疗专用灯具、一般路灯、广场灯、高杆灯、桥栏杆灯、地道涵洞灯等安装。

(2)适用范围。适用于工业与民用建筑(含公用设施)及市政设施的照明器具的清单项目的设置与计量。

下列清单项目适用的灯具如下:

1)030213001 普通吸顶灯及其他灯具:圆球、半圆球吸顶,方形吸顶灯,软线吊灯,吊链灯,防水吊灯,一般弯脖灯,一般墙壁灯,软线吊灯头、座灯头。

2)030213002 工厂灯及其他灯具:直杆工厂吊灯,吊链式工厂灯,吸顶式工厂灯,弯杆式工厂灯,悬挂式工厂灯,防水防尘灯,防潮灯,腰形舱顶灯,碘钨灯,管形氙气灯,投光灯,安全灯,防爆灯,高压水银防爆灯,防爆荧光灯。

3)030213003 装饰灯具:吊式艺术装饰灯,吸顶式艺术装饰灯,荧光艺术装饰灯,几何形状组合艺术灯,标志诱导艺术装饰灯,水下艺术装饰灯,点光源艺术装饰灯,草坪灯,歌、舞厅灯。

4)030213004 荧光灯具:组装型荧光灯,成套型荧光灯。

5)030213005 医疗专用灯具:病房指示灯,病房暗脚灯,无影灯。

(3)清单项目的设置与计量:依据设计图示工程内容(灯具)对应《建设工程工程量清单计价规范》(GB 50500—2008)附录C.2.13的项目特征,表述项目名称即可。照明器具安装工程项目的基本特征(名称、型号、规格)大致一样,所以实体的名称就是项目名称,但要说明型号、规格,而市政路灯要说明杆高、灯杆材质、灯架形式及臂长,以便区别其安装单价。

照明器具安装工程各清单项目的计量单位为"套",计算规则按图示数量计算。

(4)相关说明。灯具没带引导线的,应予说明,提供报价依据。

5.3　电气设备安装工程定额工程量计算规则

1.变压器安装工程量计算规则

(1)变压器安装,按不同容量以"台"为计量单位。

(2)干式变压器如果带有保护罩时,其定额人工和机械乘以系数2.0。

(3)变压器通过试验,判定绝缘受潮时才需进行干燥,所以只有需要干燥的变压器才能计取此项费用(编制施工图预算时可列此项,工程结算时根据实际情况再作处理),以"台"为计量单位。

(4)消弧线圈的干燥按同容量电力变压器干燥定额执行,以"台"为计量单位。

(5)变压器油过滤不论过滤多少次,直到过滤合格为止,以"t"为计量单位,其具体计算方法如下:

1)变压器安装定额未包括绝缘油的过滤,需要过滤时,可按制造厂提供的油量计算。

2)油断路器及其他充油设备的绝缘油过滤,可按制造厂规定的充油量计算。

2.配电装置安装工程量计算规则

(1)断路器、电流互感器、电压互感器、油浸电抗器、电力电容器及电容器柜的安装,以"台(个)"为计量单位。

(2)隔离开关、负荷开关、熔断器、避雷器、干式电抗器的安装,以"组"为计量单位,每组按三相计算。

(3)交流滤波装置的安装以"台"为计量单位。每套滤波装置包括三台组架安装,不包括设备本身及铜母线的安装,其工程量应按相应定额另行计算。

(4)高压设备安装定额内均不包括绝缘台的安装,其工程量应按施工图设计执行相应定额。

(5)高压成套配电柜和箱式变电站的安装以"台"为计量单位,均未包括基础槽钢、母线及引下线的配置安装。

(6)配电设备安装的支架、抱箍及延长轴、轴套、间隔板等,按施工图设计的需要量计算,执行铁构件制作安装定额或成品价。

(7)绝缘油、六氟化硫气体、液压油等均按设备带有考虑。电气设备以外的加压设备和附属管道的安装应按相应定额另行计算。

(8)配电设备的端子板外部接线,应按相应定额另行计算。

(9)设备安装用的地脚螺栓按土建预埋考虑,不包括二次灌浆。

3.母线安装工程定额工程量计算规则

(1)悬垂绝缘子串安装,指垂直或V型安装的提挂导线、跳线、引下线、设备连接线或设备等所用的绝缘子串安装,按单、双串分别以"串"为计量单位。耐张绝缘子串的安装,已包括在软母线安装定额内。

(2)支持绝缘子安装分别按安装在户内、户外、单孔、双孔、四孔固定,以"个"为计量单位。

(3)穿墙套管安装不分水平、垂直安装,均以"个"为计量单位。

(4)软母线安装,指直接由耐张绝缘子串悬挂部分,按软母线截面大小分别以"跨/三相"为计量单位。设计跨距不同时,不得调整。导线、绝缘子、线夹、弛度调节金具等均按施工图设计用量加定额规定的损耗率计算。

(5)软母线引下线,指由T型线夹或并沟线夹从软母线引向设备的连接线,以"组"为计量单位,每三相为一组;软母线经终端耐张线夹引下(不经T型线夹或并沟线夹引下)与设备连接的部分均执行引下线定额,不得换算。

(6)两跨软母线间的跳引线安装,以"组"为计量单位,每三相为一组。不论两端的耐张线夹是螺栓式或压接式,均执行软母线跳线定额,不得换算。

(7)设备连接线安装,指两设备间的连接部分。不论引下线、跳线、设备连接线,均应分别按导线截面、三相为一组计算工程量。

(8)组合软母线安装,按三相为一组计算,跨距(包括水平悬挂部分和两端引下部分之和)系以45 m以内考虑,跨度的长与短不得调整。导线、绝缘子、线夹、金具按施工图设计用量加定额规定的损耗率计算。

(9)软母线安装预留长度按表5.9计算。

表5.9　软母线安装预留长度　　单位:m/根

项目	耐张	跳线	引下线、设备连接线
预留长度	2.5	0.8	0.6

(10)带型母线安装及带型母线引下线安装包括铜排、铝排,分别以不同截面和片数以"m/单相"为计量单位。母线和固定母线的金具均按设计量加损耗率计算。

(11)钢带型母线安装,按同规格的铜母线定额执行,不得换算。

(12)母线伸缩接头及铜过渡板安装,均以"个"为计量单位。

(13)槽型母线安装以"m/单相"为计量单位。槽型母线与设备连接,分别以连接不同的设备以"台"为计量单位。槽型母线及固定槽型母线的金具按设计用量加损耗率计算。壳的大小尺寸以"m"为计量单位,长度按设计共箱母线的轴线长度计算。

(14)低压(指380 V以下)封闭式插接母线槽安装,分别按导体的额定电流大小以"m"为计量单位,长度按设计母线的轴线长度计算,分线箱以"台"为计量单位,分别以电流大小按设计数量计算。

(15)重型母线安装包括铜母线、铝母线,分别按截面大小以母线的成品质量以"t"为计量单位。

(16)重型铝母线接触面加工指铸造件需加工接触面时,可以按其接触面大小,分别以"片/单相"为计量单位。

(17)硬母线配置安装预留长度按表5.10的规定计算。

表5.10　硬母线配置安装预留长度　　单位:m/根

序号	项目	预留长度	说明
1	带形、情形母线终端	0.3	从最后一个支持点算起
2	带形、槽形母线与分支线连接	0.5	分支线预留
3	带形母线与设备连接	0.5	从设备端子接口算起
4	多片重型母线与设备连接	1.0	从设备端子接口算起
5	槽形母线与设备连接	0.5	从设备端子接口算起

(18)带形母线、槽形母线安装均不包括支持瓷瓶安装和钢构件配置安装,其工程量应分别按设计成品数量执行相应定额。

4. 控制设备及低压电器安装工程量计算规则

(1)控制设备及低压电器安装均以"台"为计量单位。以上设备安装均未包括基础槽钢、角钢的制作安装,其工程量应按相应定额另行计算。

(2)铁构件制作安装均按施工图设计尺寸,以成品质量"kg"为计量单位。

(3)网门、保护网制作安装,按网门或保护网设计图示的框外围尺寸,以"m^2"为计量单位。

(4)盘柜配线分不同规格,以"m"为计量单位。

(5)盘、箱、柜的外部进出线预留长度按表5.11计算。

表5.11　盘、箱、柜的外部进出线预留长度　单位:m/根

序号	项目	预留长度	说明
1	各种箱、柜、盘、板、盒	高+宽	盘面尺寸
2	单独安装的铁壳开关、自动开关、刀开关、启动器、箱式电阻器、变阻器	0.5	从安装对象中心算起
3	继电器、控制开关、信号灯、按钮、熔断器等小电器	0.3	从安装对象中心算起
4	分支接头	0.2	分支线预留

(6)配电板制作安装及包铁皮,按配电板图示外形尺寸,以"m^2"为计量单位。

(7)焊(压)接线端子定额只适用于导线。电缆终端头制作安装定额中已包括压接线端子,不得重复计算。

(8)端子板外部接线按设备盘、箱柜、台的外部接线图计算,以"个头"为计量单位。

(9)盘、柜配线定额只适用于盘上小设备元件的少量现场配线,不适用于工厂的设备修、配、改工程。

5. 蓄电池安装工程量计算规则

(1)铅酸蓄电池和碱性蓄电池安装,分别按容量大小以单体蓄电池"个"为计量单位,按施工图设计的数量计算工程量。定额内已包括了电解液的材料消耗,执行时不得调整。

(2)免维护蓄电池安装以"组件"为计量单位。其具体计算如下例:

某项工程设计一组蓄电池为220 V/500 A·h,由12 V的组件18个组成,那么就应该套用12 V/500 A·h的定额18组件。

(3)蓄电池充放电按不同容量以"组"为计量单位。

6. 滑触线装置安装工程量计算规则

(1)发电机、调相机、电动机的电气检查接线,均以"台"为计量单位。直流发电机组和多台一串的机组,按单台电机分别执行定额。

(2)起重机上的电气设备、照明装置和电缆管线等安装,均执行定额的相应定额。

(3)滑触线安装以"m"单相为计量单位,其附加和预留长度按表5.12的规定计算。

表5.12　滑触线安装附加和预留长度　单位:m/根

序号	项目	预留长度	说明
1	圆钢、铜母线与设备连接	0.2	从设备接线端子接口起算
2	圆钢、滑触线终端	0.5	从最后一个固定点起算
3	角钢滑触线终端	1.0	从最后一个支持点起算
4	扁钢滑触线终端	1.3	从最后一个固定点起算

续表 5.12 单位:m/根

5	扁钢母线分支	0.5	分支线预留
6	扁钢母线与设备连接	0.5	从设备接线端子接口起算
7	轻轨滑触线终端	0.8	从最后一个支持点起算
8	安全节能及其他滑触线终端	0.5	从最后一个固定点起算

(4)电气安装规范要求每台电机接线均需要配金属软管,设计有规定的,按设计规格和数量计算;设计没有规定的,平均每台电机配相应规格的金属软管 1.25 m 和与之配套的金属软管专用活接头。

(5)电机检查接线定额,除发电机和调相机外,均不包括电机干燥,发生时其工程量应按电机干燥定额另行计算。电机干燥定额系按一次干燥所需的工、料、机消耗量考虑,在特别潮湿的地方,电机需要进行多次干燥,应按实际干燥次数计算。在气候干燥、电机绝缘性能良好、符合技术标准而不需要干燥时,则不计算干燥费用。实行包干的工程,可参照以下比例,由有关各方协商而定:

1)低压小型电机 3 kW 以下,按 25% 的比例考虑干燥。

2)低压小型电机 3 kW 以上至 220 kW,按 30% ~50% 考虑干燥。

3)大中型电机按 100% 考虑一次干燥。

(6)电机解体检查定额,应根据需要选用。如不需要解体时,可只执行电机检查接线定额。

(7)电机定额的界线划分:单台电机质量在 3 t 以下的,为小型电机;单台电机质量在 3 t 以上至 30 t,以下的,为中型电机;单台电机质量在 30 t 以上的为大型电机。

(8)小型电机按电机类别和功率大小执行相应定额,大、中型电机不分类别一律按电机质量执行相应定额。

(9)与机械同底座的电机和装在机械设备上的电机安装,执行《全国统一安装工程预算定额》的第一册《机械设备安装工程》(GYD 201—2000)的电机安装定额;独立安装的电机,执行电机安装定额。

7. 电缆安装工程量计算规则

(1)直埋电缆的挖、填土(石)方,除特殊要求外,可按表 5.13 计算土方量。

表 5.13 直埋电缆的挖、填土(石)方量

项目	电缆根数	
	1 ~2	每增一根
每米沟长挖方量/m^3	0.45	0.153

注:①两根以内的电缆沟,系按上口宽度 600 mm、下口宽度 400 mm、深度 900 mm 计算的常规土方量(深度按规范的最低标准)。

②每增加一根电缆,其宽度增加 170 mm。

③以上土方量系按埋深从自然地坪起算,如设计埋深超过 900 mm 时,多挖的土方量应另行计算。

(2)电缆沟盖板揭、盖定额,按每揭或每盖一次以延长米计算,如又揭又盖,则按两次计算。

(3)电缆保护管长度,除按设计规定长度计算外,遇有下列情况,应按以下规定增加保护管长度:

1)横穿道路,按路基宽度两端各增加 2 m。

2)垂直敷设时,管口距地面增加 2 m。

3)穿过建筑物外墙时,按基础外缘以外增加 1 m。

4)穿过排水沟时,按沟壁外缘以外增加 1 m。

(4)电缆保护管埋地敷设,其土方量凡有施工图注明的,按施工图计算;无施工图的,一般按沟深0.9 m、沟宽按最外边的保护管两侧边缘外各增加0.3 m工作面计算。

(5)电缆敷设按单根以延长米计算,一个沟内(或架上)敷设三根各长100 m的电缆,应按300 m计算,以此类推。

(6)电缆敷设长度应根据敷设路径的水平和垂直敷设长度,按表5.14规定增加附加长度。

表5.14 电缆敷设的附加长度

序号	项目	预留长度(附加)	说明
1	电缆敷设驰度、波形弯度、交叉	2.5%	按电缆全长计算
2	电缆进入建筑物	2.0 m	规范规定最小值
3	电缆进入沟内或吊架时引上(下)预留	1.5 m	规范规定最小值
4	变电所进线、出线	1.5 m	规范规定最小值
5	电力电缆头	1.5 m	检修余量最小值
6	电缆中间接头盒	两端各留2.0 m	检修余量最小值
7	电缆进控制、保护屏及模拟盘等	高+宽	按盘面尺寸
8	高压开关柜及低压配电盘、箱	2.0 m	盘下进出线
9	电缆至电动机	0.5 m	从电机接线盒起算
10	厂用变压器	3.0 m	从地坪起算
11	电缆绕过梁柱等增加长度	按实计算	按被绕物的断面情况计算增加长度
12	电梯电缆与电缆架固定点	每处0.5 m	规范最小值

注:电缆附加及预留的长度是电缆敷设长度的组成部分,应计入电缆长度工程量之内。

(7)电缆终端头及中间头均以“个”为计量单位。电力电缆和控制电缆均按一根电缆有两个终端头考虑。中间电缆头设计有图示的,按设计确定;设计没有规定的,按实际情况计算(或按平均250 m一个中间头考虑)。

(8)桥架安装,以“10 m”为计量单位。

(9)吊电缆的钢索及拉紧装置,应按相应定额另行计算。

(10)钢索的计算长度以两端固定点的距离为准,不扣除拉紧装置的长度。

(11)电缆敷设及桥架安装,应按定额说明的综合内容范围计算。

8. 防雷及接地装置安装工程量计算规则

(1)接地极制作安装以“根”为计量单位,其长度按设计长度计算。设计无规定时,每根长度按2.5 m计算。若设计有管帽时,管帽另按加工件计算。

(2)接地母线敷设,按设计长度以“m”为计量单位计算工程量。接地母线、避雷线敷设,均按延长米计算,其长度按施工图设计水平和垂直规定长度另加3.9%的附加长度(包括转弯、上下波动、避绕障碍物、搭接头所占长度)计算。计算主材费时应另增加规定的损耗率。

(3)接地跨接线以“处”为计量单位。按规程规定,凡需接地跨接线的工程内容,每跨接一次按一处计算。户外配电装置构架均需接地,每副构架按“一处”计算。

(4)避雷针的加工制作、安装,以“根”为计量单位,独立避雷针安装以“基”为计量单位。长度、高度、数量均按设计规定。独立避雷针的加工制作应执行“一般铁件”制作定额或按成品计算。

(5)半导体少长针消雷装置安装以“套”为计量单位,按设计安装高度分别执行相应定额。装置本身由设备制造厂成套供货。

(6)利用建筑物内主筋作接地引下线安装,以“10 m”为计量单位,每一柱子内按焊接两根主筋考虑。如果焊接主筋数超过两根时,可按比例调整。

(7)断接卡子制作安装以“套”为计量单位,按设计规定装设的断接卡子数量计算。接地检查井内的断接卡子安装按每井一套计算。

(8)高层建筑物屋顶的防雷接地装置应执行“避雷网安装”定额,电缆支架的接地线安装应执行“户内接地母线敷设”定额。

(9)均压环敷设以“m”为单位计算,主要考虑利用圈梁内主筋作均压环接地连线,焊接按两根主筋考虑。超过两根时,可按比例调整。长度按设计需要进行均压接地的圈梁中心线长度,以延长米计算。

(10)钢、铝窗接地以“处”为计量单位(高层建筑六层以上的金属窗设计一般要求接地),按设计规定接地的金属窗数进行计算。

(11)柱子主筋与圈梁连接以“处”为计量单位,每处按两根主筋与两根圈梁钢筋分别焊接连接考虑。如果焊接主筋和圈梁钢筋超过两根时,可按比例调整;需要连接的柱子主筋和圈梁钢筋“处”数按规定设计计算。

9.10 kV 以下架空配电线路安装工程量计算规则

(1)工地运输,是指定额内未计价材料从集中材料堆放点或工地仓库运至杆位上的工程运输,分人力运输和汽车运输,以“吨·千米”(t·km)为计量单位。

运输量计算公式如下:

$$\text{工程运输量} = \text{施工图用量} \times (1 + \text{损耗率}) \quad (5-1)$$

$$\text{预算运输质量} = \text{工程运输量} + \text{包装物质量}(\text{不需要包装的可不计算包装物质量}) \quad (5-2)$$

运输质量可按表5.15的规定进行计算。

(2)无底盘、卡盘的电杆坑,其挖方体积为

$$V = 0.8 \times 0.8 \times h \quad (5-3)$$

式中,h——坑深(m)

(3)电杆坑的马道土、石方量按每坑0.2 m^3 计算。

(4)施工操作裕度按底拉盘底宽每边增加0.1 m。

(5)各类土质的放坡系数按表5.16计算。

表5.15 运输质量表

材料名称		单位	运输质量/kg	备注
混凝土制品	人工浇制	m^3	2 600	包括钢筋
	离心浇制	m^3	2 860	包括钢筋
线材	导线	kg	$m \times 1.15$	有线盘
	钢绞线	kg	$m \times 1.07$	无线盘
木杆材料		—	500	包括木横担
金具、绝缘子		kg	$m \times 1.07$	—
螺栓		kg	$m \times 1.01$	—

注:①m 为理论质量。
②未列入者均按净重计算。

表5.16 各类土质的放坡系数

土质	普通土、水坑	坚土	松砂石	泥水、流砂、岩石
放坡系数	1:0.3	1:0.25	1:0.2	不放坡

(6)冻土厚度大于300 mm时,冻土层的挖方量按挖坚土定额乘以系数2.5。其他土层仍按土质性质执行定额。

(7)土方量计算公式：

$$V = \frac{h}{6 \times [ab + (a + a_1)(b + b_1) + a_1 b_1]} \tag{5-4}$$

式中，V——土(石)方体积(m^3)；h——坑深(m)；$a(b)$——坑底宽(m)。$a(b)$ = 底拉盘底宽 + 2×每边操作裕度；$a_1 b_1$——坑底宽(m)。$a_1(b_1) = a(b) + 2h \times$ 边坡系数。

(8)杆坑土质按一个坑的主要土质而定。如一个坑大部分为普通土，少量为坚土，则该坑应全部按普通土计算。

(9)带卡盘的电杆坑，如原计算的尺寸不能满足卡盘安装时，因卡盘超长而增加的土(石)方量另计。

(10)底盘、卡盘、拉线盘按设计用量以“块”为计量单位。

(11)杆塔组立，分别杆塔形式和高度，按设计数量以“根”为计量单位。

(12)拉线制作安装按施工图设计规定，分别不同形式，以“组”为计量单位。

(13)横担安装按施工图设计规定，分不同形式和截面，以“根”为计量单位，定额按单根拉线考虑。若安装V形、Y形或双拼形拉线时，按2根计算。拉线长度按设计全根长度计算，设计无规定时可按表5.17计算。

(14)导线架设，分别导线类型和不同截面以“km/单线”为计量单位计算。导线预留长度按表5.18计算。

导线长度按线路总长度和预留长度之和计算。计算主材费时应另增加规定的损耗率。

表5.17　拉线长度　单位：m/根

项目		普通拉线	V(Y)形拉线	弓形拉线
杆高(m)	8	11.47	22.94	9.33
	9	12.61	25.22	10.10
	10	13.74	27.48	10.92
	11	15.10	30.20	11.82
	12	16.14	32.28	12.62
	13	18.69	37.38	13.42
	14	19.68	39.36	15.12
水平拉线		26.47	—	—

表5.18　导线预留长度　单位：m/根

项目名称		长度
高压	转角	2.5
	分支、终端	2.0
低压	分支、终端	0.5
	交叉跳线转角	1.5
与设备连线		0.5
进户线		2.5

(15)导线跨越架设，包括越线架的搭拆和运输，以及因跨越(障碍)施工难度增加而增加的工作量，以“处”为计量单位。每个跨越间距按50 m以内考虑，大于50 m而小于100 m时按2处计算，以此类推。在计算架线工程量时，不扣除跨越档的长度。

(16)杆上变配电设备安装以“台”或“组”为计量单位，定额内包括杆和钢支架及设备的安装工作。但钢支架主材、连引线、线夹、金具等应按设计规定另行计算，设备的接地安装和调试应按本册相应定额另行计算。

10. 电气调整试验工程量计算规则

(1)电气调试系统的划分以电气原理系统图为依据。电气设备元件的本体试验均包括在相应定额的系统调试之内,不得重复计算。绝缘子和电缆等单体试验,只在单独试验时使用。在系统调试定额中,各工序的调试费用如需单独计算时,可按表5.19所列比率计算。

表5.19　电气调试系统各工序的调试费用比率

项目/比率/%/工序	发电机调相机系统	变压器系统	送配电设备系统	电动机系统
一次设备本体试验	30	30	40	30
附属高压二次设备试验	20	30	20	30
一次电流及二次回路检查	20	20	20	20
继电器及仪表试验	30	20	20	20

(2)电气调试所需的电力消耗已包括在定额内,通常不另计算。但是10 kW以上电机及发电机的启动调试用的蒸汽、电力和其他动力能源消耗及变压器空载试运转的电力消耗,另行计算。

(3)供电桥回路的断路器、母线分段断路器,均按独立的送配电设备系统计算调试费。

(4)送配电设备系统调试,系按一侧有一台断路器考虑的,若两侧均有断路器时,则应按两个系统计算。

(5)送配电设备系统调试,适用于各种供电回路(包括照明供电回路)的系统调试。凡供电回路中带有仪表、继电器、电磁开关等调试元件的(不包括闸刀开关、保险器),均按调试系统计算。移动式电器和以插座连接的家电设备,经厂家调试合格、不需要用户自调的设备,均不应计算调试费用。

(6)变压器系统调试,以每个电压侧有一台断路器为准。多于一个断路器的,按相应电压等级送配电设备系统调试的相应定额另行计算。

(7)干式变压器、油浸电抗器调试,执行相应容量变压器调试定额,乘以系数0.8。

(8)特殊保护装置,均以构成一个保护回路为一套,其工程量计算规定如下(特殊保护装置未包括在各系统调试定额之内,应另行计算):

1)发电机转子接地保护,按全厂发电机共用一套考虑。

2)距离保护,按设计规定所保护的送电线路断路器台数计算。

3)高频保护,按设计规定所保护的送电线路断路器台数计算。

4)零序保护,按发电机、变压器、电动机的台数或送电线路断路器的台数计算。

5)故障录波器的调试,以一块屏为一套系统计算。

6)失灵保护,按设置该保护的断路器台数计算。

7)失磁保护,按所保护的电机台数计算。

8)变流器的断线保护,按变流器台数计算。

9)小电流接地保护,按装设该保护的供电回路断路器台数计算。

10)保护检查及打印机调试,按构成该系统的完整回路为一套计算。

(9)自动装置及信号系统调试,均包括继电器、仪表等元件本身和二次回路的调整试验。具体规定如下:

1)备用电源自动投入装置,按连锁机构的个数确定备用电源自投装置系统数。一个备用厂用变压器,作为三段厂用工作母线备用的厂用电源,计算备用电源自动投入装置调试时,应为三个系统。装设自动投入装置的两条互为备用的线路或两台变压器,计算备用电源自动投入装置调试时,应为两个系统。备用电动机自动投入装置亦按此计算。

2)线路自动重合闸调试系统,按采用自动重合闸装置的线路自动断路器的台数计算系统数。

3)自动调频装置的调试,以一台发电机为一个系统。

4)同期装置调试,按设计构成一套能完成同期并车行为的装置为一个系统计算。

5)蓄电池及直流监视系统调试,一组蓄电池按一个系统计算。

6)事故照明切换装置调试,按设计能完成交直流切换的一套装置为一个调试系统计算。

7)周波减负荷装置调试,凡有一个周率继电器,不论带几个回路,均按一个调试系统计算。

8)变送器屏以屏的个数计算。

9)中央信号装置调试,按每1个变电所或配电室为1个调试系统计算工程量。

(10)接地网的调试规定如下:

1)接地网接地电阻的测定。一般的发电厂或变电站连为一体的母网,按一个系统计算;自成母网不与厂区母网相连的独立接地网,另按一个系统计算。大型建筑群各有自己的接地网(接地电阻值设计有要求),虽然在最后也将各接地网联在一起,但应按各自的接地网计算,不能作为一个网,具体应按接地网的试验情况而定。

2)避雷针接地电阻的测定。每一避雷针均有单独接地网(包括独立的避雷针、烟囱避雷针等)时,均按一组计算。

3)独立的接地装置按组计算。如一台柱上变压器有一个独立的接地装置,即按一组计算。

(11)避雷器、电容器的调试,按每三相为一组计算,单个装设的亦按一组计算,上述设备如设置在发电机、变压器,输、配电线路的系统或回路内,仍应按相应定额另外计算调试费用。

(12)高压电气除尘系统调试,按一台升压变压器、一台机械整流器及附属设备为一个系统计算,分别按除尘器范围(m^2)执行定额。

(13)硅整流装置调试,按一套硅整流装置为一个系统计算。

(14)普通电动机的调试,分别按电机的控制方式、功率、电压等级,以“台”为计量单位。

(15)可控硅调速直流电动机调试以“系统”为计量单位。其调试内容包括可控硅整流装置系统和直流电动机控制回路系统两个部分的调试。

(16)交流变频调速电动机调试以“系统”为计量单位。其调试内容包括变频装置系统和交流电动机控制回路系统两个部分的调试。

(17)微型电机系指功率在0.75 kW以下的电机,不分类别,一律执行微电机综合调试定额,以“台”为计量单位。电机功率在0.75 kW以上的电机调试,应按电机类别和功率分别执行相应的调试定额。

(18)一般的住宅、学校、办公楼、旅馆、商店等民用电气工程的供电调试应按下列规定:

1)配电室内带有调试元件的盘、箱、柜和带有调试元件的照明主配电箱,应按供电方式执行相应的“配电设备系统调试”定额。

2)每个用户房间的配电箱(板)上虽装有电磁开关等调试元件,但如果生产厂家已按固定的常规参数调整好,不需要安装单位进行调试就可直接投入使用的,不得计取调试费用。

3)民用电度表的调整校验属于供电部门的专业管理,一般皆由用户向供电局订购调试完毕的电度表,不得另外计算调试费用。

(19)高标准的高层建筑、高级宾馆、大会堂、体育馆等具有较高控制技术的电气工程(包括照明工程),应按控制方式执行相应的电气调试定额。

11.配管、配线安装工程量计算规则

(1)各种配管应区别不同敷设方式、敷设位置、管材材质、规格,以“延长米”为计量单位,不扣除管路中间的接线箱(盒)、灯头盒、开关盒所占长度。

(2)定额中未包括钢索架设及拉紧装置、接线箱(盒)、支架的制作安装,其工程量应另行计算。

(3)管内穿线的工程量,应区别线路性质、导线材质、导线截面,以单线“延长米”为计量单位计算。线路分支接头线的长度已综合考虑在定额中,不得另行计算。

照明线路中的导线截面大于或等于6 mm^2。以上时,应执行动力线路穿线相应项目。

(4)线夹配线工程量,应区别线夹材质(塑料、瓷质)、线式(两线、三线)、敷设位置(在木、砖、混凝土)以及导线规格,以线路“延长米”为计量单位计算。

(5)绝缘子配线工程量,应区别绝缘子形式(针式、鼓形、蝶式)、绝缘子配线位置(沿屋架、梁、柱、墙,跨屋架、梁、柱、木结构、顶棚内、砖、混凝土结构,沿钢支架及钢索)、导线截面积,以线路“延长米”为计量单位计算。

绝缘子暗配,引下线按线路支持点至天棚下缘距离的长度计算

(6)槽板配线工程量,应区别槽板材质(木质、塑料)、配线位置(在木结构、砖、混凝土)、导线截面、线式(二线、三线),以线路“延长米”为计量单位计算。

(7)塑料护套线明敷工程量,应区别导线截面、导线芯数(二芯、三芯)、敷设位置(在木结构、砖混凝土结构,沿钢索),以单根线路“延长米”为计量单位计算。

(8)线槽配线工程量,应区别导线截面,以单根线路“延长米”为计量单位计算。

(9)钢索架设工程量,应区别圆钢、钢索直径($\Phi6$,$\Phi9$),按图示墙(柱)内缘距离,以“延长米”为计量单位计算,不扣除拉紧装置所占长度。

(10)母线拉紧装置及钢索拉紧装置制作安装工程量,应区别母线截面、花篮螺栓直径(12 mm,16 mm,18 mm),以“套”为计量单位计算。

(11)车间带形母线安装工程量,应区别母线材质(铝、铜)、母线截面、安装位置(沿屋架、梁、柱、墙,跨屋架、梁、柱),以“延长米”为计量单位计算。

(12)动力配管混凝土地面刨沟工程量,应区别管子直径,以“延长米”为计量单位计算。

(13)接线箱安装工程量,应区别安装形式(明装、暗装)、接线箱半周长,以“个”为计量单位计算。

(14)接线盒安装工程量,应区别安装形式(明装、暗装、钢索上)以及接线盒类型,以“个”为计量单位计算。

(15)灯具,明、暗开关,插座、按钮等的预留线,已分别综合在相应定额内,不另行计算。配线进入开关箱、柜、板的预留线,按表5.20规定的长度,分别计入相应的工程量。

表5.20　配线进入箱、柜、板的预留线(每一根线)

序号	项目	预留长度	说明
1	各种开关、柜、板	宽+高	盘面尺寸
2	单独安装(无箱、盘)的铁壳开头在、闸刀开关、启动器、线槽进出线盒等	0.3 m	从安装对象中心算起
3	由地面管子出口引至动力接线箱	1.0 m	从管口计算
4	电源与管内导线连接(管内穿线与软、硬母线接点)	1.5 m	从管口计算
5	出户线	1.5 m	从管口计算

12. 照明器具安装工程量计算规则

(1)普通灯具安装的工程量,应区别灯具的种类、型号、规格,以“套”为计量单位计算。普通灯具安装定额适用范围见表5.21。

表5.21　普通灯具安装定额适用范

定额名称	灯具名称
圆球吸顶灯	材质为玻璃的螺口、卡口圆球独立吸顶灯
半圆球吸顶灯	材质为玻璃的独立的半圆球吸顶灯、扁圆罩吸顶灯、平圆型吸顶灯
方型吸顶灯	材质为玻璃的独立的矩形罩吸顶灯、方形罩吸顶灯、大口方罩吸顶灯
软线吊灯	利用软线为垂吊材料、独立的,材质为玻璃、塑料、搪瓷,形状如碗伞、平盘灯罩组成的各式软线吊灯
吊链灯	利用吊链作辅助悬吊材料、独立的,材质为玻璃、塑料罩的各式吊链灯
防水吊灯	一般防水吊灯
一般弯脖灯	圆球弯脖灯、风雨壁灯
一般墙壁灯	各种材质的一般壁灯、镜前灯
软线吊灯头	一般吊灯头
节能座灯头	一般节能座灯头
座灯头	一般塑胶、瓷质座灯头
吊花灯	一般花灯

(2)吊式艺术装饰灯具的工程量,应根据装饰灯具示意图集所示,区别不同装饰物以及灯体直径和灯体垂吊长度,以“套”为计量单位计算。灯体直径为装饰物的最大外缘直径,灯体垂吊长度为灯座底部到灯梢之间的总长度。

(3)吸顶式艺术装饰灯具安装的工程量,应根据装饰灯具示意图集所示,区别不同装饰物、吸盘的几何形状、灯体直径、灯体周长和灯体垂吊长度,以“套”为计量单位计算。灯体直径为吸盘最大外缘直径,灯体半周长为矩形吸盘的半周长,吸顶式艺术装饰灯具的灯体垂吊长度为吸盘到灯梢之间的总长度。

(4)荧光艺术装饰灯具安装的工程量,应根据装饰灯具示意图集所示,区别不同安装形式和计量单位计算。

1)组合荧光灯光带安装的工程量,应根据装饰灯具示意图集所示,区别安装形式、灯管数量,以“延长米”为计量单位计算。灯具的设计数量与定额不符时,可以按设计量加损耗量调整主材。

2)内藏组合式灯安装的工程量,应根据装饰灯具示意图集所示,区别灯具组合形式,以“延长米”为计量单位。灯具的设计数量与定额不符时,可根据设计数量加损耗量调整主材。

3)发光棚安装的工程量,应根据装饰灯具示意图集所示,以“m^2”为计量单位。发光棚灯具按设计用量加损耗量计算。

4)立体广告灯箱、荧光灯光沿的工程量,应根据装饰灯具示意图集所示,以“延长米”为计量单位。灯具设计用量与定额不符时,可根据设计数量加损耗量调整主材。

(5)几何形状组合艺术灯具安装的工程量,应根据装饰灯具示意图集所示,区别不同安装形式及灯具的不同形式,以“套”为计量单位计算。

(6)标志、诱导装饰灯具安装的工程量,应根据装饰灯具示意图集所示,区别不同安装形式,以“套”为计量单位计算。

(7)水下艺术装饰灯具安装的工程量,应根据装饰灯具示意图集所示,区别不同安装形式,以“套”为计量单位计算。

(8)点光源艺术装饰灯具安装的工程量,应根据装饰灯具示意图集所示,区别不同安装形式、不同灯具直径,以“套”为计量单位计算。

(9)草坪灯具安装的工程量,应根据装饰灯具示意图集所示,区别不同安装形式,以“套”为计量单位计算。

(10)歌、舞厅灯具安装的工程量,应根据装饰灯具示意图所示,区别不同灯具形式,分别以“套”“延长米”“台”为计量单位计算。

装饰灯具安装定额适用范围见表5.22。

表5.22　装饰灯具安装定额适用范围

定额名称	灯具种类(形式)
吊式艺术装饰灯具	不同材质、不同灯体垂吊长度、不同灯体直径的蜡烛灯、挂片灯、串珠(穗)、串棒灯、吊杆式组合灯、玻璃罩(带装饰)灯
吸顶式艺术装饰灯具	不同材质、不同灯体垂吊长度、不同灯体几何形状的串珠(穗)、串棒灯、挂片、挂碗、挂吊碟灯、玻璃(带装饰)灯
荧光艺术装饰灯具	不同安装形式、不同灯管数量的组合荧光灯光带,不同几何组合形式的内藏组合式灯,不同几何尺寸、不同灯具形式的发光棚,不同形式的立体广告灯箱、荧光灯光沿
几何形状组合艺术灯具	不同固定形式、不同灯具形式的繁星灯、钻石星灯、礼花灯、玻璃罩钢架组合灯,凸片灯、反射挂灯,筒形钢架灯、U型组合灯、弧形管组合灯
标志、诱导装饰灯具	不同安装形式的标志灯、诱导灯
水下艺术装饰灯具	简易形彩灯、密封型彩灯、喷水池灯、幻光型灯
点光源艺术装饰灯具	不同安装形式、不同灯体直径的筒灯、牛眼灯、射灯、轨道射灯
草坪灯具	各种立柱式、墙壁式的草坪灯
歌舞厅灯具	各种安装形式的变色转盘灯、雷达射灯、幻影转彩灯、维纳斯旋转彩灯、卫星旋转效果灯、飞碟旋转效果灯、多头转灯、滚筒灯、频闪灯、太阳灯、雨灯、歌星灯、边界灯、射灯、泡泡发生器、迷你满天星彩灯、迷你单立(盘彩灯)、多头宇宙灯、镜面球灯、蛇光管

(11)荧光灯具安装的工程量,应区别灯具的安装形式、灯具种类、灯管数量,以“套”为计量单位计算。荧光灯具安装定额适用范围见表5.23。

表5.23　荧光灯具安装定额适用范围

定额名称	灯具种类
组装型荧光灯	单管、双管、三管吊链式、吸顶式、现场组装独立荧光灯
成套型荧光灯	单管、双管、三管吊链式、吊管式、吸顶式、成套独立荧光灯

(12)工厂灯及防水防尘灯安装的工程量,应区别不同安装形式,以“套”为计量单位计算。工厂灯及防水防尘灯安装定额适用范围见表5.24。

表5.24　工厂灯及防水防尘灯安装定额适用范围

定额名称	灯具种类
直杆工厂吊灯	配照(GC_1-A),广照(GC_3-A),深照(GC_5-A),斜照(GC_7-A),圆球($GC_{17}-A$),双罩($GC_{19}-A$)
吊链式工厂灯	配照(GC_1-B),深照(GC_3-B),斜照(GC_6-C),圆球(GC_7-B),双罩($GC_{19}-A$),广照($GC_{19}-B$)
吸顶式工厂灯	配照(GC_1-C),广照(GC_3-C),深照(GC_5-C),斜照(GC_7-C),双罩($GC_{19}-C$)
弯杆式工厂灯	配照(GC_1-D/E),广照(GC_3-D/E),深照(GC_5-D/E),斜照(GC_7-D/E),双罩($GC_{19}-C$),局部深罩($GC_{26}-F/H$)
悬挂式工厂灯	配照($GC_{21}-2$),深照($GC_{23}-2$)
防水防尘灯	广照(GC_9-A,B,C),广照保护网($GC_{11}-A,B,C$),散照($GC_{15}-A,B,C,D,E,F,G$)

(13)工厂其他灯具安装的工程量,应区别不同灯具类型、安装形式、安装高度,以“套”“个”“延长米”为计量单位计算。工厂其他灯具安装定额适用范围见表5.25。

表5.25　工厂其他灯具安装定额适用范围

定额名称	灯具种类
防潮灯	扁形防潮灯(GC-31)、防潮灯(GC-33)
腰形舱顶灯	腰形舱顶灯CCD-1
碘钨灯	DW型,220 V,300~1 000 W
管形氙气灯	自然冷却式,200 V/380 V,20 kW内
投光灯	TG型室外投光灯
高压水银灯镇流器	外附式镇流器具125~450 W
安全灯	(AOB-1,2,3)、(AOC-1,2)型安全灯
防爆灯	CBC-200型防爆灯
高压水银防爆灯	CBC-125/250型高压水银防爆灯
防爆荧光灯	CBC-1/2单/双管防爆型荧光灯

(14)医院灯具安装的工程量,应区别灯具种类,以“套”为计量单位计算。医院灯具安装定额适用范围见表5.26。

表5.26　医院灯具安装定额适用范围

定额名称	灯具种类
病房指示灯	病房指示灯
病房暗脚灯	病房暗脚灯
无影灯	3~12孔管式无影灯

(15)路灯安装工程,应区别不同臂长、不同灯数,以“套”为计量单位计算。

工厂厂区内、住宅小区内路灯安装执行本定额。城市道路的路灯安装执行《全国统一市政工程预算定额》(GYD 309—2001)。

路灯安装定额范围见表5.27。

表5.27 路灯安装定额范围

定额名称	灯具种类
大马路弯灯	臂长1 200 mm以下,臂长1 200 mm以上
庭院路灯	三火以下,七火以下

(16)开关、按钮安装的工程量,应区别开关、按钮安装形式,开关、按钮种类,开关极数以及单控与双控,以“套”为计量单位计算。

(17)插座安装的工程量,应区别电源相数、额定电流、插座安装形式、插座插孔个数,以“套”为计量单位计算。

(18)安全变压器安装的工程量,应区别安全变压器容量,以“台”为计量单位计算。

(19)电铃、电铃号码牌箱安装的工程量,应区别电铃直径、电铃号牌箱规格(号),以“套”为计量单位计算。

(20)门铃安装工程量计算,应区别门铃安装形式,以“个”为计量单位计算。

(21)风扇安装的工程量,应区别风扇种类,以“台”为计量单位计算。

(22)盘管风机三速开关、请勿打扰灯,须刨插座安装的工程量,以“套”为计量单位计算。

5.4 电气设备安装工程工程量清单计算规则

1.变压器安装

变压器安装工程的工程量清单项目设置及工程量计算规则,应按表5.6的规定进行。

2.配电装置安装

配电装置安装工程的工程量清单项目设置及工程量计算规则,应按表5.28的规定进行。

表5.28 配电装置安装工程(编码:030202)

项目编码	项目名称	项目特征	计量单位	工程量计算规则	工程内容
030202001	油断路器	1.名称 2.型号 3.容量(A)	台	按设计图示数量计算	1.本体安装 2.油过滤 3.支架制作、安装或基础槽钢安装 4.刷油漆
030202002	真空断路器	1.名称 2.型号 3.容量(A)	台	按设计图示数量计算	1.本体安装 2.支架制作、安装或基础槽钢安装 3.刷油漆
030202003	SF_6断路器				
030202004	空气断路器				
030202005	真空接触器				
030202006	隔离开关	1.名称、型号 2.容量(A)	组	设计图示数量计算	1.支架制作、安装 2.本体安装 3.刷油漆
030202006	负荷开关				

续表 5.28

项目编码	项目名称	项目特征	计量单位	工程量计算规则	工程内容
030202008	互感器	1. 名称、型号 2. 规格 3. 类型	台	按设计图示数量计算	1. 安装 2. 干燥
030202009	高压熔断器	1. 名称、型号 2. 规格	组	按设计图示数量计算	安装
030202010	避雷器	1. 名称、型号 2. 规格 3. 电压等级	组	按设计图示数量计算	安装
030202011	干式电抗器	1. 名称、型号 2. 规格 3. 质量	组	按设计图示数量计算	1. 本体安装 2. 干燥
030202012	油浸电抗器	1. 名称、型号 2. 容量(kV·A)	台	按设计图示数量计算	1. 本体安装 2. 油过滤 3. 干燥
030202013	移相及串联电容器	1. 名称、型号 2. 规格 3. 质量	个	按设计图示数量计算	安装
030202014	集合式并联电容器				
030202015	并联补偿电容器组架	1. 名称、型号 2. 规格 3. 结构	台	按设计图示数量计算	安装
030202016	交流滤波装置组架	1. 名称、型号 2. 规格 3. 回路	台	按设计图示数量计算	安装
030202017	高压成套配电柜	1. 名称、型号 2. 规格 3. 母线设置方式 4. 回路	台	按设计图示数量计算	1. 基础槽钢制作、安装 2. 柜体安装 3. 支持绝缘子、穿墙套管耐压试验及安装 4. 穿通板制作、安装 5. 母线桥安装 6. 刷油漆
030202018	组合型成套箱式变电站	1. 名称、型号 2. 容量(kV·A)	台	按设计图示数量计算	1. 基础浇筑 2. 箱体安装 3. 进箱母线安装 4. 刷油漆
030202019	环网柜				

3. 母线安装

母线安装工程的工程量清单项目设置及工程量计算规则，应按表 5.29 的规定进行。

表 5.29　母线安装工程(编码:030203)

项目编码	项目名称	项目特征	计量单位	工程量计算规则	工程内容
030203001	软母线	1. 型号 2. 规格 3. 数量(跨/三相)	m	按设计图示尺寸以单线长度计算	1. 绝缘子耐压试验及安装 2. 软母线安装 3. 跳线安装
030203002	组合软母线	1. 型号 2. 规格 3. 数量(组/三相)	m	按设计图示尺寸以单线长度计算	1. 绝缘子耐压试验及安装 2. 母线安装 3. 跳线安装 4. 两端铁构件制作、安装及支持瓷瓶安装 5. 油漆
030203003	带形母线	1. 型号 2. 规格 3. 材质	m	按设计图示尺寸以单线长度计算	1. 支持绝缘子、穿墙套管的耐压试验、安装 2. 穿通板制作、安装 3. 母线安装 4. 母线桥安装 5. 引下线安装 6. 伸缩节安装 7. 过渡板安装 8. 刷分相漆
030203004	槽形母线	1. 型号 2. 规格	m	按设计图示尺寸以单线长度计算	1. 母线制作、安装 2. 与发电机变压器连接 3. 与断路器、隔离开关连接 4. 刷分相漆
030203005	共箱母线	1. 型号 2. 规格	m	按设计图示尺寸以长度计算	1. 安装 2. 进、出分线箱安装 3. 刷(喷)油漆(共箱母线)
030203006	低压封闭式插接母线槽	1. 型号 2. 容量(A)	m	按设计图示尺寸以长度计算	1. 安装 2. 进、出分线箱安装 3. 刷(喷)油漆(共箱母线)
030203007	重型母线	1. 型号 2. 容量(A)	t	按设计图示尺寸以质量计算	1. 母线制作、安装 2. 伸缩器及导板制作、安装 3. 支撑绝缘子安装 4. 铁构件制作、安装

4. 控制设备及低压电器安装

控制设备及低压电器安装工程工程量清单项目设置及工程量计算规则,应按表5.30的规定执行。

表5.30 控制设备及低压电器安装工程(编码:030204)

项目编码	项目名称	项目特征	计量单位	工程量计算规则	工程内容
030204001	控制屏	1. 名称、型号 2. 规格	台	按设计图示数量计算	1. 基础槽钢制作、安装 2. 屏安装 3. 端子板安装 4. 焊、压接线端子 5. 盘柜配线 6. 小母线安装 7. 屏边安装
030204002	继电、信号屏				
030204003	模拟屏				
030204004	低压开关柜	1. 名称、型号 2. 规格	台	按设计图示数量计算	1. 基础槽钢制作、安装 2. 柜安装 3. 端子板安装 4. 焊、压接线端子 5. 盘柜配线 6. 屏边安装
030204005	配电(电源)屏				
030204006	弱电控制返回屏	1. 名称、型号 2. 规格	台	按设计图示数量计算	1. 基础槽钢制作、安装 2. 屏安装 3. 端子板安装 4. 焊、压接线端子 5. 盘柜配线 6. 小母线安装 7. 屏边安装
030204007	箱式配电室	1. 名称、型号 2. 规格 3. 质量	套	按设计图示数量计算	1. 基础槽钢制作、安装 2. 本体安装
030204008	硅整流柜	1. 名称、型号 2. 容量(A)	台	按设计图示数量计算	1. 基础槽钢制作、安装 2. 盘柜安装
030204009	可控硅柜	1. 名称、型号 2. 容量(kW)			
030204010	低压电容器柜	1. 名称、型号 2. 规格	台	按设计图示数量计算	1. 基础槽钢制作、安装 2. 屏(柜)安装 3. 端子板安装 4. 焊、压接线端子 5. 盘柜配线 6. 小母线安装 7. 屏边安装
030204011	自动调节励磁屏				
030204012	励磁灭磁屏				
030204013	蓄电池屏(柜)				
030204014	直流馈电屏				
030204015	事故照明切换屏				

续表 5.30

项目编码	项目名称	项目特征	计量单位	工程量计算规则	工程内容
030204016	控制台	1.名称、型号 2.规格	台	按设计图示数量计算	1.基础槽钢制作、安装 2.台(箱)安装 3.端子板安装 4.焊、压接线端子 5.盘柜配线 6.小母线安装
030204017	控制箱	1.名称、型号 2.规格	台	按设计图示数量计算	1.基础型钢制作、安装 2.箱体安装
030204018	配电箱	1.名称、型号 2.规格	台	按设计图示数量计算	1.基础型钢制作、安装 2.箱体安装
030204019	控制开关	1.名称 2.型号 3.规格	个	按设计图示数量计算	1.安装 2.焊压端子
030204020	低压熔断器	1.名称、型号 2.规格	个	按设计图示数量计算	1.安装 2.焊压端子
030204021	限位开关	1.名称、型号 2.规格	个	按设计图示数量计算	1.安装 2.焊压端子
030204022	控制器	1.名称、型号 2.规格	台	按设计图示数量计算	1.安装 2.焊压端子
030204023	接触器	1.名称、型号 2.规格	台	按设计图示数量计算	1.安装 2.焊压端子
030204024	磁力启动器	1.名称、型号 2.规格	台	按设计图示数量计算	1.安装 2.焊压端子
030204025	Y-△自耦减压启动器	1.名称、型号 2.规格	台	按设计图示数量计算	1.安装 2.焊压端子
030204026	电磁铁(电磁制动器)	1.名称、型号 2.规格	台	按设计图示数量计算	1.安装 2.焊压端子
030204027	快速自动开关	1.名称、型号 2.规格	台	按设计图示数量计算	1.安装 2.焊压端子
030204028	电阻器	1.名称、型号 2.规格	台	按设计图示数量计算	1.安装 2.焊压端子
030204029	油浸频敏变阻器	1.名称、型号 2.规格	台	按设计图示数量计算	1.安装 2.焊压端子
030204030	分流器	1.名称、型号 2.容量(A)	台	按设计图示数量计算	1.安装 2.焊压端子
030204031	小电器	1.名称 2.型号 3.规格	个(套)	按设计图示数量计算	1.安装 2.焊压端子

5.蓄电池安装

蓄电池安装工程工程量清单项目设置及工程量计算规则,应按表5.31的规定执行。

表5.31　蓄电池安装工程

项目编码	项目名称	项目特征	计量单位	工程量计算规则	工程内容
030205001	蓄电池	1.名称、型号 2.容量	个	按设计图示数量计算	1.防震支架安装 2.本体安装 3.充放电

6.电机检查接线及调试

电机检查接线及调试工程量清单项目设置及工程量计算规则,应按表5.32的规定执行。

表5.32　电机检查接线及调试(编码:030206)

项目编码	项目名称	项目特征	计量单位	工程量计算规则	工程内容
030206001	发电机	1.型号 2.容量(kW)	台	按设计图示数量计算	1.检查接线(包括接地) 2.干燥 3.调试
030206001	调相机				
030206003	普通小型直流电动机	1.名称、型号 2.容量(kW) 3.类型	台	按设计图示数量计算	1.检查接线(包括接地) 2.干燥 3.系统调试
030206004	可控硅调速直流电动机				
030206005	普通交流同步电动机	1.名称、型号 2.容量(kW) 3.启动方式	台	按设计图示数量计算	1.检查接线(包括接地) 2.干燥 3.系统调试
030206006	低压交流异步电动机	1.名称、型号、类别 2.控制保护方式	台	按设计图示数量计算	1.检查接线(包括接地) 2.干燥 3.系统调试
030206007	高压交流异步电动机	1.名称、型号 2.容量(kW) 3.保护类别	台	按设计图示数量计算	1.检查接线(包括接地) 2.干燥 3.系统调试
030206008	交流变频调速电动机	1.名称、型号 2.容量(kW)	台	按设计图示数量计算	1.检查接线(包括接地) 2.干燥 3.系统调试
030206009	微型电机、电加热器	1.名称、型号 2.规格	台	按设计图示数量计算	1.检查接线(包括接地) 2.干燥 3.系统调试
030206010	电动机组	1.名称、型号 2.电动机台数 3.连锁台数	组	按设计图示数量计算	1.检查接线(包括接地) 2.干燥 3.系统调试
030206010	电动机组	1.名称、型号 2.电动机台数 3.连锁台数	组	按设计图示数量计算	1.检查接线(包括接地) 2.干燥 3.系统调试

续表 5.32

项目编码	项目名称	项目特征	计量单位	工程量计算规则	工程内容
030206011	备用励磁机组	名称、型号	组	按设计图示数量计算	1. 检查接线(包括接地) 2. 干燥 3. 系统调试
030206012	励磁电阻器	1. 型号 2. 规格	台	按设计图示数量计算	1. 安装 2. 检查接线 3. 干燥

7. 滑触线装置安装

滑触线装置安装工程量清单项目设置及工程量计算规则,应按表 5.33 的规定执行。

表 5.33　滑触线装置安装(编码:030207)

项目编码	项目名称	项目特征	计量单位	工程量计算规则	工程内容
030207001	滑触线	1. 名称 2. 型号 3. 规格 4. 材质	m	按设计图示单相长度计算	1. 滑触线支架制作、安装、刷油 2. 滑触线安装 3. 拉紧装置及挂式支持器制作、安装

8. 电缆安装

电缆安装工程量清单项目设置及工程量计算规则,应按表 5.34 的规定执行。

表 5.34　电缆安装(编码:030208)

项目编码	项目名称	项目特征	计量单位	工程量计算规则	工程内容
030208001	控制电缆	1. 型号 2. 规格 3. 敷设方式	m	按设计图示尺寸以长度	1. 揭(盖)盖板 2. 电缆敷设 3. 电缆头制作、安装 4. 过路保护管敷设 5. 防火堵洞 6. 电缆防护 7. 电缆防火隔板 8. 电缆防火涂料
030208002	控制电缆				
030208003	电缆保护管	1. 材质 2. 规格	m	按设计图示尺寸以长度	保护管敷设
030208004	电缆桥架	1. 型号、规格 2. 材质 3. 类型	m	按设计图示尺寸以长度	1. 制作、除锈、刷油 2. 安装
030208005	电缆支架	1. 材质 2. 规格	t	按设计图示质量计算	1. 制作、除锈、刷油 2. 安装

9. 防雷及接地装置

防雷及接地装置工程工程量清单项目设置及工程量计算规则,应按表 5.35 的规定执行。

表5.35　防雷及接地装置(编码:030209)

项目编码	项目名称	项目特征	计量单位	工程量计算规则	工程内容
030209001	接地装置	1.按地母线材质、规格 2.接地极材质、规格	项	按设计图示尺寸以长度计算	1.按地极(板)制作、安装 2.接地母线敷设 3.换土或化学处理 4.接地跨接线 5.构架接地
030209002	避雷装置	1.受雷体名称、材质、规格、技术要求(安装部位) 2.引下线材质、规格、技术要求(引下形式) 3.接地极材质、规格、技术要求 4.接地母线材质、规格、技术要求 5.均压环材质、规格、技术要求	项	按设计图示数量计算	1.避雷针(网)制作、安装 2.引下线敷设、断接卡子制作、安装 3.接线制作、安装 4.接地极(板、桩)制作、安装 5.极间连线 6.油漆(防腐) 7.换土或化学处理 8.钢铝窗接地 9.均压环敷设 10.柱主筋与圈梁焊接
030209003	半导体少长针消雷装置	1.型号 2.高度	套	按设计图示数量计算	安装

10.10 kV以下架空配电线路

10 kV以下架空配电线路工程量清单项目设置及工程量计算规则,应按表5.36的规定执行。

表5.36　10 kV以下架空配电线路(编码:030210)

项目编码	项目名称	项目特征	计量单位	工程量计算规则	工程内容
030210001	电杆组立	1.材质 2.规格 3.类型 4.地形	根	按设计图示数量计算	1.工地运输 2.土(石)方挖填 3.底盘、拉盘、卡盘安装 4.木电杆防腐 5.电杆组立 6.横担安装 7.拉线制作、安装
030210002	导线架设	1.型号(材质) 2.规格 3.地形	km	按设计图示尺寸以长度计算	1.导线架设 2.导线跨越及进户线架设 3.进户横担安装

11.电气调整试验

电气调整试验工程量清单项目设置及工程量计算规则,应按表5.37的规定执行。

表 5.37　电气调整试验(编码:030211)

项目编码	项目名称	项目特征	计量单位	工程量计算规则	工程内容
030211001	电力变压器系统	1. 型号 2. 容量(kV·A)	系统	按设计图示数量计算	系统调试
030211002	送配电装置系统	1. 型号 2. 电压等级(kV)	系统	按设计图示数量计算	系统调试
030211003	特殊保护装置	类型	系统	按设计图示数量计算	调试
030211004	自动投入装置	类型	套	按设计图示数量计算	调试
030211005	中央信号装置、事故照明切换装置、不间断电源	类型	系统	按设计图示系统计算	调试
030211006	母线	电压等级	段	按设计图示数量计算	调试
030211007	避雷器、电容器	电压等级	组	按设计图示数量计算	调试
030211008	接地装置	类别	系统	按设计图示系统计算	接筏乏电阻测试
030211009	电抗器、消弧线圈、电除尘器	1. 名称、型号 2. 规格	台	按设计图示数量计算	调试
030211010	硅整流设备、可控硅整流装置	1. 名称、型号 2. 电流(A)	台	按设计图示数量计算	调试

12. 配管、配线

配管、配线工程量清单项目设置及一件本程量计算规则,应按表 5.38 规定执行。

表 5.38　配管、配线(编码:030212)

项目编码	项目名称	项目特征	计量单位	工程量计算规则	工程内容
030212001	电气配管	1. 名称 2. 材质 3. 规格 4. 配置形式及部位	m	按设计图示尺寸以延长米计算。不扣除管路中间的接线箱(盒)、灯头盒、开关盒所占长度	1. 刨沟槽 2. 钢索架设(拉紧装置安装) 3. 支架制作、安装 4. 电线管路敷设 5. 接线盒(箱)、灯头盒、开关盒、插座盒安装 6. 防腐油漆 7. 接地
030212002	线槽	1. 材质 2. 规格	m	按设计图示尺寸以延长米计算	1. 安装 2. 油漆

续表5.38

项目编码	项目名称	项目特征	计量单位	工程量计算规则	工程内容
030212003	电气配线	1.配线形式 2.导线型号、材质、规格 3.敷设部位或线制	m	按设计图示尺寸以单线延长米计算	1.支持体(夹板、绝缘子、槽板等)安装 2.支架制作、安装 3.钢索架设(拉紧装置安装) 4.配线 5.管内穿线

13.照明器具安装

照明器具安装工程工程量清单项目设置及工程量计算规则,应按表5.39的规定执行。

表5.39　照明器具安装(编码:030213)

项目编码	项目名称	项目特征	计量单位	工程量计算规则	工程内容
030213001	普通吸顶灯及其他灯具	1.名称、型号 2.规格	套	按设计图示数量计算	1.支架制作、安装 2.组装 3.油漆
030213002	工厂灯	1.名称、安装 2.规格 3.安装形式及高度	套	按设计图示数量计算	1.支架制作、安装 2.组装 3.油漆
030213003	装饰灯	1.名称 2.型号 3.规格 4.安装高度	套	按设计图示数量计算	1.支架制作、安装 2.安装
030213004	荧光灯	1.名称 2.型号 3.规格 4.安装高度	套	按设计图示数量计算	安装
030213005	医疗专用灯	1.名称 2.型号 3.规格	套	按设计图示数量计算	安装
030213006	一般路灯	1.名称 2.型号 3.灯杆材质及高度 4.灯架形式及臂长 5.灯杆形式(单、双)	套	按设计图示数量计算	1.基础制作、安装 2.立灯杆 3.杆座安装 4.灯架安装 5.引下线支架制作、安装 6.焊压接线端子 7.铁构件制作、安装 8.除锈、刷油 9.灯杆编号 10.接地

续表 5.39

项目编码	项目名称	项目特征	计量单位	工程量计算规则	工程内容
030213007	广场灯安装	1. 灯杆的材质及高度 2. 灯架的型号 3. 灯头数量 4. 基础形式及规格	套	按设计图示数量计算	1. 基础制作、安装 2. 立灯杆 3. 杆座安装 4. 灯架安装 5. 引下线支架制作、安装 6. 焊压接线端子 7. 铁构件制作、安装 8. 除锈、刷油 9. 灯杆编号 10. 接地
030213008	高杆灯安装	1. 灯杆高度 2. 灯架型式(成套或组装、固定或升降) 3. 灯头数量 4. 基础形式及规格	套	按设计图示数量计算	1. 基础制作、安装 2. 立灯杆 3. 杆座安装 4. 灯架安装 5. 引下线支架制作、安装 6. 焊压接线端子 7. 铁构件制作、安装 8. 除锈、刷油 9. 灯杆编号 10. 接地
030213009	桥栏杆灯	1. 名称 2. 型号 3. 规格 4. 安装形式	套	按设计图示数量计算	1. 支架、铁构件制作、安装、油漆 2. 灯具安装
030213010	地道涵洞灯				

第6章　给排水、采暖、燃气工程

6.1　水、暖、燃气安装工程基础知识

6.1.1　给水与排水系统的基础知识

给水排水工程由给水工程与排水工程两大部分组成。给水工程分为建筑内部给水与室外给水两部分,总的来说它的任务是从水源取水,按照用户对水质的要求进行处理,以符合要求的水质和水压,将水输送到用户区,并向用户供水,从而满足人们生活和生产的需要。排水工程也分为建筑内部排水与室外排水两部分,它的任务是将污、废水等收集起来并及时输送至适当地点,妥善处理后排放或再利用。

1. 室外给水工程

室外给水工程是指向民用和工业生产部门提供用水而建造的构筑物和输配水管网等工程设施,通常包括取水构筑物、水处理构筑物、泵站、输水管渠和管网及调节构筑物。

(1)取水构筑物。取水构筑物从选定的水源(包括地表水与地下水)取水。

(2)水处理构筑物。水处理构筑物将取水构筑物的来水进行处理,以符合用户对水质的要求。

(3)泵站。抽取原水的一级泵站、输送清水的二级泵站与设于管网中的增压泵站等,用以将所需水量提升到要求的高度。

(4)输水管渠和管网。输水管渠是将原水送到水厂的管渠;管网是将处理后的水送到各个给水区的全部管道。

(5)调节构筑物。各种类型的贮水构筑物,用以贮存和调节水量。

2. 室外排水工程

室外排水工程是指把室内排出的生活污水、生产废水及雨水与冰雪融化水等,按一定系统组织起来,经过处理,达到排放标准后再排入天然水体。室外排水系统包括排水设备、检查井、水泵站、管渠、污水处理构筑物等。

3. 建筑内部给水工程

建筑内部的给水系统的任务是在满足各用水点对水量、水压和水质的要求下,将城镇给水管网或自备水源给水管网的水引入室内,经配水管送至生活、生产与消防用水设备。

建筑内部的给水工程按不同的用途,可分为不同的给水系统,具体如表6.1所示。

表6.1 建筑内部的给水工程分类

类别	用途
生活给水系统	供生活、洗涤用水
生产给水系统	供生产设备所需用水
消防给水系统	供消防设备用水

建筑内部给水系统如图6.1所示,其组成可分为

(1)引入管(也称进户管)是自室外给水管将水引入室内的管段。

(2)水表节点是安装在引入管上的水表及其前后设置的阀门和泄水装置的总称。

(3)给水管道包括干管、立管和支管。

(4)配水装置和用水设备主要是各类卫生器具和用水设备的配水龙头和生产、消防等用水设备。

(5)给水附件主要是管道系统中调节水量、水压,控制水流方向,以及关断水流,便于管道、仪表和设备检修的各类阀门。

(6)增压和贮水设备主要是设置的水泵、气压给水设备和水池、水箱等。

4.建筑内部排水工程

建筑内部排水系统是将建筑内部人们在日常生活与工业生产中使用过的水以及屋面上的雨、雪水加以收集,及时排到室外。按系统接纳的污、废水类型不同,建筑内部排水系统的分类如表6.2所示。

表6.2 建筑内部排水系统分类

类别	用途
生活排水系统	排除居住建筑、公共建筑及工厂生活间的污废水
工业废水排水系统	排除工业生产过程中产生的污废水
屋面雨水排水系统	收集排除降落到多跨工业厂房、大屋面建筑和高层建筑屋面上的雨雪水

建筑内部排水最终要排入室外排水系统,室内排水体制是指污水与废水的分流与合流;室外排水体制是指污水与雨水的分流与合流。当室外只有雨水管道时,室内应分流;当室外有污水管网和污水厂时,室内应合流。

建筑内部排水系统如图6.2所示,其组成可分为

(1)卫生设备和生产设备受水器主要是用来满足日常生活和生产过程中各种卫生要求,收集和排除污废水的设备。

(2)排水管道包括器具排水管、排水横支管、立管、埋地干管和排出管。

(3)清通设备主要用来疏通建筑内部排水管道,保障排水通畅。

(4)某些工业或民用建筑的地下建筑物内的污、废水不能自流排至室外检查井,必须设置污、废水提升设备。

(5)当建筑内部污水未经处理,不允许直接排入市政排水管网或水体时,必须设置污水局部处理构筑物。

(6)通气管道系统主要是防止因气压波动造成的水封破坏,防止有毒有害气体进入室内。

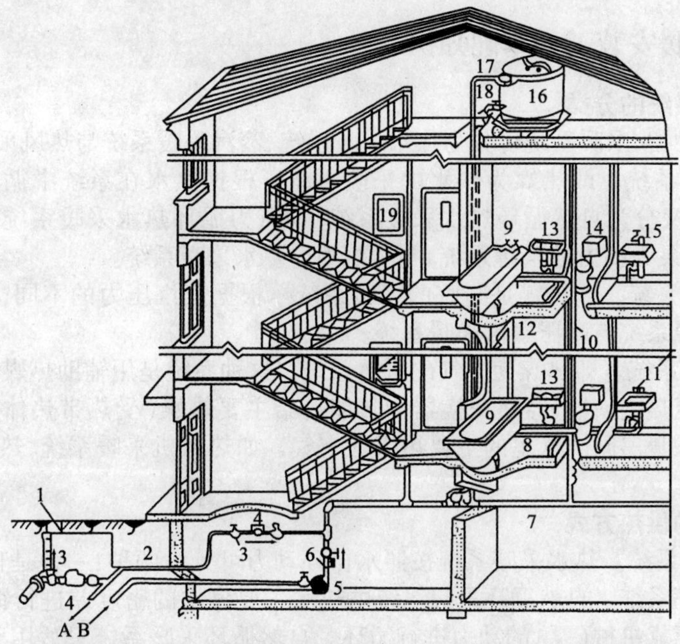

1-阀门井；2-引入管；3-闸阀；4-水表；5-水泵；6-逆止阀；
7-干管；8-支管；9-浴盆；10-立管；11-水龙头；12-淋浴器；
13-洗脸盆；14-大便器；15-洗涤盆；16-水箱；17-进水管；
18-出水管；19-消火栓；A-入贮水池；B-自来贮水池

图6.1　建筑内部给水系统

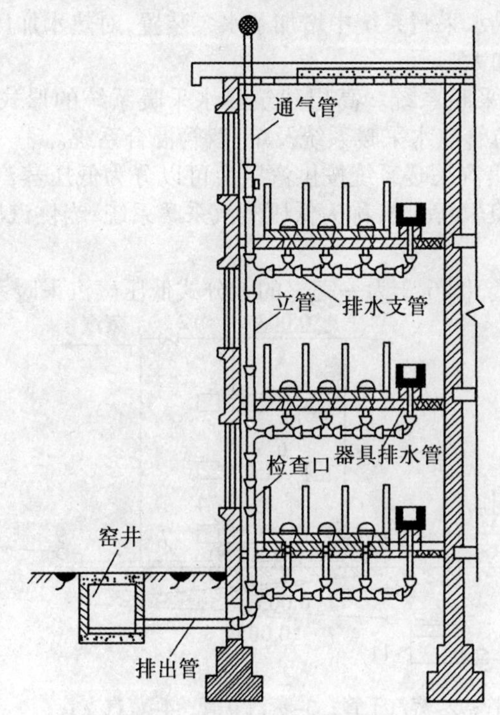

图6.2　建筑内部排水系统

6.1.2　室内采暖安装工程基础知识

1. 室内采暖系统的分类

根据热媒的种类,采暖系统可分为热水采暖系统、蒸汽采暖系统与热风采暖系统。

(1)热水采暖系统。即热媒为热水的采暖系统。根据热水在系统中循环流动动力的不同,热水采暖系统又分为自然循环热水采暖系统(即重力循环热水采暖系统)、机械循环热水采暖系统(即以水泵为动力的采暖系统)与蒸汽喷射热水采暖系统。

(2)蒸汽采暖系统。即热媒是蒸汽的采暖系统。根据蒸汽压力的不同,蒸汽采暖系统又分为低压蒸汽采暖系统与高压蒸汽采暖系统。

(3)热风采暖系统。即热媒为空气的采暖系统。这种系统是用辅助热媒(放热带热体)将热能从热源输送至热交换器,经热交换器与热能传给主要热媒(受热带热体),由主要热媒再把热能输送至各采暖房间。这里的主要热媒是空气。如热风机采暖系统、热泵采暖系统均为热风采暖系统。

2. 采暖系统的供热方式

(1)热水采暖系统。热水采暖系统按照水循环动力可分为两种:一种是自然循环系统;而另一种是机械循环系统。自然循环采暖系统内热水主要靠水的密度差进行循环;机械循环采暖系统内热水主要靠机械(泵)的动力进行循环。自然循环采暖系统只适用于低层小型建筑,机械循环适用于作用半径大的热水采暖系统。

1)自然循环热水采暖系统自然循环热水采暖系统,

通常分为双管系统与单管系统。

2)机械循环热水采暖系统。机械循环热水采暖系统形式与自然循环热水采暖系统形式基本相同,只是机械循环热水采暖系统中增加了水泵装置,对热水加压,使其循环压力升高,使水流速度加快,循环范围加大。

3)高层建筑物的热水采暖系统。高层建筑热水采暖系统的形式主要有按层分区垂直式热水采暖系统、水平双线单管热水采暖系统及单、双管混合系统。

(2)蒸汽采暖系统。蒸汽采暖系统按供汽压力可以分为低压蒸汽采暖系统和高压蒸汽采暖系统。当供汽压力≤0.07 MPa 时,称为低压蒸汽采暖系统;当供汽压力 >0.07 MPa 时,称为高压蒸汽采暖系统。

1)低压蒸汽采暖系统。图6.3为一完整的上分式低压蒸汽采暖系统的组成形式示意图。

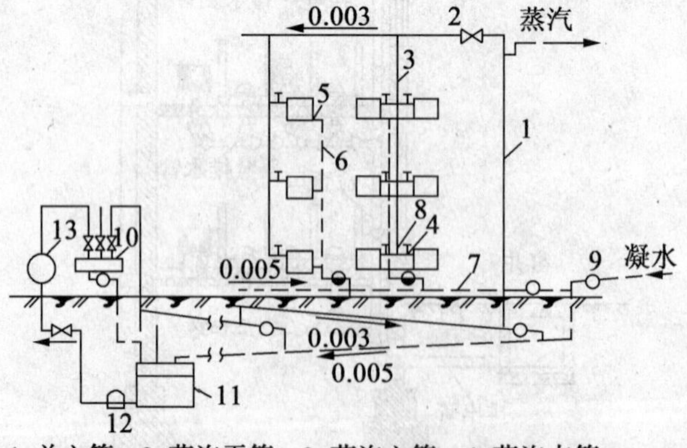

1–总立管；2–蒸汽干管；3–蒸汽立管；4–蒸汽支管；
5–凝水支管；6–凝水立管；7–凝水干管；8–调节阀；
9–疏水器；10–分汽缸；11–凝结水箱；12–凝结水泵；13–锅炉

图6.3　上分式低压蒸汽采暖系统示意图

当系统运行时，由锅炉生产的蒸汽经过管道进入散热器内。蒸汽在散热器内凝结成水放出汽化潜热；通过散热器将热量传给室内空气，维持室内的设计温度。散热器中的凝结水经过回水管路流回凝结水箱中，然后由凝结水泵加压送入锅炉重新加热成水蒸气再送入采暖系统中，如此周而复始的循环运行。

低压蒸汽采暖系统的管路布置可分为双管上分式、下分式、中分式蒸汽采暖系统及单管垂直上分式与下分式蒸汽采暖系统。

低压蒸汽采暖系统管路布置的常用型式、适用范围及系统特点简要汇总见表6.3。

表6.3　低压蒸汽采暖系统常用的几种型式

型式名称	图式	特点及适用范围
双管下供下回式	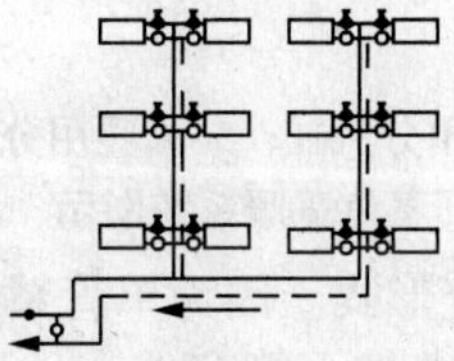	1. 特点 (1)可缓和上热下冷现象 (2)供汽立管需加大 (3)需设地沟 (4)室内顶层无供汽干管、美观 2. 适用范围 室温需调节的多层建筑
双管上供下回式	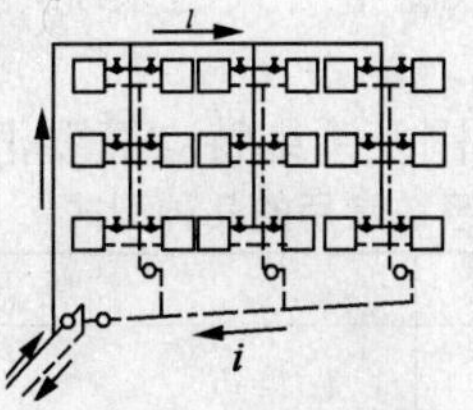	1. 特点 (1)常用的双管做法 (2)易产生上热下冷 2. 适用范围 室温需调节的多层建筑
双管中供下回式	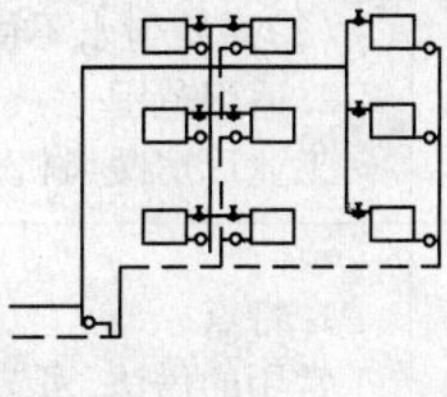	1. 特点 (1)接层方便 (2)与上供下回式对比解决上热下冷有利一些 2. 适用范围 当顶层无法敷设供汽干管的多层建筑
单管下供下回式	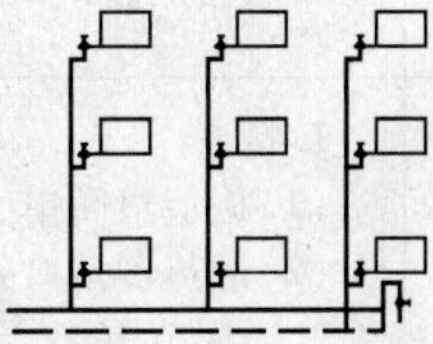	1. 特点 (1)室内顶层无供汽干管美观 (2)供汽立管要加大 (3)安装简便、造价低 (4)需设地沟 2. 适用范围 三层以下建筑
单管上供下回式	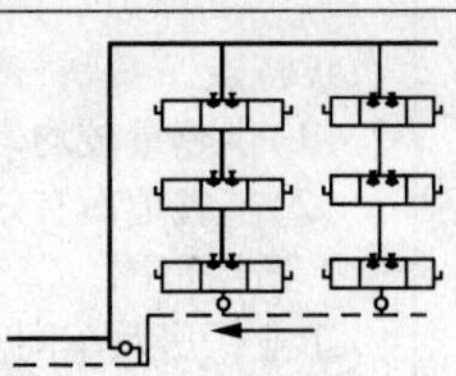	1. 特点 (1)常用的单管做法 (2)安装简便、造价低 2. 适用范围 多层建筑

注：①蒸汽水平干管汽、水逆向流动时坡度应大于5%，其他应大于3%。

②水平敷设的蒸汽干管每隔30~40 m宜设抬管泄水装置。

③回水为重力干式回水方式时，回水干管敷设高度，应高出锅炉供汽压力折算静水压力再加 200 ~ 300 mm 安全高度。如系统作用半径较大时，则需采取机械回水。

2）高压蒸汽采暖系统。高压蒸汽采暖系统与低压蒸汽采暖系统相比，供汽压力高，流速大，作用半径大，散热器表面温度高，凝结水温度高。主要用于工厂里的采暖。高压蒸汽采暖常用的形式如图 6.4 所示。

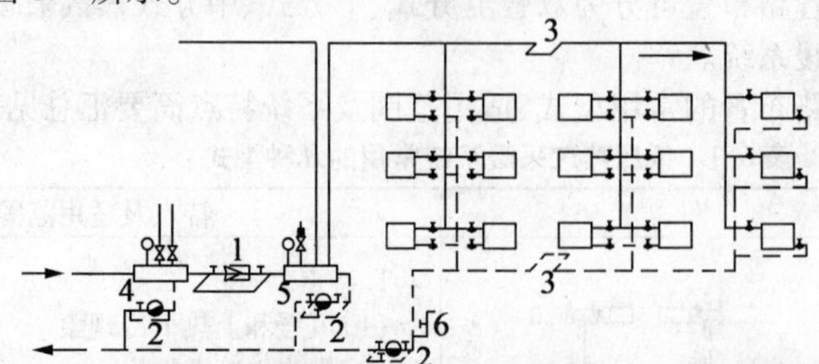

1–减压阀；2–疏水器；3–伸缩器；4–生产用分汽缸；5–采暖用分汽缸；6–放气管

图 6.4　双管上分式高压蒸汽采暖系统图示

高压蒸汽采暖系统通常采用双管上分式系统形式。因为单管系统里蒸汽与凝水在一根管子里流动，容易产生水击现象。而下分式系统要求把干管布置在地面上或地沟内，障碍较多，所以很少采用。在小的采暖系统可以采用异程双管上分式的系统形式；当系统的作用半径超过 80 m 时，最好采用同程双管上分式系统形式。

高压蒸汽采暖管路布置常用的型式、适用范围及系统特点简要汇总见表 6.4。

表 6.4　高压蒸汽采暖系统常用的几种型式

型式名称	图式	特点及适用范围
上供上回式		1. 特点 (1)除节省地沟外检修方便 (2)系统泄水不便 2. 适用范围 工业厂房暖风机供暖系统
上供下回式		1. 特点 常用的做法，可节约地沟 2. 适用范围 单层公用建筑或工业厂房
水平串联式		1. 特点 (1)构造最简单、造价低 (2)散热器接口处易漏水漏汽 2. 适用范围 单层公用建筑
同程辐射板式	0.003 蒸汽 1 0.003 6 6 5 3 冷水 4 至外网	1. 特点 (1)供热量较均匀 (2)节省地面有效面积 2. 适用范围 工业厂房及车间

续表6.4

型式名称	图式	特点及适用范围
双管上供下回式		1. 特点 可调节每组散热器的热流量 2. 适用范围 多层公用建筑及辅助建筑，作用半径不超过80 m

3. 室内采暖系统的组成

室内采暖系统通常是由管道、水箱、用热设备与开关调节配件等组成。其中，热水采暖系统的设备包括散热器，膨胀水箱、补给水箱、除污器、集气罐、放气阀及其他附件等。蒸汽采暖系统的设备除散热器外，还包括冷凝水收集箱、减压器及疏水器等。

室内采暖的管道分为导管、立管与支管。通常由热水（或蒸汽）干管、回水（或冷凝水）干管接至散热器支管组成。导管多用无缝钢管，立、支管多采用焊接钢管（镀锌或不镀锌）。管道的连接方式有焊接与丝接两种。当直径在32mm以上时，多采用焊接；当直径在32mm以下时，多采用丝接。

6.1.3　城市燃气系统基础知识

1. 燃气输配系统

(1)燃气长距离输送系统。燃气长距离输送系统由集输管网、气体净化设备、起点站、输气干线、输气支线、中间调压计量站、分配站、压气站、电保护装置等组成，按燃气种类、压力、质量及输送距离的不同，在系统的设置上有所差异。

(2)燃气压送储存系统。燃气压送储存系统主要由压送设备与储存装置组成。

压送设备是燃气输配系统的心脏，主要用来提高燃气压力或输送燃气。目前，在中、低压两级系统中使用的压送设备有罗茨式鼓风机和往复式压送机。

贮存装置的作用是保证不间断地供应燃气，平衡、调度燃气供变量。其设备主要有低压干式储气柜、低压湿式储气柜、高压储气罐（圆筒形、球形）。

燃气压送储存系统的工艺有低压储存、中压输送；低压储存、中低压分路输送等。

2. 燃气管道系统

城镇燃气管道系统由输气干管、低压输配干管、中压输配干管、配气支管与用气管道组成，具体如表6.5所示。

表6.5　城镇燃气管道系统的组成

组成部分	具体内容
输气干管	将燃气从气源厂或门站送至城市各高中压调压站的管道，燃气压力一般为高压A及高压B
中压输配干管	将燃气从气源厂或储配站送至城市各用气区域的管道，包括出厂管、出站管和城市道路干管
低压输配干管	将燃气从调压站送至燃气供应地区，并沿途分配给各类用户的管道
配气支管	分为中压支管和低压支管。中压支管是将燃气从中压输配干管引至调压站的管道，低压支管是将燃气从低压输配干管引至各类用户室内燃气计量表前的管道
用气管道	将燃气计量表引向室内各个燃具的管道

3. 燃气系统附属设备

(1)补偿器。补偿器形式有套筒式补偿器与波形管补偿器，常用在架空管、桥管上，用以调节因环境温度变化而引起的管道膨胀与收缩。埋地铺设的聚乙烯管道，在长管段上通常设置套筒式补偿器。

(2)凝水器。按构造分为封闭式与开启式两种,设置在输气管线上,主要用来收集、排除燃气的凝水。封闭式凝水器无盖,安装方便,密封良好,但不易清除内部的垃圾、杂质;开启式凝水器有可以拆卸的盖,内部垃圾、杂质清除比较方便。常用的凝水器有铸铁凝水器、钢板凝水器等。

(3)过滤器。通常设置在压送机、调压器与阀门等设备进口处,主要用来清除燃气中的灰尘、焦油等杂质。过滤器的过滤层用不锈钢丝绒或尼龙网组成。

(4)调压器。按构造可分为直接式调压器与间接式调压器两类,按压力应用范围分为高压、中压和低压调节器,按燃气供应对象分为区域,专用和用户调压器,其作用是降低和稳定燃气输配管网的压力。直接式调压器主要靠主调压器自动调节,间接式调压器设有指挥系统。

6.2 给排水、采暖、燃气工程工程量计算说明

6.2.1 定额工程量计算说明

1. 给排水管道安装工程定额说明

(1)界线划分。

1)给水管道。

①室内外界线以建筑物外墙皮 1.5 m 为界,入口处设阀门者以阀门为界。

②与市政管道界线以水表井为界,无水表井者,以与市政管道碰头点为界。

2)排水管道。

①室内外以出户第一个排水检查井为界。

②室外管道与市政管道界线以与市政管道碰头井为界。

(2)定额包括的工作内容。

1)管道及接头零件安装。

2)水压试验或灌水试验。

3)室内 D_N 32 以内钢管包括管卡及托钩制作安装。

4)钢管包括弯管制作与安装(伸缩器除外),无论是现场揻制或成品弯管均不得换算。

5)铸铁排水管、雨水管及塑料排水管,均包括管卡及托吊支架、臭气帽、雨水漏斗制作安装。

6)穿墙及过楼板铁皮套管安装人工。

(3)定额不包括的工作内容。

1)室内外管道沟土方及管道基础,应执行《全国统一建筑工程基础定额 土建(上下册)》(GJD 101—1995)。

2)管道安装中不包括法兰、阀门及伸缩器的制作、安装,按相应项目另行计算。

3)室内外给水、雨水铸铁管包括接头零件所需的人工,但接头零件价格应另行计算。

4)D_N32 以上的钢管支架,按定额管道支架另行计算。

5)过楼板的钢套管的制作、安装工料,按室外钢管(焊接)项目计算。

2. 采暖管道安装工程定额说明

(1)界限划分。

1)室内外管道以入口阀门或建筑物外墙皮 1.5 m 为界。

2)与工业管道以锅炉房或泵站外墙皮 1.5 m 为界。

3)工厂车间内采暖管道以采暖系统与工业管道碰头点为界。

4)设在高层建筑内的加压泵间管道以泵站间外墙皮为界。

(2)除锅炉房和泵房管道安装以及高层建筑内加压泵间的管道安装执行《全国统一安装工程预算定额》《工业管道工程》(GYD 206—2000)分册的相应项目外，其余部分均按《全国统一安装工程预算定额》《给排水、采暖、燃气工程》(GYD 208—2000)分册执行。

(3)安装的管子规格如与定额中子目规定不相符合时，应使用接近规格的项目，规格居中时按大者套，超过定额最大规格时可作补充定额。

3.燃气管道安装工程定额说明

(1)本定额包括低压镀锌钢管、铸铁管、管道附件、器具安装。

(2)室内外管道分界。

1)地下引入室内的管道，以室内第一个阀门为界。

2)地上引入室内的管道，以墙外三通为界。

(3)室外管道与市政管道，以两者的碰头点为界。

(4)各种管道安装定额包括下列工作内容：

1)场内搬运，检查清扫，分段试压。

2)管件制作(包括机械煨弯、三通)。

3)室内托钩角钢卡制作与安装。

(5)钢管焊接安装项目适用于无缝钢管和焊接钢管。

(6)编制预算时，下列项目应另行计算：

1)阀门安装，按本定额相应项目另行计算。

2)法兰安装，按本定额相应项目另行计算(调长器安装、调长器与阀门联装、燃气计量表安装除外)。

3)穿墙套管：铁皮管按本定额相应项目计算，内墙用钢套管按本定额室外钢管焊接定额相应项目计算，外墙钢套管按《工业管道工程》(GYD 206—2000)定额相应项目计算。

4)埋地管道的土方工程及排水工程，执行相应预算定额。

5)非同步施工的室内管道安装的打、堵洞眼，执行《全国统一建筑工程基础定额 土建(上下册)》(GJD 101—1995)。

6)室外管道所有带气碰头。

7)燃气计量表安装，不包括表托、支架、表底基础。

8)燃气加热器具只包括器具与燃气管终端阀门连接，其他执行相应定额。

9)铸铁管安装，定额内未包括接头零件，可按设计数量另行计算，但人工、机械不变。

(7)承插煤气铸铁管，以N和X型接口形式编制的；如果采用N型和SMJ型接口时，其人工乘系以数1.05；当安装X型，Φ400铸铁管接口时，每个口增加螺栓2.06套，人工乘以系数1.08。

(8)燃气输送压力大于0.2 MPa时，承插煤气铸铁管安装定额中人工乘以系数1.3。燃气输送压力的分级见表6.6。

表6.6　燃气输送压力(表压)分级

名称	低压燃气管道	中压燃气管道		高压燃气管道	
		B	A	B	A
压力/MPa	$P\leqslant 0.005$	$0.005<P\leqslant 0.2$	$0.2<P\leqslant 0.4$	$0.4<P\leqslant 0.8$	$0.8<P\leqslant 1.6$

4.管道附件安装工程定额说明

(1)螺纹阀门安装适用于各种内外螺纹连接的阀门安装。

(2)法兰阀门安装适用于各种法兰阀门的安装。如仅为一侧法兰连接时，定额中的法兰、带帽螺栓及钢垫圈数量减半。

(3)各种法兰连接用垫片均按石棉橡胶板计算，若用其他材料，不得调整。

(4)浮标液面计FQ－Ⅱ型安装是按《采暖通风国家标准图集》(N102－3)编制的。

(5)水塔、水池浮漂水位标尺制作安装,是按《全国通用给水排水标准图集》(S318)编制的。

(6)减压器、疏水器组成与安装是按《采暖通风国家标准图集》(N108)编制的,如实际组成与此不同时,阀门和压力表数量可按实际调整,其余不变。

(7)法兰水表安装是按《全国通用给水排水标准图集》(S145)编制的,定额内包括旁通管及止回阀。如实际安装形式与此不同时,阀门及止回阀可按实际调整,其余不变。

5. 卫生器具制作安装工程定额说明

(1)本定额所有卫生器具安装项目,均参照《全国通用给水排水标准图集》中有关标准图集计算,除以下说明者外,设计无特殊要求均不作调整。

(2)成组安装的卫生器具,定额均已按标准图集计算了与给水、排水管道连接的人工和材料。

(3)浴盆安装适用于各种型号的浴盆,但浴盆支座和浴盆周边的砌砖、瓷砖粘贴应另行计算。

(4)洗脸盆、洗手盆、洗涤盆适用于各种型号。

(5)化验盆安装中的鹅颈水嘴、化验单嘴、双嘴适用于成品件安装。

(6)洗脸盆肘式开关安装不分单双把,均执行同一项目。

(7)脚踏开关安装包括弯管和喷头的安装人工和材料。

(8)淋浴器铜制品安装适用于各种成品淋浴器安装。

(9)蒸汽－水加热器安装项目中包括了莲蓬头安装,但不包括支架制作安装;阀门和疏水器安装可按相应项目另行计算。

(10)冷热水混合器安装项目中包括了温度计安装,但不包括支座制作安装,其工程量可按相应项目另行计算。

(11)小便槽冲洗管制作安装定额中不包括阀门安装,其工程量可按相应项目另行计算。

(12)大、小便槽水箱托架安装已按标准图集计算在定额内,不得另行计算。

(13)高(无)水箱蹲式大便器、低水箱坐式大便器安装,适用于各种型号。

(14)电热水器、电开水炉安装定额内只考虑了本体安装,连接管、连接件等可按相应项目另行计算。

(15)饮水器安装的阀门和脚踏开关安装可按相应项目另行计算。

(16)容积式水加热器安装,定额内已按标准图集计算了其中的附件,但不包括安全阀安装、本体保温、刷油漆和基础砌筑。

6. 供暖器具安装工程定额说明

(1)本定额系参照 1993 年《全国通用暖通空调标准图集 · 采暖系统及散热器安装》(T9N112)编制的。

(2)各类型散热器不分明装或暗装,均按类型分别编制。当柱型散热器为挂装时,可执行 M132 项目。

(3)柱型和 M132 型铸铁散热器安装用拉条时,拉条另行计算。

(4)光排管散热器制作、安装项目,单位每 10 m 系指光排管长度。联管作为材料已列入定额,不得重复计算。

(5)定额中列出的接口密封材料,除圆翼汽包垫采用橡胶石棉板外,其余均采用成品汽包垫。如采用其他材料,不作换算。

(6)板式、壁板式,已计算了托钩的安装人工和材料;闭式散热器,如主材价不包括托钩者,托钩价格另行计算。

6.2.2 清单计价工程量计算说明

1. 概况

(1)《建设工程工程量清单计价规范》(GB 50500—2008)附录 C. 8 共 74 个项目,其中包括暖、卫、燃气的管道安装，管道附件安装，管支架制作安装，暖、卫、燃气器具安装，采暖工程系统调整等项目。

(2)《建设工程工程量清单计价规范》(GB 50500—2008)附录C.8给排水、采暖、燃气工程系指生活用给排水工程、采暖工程、生活用燃气工程安装，及其管道、附件、配件安装和小型容器制作等。

(3)《建设工程工程量清单计价规范》(GB 50500—2008)附录C.8适用于采用工程量清单计价的新建、扩建的生活用给排水、采暖、燃气工程。

(4)《建设工程工程量清单计价规范》(GB 50500—2008)附录与其他相关工程的界限划分：

1)室内外界限的划分。

①给水管道以建筑外墙皮1.5 m处为分界点，入口处设有阀门的以阀门为分界点。

②排水管道以排水管出户后第一个检查井为分界点，检查井与检查井之间的连接管道为室外排水管道。

③燃气管道由地下引入室内的以室内第一个阀门为分界点，由地上引入的以墙外三通为界。

④采暖管道以建筑外墙皮1.5 m处为分界点，入口处设有阀门的以阀门为分界点。

2)与市政管道的界限划分。

①给水管道以计量表为界，无计量表的以与市政管道碰头点为界。

②排水管道以室外排水管道最后一个检查井为界，无检查井的以与市政管道碰头点为界。

③由市政管网统一供热的按各供热点的供热站为分界线，由供热站往外送热的管道以外墙皮1.5 m处分界，分界点以外为采暖工程，由室外管网至供热站外墙皮1.5 m处的主管道为市政工程。

3)与锅炉房内的管道界限划分。锅炉房内的生活用给排水、采暖工程，属本附录工程内容。锅炉房内锅炉配管、软化水管、锅炉供排水、供气、水泵之间的连接管等属工业管道范围。由锅炉房外墙皮以外的给排水、采暖管道属《建设工程工程量清单计价规范》附录工程范围。

(5)《建设工程工程量清单计价规范》(GB 50500—2008)附录需要说明以下问题：

1)关于项目特征。项目特征是工程量清单计价的关键依据之一，由于项目的特征不同，其计价的结果也相应发生差异，所以招标人在编制工程量清单时，应在可能的情况下明确描述该工程量清单项目的特征。投标人按招标人提出的特征要求计价。

2)关于工程内容。工程量清单的工程内容是完成该工程量清单可能发生的综合工程项目，工程量清单计价时，按图纸、规程规范等要求选择编列所需项目。

3)关于工程量清单计算规则。

①工程量清单的工程量必须依据工程量计算规则的要求编制，工程量只列实物量，所谓实物量即是工程完工后的实体量，如土石方工程，其挖填土石方工程量只能按设计钩断面尺寸乘以钩长度计算，不能将放坡的土石方量计入工程量内。绝热工程量只能按设计要求的绝热厚度计算，不能将施工的误差增加量计入绝热工程量。在投标报价时，投标人可以按自己的企业技术水平和施工方案的具体情况，将土石方挖填的放坡量和绝热的施工误差量计入综合单价内。增加的量越小越有竞标能力。

②有的工程项目，由于特殊情况不属于工程实体，但在工程量清单计量规则中列有清单项目，也可以编制工程量清单，如本附录的采暖系统调整项目就属此种情况。

(6)以下费用可根据需要情况由投标人选择计入综合单价。

1)高层建筑施工增加费。

2)在有害身体健康环境中施工增加费。

3)安装与生产同时进行增加费。

4)设置在管道间、管廊内管道施工增加费。

5)安装物安装高度超高施工增加费。

6)现场浇筑的主体结构配合施工增加费。

(7)关于措施项目清单。措施项目清单为工程量清单的组成部分,措施项目可按《建设工程工程量清单计价规范》(GB 50500—2008)表3.3.1所列项目,根据工程需要情况选择列项。在本附录工程中可能发生的措施项目有:临时设施、安全施工、文明施工、二次搬运、已完工程及设备保护费、脚手架搭拆费。措施项目清单应单独编制,并应按措施项目清单编制要求计价。

(8)编制《建设工程工程量清单计价规范》(GB 50500—2008)附录清单项目如涉及管沟及管沟的土石方、基础、垫层、砌筑抹灰、地沟盖板、土石方回填、土石方运输等工程内容时,按"建筑工程"的相关项目编制工程量清单。路面开挖及修复、管道支墩、井砌筑等工程内容,按"市政工程"有关项目编制工程量清单。

(9)《建设工程工程量清单计价规范》(GB 50500—2008)附录项目如涉及支架的除锈、油漆,管道油漆、除锈,管道的绝热、防腐等工程量清单项目,可参照《全国统一安装工程预算定额》刷油、防腐蚀、绝热工程册的工料机耗用量计价。

2.工程量清单项目设置

(1)给排水、采暖、燃气管道。

1)概况。给排水、采暖、燃气管道安装是按安装部位、输送介质管径、管道材质、连接形式、接口材料及除锈标准、刷油、防腐、绝热保护层等不同特征设置的清单项目。编制工程量清单时,应明确描述各项特征,以便计价。

2)应明确描述的特征。

①安装部位应按室内、室外不同部位编制清单项目。

②输送介质指给水管道、排水管道、采暖管道、雨水管道、燃气管道。

③材质应按焊接钢管(镀锌、不镀锌)、无缝钢管、铸铁管(一般铸铁、球墨铸铁)、铜管(T1、T2、T3、H59-96)、不锈钢管(1Cr18Ni9、1Cr18Ni9Ti)、非金属管(PVC、UPVC、PPC、PPR、PE、铝塑复合、水泥、陶土、缸瓦管)等不同特征分别编制清单项目。

④接口材料指承插连接管道的接口材料,如铅、膨胀水泥、石棉水泥等。

⑤连接方式应按接口形式不同,如螺纹连接、焊接(电弧焊、氧乙炔焊)、承插、卡接、热熔、粘接等不同特征分别列项。

⑥除锈标准为管材除锈的要求,如手工除锈、机械除锈、化学除锈、喷砂除锈等不同特征必须明确描述,以便计价。

⑦防腐、绝热及保护层的要求指管道的防腐蚀、遍数、绝热材料、绝热厚度、保护层材料等不同特征必须明确描述,以便计价。

⑧套管形式指铁皮套管、防水套管、一般钢套管等。

3)需要说明的问题。招标人或投标人如采用建设行政主管部门颁布的有关规定为工料计价依据时,应注意以下事项。

①《全国统一安装工程预算定额》第八册凡用法兰连接的阀门、暖、卫、燃气器具均已包括法兰、螺栓的安装,法兰安装不再单独编制清单项目。

②《全国统一安装工程预算定额》第八册给排水、采暖管道安装定额中,$\Phi 32$以下的螺纹连接钢管安装均包括了管卡及托钩的制作安装,该管道如需安装支架时,应做相应调整。

③室内铸铁排水管、铸铁雨水管、承插塑料排水管、螺纹连接的燃气管,定额均已包括管道支架的制作安装内容,不能再单独编制支架制作安装清单项目。

④《全国统一安装工程预算定额》第八册的所有管道安装定额除给水承插铸铁管和燃气铸铁管外,均包括管件的制作安装(焊接连接的为制作管件,螺纹连接和承插连接的为成品管件)工作内容,给水承插铸铁管和燃气承插铸铁管已包括管件安装,管件本身的材料价按图纸需用量另

计。除不锈钢管、铜管应列管件安装项目外,其他所有管件安装均不编制工程量清单。

⑤管道若安装钢过墙(楼板)套管时,按钢套管长度参照室外钢管焊接管道安装定额计价。

⑥给排水、采暖、燃气管道所列不锈钢管、钢管及其管件安装,可参照《全国统一安装工程预算定额》第六册的相应项目计价。

(2)管道支架制作安装。《建设工程工程量清单计价规范》(GB 50500—2008)附录为管道支架制作安装项目,暖、卫、燃气器具、设备的支架可使用本项目编制工程量清单。

(3)管道附件安装。

1)概况。《建设工程工程量清单计价规范》(GB 50500—2008)附录管道附件包括阀门、法兰、计量表、伸缩器、PVC排水管消声器和伸缩节、水位标尺、抽水缸、调长器,按类型、材质、规格、型号、连接方式等不同特征设置清单项目。编制工程量清单时,必须明确描述各种特征,以便计价。

2)需要说明的问题。

①阀门的类型应包括浮球阀、手动排气阀、不锈钢阀、液压式水位控制阀、液相自动转换阀。选择阀和各种法兰连接及螺纹连接的低压阀门。

②各类型的阀门安装,投标人应按照其安装的繁简程度自主计价。

(4)卫生、供暖、燃气器具安装。

1)概况。卫生、供暖、燃气器具安装工程。卫生器具包括浴盆、净身盆、洗脸盆、洗涤盆。化验盆、淋浴器、烘干器、小便器、大便器、排水栓、扫除口、地漏,各种热水器,消毒器、饮水器等;供暖器具包括各种类型散热器、暖风机、光排管、空气幕等;燃气器具包括燃气开水器、燃气采暖炉、燃气热水器、燃气灶具、气嘴等项目。按材质及组装形式、型号、规格、开关种类、连接方式等不同特征编制清单项目。

2)下列各项特征必须在工程量清单中明确描述,以便计价。

①卫生器具中浴盆的材质(搪瓷、铸铁、玻璃钢、塑料)、规格(1400、1650、1800)、组装形式(冷水、冷热水、冷热水带喷头),洗脸盆的型号(立式、台式、普通)、规格、组装形式(冷水、冷热水)、开关种类(肘式、脚踏式),大便器规格型号(蹲式、坐式、低水箱、高水箱)、开关及冲洗形式(普通冲洗阀冲洗、手压冲洗、脚踏冲洗、自闭式冲洗),小便器规格、型号(挂斗式、立式),淋浴器的组织形式(钢管组成、铜管成品),水箱的形状(圆形、方形)、重量。

②燃气器具如开水炉的型号、采暖炉的型号、沸水器的型号、快速热水器的型号(直排、烟道、平衡)、灶具的型号(煤气、天然气,民用灶具、公用灶具,单眼、双眼、三眼)。

③供暖器具的铸铁散热器的型号及规格(长翼、圆翼、M132、柱型),光排管散热器的型号(A、B型)、长度,散热器的除锈标准、油漆种类。

3)需要说明的问题。

①采暖器具的集气罐制作安装可参照《建设工程工程量清单计价规范》(GB 50500—2008)附录C.6.17编制工程量清单。

②光排管式散热器制作安装,工程量按长度以m为单位计算。在计算工程量长度时,每组光排管之间的连接管长度不能计入光排管制作安装工程量。

(5)采暖工程系统调整。

1)《建设工程工程量清单计价规范》(GB 50500—2008)附录的采暖工程系统调整为非实体工程项目。但由于工程需要必须单独列项。

2)采暖工程系统调整工程内容应包括在室外温度和热源进口温度按设计规定条件下,将室内温度调整到设计要求的温度的全部工作。

6.3　给排水、采暖、燃气工程工程定额工程量计算规则

6.3.1　给排水工程量计算规则

(1)各种管道,均以施工图所示中心长度,以“m”为计量单位,不扣除阀门、管件(包括减压器、疏水器、水表、伸缩器等组成安装)所占的长度。

(2)镀锌铁皮套管制作以“个”为计量单位,其安装已包括在管道安装定额内,不得另行计算。

(3)管道支架制作安装,室内管道公称直径32 mm以下的安装工程已包括在内,不得另行计算;公称直径32 mm以上的,可另行计算。

(4)管道消毒、冲洗、压力试验,均按管道长度以“m”为计量单位,不扣除阀门、管件所占的长度。

6.3.2　采暖工程量计算规则

室内采暖管道的工程量均按图示中心线的“延长米”为单位计算,阀门、管件所占长度均不从延长米中扣除,但暖气片所占长度应扣除。

室内采暖管道安装工程除管道本身价值和直径在32 mm以上钢管支架需另行计算外,以下工作内容均已考虑在定额中,不得重复计算:管道及接头零件安装;水压试验或灌水试验;D_N32以内钢管的管卡及托钩制作安装;弯管制作与安装(伸缩器、圆形补偿器除外);穿墙及过楼板铁皮套管安装人工等。穿墙及过楼板镀锌铁皮套管的制作应按镀锌铁皮套管项目另行计算,钢套管的制作安装工料,按室外焊接钢管安装项目计算。

6.3.3　燃气工程量计算规则

(1)各种管道安装,均按设计管道中心线长度,以“m”为计量单位,不扣除各种管件和阀门所占长度。

(2)除铸铁管外,管道安装中已包括管件安装和管件本身价值。

(3)承插铸铁管安装定额中未列出接头零件,其本身价值应按设计用量另行计算,其余不变。

(4)钢管焊接挖眼接管工作,均在定额中综合取定,不得另行计算。

(5)调长器及调长器与阀门连接,包括一副法兰安装,螺栓规格和数量以压力为0.6 MPa的法兰装配;如压力不同,可按设计要求的数量、规格进行调整,其他不变。

(6)燃气表安装,按不同规格、型号分别以“块”为计量单位,不包括表托、支架、表底垫层基础,其工程量可根据设计要求另行计算。

(7)燃气加热设备、灶具等按不同用途规定型号,分别以“台”为计量单位。

(8)气嘴安装按规格型号连接方式,分别以“个”为计量单位。

6.3.4　管道附件工程量计算规则

(1)各种阀门安装,均以“个”为计量单位。法兰阀门安装,如仅为一侧法兰连接时,定额所列法兰、带帽螺栓及垫圈数量减半,其余不变。

(2)阀门安装工程量以“个”为单位计算,不分低压、中压,使用同一定额,但连接方式应按螺纹式和法兰式以及不同规格分别计算。螺纹阀门安装适用于内外螺纹的阀门安装。

(3)各种法兰连接用垫片,均按石棉橡胶板计算。如用其他材料,不得调整。

(4)法兰阀(带短管甲乙)安装,均以“套”为计量单位。如接口材料不同时,可调整。

(5)自动排气阀安装以“个”为计量单位,已包括了支架制作安装,不得另行计算。

(6)浮球阀安装均以“个”为计量单位,已包括了联杆及浮球的安装,不得另行计算。

(7)浮标液面计、水位标尺是按国标编制的,如设计与国标不符时,可调整。

(8)各种伸缩器制作安装根据其不同型式、连接方式和公称直径,分别以“个”为单位计算。方形伸缩器的两臂,按臂长的两倍合并在管道长度内计算。

用直管弯制伸缩器,在计算工程量时,应分别并入不同直径的导管延长米内,弯曲的两臂长度原则上应按设计确定的尺寸计算。若设计未明确时,按弯曲臂长(H)的两倍计算。

套筒式以及除去以直管弯制的伸缩器以外的各种形式的补偿器,在计算时,均不扣除所占管道的长度。

(1)减压器、疏水器组成安装以“组”为计量单位。如设计组成与定额不同时,阀门和压力表数量可按设计用量进行调整,其余不变。

(2)减压器安装,按高压侧的直径计算。

(3)法兰水表安装以“组”为计量单位,定额中旁通管及止回阀如与设计规定的安装形式不同时,阀门及止回阀可按设计规定进行调整,其余不变。

6.3.5　卫生器具工程量计算规则

(1)卫生器具组成安装,以“组”为计量单位,已按标准图综合了卫生器具与给水管、排水管连接的人工与材料用量,不得另行计算。

(2)浴盆安装不包括支座和四周侧面的砌砖及瓷砖粘贴。

(3)蹲式大便器安装,已包括了固定大便器的垫砖,但不包括大便器蹲台砌筑。

(4)大便槽、小便槽自动冲洗水箱安装,以“套”为计量单位,已包括了水箱托架的制作安装,不得另行计算。

(5)小便槽冲洗管制作与安装,以“m”为计量单位,不包括阀门安装,其工程量可按相应定额另行计算。

(6)脚踏开关安装,已包括了弯管与喷头的安装,不得另行计算。

(7)冷热水混合器安装,以“套”为计量单位,不包括支架制作安装及阀门安装,其工程量可按相应定额另行计算。

(8)蒸汽-水加热器安装,以“台”为计量单位,包括莲蓬头安装,不包括支架制作安装及阀门、疏水器安装,其工程量可按相应定额另行计算。

(9)容积式水加热器安装,以“台”为计量单位,不包括安全阀安装、保温与基础砌筑,其工程量可按相应定额另行计算。

(10)电热水器、电开水炉安装,以“台”为计量单位,只考虑本体安装,连接管、连接件等工程量可按相应定额另行计算。

(11)饮水器安装以“台”为计量单位,阀门和脚踏开关工程量可按相应定额另行计算。

6.3.6　供暖器具工程量计算规则

(1)热空气幕安装,以“台”为计量单位,其支架制作安装可按相应定额另行计算。

(2)长翼、柱型铸铁散热器组成安装,以“片”为计量单位,其汽包垫不得换算;圆翼型铸铁散热器组成安装,以“节”为计量单位。

(3)光排管散热器制作安装,以“m”为计量单位,已包括联管长度,不得另行计算。

6.4　给排水、采暖、燃气工程工程量清单计算规则

1. 给排水、采暖、燃气管道安装工程工程量清单计算规则

根据《建设工程工程量清单计价规范》(GB 50500—2008)表 C.8.1 的规定，给排水、采暖、燃气管道安装工程工程量清单项目设置及工程量计算规则见表 6.7。

表 6.7　给排水、采暖、燃气管道(编码:030801)

项目编码	项目名称	项目特征	计量单位	工程量计算规则	工程内容
030801001	镀锌钢管	1. 安装部位(室内、外) 2. 输送介质(给水、排水、热媒体、燃气、雨水) 3. 材质 4. 型号、规格 5. 连接方式 6. 套管形式、材质、规格 7. 接口材料 8. 除锈、刷油、防腐、绝热及保护层设计要求	m	按设计图示管道中心线长度以延长米计算，不扣除阀门、管件(包括减压器、疏水器、水表、伸缩器等组成安装)及各种井类所占的长度；方形补偿器以其所占长度按管道安装工程量计算	1. 管道、管件及弯管的制作、安装 2. 管件安装(指铜管管件、不锈钢管管件) 3. 套管(包括防水套管)制作、安装 4. 管道除锈、刷油、防腐 5. 管道绝热及保护层安装、除锈、刷油 6. 给水管道消毒、冲洗 7. 水压及泄漏试验
030801002	钢管				
030801003	承插铸铁管				
030801004	柔性抗震铸铁管				
030801005	塑料管(UPVC、PVC、PP－C、PP－R、RE 管等)				
030801006	橡胶连接管				
030801007	塑料连接管				
030801008	钢骨架塑料复合管				
030801009	不锈钢管				
030801010	钢管				
030801011	承插缸瓦管				
030801012	承插水泥管				
030801013	承插陶土管				

2. 管道支架制作安装工程工程量清单计算规则

根据《建设工程工程量清单计价规范》(GB 50500—2008)表 C.8.2 的规定，管道支架制作安装工程工程量清单项目设置及工程量计算规则见表 6.8。

表 6.8　管道支架制作安装(编码:030802)

项目编码	项目名称	项目特征	计量单位	工程量计算规则	工程内容
030802001	管道支架制作安装	1. 形式 2. 除锈、刷油设计要求	kg	按设计图示质量计算	1. 制作、安装 2. 除锈、刷油

3. 管道附件安装工程工程量清单计算规则

根据《建设工程工程量清单计价规范》(GB 50500—2008)表 C.8.3 的规定，管道附件安装工程工程量清单项目设置及工程量计算规则见表 6.9。

表6.9 管道附件安装(编码:030803)

项目编码	项目名称	项目特征	计量单位	工程量计算规则	工程内容
030803001	螺纹阀门	1.类型 2.材质 3.型号、规格	个	按设计图示数量计算(包括浮球阀、手动排气阀、液压式水位控制阀、不锈钢阀门、煤气减压阀、液相自动转换阀、过滤阀等)	安装
030803002	螺纹法兰阀门				
030803003	焊接法兰阀门				
030803004	带短管甲乙的法兰阀				
030803005	自动排气阀				
030803006	安装阀				
030803007	减压器	1.材质 2.型号、规格 3.连接方式	组	按设计图示数量计算	安装
030803008	疏水器				
030803009	法兰		副		
030803010	水表		组		
030803011	燃气表	1.公用、民用、工业用 2.型号、规格	块	按设计图示数量计算	1.安装 2.托架及表底基础制作、安装
030803012	塑料排水管消声器	型号、规格	个	按设计图示数量计算	安装
030803013	伸缩器	1.类型 2.材质 3.型号、规格 4.连接方式	个	按设计图示数量计算 注:方形伸缩器的两臂,按臂长的2倍合并在管道安装长度内计算	安装
030803014	浮标液面计	型号、规格	组	按设计图示数量计算	安装
030803015	浮漂水位标尺	1.用途 2.型号、规格	套		
030803016	抽水缸	1.材质 2.型号、规格	个		
030803017	燃气管道调长器	型号、规格	个	按设计图示数量计算	安装
030803018	调长器与阀门连接				

4.卫生器具制作安装工程工程量清单计算规则

根据《建设工程工程量清单计价规范》(GB 50500—2008)表C.8.4的规定,卫生器具制作安装工程工程量清单项目设置及工程量计算规则见表6.10。

表 6.10　卫生器具制作安装(编码:030804)

项目编码	项目名称	项目特征	计量单位	工程量计算规则	工程内容
030804001	浴盆	1. 材质 2. 组装形式 3. 型号 4. 开关	组	按设计图示数量计算	器具、附件安装
030804002	净身盆				
030804003	洗脸盆				
030804004	洗手盆				
030804005	洗涤盆(洗菜盆)				
030804006	化验盆				
030804007	淋浴器	1. 材质 2. 组装形式 3. 型号、规格	套	按设计图示数量计算	器具、附件安装
030804008	淋浴间				
030804009	桑拿浴房				
030804010	按摩浴缸				
030804011	烘手机				
030804012	大便器				
030801013	小便器				
030804014	水箱制作安装	1. 材质 2. 类型 3. 型号、规格	套	按设计图示数量计算	1. 制作 2. 安装 3. 支架制作、安装及除锈、刷油 4. 除锈、刷油
030804015	排水栓	1. 带存水弯、不带存水弯 2. 材质 3. 型号、规格	组	按设计图示数量计算	安装
030804016	水龙头	1. 材质 2. 型号、规格	个	按设计图示数量计算	安装
030804017	地漏				
030804018	地面扫除口				
030804019	小便槽冲洗管制作安装		m		制作、安装
030804020	热水器	1. 电能源 2. 太阳能源	台	按设计图示数量计算	1. 安装 2. 管道、管件、附件安装 3. 保温
030804021	开水炉	1. 类型 2. 型号、规格 3. 安装方式	台	按设计图示数量计算	安装
030804022	容积式热交换器				1. 安装 2. 保温 3. 基础砌筑
030804023	蒸汽—水加热器	1. 类型 2. 型号、规格	套	按设计图示数量计算	1. 安装 2. 支架制作、安装 3. 支架除锈、刷油
030804024	冷热水混合器				

续表6.10

项目编码	项目名称	项目特征	计量单位	工程量计算规则	工程内容
030804025	电消毒器	1.类型 2.型号、规格	台	按设计图示数量计算	安装
030804026	消毒锅				
230804027	饮水器		套		

5.供暖器具安装工程工程量清单计算规则

根据《建设工程工程量清单计价规范》(GB 50500—2008)表C.8.5的规定,供暖器具安装工程工程量清单项目设置及工程量计算规则见表6.11。

表6.11 供暖器具安装(编码:030805)

项目编码	项目名称	项目特征	计量单位	工程量计算规则	工程内容
030805001	铸铁散热器	1.型号、规格 2.除锈、刷油设计要求	片	按设计图示数量计算	1.安装 2.除锈、刷油
030805002	铜制闭式散热器	1.型号、规格 2.除锈、刷油设计要求	片	按设计图示数量计算	安装
030805003	铜制闭式散热器	1.型号、规格 2.除锈、刷油设计要求	组	按设计图示数量计算	安装
030805004	光排管散热器制作安装	1.型号、规格 2.管径 3.除锈、刷油设计要求	m	按设计图示数量计算	1.制作、安装 2.除锈、刷油
030805005	铜制壁板式散热器	1.质量 2.型号、规格	组	按设计图示数量计算	安装
030805006	铜制柱式散热器	1.质量 2.型号、规格	组	按设计图示数量计算	安装
030805007	暖风机	1.质量 2.型号、规格	台	按设计图示数量计算	安装
030805008	空气幕	1.质量 2.型号、规格	台	按设计图示数量计算	安装

6.燃气器具安装工程工程量清单计算规则

根据《建设工程工程量清单计价规范》(GB 50500—2008)表C.8.6的规定,燃气器具安装工程工程量清单项目设置及工程量计算规则见表6.12。

表6.12 燃气器具安装(编码:030806)

项目编码	项目名称	项目特征	计量单位	工程量计算规则	工程内容
030806001	燃气开水炉	型号、规格	台	按设计图示数量计算	安装
030806002	燃气采暖炉				
030806003	沸水器	1. 容积式沸水器、自动沸水器、燃气消毒器 2. 型号、规格	台	按设计图示数量计算	安装
030806004	燃气快速热水器	型号、规格	台	按设计图示数量计算	安装
030806005	燃气灶具	1. 民用、公用 2. 人工煤气灶具、液化石油气灶具、天然气燃气灶具 3. 型号、规格	台	按设计图示数量计算	安装
030806006	气嘴	1. 单嘴、双嘴 2. 材质 3. 型号、规格 4. 连接方式	个	按设计图示数量计算	安装

7. 采暖工程系统调整工程工程量清单计算规则

根据《建设工程工程量清单计价规范》(GB 50500—2008)表C.8.7的规定,采暖工程系统调整工程工程量清单项目设置及工程量计算规则见表6.13。

表6.13 采暖工程系统调整(编码:030807)

项目编码	项目名称	项目特征	计量单位	工程量计算规则	工程内容
030807001	采暖工程系统调整	系统	系统	按由采暖管道、管件、阀门、法兰、供暖器具组成采暖工程系统计算	系统调整

第7章　通风空调工程

7.1　通风空调工程基础知识

按不同的使用场合与生产工艺要求，通风空调工程大致可分为通风系统、空气调节系统与空气洁净系统。

1.通风系统的分类

(1)按其作用范围分类。

1)全面通风。在整个房间内进行全面空气交换，即称为全面通风。当有害物体在很大范围内产生并扩散到整个房间时，则需要全面通风，排除有害气体和送入大量的新鲜空气，将有害气体浓度冲淡到容许浓度之内。

2)局部通风。将污浊空气或有害物体直接从产生的地方抽出，防止扩散到全室，或者将新鲜空气送到某个局部范围，改善局部范围的空气状况，均称为局部通风。当车间的某些设备产生大量危害人体健康的有害气体时，采用全面通风不能冲淡到容许浓度，或者采用全面通风很不经济时，通常采用局部通风。

3)混合通风。用全面送风与局部排风，或全面排风和局部送风混合起来的通风形式。

(2)按动力分类。

1)自然通风。利用室外冷空气与室内热空气比重的不同，以及建筑物通风面与背风面风压的不同而进行换气的通风方式，称为自然通风。自然通风可分为三种情况：

①无组织的通风。如一般建筑物没有特殊的通风装置，依靠普通门窗及其缝隙进行自然通风。

②按照空气自然流动的规律，在建筑物的墙壁及屋顶等处，设置可以自由启闭的侧窗及天窗，利用侧窗和天窗控制和调节排气的地点与数量，进行有组织的通风。

③为了充分利用风的抽力，排除室内的有害气体，可采用“风帽”装置或“风帽”与排风管道连接的方法。当某个建筑物需全面通风时，风帽按一定间距安装在屋顶上。如果为局部通风，则风帽安装在加热炉、锻造炉等设备抽气罩的排风管上。

2)机械通风。利用通风机产生的抽力与压力，借助通风管网进行室内外空气交换的通风方式，即称为机械通风。

机械通风不仅可以向房间或生产车间的任何地方供给适当数量新鲜的、用适当方式处理过的空气，还也可以从房间或生产车间的任何地方按照要求的速度抽出一定数量的污浊空气。

(3)按其工艺要求分类。

1)送风系统。送风系统是用来向室内输送新鲜的或经过处理的空气。其主要工作流程为室外空气由可挡住室外杂物的百叶窗进入进气室；经保温阀至过滤器后，由过滤器除掉空气中的灰尘；再经空气加热器将空气加热到所需的温度后，被吸入通风机，经风量调节阀、风管，由送风口送入室内。

2)排风系统。排风系统是将室内产生的污浊、高温干燥空气排到室外大气中。其主要工作流程为污浊空气由室内的排气罩被吸入风管后，经通风机排到室外的风帽而进入大气。

如果预排放的污浊空气中有害物质的排放标准超过国家制定的排放标准，则必须经中和及吸收处理，当排放浓度低于排放标准后，再排到大气中。

3）除尘系统。通常，除尘系统用于生产车间，其主要作用是将车间内含大量工业粉尘与微粒的空气进行收集处理，有效降低工业粉尘和微粒的含量，从而达到排放标准。其主要工作流程是通过车间内的吸尘罩将含尘空气吸入，经风管进入除尘器除尘后，通过风机送至室外风帽而排入大气中。

2. 空调系统的分类

一套较完善的空调系统主要有冷、热源，空气处理设备，空气输送与分配以及自动控制等四大部分组成。

冷源是指制冷装置，它可以是直接蒸发式制冷机组或者冰水机组。它们提供冷量用来使空气降温，有时还可以使空气减湿。制冷装置的制冷机有主要活塞式、离心式或者螺杆式压缩机，以及吸收式制冷机或者热电制冷器等。

热源提供热量用来加热空气（有时还包括加湿），常用的有蒸汽或热水等热煤或电热器等。

空气处理设备主要功能是对空气进行净化、冷却、减湿，或者加热、加湿处理。

空气输送与分配设备主要有通风机、送回风管道、风口、风阀及空气分布器等。它们的作用是将送风合理地分配到各个空调房间，将污浊空气排到室外。

自动控制的功能是使空调系统能适应室内外热湿负荷的变化，保证空调房间有一定的空调精度，其设备主要有温湿度调节器、电磁阀及各种流量调节阀等。近年来，微型电子计算机也开始运用于大型空调系统的自动控制。

（1）按空气处理设备的设置情况分类。

1）集中式空调系统。所有的空气处理设备全部集中在空调机房内。根据送风的特点，它可以分为单风道系统、双风道系统与变风量系统三种。单风道系统常用的有直流式系统、一次回风式系统、二次回风式系统与末端再热式系统，见图7.1～7.4。

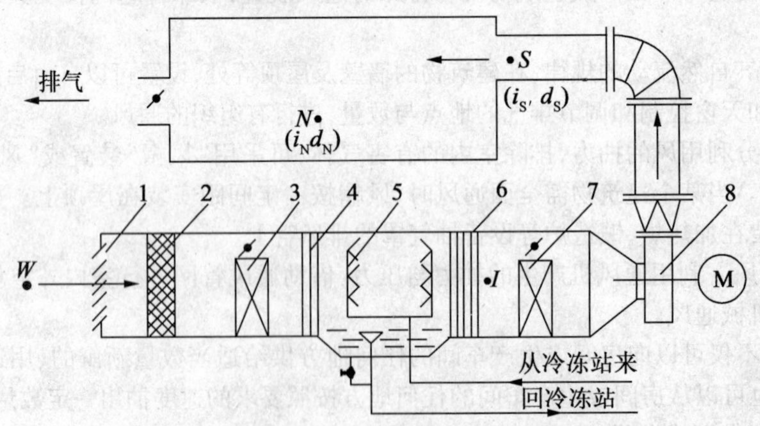

1–百叶栅；2–粗过滤器；3–一次加热器；4–前挡水板；
5–喷水排管及喷嘴；6–后挡水板；7–二次风加热器；8–风机

图7.1　直流式空调系统流程图

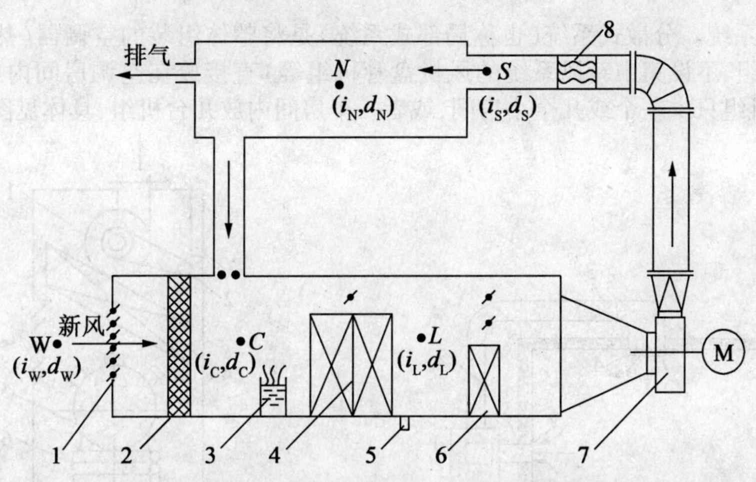

1–新风口；2–过滤器；3–电极加湿器；4–表面式蒸发器；5–排水口；
6–二次加热器；7–风机；8–精加热器

图7.2　一次回风式空调系统流程图

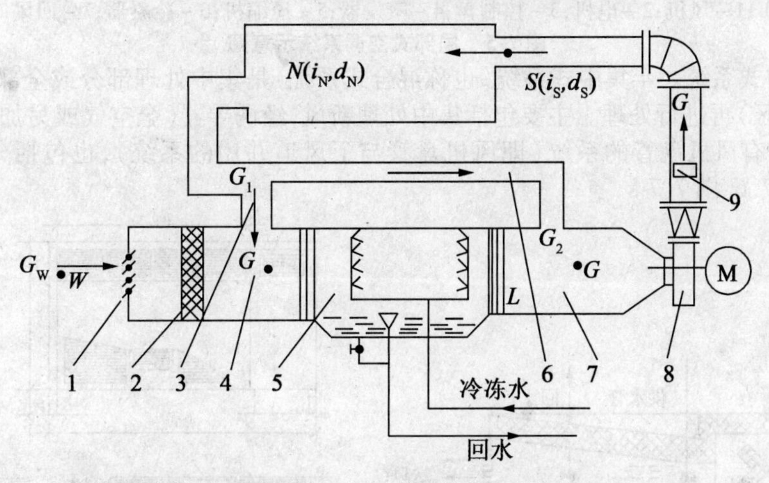

1–新风口；2–过滤器；3–一次回风管；4–次混合室；
5–喷雾室；6二次回风管；7–二次混合室；8–风机；9–电加热器

图7.3　二次回风式空调系统流程图

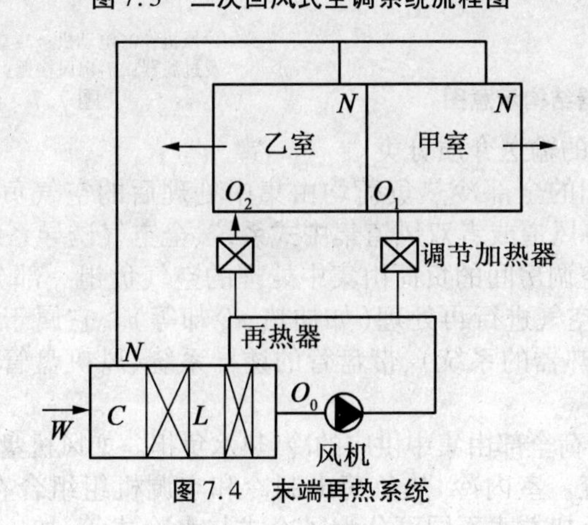

图7.4　末端再热系统

2）分散式系统。分散式系统（也称局部式系统）是将整体组装的空调器（热泵机组、带冷冻机的空调机组、不设集中新风系统的风机盘管机组等）直接放在空调房间内或放在空调房间附近，每台机组只供一个或几个小房间，或者一个房间内放几台机组，具体见图7.5。

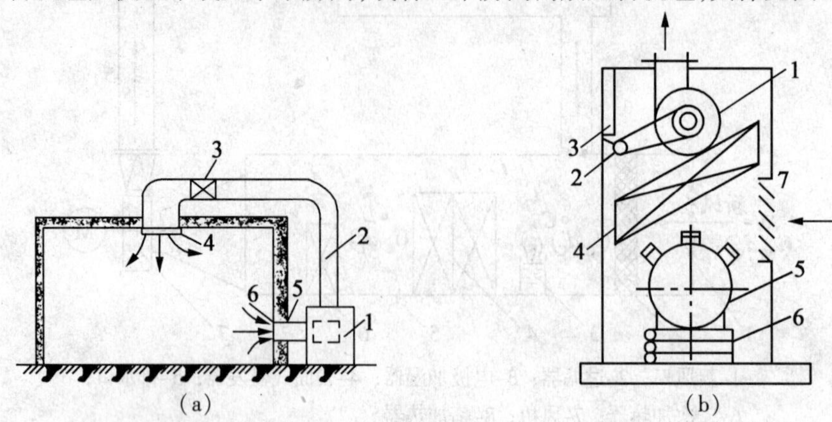

(a)1－空调机组;2－送风管道;3－电加热器;4－送风口;5－回风管;6－回风口
(b)1－风机;2－电机;3－控制盘;4－蒸发器;5－压缩机;6－冷凝器;7－回风口

图7.5 局部式空调系统示意图

3）半集中式系统。半集中式系统（也称混合式系统）是集中处理部分或全部风量，然后送各房间（或各区）再进行处理。主要包括集中处理新风，经诱导器（全空气或另加冷热盘管）送入室内或各室有风机盘管的系统（即风机盘管与下风道并用的系统），也包括分区机组系统等，具体见图7.6、图7.7。

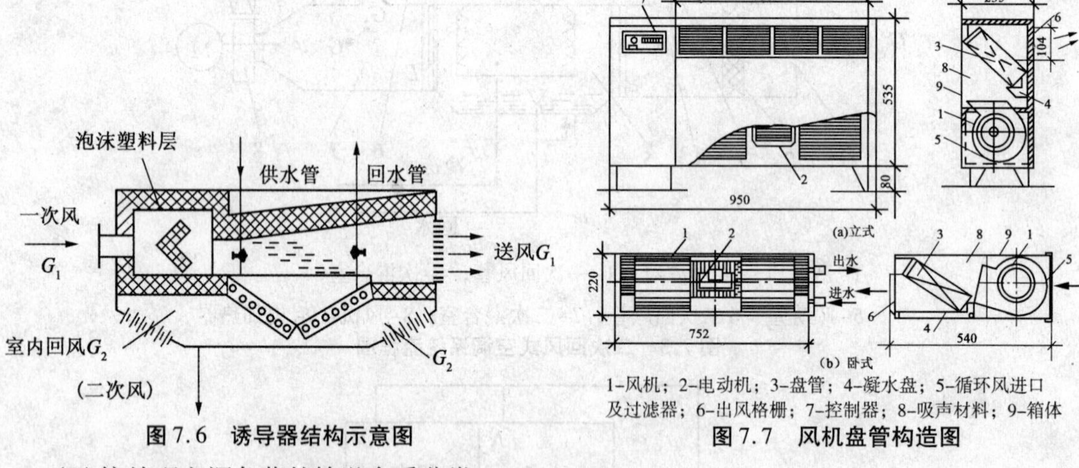

图7.6 诱导器结构示意图

1–风机；2–电动机；3–盘管；4–凝水盘；5–循环风进口及过滤器；6–出风格栅；7–控制器；8–吸声材料；9–箱体

图7.7 风机盘管构造图

（2）按处理空调负荷的输送介质分类。

1）全空气系统。房间的全部冷热负荷均由集中处理后的空气负担。它属于全空气系统的有定风量或变风量的单风道或者双风道集中式系统、全空气诱导系统等。

2）空气－水系统。空调房间的负荷由集中处理的空气负担一部分，其他负荷由水作为介质在送入空调房间时，对空气进行再处理（如加热、冷却等）。它属于空气－水系统的有再热系统（另设有室温调节加热器的系统）、带盘管的诱导系统、风机盘管机组与风道并用的系统等。

3）全水系统。房间负荷全部由集中供应的冷、热水负担。如风机盘管系统与辐射板系统等。

4）直接蒸发机组系统。室内冷、热负荷由制冷和空调机组组合在一起的小型设备负担。直接蒸发机组按冷凝器冷却方式不同可分为风冷式与水冷式等，按安装组合情况可分为立柜式（制冷和空调设备组装在同一立柜式箱体内）、窗式（安装在窗或墙洞内）和组合式（制冷和空调设备分别组装、联合使用）等。

（3）按送风管道风速分类。

1）低速系统。通常指主风道风速低于 15 m/s 的系统。对于民用建筑和公共建筑，要求主风道风速不超过 10 m/s。

2）高速系统。通常指主风道风速高于 15 m/s 的系统。对民用建筑和公共建筑，要求主风道风速大于 12 m/s 的也称高速系统。

3. 空气调节系统的分类

空气调节系统是为保证室内空气的温度、湿度、风速及洁净度保持在一定范围内，并且不因室外气候条件与室内各种条件的变化而受影响。

空气调节系统根据不同的使用要求，可分为恒温恒湿空调系统、舒适性空调系统和除湿性空调系统。空调系统根据空气处理设备设置的集中程度可分为集中式空调系统、局部式空调系统与混合式空调系统三类。

集中式空调系统是将处理空气的空调器集中安装在专用的机房内，空气加热、冷却、加湿和除湿用的冷源与热源，由专用的冷冻站与锅炉房供给。多适用于大型空调系统。

局部式空调系统是将处理空气的冷源、空气加热加湿设备、风机和自动控制设备均组装在一个箱体内，可就近安装在空调房间，就地对空气进行处理，多用于空调房间布局分散与小面积的空调工程。

混合式空调系统有诱导式空调系统与风机盘管空调系统两类，均由集中式与局部式空调系统组成。诱导式空调系统多用于建筑空间不大且装饰要求较高的旧建筑、地下建筑、客机、舰船等场所。风机盘管空调系统多用于新建的高层建筑和需要增设空调的小面积、多房间的旧建筑等。

4. 空气洁净系统的分类

空气洁净技术是发展现代工业不可缺少的辅助性综合技术。空气洁净系统根据洁净房间含尘浓度与生产工艺要求，按洁净室的气流流型可分为非单向流洁净室与单向流洁净室两类。又可按洁净室的构造分成整体式洁净室、装配式洁净室与局部净化式洁净室三类。

非单向流洁净室的气流流型不规则，工作区气流不均匀，并且有涡流。主要适用于 1 000 级（每升空气中≥0.5 μm 粒径的尘粒数平均值不超过 35 粒）以下的空气洁净系统。

单向流洁净室根据气流流动方向又可分为垂直向下与水平平行两种。主要适用于 100 级（每升空气中≥0.5 μm 粒径数平均值不超过 3.5 粒）以下的空气洁净系统。

7.2　通风空调工程工程量计算说明

7.2.1　定额工程量计算说明

1. 通风、空调设备及部件制作安装工程定额说明

（1）工作内容。

1）金属空调器壳体。

①制作：放样、下料、调直、钻孔，制作箱体、水槽，焊接、组合、试装。

②安装：就位、找平、找正、连接、固定、表面清理。

2）挡水板。

①制作：放样、下料，制作曲板、框架、底座、零件，钻孔、焊接、成型。

②安装：找平、找正，上螺栓、固定。

3)滤水器、溢水盘。

①制作:放样、下料、配制零件,钻孔、焊接、上网、组合成型。

②安装:找平、找正,焊接管道、固定。

4)密闭门。

①制作:放样、下料、制作门框、零件、开视孔,填料、铆焊、组装。

②安装:找正、固定。

5)设备支架。

①制作:放样、下料、调直、钻孔,焊接、成型。

②安装:测位、上螺栓、固定、打洞、埋支架。

(2)通风机安装项目内包括电动机安装,其安装形式包括 A 型,B 型,C 型或 D 型,也适用不锈钢和塑料风机安装。

(3)设备安装项目的基价中不包括设备费与应配备的地脚螺栓价值。

(4)风机盘管的配管执行“给排水、采暖、燃气工程”相应项目。

2. 通风管道制作安装工程定额说明

(1)薄钢板通风管道制作安装。

1)工作内容包括以下几点:

①风管制作:放样、下料、卷圆、折方、轧口、咬口,制作直管、管件、法兰、吊托支架、钻孔、铆焊、上法兰、组对。

②风管安装:找标高,打支架墙洞,配合预留孔洞,埋设吊托支架,组装,风管就位、找平、找正,制垫,垫垫,上螺栓,紧固。

2)整个通风系统设计采用渐缩管均匀送风者,圆形风管按平均直径,矩形风管按平均周长执行相应规格项目,其人工乘以系数 2.5。

3)镀锌薄钢板风管项目中的板材是按镀锌薄钢板编制的,如果设计要求不用镀锌薄钢板者,板材可以换算,其他不变。风管导流叶片不分单叶片与香蕉形双叶片,均执行同一项目。

4)如果制作空气幕送风管时,按矩形风管平均周长执行相应风管规格项目,其人工乘以系数 3,其余不变。

5)薄钢板通风管道制作安装项目中,包括弯头、三通、变径管及天圆地方等管件及法兰、加固框和吊托支架的制作用工,但不包括过跨风管落地支架。落地支架执行设备支架项目。

6)薄钢板风管项目中的板材,如设计要求厚度不同者可以换算,但人工、机械不变。软管接头使用人造革而不使用帆布者,可以换算。

7)项目中的法兰垫料,如设计要求使用材料品种不同者可以换算,但人工不变。

使用泡沫塑料者,每千克橡胶板换算为泡沫塑料 0.125 kg;使用闭孔乳胶海绵者,每千克橡胶板换算为闭孔乳胶海绵 0.5 kg。

8)柔性软风管,适用于由金属、涂塑化纤织物、聚酯、聚乙烯、聚氯乙烯薄膜、铝箔等材料制成的软风管。

9)柔性软风管安装,按图示中心线长度以“m”为单位计算;柔性软风管阀门门安装,以“个”为单位计算。

(2)净化通风管道及部件制作安装。

1)工作内容包括以下几方面:

①风管制作:放样,下料,轧口,咬口,制作直管、管件、法兰、吊托支架,钻孔,铆焊,上法兰,组对,口缝外表面涂密封胶,风管内表面清洗,风管两端封口。

②风管安装:找标高,找平,找正,配合预留孔洞,打支架墙洞,埋设支吊架,风管就位、组装、制垫、垫垫、上螺栓、紧固,风管内表面清洗、管口封闭、法兰口涂密封胶。

③部件制作:放样,下料,零件、法兰、预留预埋,钻孔,铆焊,制作,组装,擦洗。

④部件安装:测位,找平,找正,制垫,垫垫,上螺栓,清洗。

⑤高、中、低效过滤器,净化工作台、风淋室安装:开箱,检查,配合钻孔,垫垫,口缝涂密封胶,试装,正式安装。

2)净化通风管道制作安装项目中,包括弯头、三通、变径管及天圆地方等管件及法兰、加固框和吊托支架,不包括过跨风管落地支架。落地支架执行设备支架项目。

3)净化风管项目中的板材,如设计厚度不同者可以换算,人工、机械不变。

4)圆形风管执行本定额矩形风管相应项目。

5)风管涂密封胶是按全部口缝外表面涂抹考虑的,如果设计要求口缝不涂抹而只在法兰处涂抹者,每10 m^2 风管应减去密封胶1.5 kg和人工0.37工日。

6)过滤器安装项目中包括试装,如设计不要求试装者,其人工、材料、机械不变。

7)风管及部件项目中,型钢未包括镀锌费,如设计要求镀锌时,另加镀锌费。

8)铝制孔板风口如需电化处理时,另加电化费。

9)低效过滤器:M-A型、WL型、LWP型等系列。

中效过滤器:ZKL型、YB型、M型、ZX-1型等系列。

高效过滤器:GB型、GS型、JX-20型等系列。

净化工作台:XHK型、BZK型、SXP型、SZP型、SZX型、SW型、SZ型、SXZ型、TJ型、CJ型等系列。

10)洁净室安装以质量计算,执行"分段组装式空调器安装"项目。定额按空气洁净度100000级编制的。

(3)不锈钢板通风管道及部件制作安装。

1)工作内容包括以下几方面:

①不锈钢风管制作:放样,下料,卷圆,折方,制作管件,组对焊接,试漏,清洗焊口。

②不锈钢风管安装:找标高,清理墙洞,风管就位,组对焊接,试漏,清洗焊口,固定。

③部件制作:下料,平料,开孔,钻孔,组对,铆焊,攻丝,清洗焊口,组装固定,试动,短管,零件、试漏。

④部件安装:制垫,垫垫,找平,找正,组对,固定,试动。

2)矩形风管执行本定额圆形风管相应项目。

3)不锈钢吊托支架执行本定额相应项目。

4)风管凡以电焊考虑的项目,如需使用手工氩弧焊者,其人工乘以系数1.238,材料乘以系数1.163,机械乘以系数1.673。

5)风管制作安装项目中包括管件,但不包括法兰和吊托支架;法兰和吊托支架应单独列项计算,执行相应项目。

6)风管项目中的板材如设计要求厚度不同者,可以换算,人工、机械不变。

(4)铝板通风管道及部件制作安装。

1)工作内容包括以下几方面:

①铝板风管制作:放样,下料,卷圆,折方,制作管件,组对焊接,试漏,清洗焊口。

②铝板风管安装:找标高,清理墙洞,风管就位,组对焊接,试漏,清洗焊口,固定。

③部件制作:下料,平料,开孔,钻孔,组对,焊铆,攻丝,清洗焊口,组装固定,试动,短管,零件,试漏。

④部件安装:制垫,垫垫,找平,找正,组对,固定,试动。

2)风管凡以电焊考虑的项目,如需使用手工氩弧焊者,其人工乘以系数1.154,材料乘以系数0.852,机械乘以系数9.242。

3)风管制作安装项目中包括管件,但不包括法兰和吊托支架;法兰和吊托支架应单独列项计算,执行相应项目。

4）风管项目中的板材如设计要求厚度不同者，可以换算，人工、机械不变。

（5）塑料通风管道及部件制作安装。

1）工作内容包括以下几方面：

①塑料风管制作：放样，锯切，坡口，加热成型，制作法兰、管件，钻孔，组合焊接。

②塑料风管安装：就位，制垫，垫垫，法兰连接，找正，找平，固定。

2）风管项目规格表示的直径为内径，周长为内周长。

3）风管制作安装项目中包括管件、法兰、加固框，但不包括吊托支架。吊托支架执行相应项目。

4）风管制作安装项目中的主体——板材（指每 10 m^2 定额用量为 11.6 m^2 者），如设计要求厚度不同者，可以换算，人工、机械不变。

5）项目中的法兰垫料，如设计要求使用品种不同者，可以换算，但人工不变。

6）塑料通风管道胎具材料摊销费的计算方法。

塑料风管管件制作的胎具摊销材料费，未包括在定额内的，按以下规定另行计算：

①风管工程量在 30 m^2 以上的，每 10 m^2 风管的胎具摊销木材为 0.06 m^3，按地区预算价格计算胎具材料摊销费。

②风管工程量在 30 m^2 以下的，每 10 m^2 风管的胎具摊销木材为 0.09 m^3，按地区预算价格计算胎具材料摊销费。

（6）玻璃钢通风管道及部件安装。

1）工作内容包括以下几个方面：

①风管：找标高，打支架墙洞，配合预留孔洞，吊托支架制作及埋设，风管配合修补、黏结，组装就位，找平，找正，制垫，垫垫，上螺栓，紧固。

②部件：组对，组装，就位，找正，制垫，垫垫，上螺栓，紧固。

2）玻璃钢通风管道安装项目中，包括弯头、三通、变径管、天圆地方等管件的安装及法兰、加固框和吊托架的制作安装，不包括过跨风管落地支架。落地支架执行设备支架项目。

3）本定额玻璃钢风管及管件，按计算工程量加损耗外加工订做，其价值按实际价格；风管修补应由加工单位负责，其费用按实际价格发生，计算在主材费内。

4）定额内未考虑预留铁件的制作和埋设。如果设计要求用膨胀螺栓安装吊托支架者，膨胀螺栓可按实际调整，其余不变。

（7）复合型风管制作安装。

1）工作内容包括以下几个方面：

①复合型风管制作：放样，切割，开槽，成型，黏合，制作管件，钻孔，组合。

②复合型风管安装：就位，制垫，垫垫，连接，找正，找平，固定。

2）风管项目规格表示的直径为内径，周长为内周长。

3）风管制作安装项目中包括管件、法兰、加固框、吊托支架。

7.2.2　清单计价工程量计算说明

1. 关于通风空调设备及部件制作安装工程

（1）概况。

1）本节为通风及空调设备安装工程，包括空气加热器、除尘设备、通风机、空调器（各式空调机、风机盘等）、过滤器、风淋室、净化工作台、洁净室及空调机的配件制作安装项目。

2）通风空调设备应按项目特征不同编制工程量清单，如风机安装的形式应描述离心式、屋顶式、轴流式、卫生间通风器，规格为风机叶轮直径 4 号、5 号等；除尘器应标出每台的重量；空调器的安装位置应描述吊顶式、墙上式、落地式、窗式、分段组装式，并标出每台空调器的重量；风机盘管的安装应标出吊顶式、落地式；过滤器的安装应描述初效过滤器、中效过滤器与高效过滤器。

(2)需要说明的问题。

1)冷冻机组站内的设备安装及管道安装,按《建设工程工程量清单计价规范》(GB 50500—2008)附录C.1及C.6的相应项目编制清单项目;冷冻站外墙皮以外通往通风空调设备的供热、供冷、供水等管道,按《建设工程工程量清单计价规范》(GB 50500—2008)附录C.8的相应项目编制清单项目。

2)通风空调设备安装的地脚螺栓按设备自带考虑。

2. 关于通风管道制作安装工程

(1)概况。

1)通风管道制作安装工程,包括碳钢通风管道制作安装、净化通风管道制作安装、不锈钢板风管制作安装、塑料风管制作安装、铝板风管制作安装、复合型风管制作安装、柔型风管安装。

2)通风管道制作安装工程量清单应描述风管的材质、形状(圆形、矩形、渐缩形)、风管厚度、管径(矩形风管按周长)、连接形式(咬口、焊接)、风管及支架油漆种类及要求、风管绝热材料、风管保护层材料、风管检查孔及测温孔的规格、重量等特征,投标人按工程量清单特征或图纸要求报价。

(2)需要说明的问题。

1)通风管道的法兰垫料或封口材料,可按图纸要求的材质计价。

2)净化风管使用的型钢材料如图纸要求镀锌时,镀锌费另列。

3)净化风管的空气清净度按100 000度标准编制。

4)不锈钢、铝风管的风管厚度,可按图纸要求的厚度列项。厚度不同时只调整板材价,其他不做调整。

5)不锈钢风管制作安装,不论圆形、矩形均按圆形风管计价。

6)碳钢风管、净化风管、塑料风管、玻璃钢风管的工程内容中均列有法兰、加固框、支吊架制作安装工程内容,如招标人或受招标人委托的工程造价咨询单位编制工程标底采用《全国统一安装工程预算定额》第九册为计价依据计价时,上述的工程内容已包括在该定额的制作安装定内,不再重复列项。

3. 关于通风管道部件制作安装工程

(1)概况。通风管道部件制作安装,主要包括各种材质、规格和类型的阀类制作安装、散流器制作安装、风口制作安装、罩类制作安装、风帽制作安装、消声器制作安装等项目。

(2)需要说明的问题。

1)有的部件图纸要求制作安装、有的要求用成品部件、只安装不制作,这类特征在工程量清单中应明确描述。

2)碳钢调节阀制作安装项目,主要包括空气加热器上通风旁通阀、圆形瓣式启动阀、保温及不保温风管蝶阀、密闭式斜插板阀、风管止回阀、矩形风管三通调节阀、对开多叶调节阀、风管防火阀及各类风罩调节阀等。在编制工程量清单时,除了明确描述上述调节阀的类型外,还应描述其规格、重量、形状(方形、圆形)等特征。

3)散流器制作安装项目,主要包括矩形空气分布器、圆形散流器、方形散流器、流线型散流器、百叶风口、矩形风口、送吸风口、旋转吹风口、活动箅式风口、网式风口及钢百叶窗等。在编制工程量清单时,除了明确描述上述散流器及风口的类型外,还应描述其规格、重量、形状(方形、圆形)等特征。

4)风帽制作安装项目,主要包括碳钢风帽、不锈钢板风帽、铝风帽、塑料风帽等。在编制工程量清单时,除了明确描述上述风帽的材质外,还应描述其规格、重量、形状(伞形、锥形、筒形)等特征。

5)罩类制作安装项目,主要包括皮带防护罩、电动机防雨罩、侧吸罩、焊接台排气罩、整体分组式槽边侧吸罩、条缝槽边抽风罩、吹吸式槽边通风罩、泥心烘炉排气罩、升降式回转排气罩、上下吸式圆形回转罩、升降式排气罩及手锻炉排气罩等。在编制上述罩类工程量清单时，应明确描述出罩类的种类、重量等特征。

6)消声器制作安装项目，主要包括片式消声器、矿棉管式消声器、聚酯泡沫管式消声器、弧型声流式消声器、卡普隆纤维式消声器、阻抗复合式消声器、消声弯头等。在编制消声器制作安装工程量清单时，应明确描述出消声器的种类、重量等特征。

4.关于通风工程检测、调试

通风工程检测、调试项目，安装单位应在工程安装后做系统检测及调试。检测的内容应包括管道漏光、漏风试验、风量及风压测定，空调工程温度。温度测定，各项调节阀、风口、排气罩的风量、风压调整等全部试调过程。

7.3 通风空调工程工程定额工程量计算规则

7.3.1 通风、空调设备及部件制作工程量计算

(1)风机安装，按设计不同型号以"台"为计量单位。

(2)整体式空调机组安装，空调器按不同质量和安装方式，以"台"为计量单位；分段组装空调器，按质量以"kg"为计量单位。

(3)风机盘管安装，按安装方式不同以"台"为计量单位。

(4)空气加热器、除尘设备安装，按质量不同以"台"为计量单位。

(5)风机减震台座执行设备支架项目，定额中不包括减震器用量，应依设计图纸按实计算。

(6)玻璃挡水板执行钢板挡水板相应项目，其材料、机械均乘以系数0.45，人工不变。

(7)保温钢板密闭门执行钢板密闭门项目，其材料乘以系数0.5，机械乘以系数0.45，人工不变。

7.3.2 通风管道制作安装工程量计算

(1)风管制作安装，以施工图规格不同按展开面积计算，不扣除检查孔、测定孔、送风口及吸风口等所占面积。

圆形风管的计算式为

$$F = \pi DL \tag{7-1}$$

式中，F——圆形风管展开面积(m^2)；D——圆形风管直径(m)；L——管道中心线长度(m)。

矩形风管按图示周长乘以管道中心线长度计算。

(2)风管长度均以施工图示中心线长度为准(主管与支管以其中心线交点划分)，包括弯头、三通、变径管及天圆地方等管件的长度，但不得包括部件所占长度。直径和周长按图示尺寸为准展开，咬口重叠部分已包括在定额内，不得另行增加。

(3)风管导流叶片制作安装按图示叶片的面积计算。

(4)整个通风系统设计采用渐缩管均匀送风者，圆形风管按平均直径、矩形风管按平均周长计算。

(5)塑料风管、复合型材料风管制作安装定额所列规格直径为内径，周长为内周长。

(6)柔性软风管安装，按图示管道中心线长度以"m"为计量单位。柔性软风管阀门安装以"个"为计量单位。

(7)软管(帆布接口)制作安装，按图示尺寸以"m^2"为计量单位。

(8)风管检查孔质量，按本定额的"国标通风部件标准质量表"计算。

(9)风管测定孔制作安装,按其型号以“个”为计量单位。

(10)薄钢板通风管道、净化通风管道、玻璃钢通风管道、复合型材料通风管道的制作安装中,已包括法兰、加固框和吊托支架,不得另行计算。

(11)不锈钢通风管道、铝板通风管道的制作安装中,不包括法兰和吊托支架,可按相应定额以“kg”为计量单位另行计算。

(12)塑料通风管道制作安装,不包括吊托支架,可按相应定额以“kg”为计量单位另行计算。

7.4　通风空调工程工程量清单计算规则

1.通风及空调设备及部件制作安装

通风及空调设备及部件制作安装工程工程量清单项目设置及工程量计算规则,应按表7.1的规定执行。

表 7.1　通风及空调设备及部件制作安装(编码:030901)

项目编码	项目名称	项目特征	计量单位	工程量计算规则	工程内容
030901001	空气加热器(冷却器)	1. 规格 2. 质量 3. 支架材质、规格 4. 除锈、刷油设计要求	台	按设计图示数量计算	1. 安装 2. 设备支架制作、安装 3. 支架除锈、刷油
030901002	通风机	1. 形式 2. 规格 3. 支架材质、规格 4. 除锈、刷油设计要求	台	按设计图示数量计算	1. 安装 2. 减振台座制作、安装 3. 设备支架制作、安装 4. 软管接口制作、安装 5. 支架台座除锈刷油
030901003	除尘设备	1. 规格 2. 质量 3. 支架材质、规格 4. 除锈、刷油设计要求	台	按设计图示数量计算	1. 安装 2. 设备支架制作、安装 3. 支架除锈、刷油
030901004	空调器	1. 形式 2. 质量 3. 安装位置	台	按设计图示数量计算,其中分段组装式空调器按设计图纸所示质量以“kg”为计量单位	1. 安装 2. 软管接口制作、安装

续表 7.1

项目编码	项目名称	项目特征	计量单位	工程量计算规则	工程内容
030901005	风机盘管	1. 形式 2. 安装位置 3. 支架材质、规格 4. 除锈、刷油设计要求	台	按设计图示数量计算	1. 安装 2. 软管接口制作、安装 3. 支架制作、安装、及除锈、刷油
030901006	密闭门制作安装	1. 型号 2. 特征(带视孔或不带视孔) 3. 支架材质、规格 4. 除锈、刷油设计要求	个	按设计图示数量计算	1. 制作、安装 2. 除锈、刷油
030901007	挡水板制作安装	1. 材质 2. 除锈、刷油设计要求	m^2	按设计图示数量计算	1. 制作、安装 2. 除锈、刷油
030901008	滤水器、溢水盘制作安装	1. 特征 2. 用途 3. 除锈、刷油设计要求	kg	按设计图示数量计算	1. 制作、安装 2. 除锈、刷油
030901009	金属壳体制作安装	1. 特征 2. 用途 3. 除锈、刷油设计要求	kg	按设计图示数量计算	1. 制作、安装 2. 除锈、刷油
030901010	过滤器	1. 型号 2. 过滤功效 3. 除锈、刷油设计要求	台	按设计图示数量计算	1. 安装 2. 框架制作、安装 3. 除锈、涮油
030901011	净化工作台	类型	台	按设计图示数量计算	安装
030901012	风淋室	质量	台	按设计图示数量计算	安装
030901013	洁净室	质量	台	按设计图示数量计算	安装

2. 通风管道制作安装

通风管道制作安装工程工程量清单项目设置及工程量计算规则,应按表7.2的规定执行。

表7.2　通风管道制作安装(编码:030902)

<table>
<tr><th>项目编码</th><th>项目名称</th><th>项目特征</th><th>计量单位</th><th>工程量计算规则</th><th>工程内容</th></tr>
<tr><td>230902001</td><td>碳钢通风管道制作安装</td><td rowspan="2">1. 材质
2. 形状
3. 周长或直径
4. 板材厚度
5. 接口形式
6. 风管附件、支架设计要求
7. 除锈、刷油、防腐、绝热及保护层设计要求</td><td rowspan="2">m^2</td><td rowspan="2">1. 按设计图示以展开面积计算,不扣除检查孔、测定孔、送风口、吸风口等所占面积;风管长度一律以设计图示中心线长度为准(主管与支管以其中心线交点划分),包括弯头、三通、变径管、天圆地方等管件的长度,但不包括部件所占的长度。风管展开面积不包括风管、管口重叠部分面积。直径和周长按图示尺寸为准展开。
2. 渐缩管:圆形风管按平均直径,矩形风管按平均周长</td><td rowspan="2">1. 风管、管件、法兰、零件、支吊架制作、安装
2. 弯头导流叶片制作、安装
3. 过跨风管落地支架制作、安装
4. 风管检查孔制作
5. 温度、风量测定孔制作
6. 风管主保护层
7. 风管、法兰、法兰加固框、支吊架、保护层除锈、刷油</td></tr>
<tr><td>230902002</td><td>净化通风管制作安装</td></tr>
<tr><td>230902003</td><td>不锈钢板风管制作安装</td><td rowspan="3">1. 形状
2. 周长或直径
3. 板材厚度
4. 接口形式
5. 支架法兰的材质、规格
6. 除锈、刷油、防腐、绝热及保护层设计要求</td><td rowspan="3">m^2</td><td rowspan="3">1. 按设计图示以展开面积计算,不扣除检查孔、测定孔、送风口、吸风口等所占面积;风管长度一律以设计图示中心线长度为准(主管与支管以其中心线交点划分),包括弯头、三通、变径管、天圆地方等管件的长度,但不包括部件所占的长度。风管展开面积不包括风管、管口重叠部分面积。直径和周长按图示尺寸为准展开。
2. 渐缩管:圆形风管按平均直径,矩形风管按平均周长</td><td rowspan="2">1. 风管制作、安装
2. 法兰制作、安装
3. 吊托支架制作、安装
4. 风管保温、保护层
5. 保护层及支架、法兰除锈、刷油</td></tr>
<tr><td>230902004</td><td>铝板通风管道制作安装</td></tr>
<tr><td>230902005</td><td>塑料通风管道制作要求</td><td>1. 制作、安装
2. 支吊架制作、安装
3. 风管保温、保护层
4. 保护层及支架、法兰除锈、刷油</td></tr>
</table>

续表 7.2

项目编码	项目名称	项目特征	计量单位	工程量计算规则	工程内容
230902006	玻璃铜通风管道	1. 形状 2. 厚度 3. 周长或直径	m^2	1. 按设计图示以展开面积计算，不扣除检查孔、测定孔、送风口、吸风口等所占面积；风管长度一律以设计图示中心线长度为准(主管与支管以其中心线交点划分)，包括弯头、三通、变径管、天圆地方等管件的长度，但不包括部件所占的长度。风管展开面积不包括风管、管口重叠部分面积。直径和周长按图示尺寸为准展开。 2. 渐缩管：圆形风管按平均直径，矩形风管按平均周长	1. 制作、安装 2. 支吊架制作、安装 3. 风管保温、保护层 4. 保护层及支架、法兰除锈、刷油
230902007	复合型风管制作安装	1. 材质 2. 形状(圆形、矩形) 3. 周长或直径 4. 支(吊)架材质、规格 5. 除锈、刷油设计要求			1. 制作、安装 2. 托、吊支架制作、安装、除锈、刷油
030902008	柔性软风管	1. 材质 2. 规格 3. 保温套管设计要求	m	按设计图示中心线长度计算，包括弯头、三通、弯径管、天圆地方等管件的长度，但不包括部件所占的长度	1. 安装 2. 风管接头安装

3. 通风管道部件制作安装

通风管道部件制作安装工程工程量清单项目设置及工程量计算规则，应按表 7.3 的规定执行。

表 7.3 通风管道部件制作安装(编码:030903)

项目编码	项目名称	项目特征	计量单位	工程量计算规则	工程内容
030903001	碳钢调节阀制作安装	1. 类型 2. 规格 3. 周长 4. 质量 5. 除锈、刷油设计要求	个	1. 按设计图示数量计算(包括空气加热器上通阀、空气加热器旁通阀、圆形瓣式启动阀、风管蝶阀、风管止回阀、密闭式斜插板阀、矩形风管三通调节阀、对开多叶调节阀、风管防火阀、各型风罩调节阀制作安装等) 2. 若调节阀为成品时，制作不再计算	1. 安装 2. 制作 3. 除锈、刷油
030903002	柔性软风管阀门	1. 材质 2. 规格	个	按设计图示数量计算	安装

续表7.3

项目编码	项目名称	项目特征	计量单位	工程量计算规则	工程内容
030903003	铝蝶阀	规格	个	按设计图示数量计算	安装
030903004	不锈钢蝶阀	规格	个	按设计图示数量计算	安装
030903005	塑料风管阀门制作安装	1. 类型 2. 形状 3. 质量	个	按设计图示数量计算(包括塑料蝶阀、塑料插板阀、各型风罩塑料调节阀)	安装
030903006	玻璃钢蝶阀	1. 类型 2. 直径或周长	个	按设计图示数量计算	安装
030903007	碳钢风口、散流器制作安装(百叶窗)	1. 类型 2. 规格 3. 形式 4. 质量 5. 除锈、刷油设计要求	个	1. 按设计图示数量计算(包括百叶风口、矩形送风口、矩形空气分布器、风管插板风口、旋转吹风口、圆形散流器、方形散流器、流线型散流器、送吸风口、活动算式风口、网式风口、钢百叶窗等) 2. 百叶窗按设计图示以框内面积计算 3. 风管插板风口制作已包括安装内容 4. 若风口、分布器、散流器、百叶窗为成品时,制作不再计算	1. 风口制作、安装 2. 散流器制作、安装 3. 百叶窗安装 4. 除锈、刷油
030903008	不锈钢风口、散流器制作安装(百叶窗)	1. 类型 2. 规格 3. 形式 4. 质量 5. 除锈、刷油设计要求	个	1. 按设计图示数量计算(包括风口、分布器、散流器、百叶窗) 2. 若风口、分布器、散流器、百叶窗为成品时,制作不再计算	制作、安装
030903009	塑料风口、散流器制作安装(百叶窗)				
030903010	玻璃钢风口	1. 类型 2. 规格	个	按设计图数量计算(包括玻璃钢百叶风口、玻璃钢矩形送风口)	风口安装
030903011	铝及铝合金风口、散流器制作安装	1. 类型 2. 规格 3. 质量	个	按设计图数量计算	1. 制作 2. 安装

续表 7.3

项目编码	项目名称	项目特征	计量单位	工程量计算规则	工程内容
030903012	碳钢风帽制作安装	1. 类型 2. 规格 3. 形式 4. 质量 5. 风帽附件设计要求 6. 除锈、刷油设计要求	个	1. 按设计图数量计算 2. 若风帽为成品时，制作不再计算	1. 风帽制作、安装 2. 筒形风帽滴水盘制作、安装 3. 风帽筝绳制作、安装 4. 风帽泛水制作、安装 5. 除锈、涮油
030903013	不锈钢风帽制作安装				
030903014	塑料风帽制作安装				
030903015	铝板伞形风帽制作安装			1. 按设计图数量计算 2. 若伞形风帽为成品时，制作不再计算	1. 板伞形风帽制作安装 2. 风帽筝绳制作、安装 3. 风帽泛水制作、安装
030903016	玻璃钢风帽安装	1. 类型 2. 规格 3. 风帽附件设计要求	个	按设计图数量计算（包括圆伞形风帽、锥型风帽、筒形风帽）	1. 玻璃钢风帽安装 2. 筒形风帽滴水盘安装 3. 风帽筝绳安装 4. 风帽泛水安装
030903017	碳钢罩类制作安装	1. 类型 2. 除锈、刷油设计要求	kg	按设计图数量计算（包括玻带防护罩、电动机防雨罩、侧吸罩、中小型零件焊接台排气罩、整体分组式槽边侧吸罩、吹吸式槽连通风罩、条缝槽边抽风罩、泥心烘炉排气罩、升降式排气罩、手锻炉排气罩）	1. 制作、安装 2. 除锈、刷油
030903018	塑料罩类制作安装	1. 类型 2. 形式	kg	按设计图示数量计算（包括塑料槽连侧吸罩、塑料槽边风罩、塑料条缝槽边抽风罩）	制作、安装
030903019	柔性接口及伸缩节制作安装	1. 材质 2. 规格 3. 法兰接口设计要求	m^2	按设计图示数量计算	制作、安装

续表 7.3

项目编码	项目名称	项目特征	计量单位	工程量计算规则	工程内容
030903020	消声器制作安装	类型	kg	按设计图示数量计算(包括片式消声器、矿棉管式消声器、聚酯泡沫管式消声器、卡普隆纤维管式消声器、弧形声流式水声器、阻抗复合式消声器、微穿孔板消声器、消声弯头)	制作、安装
030903021	静压箱制作安装	1. 材质 2. 规格 3. 形式 4. 除锈标准、涮油防腐设计要求	m^2	按设计图示数量计算	1. 制作、安装 2. 支架制作、安装 3. 除锈、涮油、防腐

4. 通风工程检测、调试

通风工程检测、调试工程量清单项目设置及工程量计算规则,应按表 7.4 的规定执行。

表 7.4　通风工程检测、调试(编码:030904)

项目编码	项目名称	项目特征	计量单位	工程量计算规则	工程内容
030904001	通风工程检测、调试	系统	系统	按由通风设备、管道及部件等组成的通风系统计算	1. 管道漏光试验 2. 漏风试验 3. 通风管道风量测定 4. 风压测定 5. 温度测定 6. 各系统风口、阀门调整

通风空调工程适用于通风(空调)设备及部件、通风管道及部件的制作安装工程。

第8章　消防及安全防范工程

8.1　消防及安全防范工程基础知识

1. 建筑消防系统

(1)消火栓给水系统。在民用建筑中,目前使用最广泛的就是水消防系统,因为用水作为灭火工具来扑灭建筑物中一般物质的火灾是最经济且有效的方法。火灾统计资料表明,设有室内消防给水设备的建筑物,火灾初期主要是用室内消防给水设备控制和扑灭的。

对于低层建筑或高度不超过 50 m 的高层建筑,室内消火栓给水系统由水枪、水龙带、消防管道、消防水泵、消防水池、增压设备等组成,如图 8.1 所示。而对于建筑高度超过 50 m 的工业与民用建筑,当室内消火栓的静压力超过 80 m 水柱时,应按静压采用分区消防给水系统。室内消火栓、水龙带、水枪通常安装在消防箱内,消防栓箱通常用木材、铝合金或钢板制作而成,外装玻璃门,门上应有明显的标志。

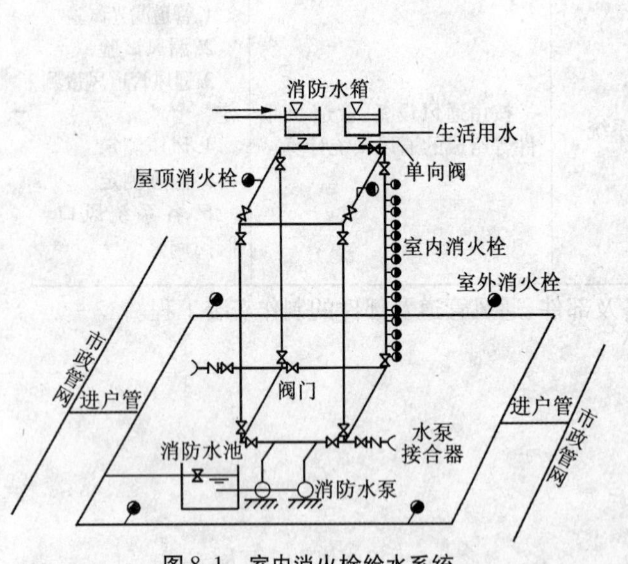

图 8.1　室内消火栓给水系统

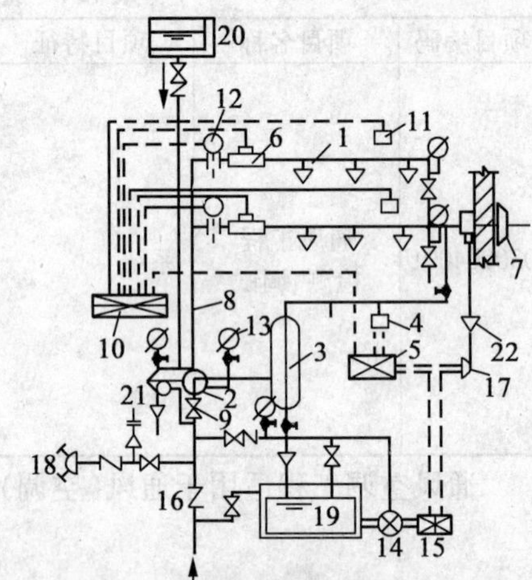

1-闭式喷头；2-湿式报警阀；3-延迟器；4-压力继电器；5-电气自控箱；6-水流指示器；7-水力警铃；8-配水管；9-阀门；10-火灾收信机；11-感温、感烟火灾探测器；12-火灾报警装置；13-压力表；14-消防水泵；15-电动机；16-止回阀；17-按钮；18-水泵接合器；19-水池；20-高位水箱；21-安全阀；22-排水漏斗

图 8.2　湿式自动喷水灭火系统

(2)自动喷水灭火系统。自动喷水灭火系统分为闭式自动喷水灭火系统与开式自动喷水灭火系统,在民用建筑中闭式自动喷水灭火系统使用最多。

闭式自动喷水灭火系统由闭式喷头、管网、报警阀门系统、加压装置、探测器等组成。当发生火灾时,建筑物内温度升高,达到作用温度时自动打开闭式喷头灭火,并发出信号报警。闭式自动喷水灭火系统广泛布置在消防要求较高的建筑物或个别房间内,宾馆、剧院、商场、设有空调系统的旅馆和综合办公楼的走廊、办公室、餐厅、商店、库房和客房等。

闭式自动喷水灭火系统管网主要有以下四种类型:湿式自动喷水灭火系统(见图 8.2)、干式自动喷水灭火系统、干湿式自动喷水灭火系统与预作用自动喷水灭火系统。

闭式喷头是闭式自动喷水灭火系统的重要设备，由喷水口、控制器与溅水盘三部分组成，如图 8.3 所示。其形状和式样较多。闭式喷头用耐腐蚀的铜质材料制造，喷水口平时被控制器所封闭。其布置形式可采用正方形、长方形、菱形或者梅花形。喷头与吊顶、楼板、屋面板的距离不宜小于 7.5 cm，也不宜大于 15 cm。但是，楼板、屋面板如为耐火极限不低于 0.5 h 的非燃烧体，其距离可为 30 cm。

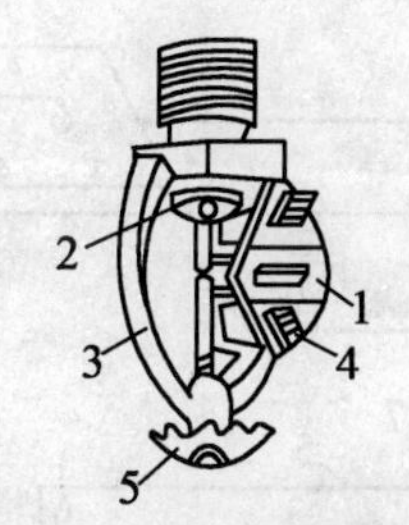

(a)易熔合金闭式喷头

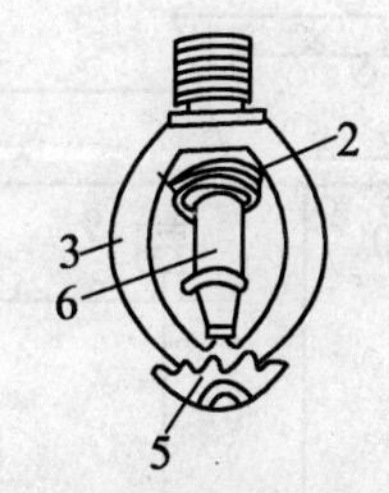

(b)玻璃瓶闭式喷头

1-干粉贮罐：2-氮气罐和集气管：3-压力控制器；

4-单向阀；5-压力传感器：6-减压阀；7-球阀；

8-喷嘴；9-启动气瓶；10-消防控制中心：

11-电磁阀；12-火灾探测器

图 8.3　闭式喷头

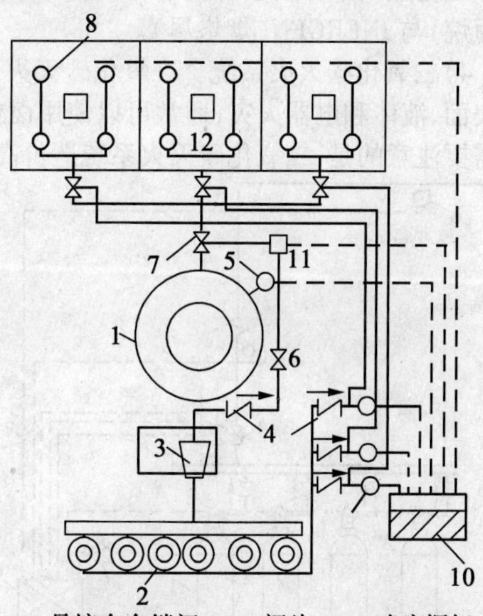

1—易熔合金锁闸；2—阀片；3—喷头框架；
4—八角支撑；5—溅水盘：6—玻璃球

图 8.4　干粉灭火系统

(3)特殊消防灭火系统。由于各建筑物与构筑物的功能不一样，其中贮存的可燃物质与设备可燃性也不同，有时，仅使用水作为消防手段并不能满足扑灭火灾的目的，或用水扑救会造成很大损失，所以根据可燃物性质，分别采用不同的方法和手段。

1)干粉灭火系统。以干粉作为灭火剂的系统称为干粉灭火系统，如见图 8.4 所示。干粉有普通型干粉（BC 类干粉）、多用途干粉（ABC 类干粉）与金属专用灭火剂（D 类火灾专用干粉）。

2)泡沫灭火系统。按其使用方式有固定式（如图 8.5 所示）、半固定式与移动式之分，广泛应用于油田、炼油石厂、发电厂、油库、汽车库等场所。泡沫灭火剂有化学泡沫灭火剂、蛋白泡沫灭火剂及合成型泡沫灭火剂等。

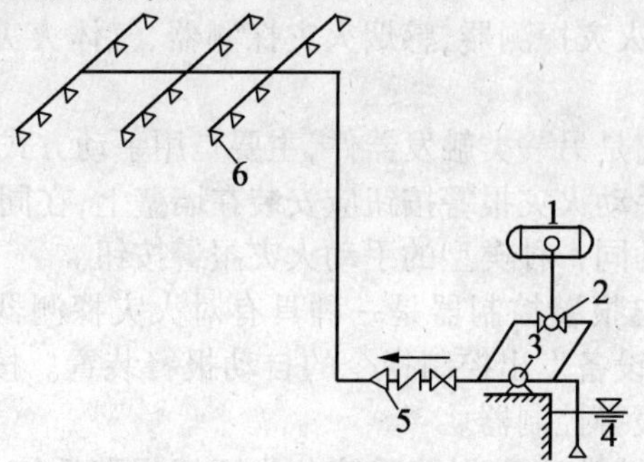

1-泡沫液贮罐；2-比例混合器；3-消防泵；4-水池；5-泡沫产生器；6-喷头

图 8.5　固定式泡沫喷淋灭火系统

3)卤代烷灭火系统。卤代烷灭火系统,如图 8.6 所示,它是把具有灭火功能的卤代烷碳氢化合物作为灭火剂的一种气体灭火系统。卤代烷灭火系统适用于不能用水灭火的场所,如计算机房、图书档案室、文物资料库等建筑物。

过去我们常用的灭火剂主要有二氟一氯一溴甲烷及三氟一溴甲烷等,这类灭火剂也常称为哈龙(简写为 HBFC)。由于这类灭火剂对大气中的臭氧层有极强的破坏作用而被淘汰,国际标准化组织推荐用于替代哈龙的气体灭火剂共有 14 种,目前已较多应用的为 FM－200(七氟丙烷)与 INERGEN(烟烙尽)。

4)二氧化碳灭火系统。二氧化碳灭火系统,如图 8.7 所示,它可以用于扑灭某些气体、固体表面、液体和电器火灾,通常可以使用卤代烷灭火系统的场所均可采用二氧化碳灭火系统。但需要注意的是,二氧化碳灭火系统造价高,灭火时对人体有害。

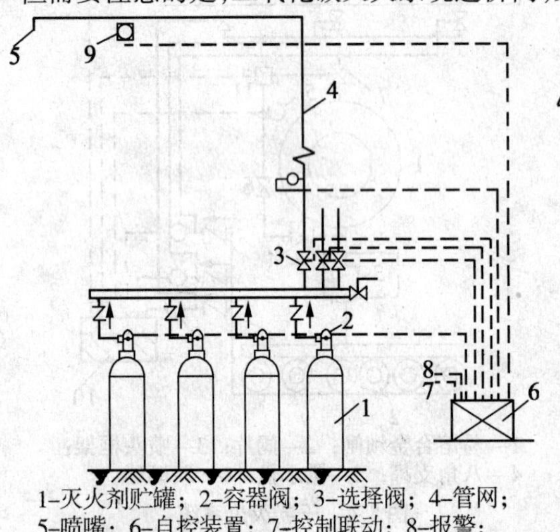

1–灭火剂贮罐；2–容器阀；3–选择阀；4–管网；5–喷嘴；6–自控装置；7–控制联动；8–报警；9–火警探测器

图 8.6　卤代烷灭火系统

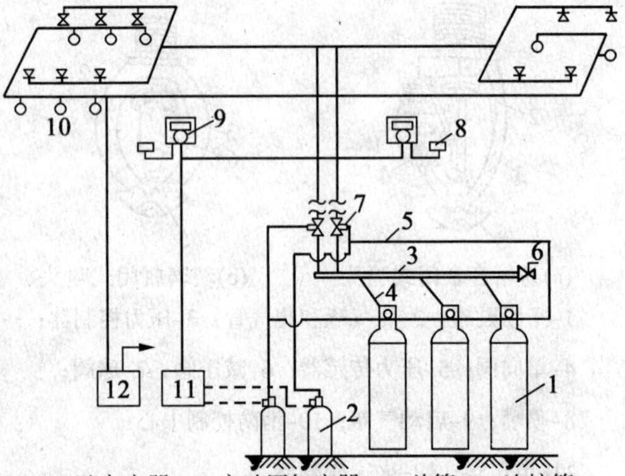

1–CO_2贮存容器；2–启动用气容器；3–总管；4–连接管；5–操作管；6–安全阀；7–选择阀；8–报警阀；9–手动启动装置；10–探测器；11–控制盘；12–检测盘

图 8.7　二氧化碳灭火系统

2. 室内火灾报警系统

人们为了及早发现和通报火灾,并及时采取有效措施控制和扑灭火灾,通常在建筑物中或其他场所设置一种自动消防设施——火灾自动报警系统。火灾自动报警系统通常由触发器件、火灾报警装置、火灾警报装置以及具有其他辅助功能的装置组成。

(1)火灾自动报警系统常用设备。

1)触发器件。火灾自动报警系统设有自动与手动两种触发器件。

①火灾探测器。根据对火灾参数(如烟、温、光、火焰辐射、气体浓度)响应不同,火灾探测器分为感温火灾探测器、感光火灾探测器、感烟火灾探测器、气体火灾探测器和复合火灾探测器五种基本类型。

②手动火灾报警按钮。它是另一类触发器件,主要是用手动方式产生火灾报警信号,启动火灾自动报警系统的器件。手动火灾报警按钮应安装在墙壁上,在同一火灾报警系统中,应采用型号、规格、操作方法相同的同一种类型的手动火灾报警按钮。

2)火灾报警控制器。火灾报警控制器是一种具有对火灾探测器供电,接收、显示与传输火灾报警等信号,并能对消防设备发出控制指令的自动报警装置。按其用途不同可分为区域火灾报警控制器与集中火灾报警控制器。

(2)火灾自动报警系统。火灾自动报警系统分为区域报警系统、集中报警系统与控制中心报警系统三种基本形式。

1)区域报警系统。区域报警系统由区域火灾报警控制器、火灾探测器、手动火灾报警按钮与警报装置等组成的火灾自动报警系统,其结构如图 8.8 所示。

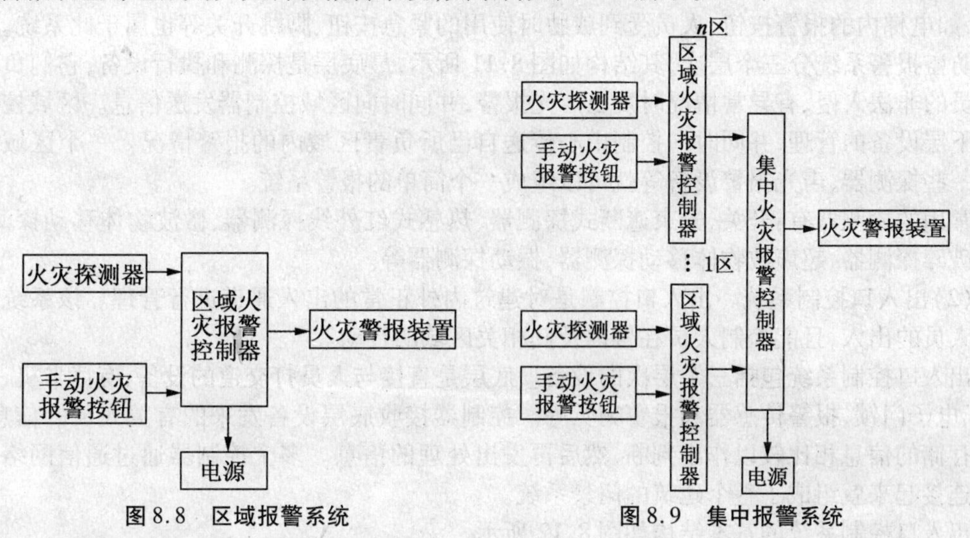

图 8.8　区域报警系统　　图 8.9　集中报警系统

2)集中报警系统。集中报警系统由集中火灾报警控制器、区域火灾报警控制器、火灾探测器及手动火灾报警按钮、警报装置等组成的功能较复杂的火灾自动报警系统,其结构如图 8.9 所示。

集中报警系统通常用于功能较多的建筑,如高层宾馆、饭店等场合。集中火灾报警控制器应设置在有专人值班的消防控制室或值班室内,区域火灾报警控制器设置在各层的服务台处。

3)控制中心报警系统。控制中心报警系统由设置在消防控制室的消防控制设备、集中火灾报警控制器、区域火灾报警控制器、火灾探测器及手动火灾报警按钮等组成的功能复杂的火灾自动报警系统。其中,消防控制设备主要包括火灾警报装置,火警电话,火灾应急广播,火灾应急照明,防排烟、通风空调、消防电梯等联动装置,固定灭火系统的控制装置等。

控制中心报警系统的结构如图 8.10 所示。

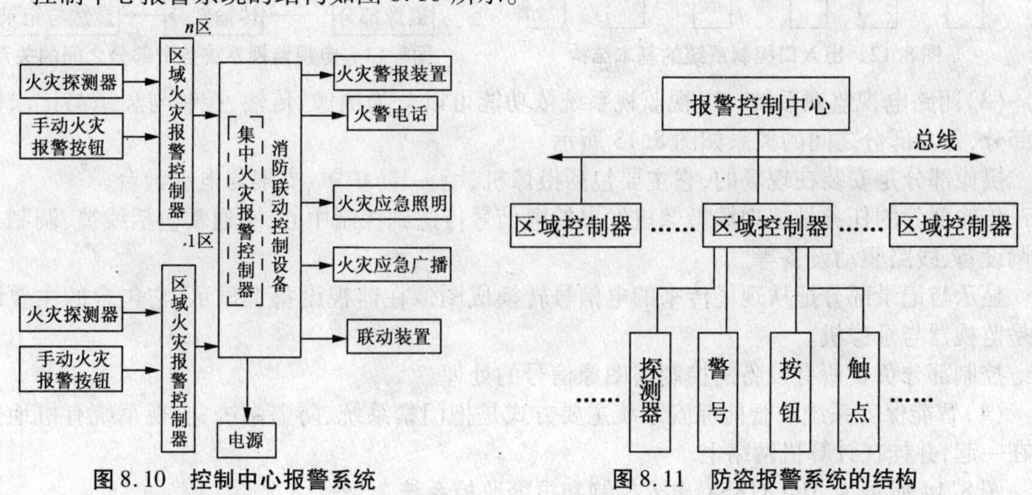

图 8.10　控制中心报警系统　　图 8.11　防盗报警系统的结构

3. 建筑物安保监视系统

根据防卫工作的性质,建筑保安系统可以分为防盗报警系统、出入口控制系统与闭路电视监视系统三个部分。

(1)防盗报警系统。防盗报警系统是用探测装置对建筑内外重要地点和区域进行布防。它可以探测非法侵入,并且在探测到有非法侵入时,及时向有关人员示警。此外,人为的报警装置,如电梯内的报警按钮、人员受到威胁时使用的紧急按钮、脚跳开关等也属于此系统。

防盗报警系统分三个层次,其结构如图 8.11 所示,最底层是探测和执行设备,它们负责探测人员的非法入侵,有异常情况时发出声光报警,并同时向区域控制器发送信息。区域控制器负责下层设备的管理,并同时向控制中心传送自己所负责区域内的报警情况。一个区域控制器和一些探测器、声光报警设备等就可以组成一个简单的报警系统。

常用的探测器有:开关、光束遮断式探测器、热感式红外线探测器、微波物体移动探测器、玻璃破碎探测器、超声波物体移动探测器、振动探测器等。

(2)出入口控制系统。出入口控制是对建筑内外正常的出入通道进行管理。该系统可以控制人员的出入,且能控制人员在楼内及其相关区域的行动。

出入口控制系统包括三个层次的设备。底层是直接与人员打交道的设备,有读卡机、出口按钮、电子门锁、报警传感器和报警喇叭等。控制器接收底层设备发来的有关人员的信息,与自己存储的信息相比较以作出判断,然后再发出处理的信息。多个控制器通过通信网络同计算机连接起来就组成了整个建筑的门禁系统。

出入口控制系统的基本结构如图 8.12 所示。

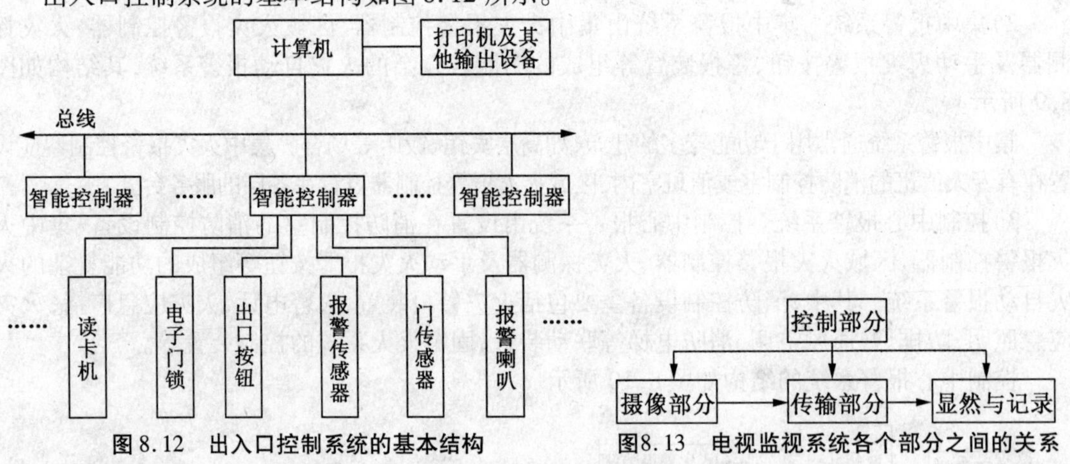

图 8.12　出入口控制系统的基本结构

图8.13　电视监视系统各个部分之间的关系

(3)闭路电视监视系统。电视监视系统依功能可以分为摄像、传输、控制与显示与记录四个部分,各个部分之间的关系如图 8.13 所示。

摄像部分是安装在现场的,它主要包括摄像机、镜头、防护罩、支架与电动云台。

传输部分的任务是把现场摄像机发出的电信号传送到控制中心,它通常包括线缆、调制与解调设备、线路驱动设备等。

显示与记录部分把从现场传来的电信号转换成图像在监视设备上显示,它包含的主要设备是监视器与录像机。

控制部分负责所有设备的控制与图像信号的处理。

(4)智能保安系统。智能保安系统主要方式是把门禁系统、防盗系统、监视系统有机地连接在一起,并挂在计算机网络上。

图 8.14 所示为 Alto 818SX 出入控制和报警监控系统。

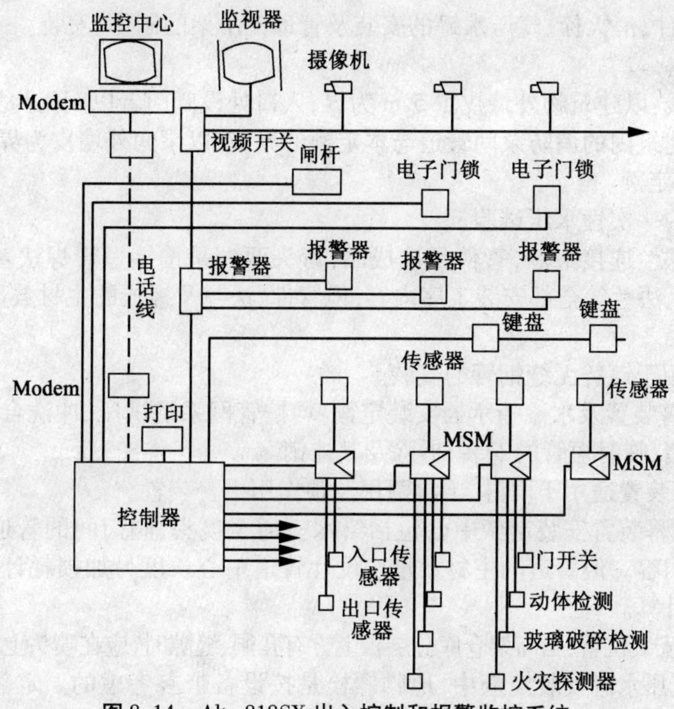

图 8.14　Alto 818SX 出入控制和报警监控系统

8.2　消防及安全防范工程工程量计算说明

8.2.1　定额工程量计算说明

1. 火灾自动报警系统定额说明

(1)火灾自动报警系统定额(简称本定额)包括探测器、按钮、模块(接口)、报警控制器、联动控制器、报警联动一体机、重复显示器、警报装置、远程控制器、火灾事故广播、消防通讯、报警备用电源安装等项目。

(2)本定额包括的工作内容。

1)施工技术准备、施工机械准备、标准仪器准备、施工安全防护措施、安装位置的清理。

2)设备和箱、机及元件的搬运,开箱检查、清点、杂物回收、安装就位、接地、密封、箱、机内的校线、接线,挂锡、编码、测试、清洗、记录整理等。

(3)本定额中均包括了校线、接线和本体调试。

(4)本定额中箱、机是以成套装置编制的柜式及琴台式安装,均执行落地式安装相应项目。

(5)本定额不包括的工作内容。

1)设备支架、底座、基础的制作与安装。

2)构件加工、制作。

3)电机检查、接线及调试。

4)事故照明及疏散指示控制装置安装。

5)CRT 彩色显示装置安装。

2. 水灭火系统定额说明

(1)水灭火系统定额(简称本定额)适用于工业和民用建(构)筑物设置的自动喷水灭火系

统的管道、各种组件、消火栓、气压水罐的安装及管道支吊架的制作、安装。

(2)界线划分。

1)室内外界线:以建筑物外墙皮 1.5 m 为界,入口处设阀门者以阀门为界。

2)设在高层建筑内的消防泵间管道与本定额的界线,以泵间外墙皮为界。

(3)管道安装定额。

1)包括工序内一次性水压试验。

2)镀锌钢管法兰连接定额,管件是按成品,弯头两端是按接短管焊法兰考虑的。定额中包括了直管、管件、法兰等全部安装工序内容,但管件、法兰及螺栓的主材数量应按设计规定另行计算。

3)定额也适用于镀锌无缝钢管的安装。

(4)喷头、报警装置及水流指示器安装定额,均按管网系统试压、冲洗合格后安装考虑的。定额中已包括丝堵、临时短管的安装、拆除及其摊销。

(5)其他报警装置适用于雨淋、干湿两用及预作用报警装置。

(6)温感式水幕装置安装定额中已包括给水三通至喷头、阀门间的管道、管件以及阀门、喷头等全部安装内容。但管道的主材数量按设计管道中心长度另加损耗计算,喷头数量按设计数量另加损耗计算。

(7)集热板的安装位置:当高架仓库分层板上方有孔洞、缝隙时,应在喷头上方设置集热板。

(8)隔膜式气压水罐安装定额中,地脚螺栓是按设备带有考虑的。定额中包括指导二次灌浆用工,但二次灌浆费用另计。

(9)管道支吊架制作安装定额中包括了支架、吊架及防晃支架

(10)管网冲洗定额是按水冲洗考虑的,若采用水压气动冲洗法时,可按施工方案另行计算。定额只适用于自动喷水灭火系统。

(11)本定额不包括的工作内容。

1)阀门、法兰安装,各种套管的制作安装,泵房间管道安装及管道系统强度试验、严密性试验。

2)消火栓管道、室外给水管道安装及水箱制作安装。

3)各种消防泵、稳压泵安装及设备二次灌浆等。

4)各种仪表的安装及带电讯号的阀门、水流指示器、压力开关的接线、校线及单体调试。

5)各种设备支架的制作安装。

6)管道、设备、支架、法兰焊口除锈刷油漆。

7)系统调试。

(12)其他有关规定。

1)设置于管道间、管廊内的管道,其定额人工乘以系数 1.3。

2)主体结构为现场浇注采用钢模施工的工程,内外浇注的定额人工乘以系数 1.05,内浇外砌的定额人工乘以系数 1.03。

3. 气体灭火系统定额说明

(1)气体灭火系统定额(简称本定额)适用于工业和民用建筑中设置的二氧化碳灭火系统、卤代烷 1211 灭火系统和卤代烷 1301 灭火系统中的管道、管件、系统组件等的安装。

(2)本定额中的无缝钢管、钢制管件、选择阀安装及系统组件试验等,均适用于卤代烷 1211 和 1301 灭火系统,二氧化碳灭火系统按卤代烷灭火系统相应定额乘以系数 1.20。

(3)管道及管件安装定额。

1)无缝钢管和钢制管件内外镀锌及场外运输费用另行计算。

2）螺纹连接的不锈钢管、铜管及管件安装，按无缝钢管和钢制管件安装相应定额乘以系数 1.20。

3）无缝钢管螺纹连接定额中不包括钢制管件连接内容，应按设计用量执行钢制管件连接定额。

4）无缝钢管法兰连接定额，管件是按成品，弯头两端是按接短管焊接法兰考虑的。定额中包括了直管、管件、法兰等全部安装工序内容，但管件、法兰及螺栓的主材数量应按设计规定另行计算。

5）气动驱动装置管道安装定额中，卡套连接件的数量按设计用量另行计算。

（4）喷头安装定额中包括管件安装及配合水压试验安装拆除丝堵的工作内容。

（5）贮存装置安装，定额中包括灭火剂贮存容器和驱动气瓶的安装固定，支框架、系统组件（集流管，容器阀，气液单向阀，高压软管）、安全阀等贮存装置和阀驱动装置的安装及氮气增压。二氧化碳贮存装置安装时，不需增压，执行定额时，扣除高纯氮气，其余不变。

（6）二氧化碳称重检漏装置包括泄漏报警开关、配重及支架。

（7）系统组件包括选择阀、气液单向阀和高压软管。

（8）本定额不包括的工作内容。

1）管道支吊架的制作安装应执行本定额的相应项目。

2）不锈钢管、铜管及管件的焊接或法兰连接，各种套管的制作安装，管道系统强度试验、严密性试验和吹扫等，均执行《工业管道工程》定额相应项目。

3）管道及支吊架的防腐刷油漆等执行《刷油漆、防腐蚀、绝热工程》相应项目。

4）系统调试执行定额第五节的相应项目。

5）电磁驱动器与泄漏报警开关的电气接线等，执行《自动化控制仪表安装工程》相应项目。

4. 泡沫灭火系统定额说明

（1）泡沫灭火系统定额（简称本定额）适用于高、中、低倍数固定式或半固定式泡沫灭火系统的发生器及泡沫比例混合器安装。

（2）泡沫发生器及泡沫比例混合器安装中，包括整体安装、焊法兰、单体调试及配合管道试压时隔离本体所消耗的人工和材料，但不包括支架的制作、安装和二次灌浆的工作内容。地脚螺栓按本体带有考虑。

（3）本定额不包括的内容。

1）泡沫灭火系统的管道、管件、法兰、阀门、管道支架等安装，以及管道系统水冲洗、强度试验、严密性试验等，执行《工业管道工程》相应项目。

2）泡沫喷淋系统的管道、组件、气压水罐、管道支吊架等安装，可执行本定额第二节相应项目及有关规定。

3）消防泵等机械设备安装及二次灌浆，执行《机械设备安装工程》相应项目。

4）泡沫液贮罐、设备支架制作安装执行《静置设备与工艺金属结构制作安装工程》相应项目。

5）油罐上安装的泡沫发生器及化学泡沫室，执行《静置设备与工艺金属结构制作安装工程》相应项目。

6）除锈、刷油漆、保温等，均执行《刷油漆、防腐蚀、绝热工程》相应项目。

7）泡沫液充装定额是按生产厂在施工现场充装考虑的，若由施工单位充装时，可另行计算。

8）泡沫灭火系统调试应按批准的施工方案另行计算。

5. 消防系统调试定额说明

（1）消防系统调试定额（简称本定额）包括自动报警系统装置调试，水灭火系统控制装置调试，火灾事故广播、消防通讯、消防电梯系统装置调试，电动防火门、防火卷帘门、正压送风阀、排烟阀、防火阀控制系统装置调试,气体灭火系统装置调试等项目。

(2)系统调试是指消防报警和灭火系统安装完毕且联通,并达到国家有关消防施工验收规范、标准所进行的全系统的检测、调整和试验。

(3)自动报警系统装置包括各种探测器、手动报警按钮和报警控制器。灭火系统控制装置包括消火栓、自动喷水、卤代烷、二氧化碳等固定灭火系统的控制装置。

(4)气体灭火系统调试试验时采取的安全措施。应按施工组织设计另行计算。

8.2.2 清单计价工程量计算说明

1.火灾自动报警系统工程量清单项目说明

(1)概况。火灾自动报警系统主要包括探测器、按钮、模块(接口)、报警控制器、联动控制器、报警联动一体机、重复显示器、报警装置(指声光报警及警铃报警)、远程控制器等。并按安装方式、控制点数量、控制回路、输出形式、多线制、总线制等不同特征列项。编列清单项目时,应明确描述上述特征。

(2)需要说明的问题。

1)火灾自动报警系统分为多线制与总线制两种形式。多线制为系统间信号按各自回路进行传输的布线制式;总线制为系统间信号按无限性两根线进行传输的布线制式。

2)报警控制器、联动控制器和报警联动一体机安装的工程内容的本体安装,应包括消防报警备用电源安装内容。

2.水灭火系统工程量清单项目说明

(1)概况。

1)水灭火系统包括消火栓灭火与自动喷淋灭火。包括的项目有管道安装、系统组件安装(喷头、报警装置、水流指示器)、其他组件安装(减压孔板、末端试水装置、集热板)、消火栓(室内外消火栓、水泵接合器)、气压水罐、管道支架等工程,并按安装部位(室内外)、材质、型号规格、连接方式、除锈、油漆、绝热等不同特征设置清单项目。编制工程量清单时,应明确描述各种特征,以便计价。

2)特征中要求描述的安装部位:管道是指室内、室外;消火栓是指室内、室外、地上、地下;消防水泵接合器是指地上、地下、壁挂等。要求描述的材质:管道是指焊接钢管(镀锌、不镀锌)、无缝钢管(冷拔、热轧)。要求描述的型号规格:管道是指口径(一般为公称直径,无缝钢管应按外径及壁厚表示);阀门是指阀门的型号,如 Z41T-10-50、J11T-16-25;报警装置是指湿式报警、干湿两用报警、电动雨淋报警、预作用报警等;连接形式是指螺纹连接、焊接。

(2)需要说明的问题。

1)工程内容所列项目大多数为计价项目,但也有些项目是包括在《全国统一安装工程预算定额》相应项目的工作内容中。如招标单位是依据《全国统一安装工程预算定额》工料机耗用量编制招标工程标底时,应删除《全国统一安装工程预算定额》工作内容中与《建设工程工程量清单计价规范》(GB 50500—2008)附录各项工程内容相同的项目,以免重复计价。

2)招标人编制工程标底如以《全国统一安装工程预算定额》为依据计价时,以下各工程应按下列规定办理。

①消火栓灭火系统的管道安装,按《全国统一安装工程预算定额》第八册相关项目的规定计价。

②喷淋灭火系统的管道安装、消火栓安装、消防水泵接合器安装,按《全国统一安装工程预算定额》第七册相关项目的规定计价

③水灭火系统的阀门、法兰安装、套管制作安装，按《全国统一安装工程预算定额》第六册相关项目的规定计价。

④水灭火系统的室外管道安装，按《全国统一安装工程预算定额》第八册相关项目的规定计价。

3）无缝钢管法兰连接项目，管件、法兰安装已计入管道安装价格中，但管件、法兰的主材价按成品价另计。

3.气体灭火系统工程量清单项目说明

（1）概况。

1）气体灭火系统是指卤代烷（1211、1301）灭火系统和二氧化碳灭火系统。包括的项目有管道安装、系统组件安装（喷头、选择阀、储存装置）、二氧化碳称重检验装置安装，并按材质、规格、连接方式、除锈要求、油漆种类、压力试验和吹扫等不同特征，设置清单项目。编制工程量清单时，应明确描述各种特征。

2）特征要求描述的材质：无缝钢管（冷拔、热轧、钢号要求）、不锈钢管（1Cr18Ni9、1Cr18Ni9Ti、Cr18Ni13Mo3Ti）、铜管为纯铜管（T1、T2、T3）、黄铜管（H59～H96），规格为公称直径或外径（外径应按外径乘以管厚表示），连接方式是指螺纹连接和焊接，除锈标准是指采用的除锈方式（手工、化学、喷砂），压力试验是指采用试压方法（液压、气压、泄露、真空），吹扫是指水冲洗、空气吹扫、蒸汽吹扫，防腐刷油是指采用的油漆种类。

（2）需要说明的问题。

1）储存装置安装应包括灭火剂储存器及驱动瓶装置两个系统。储存系统包括灭火气体储存瓶、储存瓶固定架、储存瓶区力指示器、单向阀、容器阀、集流管、集流管与容器阀连接的高压软管，集流管上的安全阀；驱动瓶装置包括驱动气瓶、驱动气瓶支架、驱动气瓶的容器阀、压力指示器等安装，气瓶之间的驱动管道安装应按气体驱动装置管道清单项目列项。

2）二氧化碳为灭火剂储存装置安装不需用高纯氮气增压，工程量清单综合单价不计氮气价值。

4.泡沫灭火系统工程量清单项目说明

（1）泡沫灭火系统包括的项目有管道安装、阀门安装、法兰安装及泡沫发生器、混合储存装置安装，并按材质、型号规格、焊接方式、除锈标准、油漆品种等不同特征列项。编制工程量清单时，应明确描述各种特征。

（2）如招标单位是按照建设行政主管部门发布的现行消耗量定额为依据时，泡沫灭火系统的管道安装、管件安装、法兰安装、阀门安装、管道系统水冲洗、强度试验、严密性试验等按照《全国统一安装工程预算定额》第六册的有关项目的工料机耗用量计价。

5.管道支架制作工程量清单项目说明

（1）管道支架制作安装。

1）管道支架制作安装适用于各灭火系统项目的支架制作安装，灭火系统的设备支架也使用本项目。

2）支架制作安装工程量清单应描述支架的除锈要求、刷油的油种等特征。

（2）消防系统调试。

1）概况。消防系统调试内容包括自动报警系统装置调试、水灭火系统控制装置调试、防火控制系统装置调试、气体灭火控制系统装置调试，并按点数、类型、名称、试验容器规格等不同特征设置清单项目。编制工程量清单时，应明确描述各种特征。

2）各消防系统调试工作范围。

①自动报警系统装置调试为各种探测器、报警按钮、报警控制器，以系统为单位按不同点

数编制工程量清单并计价。

②水灭火系统控制装置调试为水喷头、消火栓、消防水泵接合器、水流指示器、末端试水装置等,以系统为单位按不同点数编制工程量清单并计价。

③气体灭火控制系统装置调试由驱动瓶起始至气体喷头为止。包括进行模拟喷气试验和储存容器的切换试验。调试按储存容器的规格、容器的容量不同以个为单位计价。

④防火控制系统装置调试包括电动防火门、防火卷帘门、正压送风门、排压阀、防火阀等装置的调试,并按其特征以处为单位编制工程量清单项目。

3)需要说明的问题。气体灭火控制系统装置调试如需采取安全措施时,应按施工组织设计要求,将安全措施费用按《建设工程工程量清单计价规范》表3.3.1安全施工项目编制工程量清单。

8.3　消防及安全防范工程定额工程量计算规则

8.3.1　火灾自动报警系统安装工程量计算

(1)点型探测器按线制的不同分为多线制与总线制,不分规格、型号、安装方式与位置,以"只"为计量单位。探测器安装包括了探头和底座的安装及本体调试。

(2)红外线探测器以"只"为计量单位。红外线探测器是成对使用的,在计算时一对为两只。定额中包括了探头支架安装和探测器的调试、对中。

(3)火焰探测器、可燃气体探测器,按线制的不同分为多线制与总线制两种,计算时不分规格、型号、安装方式与位置,以"只"为计量单位。探测器安装包括了探头和底座的安装及本体调试。

(4)线形探测器的安装方式按环绕、正弦及直线综合考虑,不分线制及保护形式,以"m"为计量单位。定额中未包括探测器连接的一只模块和终端,其工程量应按相应定额另行计算。

(5)按钮包括消火栓按钮、手动报警按钮、气体灭火起/停按钮,以"只"为计量单位,按照在轻质墙体和硬质墙体上安装两种方式综合考虑。执行时不得因安装方式不同而调整。

(6)控制模块(接口)是指仅能起控制作用的模块(接口),亦称为中继器,依据其给出控制信号的数量,分为单输出和多输出两种形式。执行时不分安装方式,按照输出数量以"只"为计量单位

(7)报警模块(接口)不起控制作用,只能起监视作用。执行时不分安装方式,以"只"为计量单位。

(8)报警控制器按线制的不同分为多线制与总线制两种,其中又按其安装方式不同分为壁挂式和落地式。在不同的线制、不同安装方式中,按照"点"数的不同划分定额项目,以"台"为计量单位。

多线制"点"是指报警控制器所带报警器件(探测器、报警按钮等)的数量。

总线制"点"是指报警控制器所带的有地址编码的报警器件(探测器、报警按钮、模块等)的数量。如果一个模块带数个探测器,则只能计为一点。

(9)联动控制器按线制的不同分为多线制与总线制两种,其中又按其安装方式不同分为壁挂式和落地式。在不同线制、不同安装方式中,按照"点"数的不同划分定额项目,以"台"为计量单位。

多线制"点"是指联动控制器所带联动设备的状态控制和状态显示的数量。

总线“点”是指联动控制器所带的有控制模块(接口)的数量。

(10)报警联动一体机按线制的不同分为多线制与总线制两种,其中又按其安装方式不同划分为壁挂式和落地式。在不同线制、不同安装方式中按照“点”数的不同划分为定额项目,以“台”为计量单位。

多线制“点”是指报警联动一体机所带报警器件与联动设备的控制和状态显示的数量。

总线制“点”是指报警联动一体机所带的有地址编码的报警器件与控制模块(接口)的数量。

(11)重复显示器(楼层显示器)不分规格、型号、安装方式,按总线制与多线制划分:以“台”为计量单位。

(12)报警装置分为声光报警和警铃报警两种形式,均以“台”为计量单位。

(13)远程控制器按其控制回路数以“台”为计量单位。

(14)火灾事故广播中的功放机、录音机的安装,按柜内及台上两种方式综合考虑,分别以“台”为计量单位。

(15)消防广播控制柜是指安装成套消防广播设备的成品机柜,不分规格、型号,以“台”为计量单位。

(16)火灾事故广播中的扬声器不分规格、型号,按照吸顶式与壁挂式,以“只”为计量单位。

(17)广播分配器是指单独安装的消防广播用分配器(操作盘),以“台”为计量单位。

(18)消防通迅系统中的电话交换机按“门”数不同,以“台”为计量单位;通迅分机、插孔是指消防专用电话分机与电话插孔,不分安装方式,分别以“部”“个”为计量单位。

(19)报警备用电源综合考虑了规格、型号,以“台”为计量单位。

8.3.2　水灭火系统安装工程量计算

(1)管道安装按设计管道中心长度,以“m”为计量单位,不扣除阀门、管件及各种组件所占长度。主材数量应按定额用量计算,管件含量见表8.1。

(2)镀锌钢管安装定额也适用于镀锌无缝钢管,其对应关系见表8.2。

(3)镀锌钢管法兰连接定额,管件是按成品,弯头两端是按接短管焊法兰考虑的。

定额中包括直管、管件、法兰等全部安装工作内容,但管件、法兰及螺栓的主材数量应按设计规定另行计算。

表8.1　镀锌钢管(螺纹连接)管件含量表(单位:10 m)

项目	名称	公称直径(mm以内)						
		25	32	40	50	70	80	100
管件含量	四通	0.02	1.20	0.53	0.69	0.73	0.95	0.47
	三通	2.29	3.24	4.02	4.13	3.04	2.95	2.12
	弯头	4.92	0.98	1.69	1.78	1.87	1.47	1.16
	管箍		2.65	5.99	2.73	3.27	2.89	1.44
	小计	7.23	8.07	12.23	9.33	8.91	8.26	5.19

表8.2　对应关系

公称直径/mm	15	20	25	32	40	50	70	80	100	150	200
无缝钢管外径/mm	20	25	32	38	45	57	76	89	108	159	219

(4)喷头安装按有吊顶、无吊顶,分别以“个”为计量单位。

(5)报警装置安装按成套产品以“组”为计量单位。其他报警装置适用于雨淋、干湿两用及预作用报警装置,其安装执行湿式报警装置安装定额,其人工乘以系数1.2,其余不变。成套产品包括的内容详见表8.3。

表 8.3 成套产品包括的内容

项目名称	型号	包括内容
湿式报警装置	ZSS	温式阀、蝶阀、装配管、供水压力表、装置压力表、试验阀、泄放试验阀、泄放试验管、试验管流量计、过滤器、延时器、水力警铃、报警截止阀、漏斗、压力开关等
干湿两用报警装置	ZSL	两用阀、蝶阀、装置截止阀、装配管、加速器、加速器压力表、供水压力表、试验阀、泄放试验阀(湿式)、泄放试验阀(干式)、挠性接头、泄放试验管、试验管流量计、排气阀、截阀、漏斗、报警试验阀、漏斗、压力开关、过滤器、水力警铃等
电动雨淋报警装置	ZSYI	雨淋阀、蝶阀(2个)、装配管、压力表、泄放试验阀、流量表、截止阀、注水阀、止回阀、电磁阀、排水阀、手动应急球阀、报警试验阀、漏斗、压力开关、过滤器、水力警铃等
预作用报警装置	ZSU	干式报警阀、控制蝶阀(2个)、压力表(2块)、流量表、截止阀、排放阀、注水阀、止回阀、泄放阀、报警试验阀、液压切断阀、装配管、供水检验管、气压开关(2个)、试压电磁阀、应急手动试压器、漏斗、过滤器、水力警铃等
室内消火栓	SN	消火栓箱、消火栓、水枪、水龙带、水龙带接扣、挂架、消防按钮
室外消火栓	地上式 SS 地下式 SX	地上式消火栓、法兰接管、弯管底座; 地下式消火栓、法兰接管、弯管底座或消炎栓三通

续表 8.3

项目名称	型号	包括内容
消防水泵接合器	地上式 SQ 地下式 SQX 墙壁式 SQB	消防接口本体、止回阀、安装阀、闸阀、弯管底座、放水阀; 消防接口本体、止回阀、安全阀、闸阀、弯管底座、放水阀; 消防接口本体、止回阀、安装阀、闸阀、弯管底座、放水阀、标牌
室内消火栓组合卷盘	SN	消火栓箱、消火栓、水枪、水龙带、水龙带接扣、挂架、消防按钮、消防软管卷盘

(6)温感式水幕装置安装,按不同型号和规格以“组”为计量单位。但给水三通至喷头、阀门间管道的主材数量。按设计管道中心长度另加损耗计算,喷头数量按设计数量另加损耗计算。

(7)水流指示器、减压孔板安装,按不同规格均以“个”为计量单位。

(8)末端试水装置,按不同规格均以“组”为计量单位。

(9)集热板制作安装均以“个”为计量单位。

(10)室内消火栓安装,区分单栓和双栓,以“套”为计量单位,所带消防按钮的安装另行计算。成套产品包括的内容详见表 8.3。

(11)室内消火栓组合卷盘安装,执行室内消火栓安装定额乘以系数 1.2。成套产品包括的内容详见表 8.3。

(12)室外消火栓安装,区分不同规格、工作压力和覆土深度,以“套”为计量单位。

(13)消防水泵接合器安装,区分不同安装方式和规格,以“套”为计量单位。如设计要求用短管时,其本身价值可另行计算,其余不变。成套产品包括的内容详见表 8.3。

(14)隔膜式气压水罐安装,区分不同规格,以“台”为计量单位。出入口法兰和螺栓按设计规定另行计算。地脚螺栓是按设备带有考虑的,定额中包括指导二次灌浆用工,但二次灌浆费用应按相应定额另行计算。

(15)管道支吊架已综合支架、吊架及防晃支架的制作安装,均以“kg”为计量单位。

(16)自动喷水灭火系统管网水冲洗,区分不同规格,以“m”为计量单位。

(17)阀门、法兰安装,各种套管的制作安装、泵房间管道安装及管道系统强度试验、严密性试验,执行《工业管道工程》相应定额。

(18)消火栓管道、室外给水管道安装及水箱制作安装,执行《给排水、采暖、燃气工程》相应定额。

(19)各种消防泵、稳压泵等的安装及二次灌浆,执行《机械设备安装工程》相应定额。

(20)各种仪表的安装,带电讯信号的阀门、水流指示器、压力开关的接线、校线,执行《自动化控制装置及仪表安装工程》相应定额。

(21)各种设备支架的制作安装等,执行《静置设备与工艺金属结构制作安装工程》相应定额。

(22)管道、设备、支架、法兰焊口除锈刷油漆,执行《刷油漆、防腐蚀、绝热工程》相应定额。

8.3.3　气体灭火系统安装工程量计算

(1)管道安装包括无缝钢管的螺纹连接、法兰连接、气动驱动装置管道安装及钢制管件的螺纹连接。

(2)各种管道安装按设计管道中心长度,以“m”为计量单位,不扣除阀门、管件及各种组件所占长度,主材数量应按定额用量计算。

(3)钢制管件螺纹连接均按不同规格以“个”为计量单位。

(4)无缝钢管螺纹连接不包括钢制管件连接内容,其工程量应按设计用量执行钢制管件连接定额。

(5)无缝钢管法兰连接定额,管件是按成品,弯头两端是按接短管焊法兰考虑的,包括了直管、管件、法兰等预装和安装的全部工作内容。但管件、法兰及螺栓的主材数量应按设计规定另行计算。

(6)螺纹连接的不锈钢管、铜管及管件安装时,按无缝钢管和钢制管件安装相应定额乘以系数1.20。

(7)无缝钢管和钢制管件内外镀锌及场外运输费用另行计算。

(8)气动驱动装置管道安装定额包括卡套连接件的安装,其本身价值按设计用量另行计算。

(9)喷头安装均按不同规格以“个”为计量单位。

(10)选择阀安装按不同规格和连接方式分别以“个”为计量单位。

(11)贮存装置安装中,包括灭火剂贮存容器和驱动气瓶的安装固定,以及支框架、系统组件(集流管、容器阀、单向阀、高压软管)、安全阀等贮存装置和阀驱动装置的安装及氮气增压。

贮存装置安装按贮存容器和驱动气瓶的规格(L),以“套”为计量单位。

(12)二氧化碳贮存装置安装时,如不需增压,应扣除高纯氮气,其余不变。

(13)二氧化碳称重检漏装置包括泄漏报警开关、配重、支架等,以“套”为计量单位。

(14)系统组件包括选择阀、单向阀(含气、液)及高压软管。试验按水压强度试验和气压严密性试验,分别以“个”为计量单位。

(15)无缝钢管、钢制管件、选择阀安装及系统组件试验,均适用于卤代烷1211和1301灭火系统。二氧化碳灭火系统,按卤代烷灭火系统相应安装定额乘以系数1.2。

(16)管道支吊架的制作安装执行定额第二节相应定额。

(17)不锈钢管、铜管及管件的焊接或法兰连接,各种套管的制作安装、管道系统强度试验、严密性试验和吹扫等,均执行《工业管道工程》相应定额。

(18)管道及支吊架的防腐、刷油漆等执行《刷油漆、防腐蚀、绝热工程》相应定额。

(19)系统调试执行本定额第五节相应定额。

(20)电磁驱动器与泄漏报警开关的电气接线等,执行《自动化控制装置及仪表安装工程》相应定额。

8.3.4 泡沫灭火系统安装工程量计算

(1)泡沫发生器及泡沫比例混合器安装中,已包括整体安装、焊法兰、单体调试及配合管道试压时隔离本体所消耗的人工和材料,不包括支架的制作安装和二次灌浆的工作内容,其工程量应按相应定额另行计算。地脚螺栓按设备带来考虑。

(2)泡沫发生器安装均按不同型号以"台"为计量单位。法兰和螺栓按设计规定另行计算。

(3)泡沫比例混合器安装均按不同型号以"台"为计量单位。法兰和螺栓按设计规定另行计算。

(4)泡沫灭火系统的管道、管件、法兰、阀门、管道支架等安装,以及管道系统水冲洗、强度试验、严密性试验等,执行《工业管道工程》相应定额。

(5)消防泵等机械设备安装及二次灌浆,执行《机械设备安装工程》相应定额。

(6)除锈、刷油漆、保温等,执行《刷油漆、防腐蚀、绝热工程》相应定额。

(7)泡沫液贮罐、设备支架制作安装,执行《静置设备与工艺金属结构制作安装工程》相应定额。

(8)泡沫喷淋系统的管道组件、气压水罐、管道支吊架等安装,应执行本定额第二节相应定额及有关规定。

(9)泡沫液充装是按生产厂在施工现场充装考虑的,若由施工单位充装时,可另行计算。

(10)油罐上安装的泡沫发生器及化学泡沫室,执行《静置设备与工艺金属结构制作安装工程》相应定额。

(11)泡沫灭火系统调试应按批准的施工方案另行计算

8.3.5 消防系统调试工程量计算

(1)消防系统调试包括自动报警系统、水灭火系统,火灾事故广播、消防通讯系统,消防电梯系统、电动防火门、防火卷帘门、正压送风阀、排烟阀、防火阀控制装置、气体灭火系统装置。

(2)自动报警系统包括各种探测器、报警按钮、报警控制器组成的报警系统,分别不同点数,以"系统"为计量单位。其点数按多线制与总线制报警器的点数计算。

(3)水灭火系统控制装置,按照不同点数以"系统"为计量单位。其点数按多线制与总线制联动控制器的点数计算。

(4)火灾事故广播、消防通讯系统中的消防广播喇叭、音箱和消防通讯的电话分机、电话插孔,按其数量以"个"为计量单位。

(5)消防用电梯与控制中心间的控制调试,以"部"为计量单位。

(6)电动防火门、防火卷帘门,指可由消防控制中心显示与控制的电动防火门、防火卷帘门,以"处"为计量单位,每樘为一处。

(7)正压送风阀、排烟阀、防火阀,以"处"为计量单位,一个阀为一处。

(8)气体灭火系统装置调试包括模拟喷气试验、备用灭火器贮存容器切换操作试验,按试验容器的规格(L),分别以"个"为计量单位。试验容器的数量包括系统调试、检测和验收所消耗的试验容器的总数,试验介质不同时可以换算。

8.4　消防及安全防范工程量清单计算规则

1. 火灾自动报警系统工程工程量清单计算规则

根据《建设工程工程量清单计价规范》(GB 50500—2008)表 C.7.5 的规定,火灾自动报警系统工程量清单项目设置及工程量计算规则见表 8.4。

表 8.4　火灾自动报警系统(编码:030705)

项目编码	项目名称	项目特征	计量单位	工程量计算规则	工程内容
030705001	点型探测器	1. 名称 2. 多线制 3. 总线制 4. 类型	只	按设计图示数量计算	1. 探头安装 2. 底座安装 3. 校接线 4. 探测器调试
030705002	线型探测器	安装方式	m	按设计图示数量计算	1. 探测器安装 2. 控制模块安装 3. 报警终端安装 4. 校接线 5. 系统调试
030705003	按钮	规格	只	按设计图示数量计算	1. 安装 2. 校接线 3. 调试
030705004	模块(接口)	1. 名称 2. 输出形式	只	按设计图示数量计算	1. 安装 2. 调试
030705005	报警控制器	1. 多线制 2. 总线制 3. 安装方式 4. 控制点数量	台	按设计图示数量计算	1. 本体安装 2. 消防报警备用电源 3. 校接线 4. 调试
030705006	联动控制器				
030705007	报警联动一体机				
030705008	重复显示器	1. 多线制 2. 总线制	台	按设计图示数量计算	1. 安装 2. 调试
030705009	报警装置	形式	台	按设计图示数量计算	1. 安装 2. 调试
030705010	远程控制器	控制回路	台	按设计图示数量计算	1. 安装 2. 调试

2. 水灭火系统工程工程量清单计算规则

根据《建设工程工程量清单计价规范》(GB 50500—2008)表 C.7.1 的规定,水灭火系统工程量清单项目设置及工程量计算规则见表 8.5。

表8.5　水灭火系统(编码:030701)

项目编码	项目名称	项目特征	计量单位	工程量计算规则	工程内容
030701001	水喷淋镀锌钢管	1. 安装部位(室内、外) 2. 材质 3. 型号、规格 4. 连接方式 5. 除锈标准、刷油、防腐设计要求 6. 水冲洗、水压试验设计要求	m	按设计图示管道中心线长度以延长米计算,不扣除阀门、管件及各种组件所占长度;方形补偿器以其所占长度按管道安装工程量计算	1. 管道及管件安装 2. 套管(包括防水套管)制作、安装 3. 管道除锈、刷油、防腐 4. 管网水冲洗 5. 无缝钢管镀锌 6. 水压试验
030701002	水喷淋镀锌无缝钢管				
030701003	消火栓镀锌钢管				
030701004	消火栓钢管				
030701005	螺纹阀门	1. 阀门类型、材质、型号、规格 2. 法兰结构、材质、规格、焊接形式	m	按设计图示数量计算	1. 法兰安装 2. 阀门安装
030701006	螺纹法兰阀门				
030701007	法兰阀门				
030701008	带短管甲乙的法兰阀门				
030701009	水表	1. 材质 2. 型号、规格 3. 连接方式	组	按设计图示数量计算	安装
030701010	消防水箱制作安装	1. 材质 2. 形状 3. 容量 4. 支架材质、型号、规格 5. 除锈标准、刷油设计要求	台	按设计图示数量计算	1. 制作 2. 安装 3. 支架制作、安装及除锈、刷油 4. 除锈、刷油
030701011	水喷头	1. 有吊顶、无吊顶 2. 材质 3. 型号、规格	个	按设计图示数量计算	1. 安装 2. 密封性试验
030701012	报警装置	1. 名称、型号 2. 规格	线	按设计图示数量计算(包括湿式装置、干湿两用报警装置、电动雨淋报警装置、预作用报警装置)	安装

续表 8.5

项目编码	项目名称	项目特征	计量单位	工程量计算规则	工程内容
030701013	湿感式水幕装置	1. 型号、规格 2. 连接方式	组	按设计图示数量计算(包括给水三通至喷头、阀门间的管道、管件、阀门、喷头等的全部安装内容)	安装
030701014	水流指示器	规格、型号	个	按设计图示数量计算	安装
030701015	减压孔板	规格	个	按设计图示数量计算	安装
030701016	末端试水装置	1. 规格 2. 组装形式	组	按设计图示数量计算(包括连接管、压力一、控制阀及排水管等)	安装
030701017	集热板制作安装	材质	个	按设计图示数量计算	制作、安装
030701018	消火栓	1. 安装部位(室内、外) 2. 型号、规格 3. 单栓、双栓	套	按设计图示数量计算(安装包括:室内消火栓、室外地上式消炎栓、室外地下式消火栓)	安装
030701019	消防水泵接合器	1. 安装部位 2. 型号、规格	套	按设计图示数量计算(包括消防接口本体、止回阀、安全阀、闸阀、弯管底座、放水阀、标牌)	安装
030701020	隔膜式气压水罐	1. 型号、规格 2. 灌浆材料	台	按设计图示数量	1. 安装 2. 二次灌浆

3. 气体灭火系统工程工程量清单计算规则

根据《建设工程工程量清单计价规范》(GB 50500—2008)表 C.7.2 的规定,气体灭火系统工程量清单项目设置及工程量计算规则见表 8.6。

表 8.6　气体灭火系统(编码:030702)

<table>
<tr><th>项目编码</th><th>项目名称</th><th>项目特征</th><th>计量单位</th><th>工程量计算规则</th><th>工程内容</th></tr>
<tr><td>030702001</td><td>无缝钢管</td><td rowspan="4">1. 卤代烷灭火系统、二氧化碳灭火系统
2. 材质
3. 规格
4. 连接方式
5. 除锈、刷油、防腐及无缝钢管镀锌设计要求
6. 压力试验、吹扫设计要求</td><td rowspan="4">m</td><td rowspan="4">按设计图示管道中心线长度以延长米计算,不扣除阀门、管件及各种组件所占长度</td><td rowspan="4">1. 管道安装
2. 管件安装
3. 套管制作、安装(包括防水套管)
4. 钢管除锈、刷油、防腐
5. 管道压力试验
6. 管道系统吹扫
7. 无缝钢管镀锌</td></tr>
<tr><td>030702002</td><td>不锈钢管</td></tr>
<tr><td>030702003</td><td>钢管</td></tr>
<tr><td>030702004</td><td>气体驱动装置管道</td></tr>
<tr><td>030702005</td><td>选择阀</td><td>1. 材质
2. 规格
3. 连接方式</td><td>个</td><td>按设计图示数量计算</td><td>1. 安装
2. 压力试验</td></tr>
<tr><td>030702006</td><td>气体喷头</td><td>型号、规格</td><td>个</td><td>按设计图示数量计算</td><td>安装</td></tr>
<tr><td>030702007</td><td>贮存装置</td><td>规格</td><td>套</td><td>按设计图示数量计算(包括灭火剂存存储器、驱动气瓶、支框架、集流阀、容器阀、单向阀、高压软管和安全阀等贮存装置和阀驱动装置)</td><td>安装</td></tr>
<tr><td>030702008</td><td>二氧化碳称重检漏装置</td><td>规格</td><td>套</td><td>按设计图示数量计算(包括泄漏开关、配重、支架等)</td><td>安装</td></tr>
</table>

4. 泡沫灭火系统工程工程量清单计算规则

根据《建设工程工程量清单计价规范》(GB 50500—2008)表 C.7.3 的规定,泡沫灭火系统工程量清单项目设置及工程量计算规则见表 8.7。

表 8.7 泡沫灭火系统(编码:030703)

项目编码	项目名称	项目特征	计量单位	工程量计算规则	工程内容
030703001	碳钢管	1. 材质 2. 型号、规格 3. 焊接方式 4. 除锈、刷油、防腐设计要求 5. 压力试验、吹扫的设计要求	m	按设计图示管道中心线长度以延长米计算,不扣除阀门、管件及各种组件所占长度	1. 管道安装 2. 管件安装 3. 套管制作、安装 4. 钢管除锈、刷油、防腐 5. 管道压力试验 6. 管道系统吹扫
030703002	不锈钢管				
030703003	钢管				
030703004	法兰	1. 材质 2. 型号、规格 3. 连接方式	副	按设计图示数量计算	阀门安装
030703005	法兰阀门	1. 材质 2. 型号、规格 3. 连接方式	个	按设计图示数量计算	阀门安装
030703006	泡沫发生器	1. 水轮机式、电动机式 2. 型号、规格 3. 支架材质、规格 4. 除锈、刷油设计要求 5. 灌浆材料	台	按设计图示数量计算	1. 安装 2. 设备支架制作、安装 3. 设备支架除锈、刷油 4. 二次灌浆
030703007	泡沫比例混合器				
030703008	泡沫液贮罐	1. 质量 2. 灌浆材料	台	按设计图示数量计算	1. 安装 2. 二次灌浆

5. 管道支架制作安装工程量清单计算规则

根据《建设工程工程量清单计价规范》(GB 50500—2008)表 C.7.4 的规定,管道支架制作安装工程量清单项目设置及工程量计算规则见表 8.8。

表 8.8 管道支架制作安装(编码:030704)

项目编码	项目名称	项目特征	计量单位	工程量计算规则	工程内容
030704001	管道支架制作安装	1. 管架形式 2. 材质 3. 除锈、刷油设计要求	kg	按设计图示质量计算	1. 制作、安装 2. 除锈、刷油

6. 消防系统调试工程量清单计算规则

根据《建设工程工程量清单计价规范》(GB 50500—2008)表 C.7.6 的规定,消防系统调试工程量清单项目设置及工程量计算规则见表 8.9。

表 8.9　消防系统调试(编码:030706)

项目编码	项目名称	项目特征	计量单位	工程量计算规则	工程内容
030706001	自动报警系统装置调试	点数	系统	按设计图示数量计算(由探测器、报警按钮、报警控制器组成的报警系统;点数按多线制、总线制报警器的点数计算)	系统装置调试
030706002	水灭火系统控制装置调试	点数	系统	按设计图示数量计算(由消火栓、自动喷沙沙、卤代烷、二氧化碳等来火系统组成的来火系统装置;点数按多线制、总线制联动控制器的点数计算)	系统装置调试
030706003	防火控制系统装置调试	1. 名称 2. 类型	处	按设计图示数量计算(包括电动防火门、防火卷帘门、正压送风阀、排烟阀、防火控制阀)	系统装置调试
030706004	气体灭火系统装置调试	试验容器规格	个	按调试、检验和验收所消耗的试验容器总数计算	1. 模拟喷气试验 2. 备用灭火器贮存容器切换操作试验

第9章　其他安装工程

9.1　机械设备安装工程工程量计算

9.1.1　定额工程量计算规则

1. 切削设备安装工程

(1)金属切削设备安装以“台”为计量单位,以设备重量“t”分列定额项目。

(2)气动踢木器以“台”为计量单位,按单面卸木和双面卸木分列定额项目。

(3)带锯机保护罩制作与安装以“个”为计量单位,按规格分列定额项目。

2. 锻压设备安装工程

(1)机械压力机、液压机、自动锻压机、剪切机和弯曲校正机按“台”为计量单位,以单机重量为列定额项目。

(2)锤类按“台”为计量单位,以落锤重量(kg以内)分列定额项目。

(3)锻造水压机以“台”为计量单位,按水压机公称压力“t”分列定额项目。

3. 铸造设备安装工程

(1)铸造设备按设备种类、型号、规格及单机重量区分,以“台”为计量单位。

(2)铸造设备中抛丸清理室的安装,以“室”为计量单位,按室所含设备重量“t”分列定额项目,设备重量包括抛丸机、回转台、斗式提升机、螺旋输送机、电动小车及平台、梯子、栏杆、框架、漏斗、漏管等金属结构件的总重量。

(3)铸铁平台安装以“t”为计量单位,按平台的安装方式(安装在基础上或支架上)及安装时灌浆与不灌浆分列定额项目。

(4)铸造车间的设备安装工程中,除铸造机械外,还有其他的专业机械及金属结构的制作及安装,在计算工程量时,应将这些项目统计清楚,再套取有关册定额。

4. 起重设备安装工程

(1)起重机安装以“台”为计量单位,按起重机主钩的起重量“t”和跨距“m”分列定额项目。

(2)双小车起重机以“台”为计量单位,按两个小车的起重量“t”分列定额项目。

(3)双钩挂梁桥式起重机以“台”为计量单位同,按两个钩的起重量“t”分列定额项目。

(4)梁式起重机、臂行及旋臂起重机、电动葫芦及单轨小车安装,以“台”为计量单位,按起重机的起重量“t”和不同类型及名称的起重机分列定额项目。

5. 起重机轨道安装工程

(1)起重机轨道安装以单根轨道长度每“10 m”为计量单位,按轨道的标准图号、型号、固定形式和纵、横向孔距、安装部位等来分列定额项目。

(2)车挡制作按施工图示尺寸,以“t”为计量单位。车挡安装以“每组4个”为计量单位,按每个重量“t”分列定额项目。

6. 输送设备安装工程

(1)斗式提升机以“台”为计量单位,按提升机型号及提升高度分列定额项目。

(2)刮板输送机以“组”为计量单位,按输送长度除以双驱动装置组数及槽宽分列定额项目。

(3)板式(裙式)以“台”为计量单位,按链轮中心距和链板宽度分列定额项目。

(4)螺旋输送机以“台”为计量单位,按公称直径和机身长度分列定额项目。

(5)悬挂式输送机以“台”为计量单位,按驱动装置、转向装置、接紧装置和重量分列定额项目。

(6)链条安装以“m”为计量单位,按链片式、链板式、链环式、试运转、抓取器分列定额项目。

(7)固定式胶带输送机以“台”为计量单位,按带宽和输送长度分列定额项目。

(8)卸矿车及皮带秤以“台”为计量单位,按带宽分列定额项目

(9)输送机的钢制外壳、刮板、漏斗的制作安装工程项目另行计算。

(10)特殊试验另行计算

7. 电梯安装工程

(1)电梯安装均以“部”为计量单位,按层、站数分列定额项目。厅门按每层一门、轿厢门按每部一门为准,如需增减时,按增减厅门、轿厢门的相应定额项目计算;电梯提升高度,以每层4 m以内为准,超过4 m时,按增减提升高度相应定额计算。

(2)电梯增减厅门、轿厢门以“个”为计量单位,按手动、电动和小型杂物电梯分列定额项目,增减提升高度以“m”为计量单位,按每提升1 m计算。

(3)辅助项目的金属门套安装以“套”为计量单位,直流电梯发电机组安装以“组”为计量单位;角钢牛腿制作安装以“个”为计量单位;电梯机器钢板底座制作以“座”为计量单位;按交流电梯和直流电梯分列定额项目。

8. 风机安装工程

(1)风机、泵安装以“台”为计量单位,以设备质量“t”分列定额项目。在计算设备重量时,直联式风机、泵,以本体及电机、底座的总重量计算;非直联式的风机和泵,以本体和底座的总重量计算,不包括电动机重量。

(2)深井泵的设备重量以本体、电动机、底座及设备扬水管的总重量计算。

(3)DB型高硅铁离心泵以“台”为计量单位,按不同设备型号分列定额项目。

9. 泵安装工程

(1)风机、泵安装以“台”为计量单位,以设备重量“t”分列定额项目。在计算设备重量时,直联式风机、泵、以本体及电机、底座的总重量计算;非直联式的风机和泵以本体和底座的总重量计算,不包括电动机重量。

(2)深井泵的设备重量以本体、电动机、底座及设备扬水管的总重量计算。

(3)DB型高硅铁离心泵以“台”为计量单位,按不同设备型号分列定额项目。

10. 压缩机安装工程

(1)活塞式V、W、S型划压缩机的安装是按单级压缩机考虑的,安装同类型双级压缩机时,则按相应定额的人工乘以系数1.40。

(2)活塞式V、W、S型压缩机及压缩机组的设备重量,按同一底座上的主机、电动机、仪表盘及附件底座等的总重最计算立式及L型压缩机、螺杆式压缩机、离心式压缩机则不包括电动机等动力机械的重量。

(3)离心式压缩机是按单轴考虑的,如安装双袖(H)离心式压缩机时,则相应定额的人工乘以系数1.40。

(4)本章定额原动机是按电功机驱动考虑的,如为汽轮机驱动则相应定额的人工乘以系数1.14。

(5)活塞式D、M、H型对称平衡压缩机的设备重量,按主机、电动机及随主机到货的附属

设备重量,但不包括附属设备,附属设备安装应按其他册有关定额行计算。

(6)离心式压缩机拆装检查定额适用于现场组对安装的中低压离心式压缩机组,高压离心式压缩机组可参照使用。凡按规范或设计规定在实际施工中进行拆装检查工作时,可套用此定额。

11. 工业炉安装工程

(1)电弧炼钢炉、无心工频感应电炉安装,以"台"为计量单位,以设备容量"t"分列定额项目。

(2)冲天炉安装以"台"为计量单位,按设备熔化率(t/h)分列定额项目。

(3)加热炉在计算设备重量时,如为整体结构(炉体已组装并有内衬砌体)。应包括的内衬砌体的重量,如为解体结构(炉体为金属结构件,需要现场组合安装,无内衬砌体)时,则不包括内衬砌体的重量。对内衬砌体部分,执行第四册《炉窑砌筑工程》定额项目。

(4)无芯工频感应电炉安装是按每一炉组为二台炉子考虑,如每一炉组为一台炉子时,则相应定额乘以系数0.6。

(5)冲天炉的加料机构,按各类型式综合考虑,已包括在冲天炉安装内,冲天炉出渣轨道安装,套用《全国统一安装工程预算定额》中第一册"机械设备安装工程"的第五章内"地平面上安装轨道"的相应定额。

12. 煤气发生设备安装工程

(1)煤气发生设备安装以"台"为计量单位,按炉膛内径和设备重量分列定额项目。

(2)在安装煤气发生炉时,如其炉膛内径与定额规定很近、重量超过10%以上时,按下列公式求得重量差系数,按表9.1调整。

$$重量差系数=设备实际重量/定额设备重量 \quad (9-1)$$

表9.1　定额调整系数

设备重量差系数(以内)	1.1	1.2	1.4	1.6	1.8
定额调整系数	1.0	1.1	1.2	1.3	1.4

(3)洗涤塔电器滤清器竖管附属设备安装以"台"为计量单位,按设备名称、规格型号分列定额项目。

(4)乙炔发生器以"台"为计量单位,按设备规格(m^3/h以内)分列定额项目。

(5)煤气发生设备的附属设备及其他容器构件以"t"为计量单位,按单位重量在0.5 t以内和大于0.5 t分列定额项目。

(6)煤气发生设备分节容器外壳组焊,以"台"为计量单位,按设备外径(m以内/组成节数)分列定额项目。

(7)除洗涤塔外,其他各种附属设备外壳均按整体安装考虑,如为解体安装需要在现场焊接时,除执行相应整体安装定额外,尚需执行"煤气发生设备分节容器外壳组焊"的相应定额。且该定额是按外圈焊接考虑。如外圈和内圈均需焊接时,则按相应定额乘以系数1.95。

(8)煤气发生设备分节容器外壳组焊时如所焊设备外径大于3 m,则以3 m外径及组成节数(3/2、3/3)的定额为基础,按表9.2乘以调整系数。

表9.2　调整系数

设备外径 Φ(m以内)/组成节数	4/2	3/4	2/5	3/5	2/6	3/6
调整系数	1.34	1.34	1.67	1.67	2.00	2.00

(9)如实际安装煤气发生炉,其炉膛内径与定额内径相似,其重量超过10%时,先按公式求其重量差系数。然后,按表9.3乘以相应系数调整安装费

$$设备重量差系数=设备实际重量/定额设备重量 \quad (9.2)$$

表9.3 安装费调整系数

设备重量差系数	1.1	1.2	1.4	1.6	1.8
安装费调整系数	1.0	1.1	1.2	1.3	1.4

13.其他机械安装工程

(1)制冰设备、润滑油处理设备以“台”为计量单位,按设备类别、名称、型号及重量分列定额项目。

(2)冷风机以“台”为计量单位,按设备名称、冷却面积及重量分列定额项目。

(3)地脚螺栓孔灌浆、设备底座与基础间灌浆,以“m^3”为计量单位,按设备灌浆体积“m^3以内”分列定额项目。

(4)立式、卧式管壳式冷凝器、蒸发器、淋水式冷凝器、蒸发式冷凝器、立式蒸发器、中间冷却器均以“台”为计量单位,按设备冷却或蒸发面积(m^2 以内)分列定额项目。

(5)立式低压循环储液器和卧式高压储液器(排液桶)以“台”为计量单位,按设备名称和设备容积(m^3 以内)分列定额项目。

(6)氨液分离器和空气分离器以“台”为计量单位,按设备名称、规格分列定额项目。

(7)氨气过滤器和氨液过滤器以“台”为计量单位,按设备名称及设备直径(mm 以内)分列定额项目。

(8)玻璃钢冷却塔以“台”为计量单位,按设备处理水量(m^3/h 以内)分列定额项目。

(9)集油器、油视镜、紧急泄氨器以“台”或“支”为计量单位,按设备名称及设备直径(mm以内)分列定额项目。

(10)制冷容器单体试密与排污以“每次/台”为计量单位,按设备容量(m^3 以内)分列定额项目。

(11)储气罐以“台”为计量单位,按设备容量(m^3 以内)分列定额项目。

(12)小型空气分离塔以“台”为计量单位,按设备型号规格分列定额项目。

(13)小型制氧机械附属设备中,洗涤塔、加热器、储氧器、充氧台、干烧器、碱水拌和器以“组”为计量单位,纯化器以“套”为计量单位。以上附属设备均按设备名称及型号分列定额项目。

(14)零星小型金属结构件制作与安装,以“每100 kg”为定额计量单位,按金属结构件单体重量(kg)分制作与安装。

(15)设备未带的支架、沟槽、防护罩等的制作、安装。

(16)设备的保温、油漆工程。

(17)电动机及其他动力机械的拆装检查,配管、配线、调试工作。

(18)刮研工作。

(19)与设备本体不在同一底座的各种设备、起重装置、仪表盘、柜等的安装、调试工作。

(20)冷风机定额的设备重量按冷风机、电动机、底座的总重量计算。

(21)柴油发电机组定额的设备重量,按机组的总重量计算。通信工程柴油发电机组按容量(kW)划分,应套用本章相应定额时,可按工程具体情况自行划分档次。

(22)各级说明内已规定包括电动机、电动发电机组安装以及灌浆者,不得再套用本章中的有关定额。

(23)设备重量计算方法:在同一底座上的机组按整体总重量计算,非同一底座上的机组按主机、辅机及底座的总重量计算。

9.1.2　工程量清单计算规则

1. 切削设备安装工程工程量清单计算规则

根据《建设工程工程量清单计价规范》(GB 50500—2008)表 C.1.1 的规定，切削设备安装工程工程量清单项目设置及工程量计算规则见表 9.4。

表 9.4　切削设备安装(编码:030101)

项目编码	项目名称	项目特征	计量单位	工程量计算规则	工程内容
030101001	台式及仪表机床	1. 名称 2. 型号 3. 质量	台	按设计图示数计算	1. 安装 2. 地脚螺栓孔灌浆 3. 设备底座与基础间灌浆
030101002	车床				
030101003	立式车床				
030101004	钻床				
030101005	镗床				
030101006	磨床安装				
030101007	铣床				
030101008	齿轮加工机床				
030101009	螺纹加工机床				
030101010	刨床				
030101011	插床				
030101012	拉床				
030101013	超声波加工机床				
030101014	电加工机床				
030101015	金属材料试验机械				
030101016	数控机床				
030101017	木工机械				
030101018	跑车带锯机	1. 名称 2. 型号 3. 质量	台	按设计图示数计算	1. 本体安装 2. 保护罩制作、安装、除锈、刷漆
030101019	其他机床	1. 名称 2. 型号 3. 质量	台	按设计图示数计算	1. 安装 2. 地脚螺栓孔灌浆 3. 设备底座与基础间灌浆

2. 锻压设备安装工程工程量清单计算规则

根据《建设工程工程量清单计价规范》(GB 50500—2008)表 C.1.2 的规定，锻压设备安装工程工程量清单项目设置及工程量计算规则见表 9.5。

表 9.5　锻压设备(编码:030102)

项目编码	项目名称	项目特征	计量单位	工程量计算规则	工程内容
030102001	机械压力机	1. 名称 2. 型号 3. 质量	台	按设计图示数量计算	1. 安装 2. 地脚螺栓孔灌浆 3. 设备底座与基础间灌浆

续表 9.5

项目编码	项目名称	项目特征	计量单位	工程量计算规则	工程内容
030102002	液压机	1. 名称 2. 型号 3. 质量	台	按设计图示数量计算	1. 安装 2. 地脚螺栓孔灌浆 3. 设备底座与基础间灌浆 4. 管道支架制作、安装、除锈、刷漆
030102003	自动锻压机	1. 名称 2. 型号 3. 质量	台	按设计图示数量计算	1. 安装 2. 地脚螺栓孔灌浆 3. 设备底座与基础间灌浆
030102004	锻锤				
030102005	剪切机				
030102006	弯曲校正机				
030702007	锻造水压机安装	1. 名称 2. 型号 3. 质量 4. 公称压力	台	按设计图示数量计算	1. 安装 2. 地脚螺栓孔灌浆 3. 设备底座与基础间灌浆 4. 管道支架制作、安装、除锈、刷漆

3. 铸造设备安装工程工程量清单计算规则

根据《建设工程工程量清单计价规范》(GB 50500—2008)表 C.1.3 的规定,铸造设备安装工程工程量清单项目设置及工程量计算规则见表 9.6。

表 9.6 铸造设备(编码:030103)

项目编码	项目名称	项目特征	计量单位	工程量计算规则	工程内容
030103001	砂处理设备	1. 名称 2. 型号 3. 质量	台	按设计图示数量计算	1. 安装 2. 地脚螺栓孔灌浆 3. 设备底座与基础间灌浆 4. 管道支架制作、安装、除锈、刷漆
030103002	造型设备				
030103003	造芯设备				
030103004	落砂设备				
030103005	清理设备				
030103006	金属型铸造设备				
030103007	材料准备设备				

续表9.6

项目编码	项目名称	项目特征	计量单位	工程量计算规则	工程内容
030103008	抛丸清理室	1.名称 2.型号 3.质量	室	按设计图示数量计算 注:设备质量应包括抛丸机、回转台、斗式提升机、螺旋办理送机、电动车等设备以及框架、平台、梯子、栏杆、漏斗、漏管等金属结构件的总质量	1.抛丸清理室安装 2.抛丸清理室地轨安装 3.金属结构件和车挡制作、安装 4.除尘机及除尘器与风机间的风管安装
030103009	铸铁平台	1.名称 2.型号 3.质量	t	按设计图示尺寸以质量计算	方型(梁式)铸铁平台安装、除锈、刷漆

4.起重设备安装工程工程量清单计算规则

根据《建设工程工程量清单计价规范》(GB 50500—2008)表C.1.4的规定,起重设备安装工程工程量清单项目设置及工程量计算规则见表9.7。

表9.7　起重设备安装(编码:030104)

项目编码	项目名称	项目特征	计量单位	工程量计算规则	工程内容
030104001	桥式起重机	1.名称 2.型号 3.质量	台	按设计图示数量计算	本体安装
030104002	吊钩门式起重机				
030104003	梁式起重机				
030104004	电动壁行悬挂式起重机				
030104005	旋臂壁式起重机				
030104006	悬臂立柱式起重机				
030104007	电动葫芦				
030104008	单轨小车				

5.输送设备安装工程工程量清单计算规则

根据《建设工程工程量清单计价规范》(GB 50500—2008)表C.1.6的规定,输送设备安装工程工程量清单项目设置及工程量计算规则见表9.8。

表9.8　输送设备安装(编码:030106)

项目编码	项目名称	项目特征	计量单位	工程量计算规则	工程内容
030106001	斗式提升机	1.名称 2.型号 3.提升高度	台	按设计图示数量计算	安装

续表 9.8

项目编码	项目名称	项目特征	计量单位	工程量计算规则	工程内容
030106002	刮板输送机	1. 名称 2. 型号 3. 输送机槽宽 4. 输送机长度 5. 驱动装置组数	组	按设计图示数量计算	安装
030106003	板(裙)式输送机	1. 名称 2. 型号 3. 链板宽度 4. 链轮中心距	台	按设计图示数量计算	安装
030106004	悬挂输送机	1. 名称 2. 型号 3. 质量 4. 链条类型 5. 节距	台	按设计图示数量计算	安装
030106005	固定式胶带输送机	1. 名称 2. 型号 3. 输送长度 4. 输送管尺寸	台	按设计图示数量计算	安装
030106006	气力输送设备	1. 名称 2. 型号 3. 输送长度 4. 输送管尺寸	台	按设计图示数量计算	安装
030106007	卸矿车	1. 名称 2. 型号 3. 质量 4. 设备宽度	台	按设计图示数量计算	安装
030106008	皮带秤安装				

6. 电梯安装工程工程量清单计算规则

根据《建设工程工程量清单计价规范》(GB 50500—2008)表 C.1.7 的规定,电梯安装工程工程量清单项目设置及工程量计算规则见表 9.9。

表 9.9 电梯安装(编码:030107)

项目编码	项目名称	项目特征	计量单位	工程量计算规则	工程内容
030107001	交流电梯	1. 名称 2. 型号 3. 用途 4. 层数 5. 站数 6. 提升高度	部	按设计图示数量计算	1. 本体安装 2. 电梯电气安装
030107002	直流电梯				
030107003	小型杂货电梯				

续表 9.9

项目编码	项目名称	项目特征	计量单位	工程量计算规则	工程内容
030107004	观光梯	1. 名称 2. 型号 3. 类别 4. 结构、规格	部	按设计图示数量计算	1. 本体安装 2. 电梯电气安装
030107005	自动扶梯		台		

7. 风机安装工程工程量清单计算规则

根据《建设工程工程量清单计价规范》(GB 50500—2008)表C.1.8的规定,风机安装工程工程量清单项目设置及工程量计算规则见表9.10。

表 9.10　风机安装(编码:030108)

项目编码	项目名称	项目特征	计量单位	工程量计算规则	工程内容
030108001	离心式通风机	1. 名称 2. 型号 3. 质量	台	1. 按设计图示数量计算 2. 直联式风机的质量包括本体及电机、底座的总质量	1. 本体安装 2. 拆装检查 3. 二次灌浆
030108002	离心式引风机				
030108003	轴流通风机				
030108004	回转式鼓风机				
030108005	离心式鼓风机				

8. 泵安装工程工程量清单计算规则

根据《建设工程工程量清单计价规范》(GB 50500—2008)表C.1.9的规定,泵安装工程工程量清单项目设置及工程量计算规则见表9.11。

表 9.11　泵安装(编码:030109)

项目编码	项目名称	项目特征	计量单位	工程量计算规则	工程内容
030109001	离心式泵	1. 名称 2. 型号 3. 质量 4. 输送介质 5. 压力 6. 材质	台	按设计图示数量计算 直联式泵的质量包括本体电机及底座的总质量;直联式的不包括电动机技师;深井泵的质量包括本体、电动机底座及设备扬水管的总质量	1. 本体安装 2. 泵拆装检查 3. 电动机安装 4. 二次灌浆

续表 9.11

项目编码	项目名称	项目特征	计量单位	工程量计算规则	工程内容
030109002	旋涡泵	1. 名称 2. 型号 3. 质量	台	按设计图示数量计算	1. 本体安装 2. 泵拆装检查 3. 电动机安装 4. 二次灌浆
030109003	电动往复泵				
030109004	柱塞泵				
030109005	蒸汽往复泵				
030109006	计量泵				
03010007	螺杆泵				
030109008	齿轮油泵				
030109009	真空泵				
030109010	屏蔽泵				
030109011	简易移动潜水泵				

9. 工业炉安装工程工程量清单计算规则

根据《建设工程工程量清单计价规范》(GB 50500—2008)表 C.1.11 的规定,工业炉安装工程工程量清单项目设置及工程量计算规则见表 9.12。

表 9.12　工业炉安装(编码:030111)

项目编码	项目名称	项目特征	计量单位	工程量计算规则	工程内容
030111001	电弧炼钢炉	1. 名称 2. 型号 3. 质量 4. 设备容量 5. 内衬砌筑设计要求	台	按设计图示数量计算	1. 本体安装 2. 内衬砌筑、烘炉 3. 炉体结构件及设备刷漆
030111002	无芯工频感应电炉				
030111003	电阻炉	1. 名称 2. 型号 3. 质量	台	按设计图示数量计算	本体安装
030111004	真空炉				
030111005	高频及中频感应炉				
030111006	冲天炉	1. 名称 2. 型号 3. 质量 4. 熔化率	台	按设计图示数量计算	1. 本体安装 2. 前炉安装 3. 冲天炉加料机的轨道加料车、卷扬装置等安装 4. 轨道安装 5. 车挡制作、安装 6. 炉体管道的试压 7. 炉体结构件及设备刷漆

续表9.12

项目编码	项目名称	项目特征	计量单位	工程量计算规则	工程内容
030111007	加热炉	1.名称 2.型号 3.质量 4.结构形式 5.内衬砌筑设计要求	台	按设计图示数量计算	1.本体安装 2.砌筑 3.炉体结构件及设备刷漆
030111008	热处理炉				
030111009	解体结构并式热处理炉安装	1.名称 2.型号 3.质量	台	按设计图示数量计算	1.本体安装 2.炉体结构件刷漆及设备补刷油漆 3.炉体管道安装、试压

10.煤气发生设备安装工程工程量清单计算规则

根据《建设工程工程量清单计价规范》(GB 50500—2008)表C.1.12的规定,煤气发生设备安装工程工程量清单项目设置及工程量计算规则见表9.13。

表9.13 煤气发生设备安装(编码:030112)

项目编码	项目名称	项目特征	计量单位	工程量计算规则	工程内容
030112001	煤气发生炉	1.名称 2.型号 3.质量 4.规格	台	按设计图示数量计算	1.本体安装 2.窗口构件制作、安装
030112002	洗涤塔	1.名称 2.型号 3.质量 4.直径 5.规格	台	按设计图示数量计算	1.安装 2.二次灌浆
030112003	电气滤清器	1.名称 2.型号 3.质量 4.规格	台	按设计图示数量计算	安装
030112004	竖管	1.类型 2.高度 3.直径 4.规格	台	按设计图示数量计算	安装
030112005	附属设备	1.名称 2.型号 3.质量 4.规格	台	按设计图示数量计算	1.安装 2.二次灌浆

11.其他机械安装工程工程量清单计算规则

根据《建设工程工程量清单计价规范》(GB 50500—2008)表C.1.13的规定,其他机械安装工程工程量清单项目设置及工程量计算规则见表9.14。

表 9.14 其他要机械安装(编码:030113)

项目编码	项目名称	项目特征	计量单位	工程量计算规则	工程内容
030113001	溴化锂吸收式制冷机	1.名称 2.型号 3.质量	台	按设计图示数量计算	1.本体安装 2.保温、防护层、刷漆
030113002	制冰设备	1.名称 2.型号 3.质量 4.制冰方式	台	按设计图示数量计算	1.本体安装 2.保温、防护层、刷漆
030113003	冷风机	1.冷却面积 2.直径 3.质量	台	按设计图示数量计算	1.本体安装 2.保温、防护层、刷漆
030113004	润滑油处理设备	1.名称 2.型号 3.质量	台	按设计图示数量计算	1.本体安装 2.保温、防护层、刷漆
030113005	膨胀机				
030113006	柴油机				1.安装 2.二次灌浆
030113007	柴油发电机组				
030113008	电动机				
030113009	电动发电机组				
030113010	冷凝器	1.名称 2.型号 3.结构 4.冷却面积	台	按设计图示数量计算	1.本体安装 2.保温、刷漆
030113011	蒸发器	1.名称 2.型号 3.结构 4.蒸发面积	台	按设计图示数量计算	1.本体安装 2.保温、刷漆
030113012	贮液器(排液桶)	1.名称 2.型号 3.质量 4.容积	台	按设计图示数量计算	1.本体安装 2.保温、刷漆
030113013	分离器	1.类型 2.介质 3.直径	台	按设计图示数量计算	1.本体安装 2.保温、刷漆
030113014	过滤器				
030113015	中间冷却器	1.名称 2.型号 3.质量 4.冷却面积	台	按设计图示数量计算	1.本体安装 2.保温、刷漆
030113016	玻璃钢冷却塔				
030113017	集油器	1.名称 2.型号 3.直径	台	按设计图示数量计算	1.本体安装 2.保温、刷漆
030113018	紧急泄氨器				
030113019	油视镜	1.名称 2.型号 3.直径	支	按设计图示数量计算	本体安装

续表9.14

项目编码	项目名称	项目特征	计量单位	工程量计算规则	工程内容
030113020	储气罐	1.名称 2.型号 3.容积	台	按设计图示数量计算	本体安装
030113021	乙炔发生器				
030113022	水压机蓄热罐	1.名称 2.型号 3.质量	台	按设计图示数量计算	本体安装
030113023	空气分离塔	1.类型 2.容积	台	按设计图示数量计算	1.本体安装 2.保温
030113024	小型制氧机附属设备	1.名称 2.型号 3.质量	台	按设计图示数量计算	1.本体安装 2.保温

9.2　热力设备安装及部分静置设备安装工程工程量计算

9.2.1　定额工程量计算规则

1.户用小型锅炉安装

户用小型锅炉以“台”为计量单位,适用于燃油、燃气或电加热、供暖面积在300 m^2 以内,提供采暖与生活热水的小型壁挂及落地式热水锅炉。定额内包括了炉体与附件安装、连接水、油(气)管及试运、调整。不包括室内各类管路敷设及电气检查接线工作内容。

2.常压、立式锅炉本体安装

定额适用于蒸发量0.1~2 L/h各种结构形式的常压、立式生活用蒸汽或热水锅炉;以“台”为计量单位。定额包括锅炉本体及本体范围内管件、阀件、仪表件安装及试压、烘煮炉、试运行;不包括炉本体一次阀门以外的管道安装以及各种泵类、箱类设备安装。

3.快装锅炉成套设备安装

定额适用于蒸发量1~6 L/h各型快装燃煤锅炉;以“台”为计量单位。定额除包括锅炉本体及本体范围内管道、阀门、仪表件等配套附件外,还包括上煤、除灰(渣)装置、鼓(引)风机、体外整体省煤器安装以及生产厂配套供货的烟(风)管系统和其他构件、配件的安装。其他附属设备安装与非锅炉生产厂供应的金属构件的制作安装应另行计算。

4.组装锅炉设备安装

定额适用于上、下两大件组装出厂的蒸汽、热水燃煤锅炉;编制范围为蒸发量6~20 t/h,仍以“台”为计量单位。定额内包括本体上、下组件安装、本体范围内管道、阀件、仪表件、配套附件安装,还包括上煤、除灰(渣)装置、调速箱、体外省煤器、鼓(引)风机以及锅炉生产厂配套供货的烟、风管系统和构件、配件的安装。但不包括锯炉两组件接口部位的耐火砖砌筑、门拱砌筑与保温、油漆以及上述以外的锅炉附属设备安装与非锅炉生产厂供应的金属构件制作安装。

锅炉的电气、自控、遥控配风、热工仪表校验、调整与安装应按第二册《电气设备安装工程》与第十册《自动化控制仪表安装工程》定额相应项目计算。

使用本定额还应注意以下两点:

(1)锅炉本体下部组件包括链条炉排、底座等;如为散件供货需在现场组合安装时,定额消耗量乘以系数1.20。

(2)炉后体外省煤器如为散件供货,需在现场组合、试压、安装时,定额消耗量乘以系数1.06。

5.散装锅炉本体安装

定额中所列为蒸发量4~20 t/h散装燃煤蒸汽锅炉,适用于各型通用供热锅炉,也适用于火力发电厂启动用锅炉的安装。散装锅炉安装按锅炉铭牌重量以“t”为计量单位,锅炉铭牌重量应按设备装箱清单逐项核对,备品备件重量不得计入,锅炉重量的计算范围详见《工程量计算规则》中相关内容。定额包括锅炉本体安装及试压、烘煮炉、试运行等,不包括锅炉的附属机械与辅助设备的安装、炉墙砌筑与保温、油漆,炉本体一次阀门以外的管道和非锅炉生产厂供货的金属构件、煤斗、连接平台以及锅炉热工仪表的校验、调整、安装,锅炉电气与自控系统安装等。不包括的工作内容应按本章或其他册定额相应项目另行计算。

6.燃油(气)锅炉本体安装

定额适用于蒸发量0.5~20 L/h各型整装燃油(气)锅炉和6~20 L/h各型散装(分部件出厂)燃油(气)锅炉的本体安装;分别以“台”和“t”为计量单位。各型整装炉包括炉本体与本体范围内管道、阀门、仪表件及随炉本体配套供应的油、水泵、燃烧器、调速器、电控箱以及平台、扶梯等安装,但不包括上水系统及非制造厂供货的连接平台等金属构件制作与安装。各型散装炉包括炉本体钢架、汽包、水冷系统、过热系统、省煤器及管路系统、炉本体汽水管道、除灰装置及各种钢结构、平台梯子栏杆以及炉体表面包钢板;不包括炉墙砌筑、保温油漆及各种泵类、箱类设备的安装,也不包括非制造厂供货的连接平台或其他金属结构件的制作安装。不论整装或散装炉,其本体一次阀门以外的汽、水、油(气)管道、管件、阀门、热工仪表等均应按其他册定额另行计算。使用本项定额还应注意以下几点:

(1)试运行所需用的轻油或重油、软化水、电力的消耗量均未计入定额,但烘炉、煮炉的油、水、电已计入定额。

(2)烘炉、煮炉是按燃油考虑的,当燃料为气体时,应扣除定额内轻油含量,另按设计要求计算燃气消耗量。

(3)定额所选用的燃油(气)炉型号、规格、种类为一般普通常规产品,特殊、特种燃油(气)锅炉则不适用。

7.电加热锅炉本体安装

定额适用于蒸发量0.5~6 t/h的以电力为热源的整装锅炉,以“台”为计量单位。定额已包括炉本体及本体范围内管道、阀门、仪表件及配套附件以及炉体电控箱安装与电热管接线;不包括炉体电控箱以外的电气工程和试运行所需的水、电消耗。

8.直燃型冷热水机组安装

本项定额适用于为暖通空调工程提供冷、热媒的直燃型机组,按机组重量以“台”为计量单位。定额包括设备整体或分体安装、本体范围内管道、阀门、仪表件及随机组配套供应的油泵、水泵、燃烧器、电控箱等安装,不包括设备本体以外的管路和与机组非同一底座的设备、启动装置的安装与调试,以及电控箱以外的电气安装工作内容。定额内也未包括试运转时所需燃油(气)与水、电消耗,设备运行工质按生产厂或生产厂现场充装考虑。

9.锅炉附属及辅助设备安装

定额所列各种附属与辅助设备分别以“台”或“组”“套”为计量单位,按设备类型、重量、型号、规格等分别使用相应子目。各种附属与辅助设备安装工作内容详见定额章节说明,其中各种容器类设备已包括水压试验,水处理设备已包括填料筛分与装填。定额未列的附属机械(如泵类、风机等)及辅助设备使用第一册或其他册定额相应项目。

9.2.2　工程量清单计算规则

1. 中压锅炉本体设备安装

中压锅炉本体设备安装工程工程量清单项目设置及工程量计算规则，应按表9.15的规定执行。

表9.15　中压锅炉本体设备安装（编码：030301）

项目编码	项目名称	项目特征	计量单位	工程量计算规则	工程内容
030301001	锅炉本体	1. 结构形式 2. 蒸汽出率(t/h)	台	按设计图示数量计算	1. 锅炉架安装 2. 汽包安装 3. 水冷系统安装 4. 过热系统安装 5. 省煤器安装 6. 空气预热器安装 7. 本体管路系统安装 8. 本体金属结构安装 9. 本体平台扶梯安装 10. 炉排及燃烧装置安装 11. 除渣装置安装 12. 锅炉酸洗 13. 锅炉水压试验 14. 锅炉风压试验 15. 烘炉、煮炉、蒸汽严密性试验及安全门调整 16. 本体刷油

2. 中压锅炉风机安装

中压锅炉风机安装工程工程量清单项目设置及工程量计算规则，应按表9.16的规定执行。

表9.16　中压锅炉风机安装（编码：030302）

项目编码	项目名称	项目特征	计量单位	工程量计算规则	工程内容
030302001	送、引风机	1. 用途 2. 名称 3. 型号 4. 规格	台	按设计图示数量计算	1. 本体安装 2. 电动机安装 3. 附属系统安装 4. 平台、扶梯、栏杆制作、安装 5. 保温 6. 油漆

3. 中压锅炉除尘装置安装

中压锅炉除尘装置安装工程工程量清单项目设置及工程量计算规则,应按表 9.17 的规定执行。

表 9.17 中压锅炉除尘装置安装(编码:030303)

项目编码	项目名称	项目特征	计量单位	工程量计算规则	工程内容
030303001	除尘器	1. 名称 2. 型号 3. 结构形式 4. 筒体直径 5. 电感面积(m^2)	台	按设计图示数量计算	1. 本体安装 2. 附件安装 3. 附属系统安装 4. 保温 5. 油漆

4. 中压锅炉制粉系统安装

中压锅炉制粉系统安装工程工程量清单项目设置及工程量计算规则,应按表 9.18 的规定执行。

表 9.18 中压锅炉制粉系统安装(编码:030304)

项目编码	项目名称	项目特征	计量单位	工程量计算规则	工程内容
030304001	磨煤机	1. 名称 2. 型号 3. 出力	台	按设计图示数量计算	1. 本体安装 2. 传动设备、电动机安装 3. 附属设备安装 4. 油系统安装,油管路酸洗 5. 铜球磨燃机的加铜球 6. 平台、扶梯、栏杆及围栅制作、安装 7. 密封风机安装 8. 油漆
030304002	给煤机	1. 名称 2. 型号 3. 出力	台	按设计图示数量计算	1. 主机安装 2. 减速机安装 3. 电动机安装 4. 附件安装
030304003	叶轮胎粉机	1. 名称 2. 型号 3. 出力	台	按设计图示数量计算	1. 主机安装 2. 电动机安装
030304004	螺旋输粉机	1. 名称 2. 型号 3. 出力	台	按设计图示数量计算	1. 主机安装 2. 减速机、电动机安装 3. 落粉管安装 4. 闸门板安装

5. 中压锅炉烟、风、煤管道安装

中压锅炉烟、风、煤管道安装工程工程量清单项目设置及工程量计算规则,应按表 9.19 的规定执行。

表9.19　中压锅炉烟、风、煤管道安装(编码:030305)

项目编码	项目名称	项目特征	计量单位	工程量计算规则	工程内容
030305001	烟道	1. 管道断面尺寸 2. 管壁厚度	t	按设计图示数量计算	1. 管道安装 2. 送粉管弯头浇灌防磨混凝土 3. 风门、挡板安装 4. 管道附件安装 5. 支吊架制作、安装 6. 附属设备安装 7. 油漆 8. 保温
030305002	热风道				
030305003	冷风道				
030305004	制粉管道				
030305005	送粉管道				
030305006	原煤管道				

6. 中压锅炉其他辅助设备安装

中压锅炉其他辅助设备安装工程工程量清单项目设置及工程量计算规则,应按表9.20规定执行。

表9.20　中压锅炉其他辅助设备安装(编码:030306)

项目编码	项目名称	项目特征	计量单位	工程量计算规则	工程内容
030306001	扩容器	1. 名称、型号 2. 出力(规格) 3. 结构形式、质量	台	按设计图示数量计算	1. 本体安装 2. 附件安装 3. 支架制作、安装 4. 保温
030306002	排汽消音器	1. 名称、型号 2. 出力(规格) 3. 结构形式、质量	台	按设计图示数量计算	1. 本体安装 2. 支架制作、安装 3. 保温
030306003	暖风器	1. 名称、型号 2. 出力(规格) 3. 结构形式、质量	只	按设计图示数量计算	1. 本体安装 2. 框架制作、安装 3. 保温
030306004	测粉装置	1. 名称、型号 2. 标尺比例	套	按设计图示数量计算	1. 本体安装 2. 附件安装
030306005	煤粉分离器	1. 结构类型 2. 直径	台	按设计图示数量计算	1. 本体安装 2. 操作装置安装 3. 防爆门及人孔门安装

7. 中压锅炉炉墙砌筑

中压锅炉炉墙砌筑工程工程量清单项目设置及工程量计算规则,应按表9.21的规定执行。

表 9.21　中压锅炉炉墙砌筑(编码:030307)

项目编码	项目名称	项目特征	计量单位	工程量计算规则	工程内容
030307001	敷管式、膜式水冷壁炉墙和框架式炉墙砌筑	1. 砌筑材料名称、规格 2. 砌筑厚度 3. 保温制品名称及保温厚度 4. 填塞材料名称	m^2	按设计图所示的设备表面尺寸,以面积计算	一、炉墙砌筑 1. 炉底磷酸盐混凝土砌筑 2. 炉墙耐火混凝土砌筑 3. 炉墙保温混凝砌筑 4. 炉墙矿、岩棉毡、超细棉等制品敷设 5. 炉墙密封、抹面 6. 炉顶砌筑 二、炉墙中局部浇筑 1. 耐火混凝土 2. 耐火塑料 3. 保温混凝土 4. 燃烧带敷设 三、炉墙耐火材料填塞

8. 汽轮发电机本体安装

汽轮发电机本体安装工程工程量清单项目设置及工程量计算规则,应按表 9.22 的规定执行。

表 9.22　汽轮发电机本体安装(编码:030308)

项目编码	项目名称	项目特征	计量单位	工程量计算规则	工程内容
030308001	汽轮发电机组	1. 汽轮机的结构形式、型号 2. 机组容量(MW)和发电机型号 3. 本体管道质量	组	按设计图示数量计算	一、汽轮机安装 1. 本体安装 2. 测速系统安装 3. 主汽门、联合汽门安装 4. 保温 5. 油漆 二、发电机及励磁机安装 1. 本体安装 2. 抽真空系统安装 3. 发电机整套风压试验 三、本体管道安装 1. 随本体设备成套供应的系统管道、管件、阀门安装 2. 管道系统水压试验 3. 油漆 4. 保温 四、空负荷试运 1. 危急保安器试运 2. 给水泵组试运 3. 润滑油系统试运 4. 真空系统试运 5. 汽机汽封系统试运 6. 调速系统试运 7. 发电机水冷系统试运 8. 低压缸喷水试运 9. 其他项目试运

9. 汽轮发电机辅助设备安装

汽轮发电机辅助设备安装工程工程量清单项目设置及工程量计算规则,应按表 9.23 的规定执行。

表 9.23　汽轮发电机辅助设备安装(编码:030309)

项目编码	项目名称	项目特征	计量单位	工程量计算规则	工程内容
030309001	凝汽器	1. 结构形式 2. 型号 3. 冷凝面积	台	按设计图示数量计算	1. 外壳组装 2. 铜管安装 3. 内部设备安装 4. 管件安装 5. 附件安装
030309002	加热器	1. 结构形式 2. 型号 2. 热交换面积	台	按设计图示数量计算	1. 本体安装 2. 附件安装 3. 支架制作、安装 4. 保温
030309003	抽气器	1. 结构形式 2. 型号 3. 规格	台	按设计图示数量计算	1. 本体安装 2. 附件安装 3. 支架制作、安装 4. 油漆
030309004	油箱和油系统设备	1. 名称 2. 结构形式 3. 型号 4. 冷却面积 5. 油箱容积	台	按设计图示数量计算	1. 本体安装 2. 附件安装 3. 支架制作、安装 4. 油漆

10. 汽轮发电机附属设备安装

汽轮发电机附属设备安装工程工程量清单项目设置及工程量计算规则,应按表 9.24 的规定执行。

表 9.24　汽轮发电机附属设备安装(编码:030310)

项目编码	项目名称	项目特征	计量单位	工程量计算规则	工程内容
030310001	除氧器及水箱	1. 结构形式 2. 型号 3. 水箱容积	台	按设计图示数量计算	1. 水箱本体及托架安装 2. 除氧器本体安装 3. 附件安装 4. 保温 5. 油漆
030310002	电动给水泵	1. 型号 2. 功率	台	按设计图示数量计算	1. 本体安装 2. 附件安装 3. 电动机安装 4. 油漆
030310003	循环水泵				
030310004	凝结水泵				
030310005	机械真空泵				
030310005	循环水泵房入口设备	1. 名称 2. 型号 3. 功率 4. 尺寸	台	按设计图示数量计算	1. 旋转滤网安装 2. 钢闸门安装 3. 清污机安装 4. 附件安装 5. 油漆

11. 卸煤设备安装

卸煤设备安装工程工程量清单项目设置及工程量计算规则,应按表9.25的规定执行。

表9.25 卸煤设备安装(编码:030311)

项目编码	项目名称	项目特征	计量单位	工程量计算规则	工程内容
030311001	抓斗	1. 型号 2. 跨度 3. 高度 4. 起重量	台	按设计图示数量计算	1. 构架安装 2. 行走机械安装 3. 抓头安装 4. 附件安装 5. 平台扶梯制作、安装 6. 油漆
030311002	斗链式卸煤机	1. 型号 2. 规格 3. 输送量	台	按设计图示数量计算	1. 构架安装 2. 行走、传动机构安装 3. 斗链安装 4. 输送机构安装 5. 附件安装 6. 平台扶梯制作、安装 7. 油漆

12. 煤场机械设备安装

煤场机械设备安装工程工程量清单项目设置及工程量计算规则,应按表9.26的规定执行。

表9.26 煤场机械设备安装(编码:030312)

项目编码	项目名称	项目特征	计量单位	工程量计算规则	工程内容
030312001	斗轮堆取料机	1. 型号 2. 跨度 3. 高度 4. 装载量	台	按设计图示数量计算	1. 门座架安装 2. 行走机构安装 3. 波带机安装 4. 取料机构安装 5. 液压机构安装 6. 油漆
030312002	门式液轮堆取料机	1. 型号 2. 跨度 3. 高度 4. 装载量	台	按设计图示数量计算	1. 构架安装 2. 转动机构安装 3. 输送机安装 4. 取料机构安装 5. 检修用吊车安装 6. 油漆

13. 碎煤设备安装

碎煤设备安装工程工程量清单项目设置及工程量计算规则,应按表9.27的规定执行。

表 9.27　碎煤设备安装(编码:030313)

项目编码	项目名称	项目特征	计量单位	工程量计算规则	工程内容
030313001	反击式碎煤机	1. 型号 2. 功率	台	按设计图示数量计算	1. 本体安装 2. 电动机安装 3. 传动部件安装 4. 油漆
030313002	锤击式破碎机	1. 型号 2. 功率	台	按设计图示数量计算	1. 本体安装 2. 电动机安装 3. 传动部件安装 4. 油漆
030313003	部分设备	1. 型号 2. 规格	台	按设计图示数量计算	1. 本体安装 2. 电动机安装 3. 油漆

14. 上煤设备安装

上煤设备安装工程工程量清单项目设置及工程量计算规则,应按表 9.28 的规定执行。

表 9.28　上煤设备安装(编码:030314)

项目编码	项目名称	项目特征	计量单位	工程量计算规则	工程内容
030314001	皮带机	1. 型号 2. 长度 3. 皮带宽度	m	按设备安装图示长度计算	1. 构架、托锯安装 2. 头部、尾部安装 3. 减速机安装 4. 电动机安装 5. 拉紧装置安装 6. 皮带安装 7. 附件安装 8. 扶手、平台 9. 油漆
030314002	配仓皮带机	1. 型号 2. 长度 3. 皮带宽度	m	按设备安装图示长度计算	1. 皮带机安装 2. 中间构架安装 3. 附件安装 4. 油漆
030314003	输煤转运站落煤设备	1. 型号 2. 质量	套	按设计图示数量计算	1. 落煤管安装 2. 落煤斗安装 3. 切换挡板安装 4. 传动机安装 5. 油漆
030314004	皮带秤	1. 名称 2. 型号 3. 规格	台	按设计图示数量计算	1. 安装 2. 油漆
030314005	机械采样装置及除木器	1. 名称 2. 型号 3. 规格	台	按设计图示数量计算	1. 本体安装 2. 减速机安装 3. 电动机安装 4. 油漆

续表 9.28

项目编码	项目名称	项目特征	计量单位	工程量计算规则	工程内容
030314006	电动犁式卸料器	1. 型号 2. 规格	台	按设计图示数量计算	1. 犁煤器安装 2. 落煤斗安装 3. 电动推杆安装 4. 油漆
030314007	电动卸料车	1. 型号 2. 规格 3. 皮带宽度	台	按设计图示数量计算	1. 卸煤车安装 2. 减速机安装 3. 电动机安装 4. 电动推杆安装 5. 落煤管安装 6. 导煤槽安装 7. 扶梯、栏杆制作、安装 8. 油漆
030314008	电磁分离器	1. 型号 2. 结构形式 3. 规格	台	按设计图示数量计算	1. 本体安装 2. 附属设备安装 3. 附属构件安装

15. 水力冲渣、冲灰设备安装

水力冲渣、冲灰设备安装工程工程量清单项目设置及工程量计算规则，应按表 9.29 的规定执行。

表 9.29　水力冲渣、冲灰设备安装(编码:030315)

项目编码	项目名称	项目特征	计量单位	工程量计算规则	工程内容
030315001	捞渣机	1. 型号 2. 出力(t/h)	台	按设计图示数量计算	1. 本体安装 2. 减速机安装 3. 电动机安装 4. 附件安装 5. 油漆
030315002	碎渣机				
030315003	水力喷射器	1. 型号 2. 出力(t/h)	台	按设计图示数量计算	1. 本体安装 2. 附件安装 3. 油漆
030315004	箱式冲灰器				
030315005	砾石过滤器	1. 型号 2. 直径	台	按设计图示数量计算	1. 本体安装 2. 附件安装 3. 油漆
030315006	空气斜槽	1. 型号 2. 长度 3. 宽度	台	按设计图示数量计算	1. 槽体、端盖板安装 2. 载气阀安装
030315007	杰渣沟插板门	1. 型号 2. 门孔尺寸(mm)	套	按设计图示数量计算	1. 本体安装 2. 内部组件安装 3. 电动机安装 4. 附件安装 5. 油漆
030315008	电动灰斗闸板门				
030315009	电动三通门				

表9.29

项目编码	项目名称	项目特征	计量单位	工程量计算规则	工程内容
030315010	镇气器	1. 型号 2. 出力(m^2/h)	台	按设计图示数量计算	1. 本体安装 2. 内部组件安装 3. 电动机安装 4. 附件安装 5. 油漆

16. 化学水预处理系统设备安装

化学水预处理系统设备安装工程工程量清单项目设置及工程量计算规则,应按表9.30的规定执行。

表9.30　化学水预处理系统设备安装(编码:030316)

项目编码	项目名称	项目特征	计量单位	工程量计算规则	工程内容
030316001	反通透处理系统	1. 型号 2. 出力(t/h)	套	按设计图示数量计算	1. 组件安装 2. 附属设备安装 3. 油漆
030316002	凝聚澄清过滤系统	1. 名称、型号 2. 规格 3. 出力(t/h) 4. 容积			1. 澄清器安装 2. 过滤器安装 3. 混合器安装 4. 水箱安装 5. 水泵、溶液泵安装 6. 计量箱、计量装置安装 7. 加热器安装 8. 油漆

17. 锅炉补给水除盐系统设备安装

锅炉补给水除盐系统设备安装工程工程量清单项目设置及工程量计算规则,应按表9.31的规定执行。

表9.31　锅炉补给水除盐系统设备安装(编码:030317)

项目编码	项目名称	项目特征	计量单位	工程量计算规则	工程内容
030317001	机械过滤系统	1. 名称 2. 型号 3. 规格 4. 直径或容积(m^2) 5. 树脂高度	套	按设计图示数量计算	1. 机械过滤器安装 2. 水箱安装 3. 水泵安装 4. 鼓风机安装 5. 油漆
030317002	除盐加混床设备	1. 名称 2. 型号 3. 规格 4. 直径或容积(m^2) 5. 树脂高度	套	按设计图示数量计算	1. 水箱和水泵安装 2. 计量箱、计量装置安装 3. 喷射器安装 4. 树脂预处理 5. 树脂装填 6. 油漆

续表 9.31

项目编码	项目名称	项目特征	计量单位	工程量计算规则	工程内容
030317003	除二氧化碳和离子交换设备	1. 型号 2. 出力(t/h) 3. 直径 4. 树脂高度	套	按设计图示数量计算	1. 除二氧化碳器安装 2. 混合器安装 3. 阴阳离子交抽象器安装 4. 再生罐安装 5. 树脂贮存罐安装 6. 油漆

18. 凝结水处理系统设备安装

凝结水处理系统设备安装工程工程量清单项目设置及工程量计算规则,应按表 9.32 的规定执行。

表 9.32 凝结水处理系统设备安装(编码:030318)

项目编码	项目名称	项目特征	计量单位	工程量计算规则	工程内容
030318001	凝结水处理设备	1. 名称 2. 型号 3. 规格 4. 出力(t/h) 5. 容积或直径	台	按设计图示数量计算	1. 设备及随设备供货的管、管件、阀门和本体范围内的平台、梯子、栏杆安装、填料 2. 随设备供货的配套设备、配件安装 3. 油漆 4. 灌水试运和水压试验 注:凝结水处理设备包括: 1. 离子交换器安装 2. 再生器安装 3. 过滤器安装 4. 树脂贮存罐安装 5. 树脂捕捉器安装 6. 树脂喷射器安装 7. 酸碱贮存罐安装 8. 计量箱安装 9. 吸收器安装 10. 水泵安装

19. 循环水处理系统设备安装

循环水处理系统设备安装工程工程量清单项目设置及工程量计算规则,应按表 9.33 的规定执行。

表9.33　循环水处理系统设备安装(编码:030319)

项目编码	项目名称	项目特征	计量单位	工程量计算规则	工程内容
030319001	循环水处理设备	1.型号 2.出力(规格) 3.直径	台	按设计图示数量计算	1.设备及随设备供货的管、管件、阀门和本体范围内的平台、梯子、栏杆安装 2.随设备供货的配套设备、配件安装 3.油漆 4.灌水试运和水压试验 注:循环水处理及加药设备包括: 1.钠离子软化器安装 2.食盐溶解过滤器安装 3.加药设备安装 4.凝汽器铜管镀膜设备安装 5.空压机安装 6.起重设备安装 7.油漆

20.给水、炉水校正处理系统设备安装

给水、炉水校正处理系统设备安装工程工程量清单项目设置及工程量计算规则,应按表9.34的规定执行。

表9.34　给水、炉水校正处理系统设备安装(编码:030320)

项目编码	项目名称	项目特征	计量单位	工程量计算规则	工程内容
030320001	给水、炉水校正处理设备	1.型号 2.出力(规格) 3.容积或直径	台	按设计图示数量计算	1.设备及随设备供货的管、管件、阀门和本体范围内的平台、梯子、栏杆安装 2.随设备供货的配套设备、配件安装 3.油漆 4.灌水试运和水压试验 注:给水、炉水校正处理设备包括 1.汽水取样设备安装 2.炉内水处理装置安装 3.药液的制备、计量设备安装 4.输送系安装 5.油漆

21.低压锅炉本体设备安装

低压锅炉本体设备安装工程工程量清单项目设置及工程量计算规则,应按表9.35的规定执行。

表 9.35　低压锅炉本体设备安装(编码:030321)

项目编码	项目名称	项目特征	计量单位	工程量计算规则	工程内容
030321001	成套整装锅炉	1.结构形式 2.蒸汽出率(t/h) 3.供热量(h/MW)	台	按设计图示数量计算	1.锅炉本体安装 2.附属设备安装 3.管道、阀门、表计安装 4.保温 5.油漆
030321002	散装和组装锅炉	1.结构形式 2.蒸汽出率(t/h) 3.供热量(h/MW)	台	按设计图示数量计算	1.锅炉架安装 2.汽包、水冷壁、过热器安装 3.省煤器、空气预热器安装 4.本体管路、吹灰器安装 5.炉排、门、孔安装 6.平台扶梯制作、安装 7.护墙砌筑 8.保温 9.油漆 10.水压试验、酸洗 11.烘炉、煮炉

22.低压锅炉附属及辅助设备安装

低压锅炉附属及辅助设备安装工程量清单项目设置及工程量计算规则,应按表 9.36 的规定执行。

表 9.36　低压锅炉附属及辅助设备安装(编码:030322)

项目编码	项目名称	项目特征	计量单位	工程量计算规则	工程内容
030322001	除尘器	1.名称 2.型号 3.规格 4.质量	台	按设计图示数量计算	1.本体安装 2.附件安装 3.油漆
030322002	水处理设备	1.型号 2.出力(t/h)	台	按系统设计清单和设备制造厂供货范围计算	1.浮动床钠离子交换器或组合式水处理设备的本体安装 2.内部组件安装 3.附件安装 4.填料 5.设备灌水试运及水压试验 6.油漆
030322003	板式换热器	1.型号 2.质量	台	按设计图示数量计算	1.本体安装 2.管件、阀门、表计安装 3.保温

续表9.36

项目编码	项目名称	项目特征	计量单位	工程量计算规则	工程内容
030322004	输煤设备（上煤机）	1.结构形式 2.型号 3.规格	台	按设计图示数量计算	1.本体安装 2.附属部件安装 3.油漆
030322005	除渣机	1.型号 2.输送长度 3.出力（t/h）	台	按设计图示数量计算	1.本体安装 2.机槽安装 3.传动装置安装 4.附件安装 5.油漆
030322006	齿轮式破碎机安装	1.型号 2.辊齿直径	台	按设计图示数量计算	1.本体安装 2.润滑系统安装 3.液压管路安装 4.附件安装 5.油漆

9.3　工业管道工程工程量计算

9.3.1　定额工程量计算规则

本节对应《全国统一安装工程消耗量定额》第六册《工业管道工程》。

1.管道安装

（1）管道安装按设计压力等级、材质、规格、连接形式分别列项，以“10 m”为计量单位。

（2）各种管道安装工程量，均按设计管道中心线长度，以延长米计算，不扣除阀门和各种管件所占长度；材料应按定额用量计算，定额用量已含损耗量。

（3）定额的管道壁厚是考虑了压力等级所涉及的壁厚范围综合取定的。执行定额时不区分管道壁厚，均按工作介质的设计压力及材质、规格执行定额。

（4）管道规格与实际不符时，按接近规格，中间时按大者计算。

（5）衬里钢管预制安装，管件按成品，弯头两端按接短管焊法兰考虑，定额中包括直管、管件、法兰全部安装工作内容（二次安装、一次拆除），但不包括衬里。

（6）有缝钢管螺纹连接项目已包括丝堵、补芯安装内容。

（7）伴热管项目已包括煨弯工作内容。

（8）加热套管安装按内、外管分别计算工程量，执行相应项目。

2.管件连接

（1）各种管件连接均按压力等级、材质、规格、连接形式，不分种类，以“10个”为计量单位。

（2）管件连接中已综合考虑了弯头、三通、异径管、管帽、管接头等管口含量的差异，应按设计图纸用量，执行相应项目。

（3）现场摔制异径管，应按不同压力、材质、规格，以大口管径执行管件连接相应项目，不另计制作工程量和主材用量。

（4）在管道上挖眼焊接管接头、凸台等配件，按配件管径计算管件工程量；挖眼接管三通支管径小于等于主管径1/2时，按支管径计算管件工程量（山东省规定）；支管径大于主管径1/2时，按主管径计算管件工程量。

3. 阀门安装

(1)各种阀门按不同压力、规格、连接形式,不分型号以“个”为计量单位,执行相应定额项目,压力等级以设计规定为准。

(2)各种法兰阀门安装与配套法兰的安装,应分别计算工程量,但塑料阀门安装定额中已包括配套的法兰安装,不要另计。

(3)减压阀直径按高压侧计算。

4. 法兰安装

(1)低、中、高压管道、管件、阀门上的各种法兰安装,应按不同压力、材质、规格和种类,分别以“副”为计量单位,执行相应定额项目,压力等级以设计图纸规定为准。

(2)不锈钢、有色金属的焊环活动法兰安装,可执行翻边活动法兰安装相应项目,但应将定额中的翻边短管换为焊环,并另行计算其价值。

5. 板卷管制作与管件制作

(1)板卷管制作,按不同材质、规格以“t”为计量单位,主材用量包括规定的损耗量。钢板卷管的制作长度取值为:$\Phi\leqslant$1 000 mm 时长度为 3.6 m;$\Phi\leqslant$1 800 mm 时长度为 4.8 m;$\Phi\leqslant$4 000 mm 时长度为 6.4 m。

(2)板卷管件制作,按不同材质、规格、种类以“t”为计量单位,主材用量包括规定的损耗量。

(3)成品管材制作管件,按不同材质、规格、种类以“10 个”为计量单位,主材用量包括规定的损耗量。

(4)三通不分同径或异径,均按主管径计算,异径管不分同心或偏心,按大管径计算。

6. 管道压力试验、吹扫与清洗

(1)管道压力试验、吹扫与清洗按不同的压力、规格,不分材质以“100 m”为计量单位。

(2)泄漏性试验适用于输送剧毒、有毒及可燃介质的管道,按压力、规格,不分材质以“100 m”为计量单位。

7. 无损探伤

(1)管材表面磁粉探伤和超声波探伤,不分材质、壁厚以“10 m”为计量单位。

(2)焊缝 X 射线、γ 射线探伤,按管壁厚不分规格、材质以“10 张”(胶片)为计量单位。

(3)焊缝超声波、磁粉及渗透探伤,按管道规格不分材质、壁厚以“10 口”为计量单位。

(4)计算 X 光、γ 射线探伤工程量时,按管材的双壁厚执行相应定额项目。

9.3.2 工程量清单计算规则

1. 低压管道

低压管道工程工程量清单项目设置及工程量计算规则,应按表 9.37 的规定执行。

表9.37 低压管道(编码:030601)

项目编码	项目名称	项目特征	计量单位	工程量计算规则	工程内容
030601001	低压有缝钢管	1. 材质 2. 规格 3. 连接形式 4. 套管形式、材质、规格 5. 压力试验、吹扫、清洗设计要求 6. 除锈、刷油、防腐、绝热及保护层设计要求	m	按设计图示管道中心线长度以延长米计算，不扣除阀门、管件所占长度，遇弯管时，按两管交叉的中心线交点计算。方形补偿器以其所占长度按管道安装工程量计算	1. 安装 2. 套管制作、安装 3. 压力试验 4. 系统吹扫 5. 系统清洗 6. 脱脂 7. 除锈、刷油、防腐 8. 绝热及保护层安装、除锈、刷油
030601002	低压碳钢伴热管	1. 材质 2. 安装位置 3. 规格 4. 套管形式、材质、规格 5. 压力试验、吹扫设计要求 6. 除锈、刷油、防腐设计要求	m	按设计图示管道中心线长度以延长米计算，不扣除阀门、管件所占长度，遇弯管时，按两管交叉的中心线交点计算。方形补偿器以其所占长度按管道安装工程量计算	1. 安装 2. 套管制作、安装 3. 压力试验 4. 系统吹扫 5. 除锈、刷油、防腐
030601003	低压不锈钢伴热管	1. 材质 2. 安装位置 3. 规格 4. 套管形式、材质、规格	m	按设计图示管道中心线长度以延长米计算，不扣除阀门、管件所占长度，遇弯管时，按两管交叉的中心线交点计算。方形补偿器以其所占长度按管道安装工程量计算	1. 安装 2. 套管制作、安装 3. 压力试验 4. 系统吹扫

续表 9.37

项目编码	项目名称	项目特征	计量单位	工程量计算规则	工程内容
030601004	低压碳钢管	1. 材质 2. 连接方式 3. 规格 4. 套管形式、材质、规格 5. 压力试验、吹扫、清洗设计要求 6. 除锈、刷油、防腐、绝热及保护层设计要求	m	按设计图示管道中心线长度以延长米计算，不扣除阀门、管件所占长度，遇弯管时，按两管交叉的中心线交点计算。方形补偿器以其所占长度按管道安装工程量计算	1. 安装 2. 套管制作、安装 3. 压力试验 4. 系统吹扫 5. 系统清洗 6. 油清洗 7. 脱脂 8. 除锈、刷油、防腐 9. 绝热及保护层安装、除锈、刷油
030601005	低压碳钢板卷管				
030601006	低压不锈钢管	1. 材质 2. 连接方式 3. 规格 4. 套管形式、材质、规格 5. 压力试验、吹扫、清洗设计要求 6. 绝热及保护层设计要求	m	按设计图示管道中心线长度以延长米计算，不扣除阀门、管件所占长度，遇弯管时，按两管交叉的中心线交点计算。方形补偿器以其所占长度按管道安装工程量计算	1. 安装 2. 焊口焊接管内、外充氩保护 3. 套管制作、安装 4. 压力试验 5. 系统吹扫 6. 系统吹扫 7. 系统清洗 8. 脱脂 9. 绝热及保护层安装、除锈、刷油
030601007	低压碳钢板卷管				
030601008	低压铝管	1. 材质 2. 连接方式 3. 规格 4. 套管形式、材质、规格 5. 压力试验、吹扫、清洗设计要求 6. 绝热及保护层设计要求	m	按设计图示管道中心线长度以延长米计算，不扣除阀门、管件所占长度，遇弯管时，按两管交叉的中心线交点计算。方形补偿器以其所占长度按管道安装工程量计算	1. 安装 2. 焊口焊接管内、外充氩保护 3. 焊口预热及后热 4. 套管制作、安装 5. 压力试验 6. 系统吹扫 7. 系统清洗 8. 脱脂 9. 绝热及保护层安装、除锈、刷油
030601009	低压铝板卷管				

续表9.37

项目编码	项目名称	项目特征	计量单位	工程量计算规则	工程内容
030601010	低压铝管	1. 材质 2. 连接方式 3. 规格 4. 套管形式、材质、规格 5. 压力试验、吹扫、清洗设计要求 6. 绝热及保护层设计要求	m	按设计图示管道中心线长度以延长米计算，不扣除阀门、管件所占长度，遇弯管时，按两管交叉的中心线交点计算。方形补偿器以其所占长度按管道安装工程量计算	1. 安装 2. 焊口预热及后热 3. 套管制作、安装 4. 压力试验 5. 系统吹扫 6. 系统清洗 7. 脱脂 8. 绝热及保护层安装、除锈、刷油
030601011	低压铜板卷管				
030601012	低压合金钢管	1. 材质 2. 连接方式 3. 规格 4. 套管形式、材质、规格 5. 压力试验、吹扫、清洗设计要求 6. 绝热及保护层设计要求	m	按设计图示管道中心线长度以延长米计算，不扣除阀门、管件所占长度，遇弯管时，按两管交叉的中心线交点计算。方形补偿器以其所占长度按管道安装工程量计算	1. 安装 2. 套管制作、安装 3. 焊口热处理 4. 压力试验 5. 系统吹扫 6. 系统清洗 7. 脱脂 8. 除锈、刷油、防腐 9. 绝热及保护层安装、除锈、刷油
030601013	低压钛及钛合金管	1. 材质 2. 连接方式 3. 规格 4. 套管形式、材质、规格 5. 压力试验、吹扫、清洗设计要求 6. 绝热及保护层设计要求	m	按设计图示管道中心线长度以延长米计算，不扣除阀门、管件所占长度，遇弯管时，按两管交叉的中心线交点计算。方形补偿器以其所占长度按管道安装工程量计算	1. 安装 2. 焊口焊接管内、外充氩保护 3. 套管制作、安装 4. 压力试验 5. 系统吹扫 6. 系统清洗 7. 脱脂 8. 绝热及保护层安装、除锈、刷油

续表 9.37

项目编码	项目名称	项目特征	计量单位	工程量计算规则	工程内容
030601014	衬里钢管预制安装	1. 材质 2. 连接方式 3. 规格 4. 套管形式、材质、规格 5. 压力试验、吹扫、清洗设计要求 6. 绝热及保护层设计要求	m	按设计图示管道中心线长度以延长米计算，不扣除阀门、管件所占长度，遇弯管时，按两管交叉的中心线交点计算。方形补偿器以其所占长度按管道安装工程量计算	1. 管道、管件、法兰安装 2. 管道、管件拆除 3. 套管制作、安装 4. 压力试验 5. 系统吹扫 6. 除锈、刷油、防腐 7. 绝热及保护层安装、除锈、刷油
030601015	低压塑料管	1. 材质 2. 连接方式 3. 接口材料 4. 规格 5. 套管形式、材质、规格 6. 压力试验、吹扫、清洗设计要求 7. 绝热及保护层设计要求	m	按设计图示管道中心线长度以延长米计算，不扣除阀门、管件所占长度，遇弯管时，按两管交叉的中心线交点计算。方形补偿器以其所占长度按管道安装工程量计算	1. 安装 2. 套管制作、安装 3. 脱脂 4. 压力试验 5. 系统吹扫 6. 绝热及保护层安装、除锈、刷油
030601016	钢骨架复合管				
030601017	低压玻璃钢管				
030601018	低压法兰铸铁管				
030601019	低压承插铸铁管				
030601020	低压预应力混凝土管				

2. 中压管道

中压管道工程工程量清单项目设置及工程量计算规则，应按表 9.38 的规定执行。

表 9.38　中压管道（编码：030602）

项目编码	项目名称	项目特征	计量单位	工程量计算规则	工程内容
030602001	中压有线制管	1. 材质 2. 连接方式 3. 规格 4. 套管形式、材质、规格 5. 压力试验、吹扫、清洗设计要求 6. 除锈、刷油、防腐、绝热及保护层设计要求	m	按设计图示管道中心线长度以延长米计算，不扣除阀门、管件所占长度，遇弯管时，按两管交叉的中心线交点计算。方形补偿器以其所占长度管道安装工程量计算	1. 安装 2. 套管制作、安装 3. 压力试验 4. 系统吹扫 5. 系统清洗 6. 脱脂 7. 除锈、刷油、防腐 8. 绝热及保护层安装、除锈、刷油

续表 9.38

<table>
<tr><th>项目编码</th><th>项目名称</th><th>项目特征</th><th>计量单位</th><th>工程量计算规则</th><th>工程内容</th></tr>
<tr><td>030602002</td><td>中压碳钢管</td><td rowspan="2">1. 材质
2. 连接方式
3. 规格
4. 套管形式、材质、规格
5. 压力试验、吹扫、清洗设计要求
6. 绝热及保护层设计要求</td><td rowspan="2">m</td><td rowspan="2">按设计图示管道中心线长度以延长米计算，不扣除阀门、管件所占长度，遇弯管时，按两管交叉的中心线交点计算。方形补偿器以其所占长度管道安装工程量计算</td><td rowspan="2">1. 安装
2. 焊口预热及后热
3. 焊口热处理
4. 焊口硬度测定
5. 套管制作、安装
6. 压力试验
7. 系统吹扫
8. 系统清洗
9. 油清洗
10. 脱脂
11. 除锈、刷油、防腐
12. 绝热及保护层安装、除锈、刷油</td></tr>
<tr><td>030602003</td><td>中压螺旋卷管</td></tr>
<tr><td>030602004</td><td>中压不锈钢管</td><td>1. 材质
2. 连接方式
3. 规格
4. 套管形式、材质、规格
5. 压力试验、吹扫、清洗设计要求
6. 绝热及保护层设计要求</td><td>m</td><td>按设计图示管道中心线长度以延长米计算，不扣除阀门、管件所占长度，遇弯管时，按两管交叉的中心线交点计算。方形补偿器以其所占长度管道安装工程量计算</td><td>1. 安装
2. 焊口焊接管内、外充氩保护
3. 套管制作、安装
4. 压力试验
5. 系统吹扫
6. 系统清洗
7. 油清洗
8. 脱脂
9. 绝热及保护层安装、除锈、刷油</td></tr>
<tr><td>030602005</td><td>中压合金钢管</td><td>1. 材质
2. 连接方式
3. 规格
4. 套管形式、材质、规格
5. 压力试验、吹扫、清洗设计要求
6. 除锈、刷油、防腐、绝热及保护层设计要求</td><td>m</td><td>按设计图示管道中心线长度以延长米计算，不扣除阀门、管件所占长度，遇弯管时，按两管交叉的中心线交点计算。方形补偿器以其所占长度管道安装工程量计算</td><td>1. 安装
2. 焊口预热及后热
3. 焊口热处理
4. 焊口硬度测定
5. 焊口焊接管内、外充氩保护
6. 套管制作、安装
7. 压力试验
8. 系统吹扫
9. 系统清洗
10. 油清洗
11. 脱脂
12. 除锈、刷油、防腐
13. 绝热及保护层安装、除锈、刷油</td></tr>
</table>

续表 9.38

项目编码	项目名称	项目特征	计量单位	工程量计算规则	工程内容
030602006	中压铜管	1. 材质 2. 连接方式 3. 规格 4. 套管形式、材质、规格 5. 压力试验、吹扫、清洗设计要求 6. 除锈、刷油、防腐、绝热及保护层设计要求	m	按设计图示管道中心线长度以延长米计算，不扣除阀门、管件所占长度，遇弯管时，按两管交叉的中心线交点计算。方形补偿器以其所占长度管道安装工程量计算	1. 安装 2. 焊口预热及后热 3. 套管制作、安装 4. 压力试验 5. 系统吹扫 6. 系统清洗 7. 脱脂 8. 绝热及保护层安装、除锈、刷油
030602007	中压钛及钛合金管	1. 材质 2. 连接方式 3. 规格 4. 套管形式、材质、规格 5. 压力试验、吹扫、清洗设计要求 6. 除锈、刷油、防腐、绝热及保护层设计要求	m	按设计图示管道中心线长度以延长米计算，不扣除阀门、管件所占长度，遇弯管时，按两管交叉的中心线交点计算。方形补偿器以其所占长度管道安装工程量计算	1. 安装 2. 焊口焊接管内、外充氩保护 3. 套管制作、安装 4. 压力试验 5. 系统吹扫 6. 系统清洗 7. 脱脂 8. 绝热及保护层安装、除锈、刷油

3. 高压管道

高压管道工程工程量清单项目设置及工程量计算规则，应按表 9.39 的规定执行。

表 9.39　高压管道(编码:030603)

项目编码	项目名称	项目特征	计量单位	工程量计算规则	工程内容
030603001	高压碳钢管	1. 材质 2. 连接方式 3. 规格 4. 套管形式、材质、规格 5. 压力试验、吹扫、清洗设计要求 6. 绝热及保护层设计要求	m	按设计图示管道中心线长度以延长米计算，不扣除阀门、管件所占长度，遇弯管时，按两管交叉的中心线交点计算。方形补偿器以其所占长度管道安装工程量计算	1. 安装 2. 焊口预热及后热 3. 焊口热处理 4. 焊口硬度测定 5. 套管制作、安装 6. 压力试验 7. 系统吹扫 8. 系统清洗 9. 油清洗 10. 脱脂 11. 除锈、刷油、防腐 12. 绝热及保护层安装、除锈、刷油
030603002	高压合金钢管				

续表 9.39

项目编码	项目名称	项目特征	计量单位	工程量计算规则	工程内容
030603003	高压不锈钢管	1. 材质 2. 连接方式 3. 规格 4. 套管形式、材质、规格 5. 压力试验、吹扫、清洗设计要求 6. 绝热及保护层设计要求	m	按设计图示管道中心线长度以延长米计算，不扣除阀门、管件所占长度，遇弯管时，按两管交叉的中心线交点计算。方形补偿器以其所占长度管道安装工程量计算	1. 安装 2. 焊口焊接管内、外充氩保护 3. 套管制作、安装 4. 压力试验 5. 系统吹扫 6. 系统清洗 7. 油清洗 8. 脱脂 9. 绝热及保护层安装、除锈、刷油

4. 低压管件

低压管件工程工程量清单项目设置及工程量计算规则，应按表 9.40 的规定执行。

表 9.40　低压管件(编码:030604)

<table>
<tr><th>项目编码</th><th>项目名称</th><th>项目特征</th><th>计量单位</th><th>工程量计算规则</th><th>工程内容</th></tr>
<tr><td>030604001</td><td>低压碳钢管件</td><td rowspan="5">1. 材质
2. 连接方式
3. 型号、规格
4. 补强圈材质、规格</td><td rowspan="15">个</td><td rowspan="15">按设计图示数量计算
注：1. 管件包括弯头、三通、四通、异径管、管接头、管上焊接管头、管帽、方形补偿器弯头、管道上仪表一次部件、仪表温度计扩大管制作安装等
2. 管件压力试验、吹扫、清洗、脱脂、除锈、刷油、防腐、保温及其补口均包括在管道安装中
3. 在主管上挖眼接管的三通和摔制异径管，均以主管径按管件安装工程量计算，不另计制作费和主材费；挖眼接管的三通支线管径小于主管径 1/2 时，不计算管件安装工程量；在主管上挖眼接管的焊接接头、凸台等配件，按配件管径计算管件工程量
4. 三通、四通、异径管均按大管径计算
5. 管件用法兰连接时按法兰安装，管件本身安装不再计算安装
6. 半加热外套管摔口后焊接在内套管上，每处焊口按一个管件计算；外套碳钢管如焊接不锈风内套管上时，焊口间需加不锈钢短管衬垫，每处焊口按两个管件计算</td><td rowspan="2">1. 安装
2. 三通补强圈制作、安装</td></tr>
<tr><td>030604002</td><td>低压碳钢板卷管件</td></tr>
<tr><td>030604003</td><td>低压不锈钢管件</td><td rowspan="3">1. 安装
2. 三通补强圈制作、安装
3. 管焊口焊接内、外充氩保护</td></tr>
<tr><td>030604004</td><td>低压不锈钢管件</td></tr>
<tr><td>030604005</td><td>低压合金钢管件</td></tr>
<tr><td>030604006</td><td>低压加热外套碳钢管件(两半)</td><td>1. 材质
2. 型号、规格</td><td rowspan="2">安装</td></tr>
<tr><td>030604007</td><td>低压加热外套不锈钢管件(两半)</td><td>1. 材质
2. 型号、规格</td></tr>
<tr><td>030604008</td><td>低压铝管件</td><td rowspan="3">1. 材质
2. 连接方式
3. 型号、规格
4. 补强圈材质、规格</td><td rowspan="2">1. 安装
2. 焊口预热及后热
3. 三通补强圈制作、安装</td></tr>
<tr><td>030604009</td><td>低压铝板卷管件</td></tr>
<tr><td>030604010</td><td>低压铜管件</td><td>1. 安装
2. 焊口预热及后热</td></tr>
<tr><td>030604011</td><td>低压塑料管件</td><td rowspan="5">1. 材质
2. 连接形式
3. 接口材料
4. 型号、规格</td><td rowspan="5">安装</td></tr>
<tr><td>030604012</td><td>低压玻璃钢管件</td></tr>
<tr><td>030604013</td><td>低压承插铸铁管件</td></tr>
<tr><td>030604014</td><td>低压法兰铸铁管</td></tr>
<tr><td>030604015</td><td>低压预应力混凝土转换件</td></tr>
</table>

5. 中压管件

中压管件工程工程量清单项目设置及工程量计算规则，应按表9.41的规定执行。

表9.41　中压管件(编码:030605)

项目编码	项目名称	项目特征	计量单位	工程量计算规则	工程内容
030605001	中压碳钢管件	1. 材质 2. 连接方式 3. 型号、规格 4. 补强圈材质、规格	个	按设计图示数量计算 注:1. 管件包括弯头、三通、四通、异径管、管接头、管上焊接管接头、管槽、方形补偿器弯头、管道上仪表一次部件、仪表温度计扩大管制作安装等 2. 管件压力试验、吹扫、清洗、脱脂、除锈、刷油、防腐、保温及其补口均包括在管道安装中 3. 在主管上挖眼接管的三通和摔制异径管，均以主管径按管件安装工程量计算，不另计制作费和主材费；挖眼接管的三通支线管径小于主管径1/2时，不计算管件安装工程量；在主管上挖眼接管的焊接接头、凸台等配件，按配件管径计算管件工程量 4. 三通、四通、异径管均按大管径计算 5. 管件用法兰连接时按法兰安装，管件本身安装不再计算安装 6. 串加热外套管拌口后焊接在内套管上，每处焊口按一个管件计算；外套碳钢管如焊接不锈钢内套管上时，焊口间需加不锈钢短管衬垫，每处焊口按两个管件计算	1. 安装 2. 三通补强圈制作、安装 3. 焊口预热及后热 4. 焊口热处理 5. 焊口硬度检测
030605002	中压螺旋卷管件				
030605003	中压不锈钢管件				1. 安装 2. 管道焊口焊接内、外充氩保护
030605004	中压合金钢管件				1. 安装 2. 三通补强圈制作、安装 3. 焊口预热及后热 4. 焊口热处理 5. 焊口硬度检测 6. 管焊口充氩保护
030605005	中压钢管件	1. 材质 2. 型号、规格			1. 安装 2. 焊口预热及后热

6. 高压管件

高压管件工程工程量清单项目设置及工程量计算规则,应按表 9.42 的规定执行。

表 9.42　高压管件(编码:030606)

<table>
<tr><th>项目编码</th><th>项目名称</th><th>项目特征</th><th>计量单位</th><th>工程量计算规则</th><th>工程内容</th></tr>
<tr><td>030606001</td><td>高压碳钢管件</td><td rowspan="3">1. 材质
2. 连接方式
3. 型号、规格</td><td rowspan="3">个</td><td rowspan="3">按设计图示数量计算
注:1. 管件包括弯头、三通、四通、异径管、管接头、管上焊接管接头、管槽、方形补偿器弯头、管道上仪表一次部件、仪表温度计扩大管制作安装等
2. 管件压力试验、吹扫、清洗、脱脂、除锈、刷油、防腐、保温及其补口均包括在管道安装中
3. 在主管上挖眼接管的三通和摔制异径管,均以主管径按管件安装工程量计算,不另计制作费和主材费;挖眼接管的三通支线管径小于主管径 1/2 时,不计算管件安装工程量;在主管上挖眼接管的焊接接头、凸台等配件,按配件管径计算管件工程量
4. 三通、四通、异径管均按大管径计算
5. 管件用法兰连接时按法兰安装,管件本身安装不再计算安装
6. 串加热外套管拌口后焊接在内套管上,每处焊口按一个管件计算;外套碳钢管如焊接不锈钢内套管上时,焊口间需加不锈钢短管衬垫,每处焊口按两个管件计算</td><td>1. 安装
2. 焊口预热及后热
3. 焊口热处理
4. 焊口硬度检测</td></tr>
<tr><td>030606002</td><td>高压不锈钢管件</td><td>1. 安装
2. 管焊口充氩保护</td></tr>
<tr><td>030606003</td><td>高压合金钢管件</td><td>1. 安装
2. 焊口预热及后热
3. 焊口热处理
4. 焊口硬度检测
5. 管焊口充氩保护</td></tr>
</table>

7. 低压阀门

低压阀门工程工程量清单项目设置及工程量计算规则，应按表 9.43 的规定执行。

表 9.43　低压阀门(编码:030607)

<table>
<tr><th>项目编码</th><th>项目名称</th><th>项目特征</th><th>计量单位</th><th>工程量计算规则</th><th>工程内容</th></tr>
<tr><td>030607001</td><td>低压螺纹阀门</td><td rowspan="8">1. 名称
2. 材质
3. 连接形式
4. 焊接方式
5. 型号、规格
6. 绝热及保护层设计要求</td><td rowspan="8">个</td><td rowspan="8">按设计图示数量计算
注:1. 各种形式补偿器(除方形补偿器外)、仪表流量计均按阀门安装工程量计算
2. 减压阀直径按高压侧计算
3. 电动阀门包括电动机安装</td><td rowspan="6">1. 安装
2. 操纵装置安装
3. 绝热
4. 保温盒制作、安装、除锈、刷油
5. 压力试验、解体松果及研磨
6. 调试</td></tr>
<tr><td>030607002</td><td>低压焊接阀门</td></tr>
<tr><td>030607003</td><td>低压法兰阀门</td></tr>
<tr><td>030607004</td><td>低压齿轮、液压传动、电动阀门</td></tr>
<tr><td>030607005</td><td>低压塑料阀门</td></tr>
<tr><td>030607006</td><td>低压玻璃阀门</td></tr>
<tr><td>030607007</td><td>低压安装阀门</td><td>1. 安装
2. 操纵装置安装
3. 绝热
4. 保温盒制作、安装、除锈、刷油
5. 压力试验
6. 调试</td></tr>
<tr><td>030607008</td><td>低压调节阀门</td><td>1. 安装
2. 临时短管装拆
3. 压力试验、解体检查及研磨</td></tr>
</table>

8. 中压阀门

中压阀门工程工程量清单项目设置及工程量计算规则，应按表 9.44 的规定执行。

表 9.44　中压阀门(编码:030608)

<table>
<tr><th>项目编码</th><th>项目名称</th><th>项目特征</th><th>计量单位</th><th>工程量计算规则</th><th>工程内容</th></tr>
<tr><td>030608001</td><td>中压螺纹阀门</td><td rowspan="4">1. 名称
2. 材质
3. 连接形式
4. 焊接方式
5. 型号、规格
6. 绝热及保护层设计要求</td><td rowspan="4">个</td><td rowspan="4">按设计图示数量计算
注:1. 各种形式补偿器(除方形补偿器外)、仪表流量计均按阀门安装工程量计算
2. 减压阀直径按高压侧计算
3. 电动阀门包括电动机安装</td><td rowspan="3">1. 安装
2. 操纵装置安装
3. 绝热
4. 保温盒制作、安装、除锈、刷油
5. 压力试验、解体检查及研磨
6. 调试</td></tr>
<tr><td>030608002</td><td>中压法兰阀门</td></tr>
<tr><td>030608003</td><td>中压齿轮、液压传动、电动阀门</td></tr>
<tr><td>030608004</td><td>中压安装阀门</td><td>1. 安装
2. 操纵装置安装
3. 绝热
4. 保温盒制作、安装、除锈、刷油
5. 压力试验
6. 调试</td></tr>
</table>

续表9.44

项目编码	项目名称	项目特征	计量单位	工程量计算规则	工程内容
030608005	中压焊接阀门	1. 名称 2. 材质 3. 连接形式 4. 焊接方式 5. 型号、规格 6. 绝热及保护层设计要求	个	按设计图示数量计算 注:1. 各种形式补偿器(除方形补偿器外)、仪表流量计均按阀门安装工程量计算 2. 减压阀直径按高压侧计算	1. 安装 2. 操纵装置安装 3. 焊口预热及后热 4. 焊口热处理 5. 焊口硬度测定 6. 焊口焊接内、外充氩保护 7. 绝热 8. 保温盒制作、安装、除锈、刷油 9. 压力试验、解体检查及研磨
030608006	中压调阀门				1. 安装 2. 临时短管装拆 3. 压力试验、解体检查及研磨

9. 高压阀门

高压阀门工程工程量清单项目设置及工程量计算规则,应按表9.45的规定执行。

表9.45　高压阀门(编码:030609)

项目编码	项目名称	项目特征	计量单位	工程量计算规则	工程内容
030609001	高压螺纹阀门	1. 名称 2. 材质 3. 连接形式 4. 焊接方式 5. 型号、规格 6. 绝热及保护层设计要求	个	按设计图示数量计算 注:1. 各种形式补偿器(除方形补偿器外)、仪表测量计均按阀门安装 2. 减压阀直径按高压测计算	1. 安装 2. 操纵装置安装 3. 绝热 4. 保温盒制作、安装、除锈、刷油 5. 压力试验、解体检查及研磨
030609002	高压法兰阀门				
030609003	高压焊接阀门				1. 安装 2. 操纵装置安装 3. 焊口预热及后热 4. 焊口热处理 5. 焊口硬度测定 6. 焊口焊接内、外充氩保护 7. 阀门绝热 8. 保温盒制作、安装、除锈、刷油 9. 压力试验、解体检查及研磨

10. 低压法兰

低压法兰工程工程量清单项目设置及工程量计算规则,应按表9.46的规定执行。

表9.46　低压法兰(编码:030610)

项目编码	项目名称	项目特征	计量单位	工程量计算规则	工程内容
030610001	低压碳钢螺纹法兰	1. 材质 2. 结构形式 3. 型号、规格 4. 绝热及保护层设计要求	副	按设计图示数量计算 注:1. 单片法兰、焊接盲板和封头按法兰安装计算,但法兰盲板不计安装工程量 2. 不锈钢、有色金属材质的焊环活动法兰按翻边活动法兰安装计算	1. 安装 2. 绝热及保温盒制作、安装、除锈、刷油
030610002	低压碳钢平焊法兰				
030610003	低压碳钢对焊法兰				
030610004	低压不锈钢平焊法兰				1. 安装 2. 绝热及保温盒制作、安装、除锈、刷油 3. 焊口充氩保护
030610005	低压不锈钢翻边活动法兰				1. 安装 2. 绝热及保温盒制作、安装、除锈、刷油 3. 翻边活动法兰短管制作 4. 焊口充氩保护
030610006	低压不锈钢对焊法兰				
030610007	低压合金钢平焊法兰				1. 安装 2. 绝热及保温盒制作、安装、除锈、刷油 3. 焊口充氩保护
030610008	低压铝管翻边活动法兰				1. 安装 2. 绝热及保温盒制作、安装、除锈、刷油 3. 翻边活动法兰短管制作 4. 焊口充氩保护
030610009	低压铝、铝合金法兰				
030610010	低压铜法兰				1. 安装 2. 焊口预热及后热 3. 绝热及保温盒制作、安装、除锈、刷油
030610011	铜管翻边活动法兰				

11. 中压法兰

中压法兰工程工程量清单项目设置及工程量计算规则,应按表9.47的规定执行。

表9.47　中压法兰(编码:030611)

项目编码	项目名称	项目特征	计量单位	工程量计算规则	工程内容
030611001	中压碳钢螺纹法兰	1. 材质 2. 结构形式 3. 型号、规格 4. 绝热及保护层设计要求	副	按设计图示数量计算 注:1. 单片法兰、焊接盲极和封头施法兰安装计算,包法兰盲极不计安装工程量 2. 不锈钢、有色金属材质的焊环活动法兰按翻边活动法兰安装计算	1. 安装 2. 绝热及保温盒制作、安装、除锈、刷油
030611002	中压碳钢平焊法兰				1. 安装 2. 焊口预热及后热 3. 焊口热处理 4. 焊口硬度检测 5. 绝热及保温盒制作、安装、除锈、刷油
030611003	中压碳钢对焊法兰				
030611004	中压不锈钢平焊法兰				1. 安装 2. 绝热及保温盒制作、安装、除锈、刷油 3. 焊口充氩保护
030611005	中压不锈钢对焊法兰				
030611006	中压合金钢对焊法兰				1. 安装 2. 焊口热处理 3. 焊口热处理 4. 焊口硬度检测 5. 绝热及保温盒制作、安装、除锈、刷油 6. 焊口充氩保护
030611007	中压钢管对焊法兰				1. 安装 2. 焊口预热及后热 3. 绝热及保温盒制作、安装、除锈、刷油

12. 高压法兰

高压法兰工程工程量清单项目设置及工程量计算规则,应按表9.48的规定执行。

表9.48　高压法兰(编码:030612)

项目编码	项目名称	项目特征	计量单位	工程量计算规则	工程内容
030612001	高压碳钢螺纹法兰	1.材质 2.结构形式 3.型号、规格 4.绝热及保护层设计要求	副	按设计图示数量计算 注:1.单片法兰、焊接盲板和封头按依兰安装计算,但法兰盲板不计安装工程量 2.不锈钢、有色金属材质的焊接活动法兰按翻边新动法兰安装计算	1.安装 2.绝热及保温盒制作、安装、除锈、刷油
030612002	高压碳钢对焊法兰				1.安装 2.焊口预热及后热 3.焊口热处理 4.焊口硬度检测 5.绝热及保温盒制作、安装、除锈、刷油
030612003	高压不锈钢对焊法兰				1.安装 2.绝热及保温盒制作、安装、除锈、刷油 3.硬度测试 4.焊口充氩保护
030612004	高压合金钢对焊法兰				1.安装 2.绝热及保温盒制作、安装、除锈、刷油 3.高压对焊法兰硬度检测 4.焊口预热及后热 5.焊口热处理 6.焊口充氩保护

13.板卷管制作

板卷管制作工程工程量清单项目设置及工程量计算规则,应按表9.49的规定执行。

表9.49　板卷管制作(编码:030613)

项目编码	项目名称	项目特征	计量单位	工程量计算规则	工程内容
030613001	碳钢板直管制作	1.材质 2.规格	t	按设计制作直管段长度计算	1.制作 2.卷筒式板材开卷及平直
030613002	不锈钢板直管制作				1.制作 2.焊口充氩保护
030613003	铝板直管制作				1.制作 2.焊口充氩保护 3.焊口预热及后热

14.管件制作

管件制作工程工程量清单项目设置及工程量计算规则,应按表9.50的规定执行。

表 9.50　管件制作(编码:030614)

项目编码	项目名称	项目特征	计量单位	工程量计算规则	工程内容
030614001	碳钢板管件制作	1. 材质 2. 规格	t	按设计图示数量计算 注:管件包括弯头、三道、异径管;异径管按大头口径计算,三通按主管口径计算	1. 制作 2. 卷筒式板材开卷及平直
030614002	不锈钢板管件制作				1. 制作 2. 焊口充氩保护
030614003	铝板管件制作				1. 制作 2. 焊口充氩保护 3. 焊口预热及后热
030614004	碳钢管虾体弯制作		个	按设计图示数量计算	安装
030614005	中压螺旋卷管虾体弯制作				
030614006	不锈钢管虾体弯制作				1. 制作 2. 焊口充氩保护
030614007	铝管虾体弯制作	1. 材质 2. 焊接形式 3. 规格			1. 制作 2. 焊口充氩保护 3. 焊口预热及后热
030614008	钢管虾体弯制作				1. 制作 2. 焊口预热及后热
030614009	管道机械煨弯	1. 压力 2. 材质 3. 型号、规格			煨弯
030614010	管道中频煨弯				1. 煨弯 2. 硬度测定
030614011	塑料管煨弯	1. 材质 2. 型号、规格			煨弯

15. 管架件制作

管架件制作工程工程量清单项目设置及工程量计算规则,应按表 9.51 的规定执行。

表 9.51　管件制作(编码:030615)

项目编码	项目名称	项目特征	计量单位	工程量计算规则	工程内容
030615001	管架制作安装	1. 材质 2. 管架形式 3. 除锈、刷油、防腐设计要求	kg	按设计图示质量计算 注:单件支架质量 100 kg 以内的管支架	1. 制作、安装 2. 除锈及刷油 3. 弹簧管架全压缩变形试验 4. 弹簧管架工作何载试验

16. 管材表面及焊缝无损探伤

管材表面及焊缝无损探伤工程量清单项目设置及工程量计算规则,应按表 9.52 的规定执行。

表 9.52　管材表面及焊缝无损探伤(编码:030616)

项目编码	项目名称	项目特征	计量单位	工程量计算规则	工程内容
030616001	管材表面超声波探伤	规格	m	按规范或设计技术要求计算	超声波探伤
030616002	管材表面磁粉探伤	规格	m	按规范或设计技术要求计算	磁粉探伤
030616003	焊缝 X 光射线探伤	1. 底片规格 2. 管壁厚度	张	按规范或设计技术要求计算	X 光射线探伤
030616004	焊缝 γ 射线探伤	1. 底片规格 2. 管壁厚度	张	按规范或设计技术要求计算	γ 射线探伤
030616005	焊缝超声波探伤	规格	口	按规范或设计技术要求计算	超声波探伤
030616006	焊缝磁粉探伤	规格	口	按规范或设计技术要求计算	磁粉探伤
030616007	焊缝渗透探伤	规格	口	按规范或设计技术要求计算	渗透探伤

17. 其他项目制作安装

其他项目制作安装工程工程量清单项目设置及工程量计算规则,应按表 9.53 的规定执行。

表 9.53　其他项目制作安装(编码:030617)

项目编码	项目名称	项目特征	计量单位	工程量计算规则	工程内容
030617001	塑料法兰制作安装	1. 材质 2. 规格	副	按设计图示数量计算	制作、安装
030617002	冷排管制作安装	1. 排管形式 2. 组合长度 3. 除锈、刷油、防腐设计要求	m	按设计图示数量计算	1. 制作、安装 2. 钢带退火 3. 加氨 4. 冲套翅片 5. 除锈、刷油
030617003	蒸汽气缸制作安装	1. 质量 2. 分气缸及支架除锈、刷油 3. 除锈标准、刷油防腐设计要求	个	按设计图示数量计算。若蒸汽分气缸为成品安装,则不综合分气缸制作	1. 制作、安装 2. 支架制作、安装 3. 分气缸绝热、保护层安装、除锈、刷油 4. 分气缸绝热、保护层安装、除锈、刷油
030617004	集气罐制作安装	1. 规格 2. 集气罐及支架除锈、刷油	个	按设计图示数量计算。若集气罐安装为成品安装,则不综合集气罐制作	1. 制作、安装 2. 支架制作、安装 3. 集气缸及支架除锈、刷油

续表 9.53

项目编码	项目名称	项目特征	计量单位	工程量计算规则	工程内容
030617005	空气分气筒制作安装	1.规格 2.分气筒及支架除锈、刷油	个	按设计图示数量计算	1.制作、安装 2.除锈、刷油
030617006	空气调节喷雾管安装	型号	组	按设计图示数量计算	1.制作、安装 2.除锈、刷油
030617007	钢制排水漏斗制作安装	1.规格 2.除锈、刷油、防腐设计要求	个	工程量按设计图示数量计算。其口径规格按下口公称直径计算	1.制作、安装 2.除锈、刷油
030617008	水位计安装	形式	组	按设计图示数量计算	安装
030617009	手摇泵安装	规格	个	按设计图示数量计算	安装

9.4　自动仪表安装工程工程量计算

9.4.1　定额工程量计算规则

(1)过程检测仪表安装包括温度、压力、流量、差压、节流装置、物位、显示仪表,均以“台(块)”为计量单位,成套仪表的附件不能再重复计算工程量。

(2)仪表在工业设备、管道上的安装孔和一次部件安装,按预留好和安装好考虑,并已合格,定额中已包括部件提供、配合开孔和配合安装的工作内容,不得另行计算。

(3)工业管道上安装流量计、节流装置等由自控仪表专业配合管道专业安装,其领运、清洗、保管的工作已包括在自控仪表定额的相应项目内。

(4)放射性仪表配合有关专业施工人员安装,包括保护管安装、安全防护、模拟安装,以“套”为计量单位。放射源保管和安装特殊措施费,按施工组织设计另行计算。

(5)过程控制装置仪表安装包括电动单元仪表、气动单元仪表、液动单元仪表、组装式综合控制仪表、基地式调节仪表和执行仪表,均以“台(件)”为计量单位。

(6)电动或气动调节阀按成套考虑,包括执行机构与阀、手轮或所带附件成套,不能分开计算工程量。但是,与之配套的阀门定位器、电磁阀要另行计算。执行机构安装不包括风门、挡板或阀。执行机构或调节阀还应另外配置所需附件,组成不同的控制方式,附件选择按定额所列项目。

(7)蝶阀、开关阀、O 形切断阀、偏心旋转阀、多通电磁阀等在管道上已安装好的控制阀门,包括现场调整、接线、接管和接地,不应再计运输和本体安装、调试。

(8)不在工业管道或设备上安装的仪表系统,其法兰焊接和电磁阀安装属于自控安装范围的,应执行相关定额或该分册定额。

(9)机械量仪表安装包括测厚、测宽、涂层检测仪表;轴位移、振动、速度、热膨胀、挠度检测仪表;称重装置、皮带跑偏、打滑检测等仪表,均以“套”为计量单位,成套仪表的附件不能再重复计算工程量。

(10)设备支架、支座制作安装执行第二分册《电气设备安装工程》的相应定额项目。

(11)分析和检测仪表安装包括分析和检测仪表、气象和环保检测仪表、安全检测装置,均以“套(台)”为计量单位,除有说明外,成套仪表的附件不能再重复计算工程量。

(12)定额中未包括可另行计算工程量的有在管道上开孔焊接取源取样部件和法兰;分析系统所需配置的冷却器、水封及其他辅助容器的制作和安装;分析柜所需的通风、空调、管路、电缆、阀安装及底座制作安装;气象、环保检测仪表的立杆、拉线和检修平台的安装;漏油检测装置排空管、溢流管、沟槽开挖、水泥盖板制作安装、流入管埋设。

(13)水质分析仪中缩写字母表示:ORP——氧化还原电位值;TOD——总需氧量;COD——化学需氧量。

(14)监视和控制装置安装包括工业电视设备、顺序控制装置、信号报警装置、数据采集及巡回检测报警装置,均以“套(台)”为计量单位。

(15)顺序控制中可编程逻辑控制器另外执行该分册有关章节相应定额项目。

(16)盘上安装仪表用螺栓按仪表自带考虑。

(17)继电器或组件柜、箱、机箱安装、检查及接线内容适用于报警盘、点火盘或箱。

(18)工业计算机安装包括机柜、台柜、外部设备、辅助存储设备、小规模集散系统(DCS)设备、现场总线仪表,均以“台”为计量单位。

(19)标准机柜尺寸为600~900×800×2 100~2 200(宽×深×高),其他为非标准机柜。非标准机柜按半周长以“m”为计量单位,机柜和台柜安装固定在台架或基础上。通用计算机、打印机、拷贝机为台面安装,包括操作台柜安装。外部设备和辅助存储设备包括安装、接线及元件检查。

(20)计算机机柜、台柜基础型钢制作安装执行第二分册《电气设备安装工程》的相应定额项目。

(21)通用计算机安装是为PC机设置的,其安装方式不同于固定在底座或基础上的操作站和控制站,整套安装包括操作台柜、主机、键盘、显示器、打印机的运输、安装及校接线、自检工作。

(22)工厂通讯、供电包括工厂通信线路(双股胶质软线、补偿导线、RVV软线、RVVP屏蔽线、系统电缆、屏蔽电缆)、通讯设备、不间断电源安装及其他附件安装。

(23)工厂通信线路所列的电缆敷设为自控专用电缆。控制电缆、电力电缆、电缆桥架和接地系统等执行第二分册《电气设备安装工程》相应定额项目。光缆、同轴电缆及其附属设备执行第十二分册《通信、有线电视、广播工程》相应定额项目。

(24)通讯设备中自动指令呼叫装置安装,包括主机盘、电源盘、端机40个和扬声器安装及校接线,并与呼叫装置组成一套计算安装校接线和整套系统调试工程量。

(25)载波电话按固定局或移动局分别计算安装工程量。

(26)不间断电源安装以“台柜”为计量单位,工作内容包括安装、接地和检查接线。

(27)电缆穿线盒以“个”为计量单位。如设计有规定时按设计规定,设计无规定时,结算时按实计算,

(28)金属挠性管以“根”为计量单位,包括接头安装、防爆挠性管的密封。

(29)电缆敷设、埋设降阻剂的挖填土工程和开挖路面的工程量应按第二分册《电气设备安装工程》相应定额项目另行计算。

(30)仪表导压管敷设应区别不同用途和安装方式,以“m”为计量单位,不扣除管件和阀门所占长度。管路试压、供气管通气试验和防腐已包括在定额内,不得另行计算。公际直径大

于50 mm的管路，应执行第六分册《工业管道工程》相应定额项目。

(31)管路中的截止阀、疏水器、过滤器等应按相应定额项目另行计算。

(32)导压管敷设范围是从取源一次阀门后，不包括取源部件及一次阀门。

(33)测量管路试压与工业管道同时进行，仪表气源和信号管路只作严密性试验、通气试验，不作强度试验。

(34)管路敷设定额不适用于线、缆保护管，线、缆保护管执行第二分册《电气设备安装工程》相应定额项目。

(35)伴热电缆以“m”为计量单位，伴热元件以“根”为计量单位，包括敷设、绝缘测定、接地、控制及保护电路测试。电伴热的供电设备、接线盒应按相应定额另行计算。伴热管以“m”为计量单位。管路及设备伴热不包括被伴热的管路或仪表的外部保温层、防护防水层，其工作量应按相应的定额项目另行计算。

(36)仪表管路和仪表设备脱脂定额适用于必须禁油或设计要求需要脱脂的工程，无特殊情况或设计无要求的，不得计算其工程量。

(37)仪表盘、箱、柜及附件安装以“台”为计量单位。支架、底座的制作和安装，盘、柜、箱的制作及刷漆，控制室的照明和空调装置，可执行第二分册《电气设备安装工程》相应定额项目及有关分册的相应定额项目。

(38)接线箱按端子对数、接管箱按出口点数以“台”为计量单位。

(39)盘上安装元件、部件应计安装工程量。随盘成套的元件、部件已包括在盘校接线内，不得另行计算。

(40)校线为成套仪表盘柜校线，不适用于计算机机柜、接线箱、组(插)件箱检查接线，计算机机柜、接线箱、组(插)件箱已包括检查校线的工作。由外部电缆进入柜、箱端子板校接线的工作可执行该分册相应定额项目。

(41)仪表盘开孔以“个”为计量单位，每一个开孔尺寸为80 mm×160 mm以内，超过时可按比例增加计算。

(42)密封剂以“kg”为计量单位，包括领料、搬运、密封、固化、检查、清理。凡使用密封剂进行密封的工程，均应执行该定额项目。

(43)仪表阀门安装以“个”为计量单位。需要进行研磨的阀门工程量按“个”计算。口径大于50 mm的阀门安装可执行第六分册《工业管道工程》相应定额项目。

(44)辅助容器、水封和排污漏斗制作安装以“个”为计量单位。气源分配器按供气点12点，以“个”为计量单位。

(45)防雨罩制作安装以“kg”为计量单位，包括附件的重量。

(46)取源部件配合安装以“个”为计量单位，其安装可执行第六分册《工业管道工程》相应定额项目。

(47)过程检测仪表调试包括温度、压力、流量、差压、节流装置、物位、显示仪表，均以“台(块)”为计量单位，成套仪表的附件不能再重复计算工程量。

(48)该分册中非特殊注明的调试工作均为仪表单体调试和单体的配合调试。调试所需的随机自带校验用专用仪器仪表，建设单位应免费无偿提供给施工单位使用。

(49)过程控制装置仪表调试包括电动单元仪表、气动单元仪表、组装式综合控制仪表、基地式调节仪表和执行仪表，均以“台(件)”为计量单位。回路模拟试验以“系统(套)”为计量单位。

(50)回路模拟试验项目用于仪表设备组成的回路，除系统静态模拟试验外，还包括回路中管、线、缆检查、排错、绝缘电阻测定及回路中仪表需要再次调试的工作等，但不适用于计算机系统和成套装置的回路调试。

(51)回路模拟试验项目中,调节系统是具有负反馈的闭环回路。单回路是指单参数、一个调节器、一个检测元件或变压器组成的基本控制系统,复杂调节回路是指单参数调节或多参数调节、由两个以上回路组成的调节回路,多回路是指两个以上的复杂调节回路。

(52)机械量仪表调试包括测厚、测宽、涂层检测仪表;轴位移、振动、速度、热膨胀、挠度检测仪表;称重装置、皮带跑偏、打滑检测等仪表,均以"套"为计量单位,成套仪表的附件不能再重复计算工程量。电子皮带秤标定以"次/套"为计量单位。

(53)称重仪表按传感器的数量和显示仪表成套,电子皮带秤称量框、传感器与配套的显示仪表一起调试,其他机械量仪表作整套检查和整机调试。

(54)电子皮带秤标定不包括标定中砝码、链码租用、运输、挂码和实物标定的物源准备、堆场。

(55)分析和检测仪表调试包括分析和检测仪表、气象和环保检测仪表、安全检测装置,均以"套(台)"为计量单位,除有说明外,成套仪表的附件不能再重复计算工程量。

(56)该章工作内容除单体调试外还包括分析系统数据处理和控制设备调试、接口试验、分析仪表校验用标准样品标定、火焰监控装置的探头和检出器、灭火保护电路的调试。

(57)易燃气体报警和多点气体报警包括探头和报警器整体调试。

(58)该章工作不包括检验用标准气样的配置。

(59)监视和控制装置调试包括工业电视设备、远动装置、顺序控制装置、信号报警装置、数据采集及巡回检测报警装置,均以"套(台)"为计量单位。

(60)远动装置调试包括以计算机为核心的被控与控制端、操作站、变送器和驱动继电器整套调试。

(61)顺序控制装置中,继电连锁保护系统由继电器、元件和线路组成,由接线连接;可编程逻辑控制器通过编制程序,实现软连接;矩阵编程控制装置和插件式逻辑监控装置是一种无触点顺序控制装置,应加以区分,执行相应定额项目。其中可编程逻辑控制装置应执行该分册第十六章中的 PLC 定额项目。

(62)顺序控制装置工程量计算,包括线路检查、设备元件检查调整、程序检查、功能试验、输入输出信号检查、排错等,还包括与其他专业的配合调试工作。

(63)信号报警装置中的闪光报警器按台件数计算工程量,智能闪光报警装置按组合或扩展的报警回路或报警点计算工程量;继电器箱另计工程量。

(64)继电连锁保护系统调试包括继电线路检查、功能试验、与其他专业配合进行的连锁模拟试验及系统运行。

(65)为远动装置、顺序控制装置、信号报警装置、数据采集及巡回检测报警装置提供输入输出信号的现场仪表的调试,应按相应定额另行计算。

(66)工业计算机项目的设置适用多级控制,基础自动化作为第一级现场控制级;过程控制计算机作为第二级监控级;生产管理计算机作为第三、四级车间级和工厂级。工程量计算应区分不同的控制系统和级别按所带终端多少(终端是指智能设备,打印机、拷贝机等不作为终端。),分别执行定额。

(67)计算机系统应是合格的硬件和成熟的软件,对拆除再安装的旧设备应是完好的,定额不包括软件的生成和系统组态以及因设备质量问题而进行的修改工作,发生时,可另行计算工作量。

(68)调试工作内容不包括设计或开发单位的现场服务。

(69)管理计算机中,过程控制计算机是控制管理层,作为基础自动化级的监控级;生产管理计算机适用多级控制管理层的第三、四级，应分别执行相应定额。这种多级控制调试都带有通讯功能，不得另行计算网络系统调试。

(70)基础自动化级是生产过程控制的设备级，包括DCS、PLC、FCS。基础自动化过程控制系统的网络系统与主干网和局域网资源共享。

(71)通讯网络是基础自动化级的主要组成部分。DCS的通讯网络分为大、中、小规模，小规模为低速通讯总线，中规模为中速通讯总线，大规模DCS通讯总线分为设备级总线和管理级总线，设备级总线是过程控制级通讯总线，管理级总线是与上位机通讯的总线，各级总线都可通过接口通讯、传送信息以达到资源共享的目的。工程量计算应分别执行大、中、小规模的控制系统和低、中、高速网络结构，范围包括通讯系统所能覆盖的最大距离和通讯网络所能连接的最大结点(站)数，以"套"为计量单位。

(72)DCS主要用于模拟量的连续多功能控制，并包括顺序控制功能，由操作站、控制站、通讯网络和上位机接口组成。DCS规模的大小按系统实际配置情况或DCS出厂型号决定。工程量计算应按挂在总线上的结点(站)数计算。

(73)控制站应区分大、中、小规模，并按其容量"回路数"，以"套"为计量单位。

(74)单多回路调节器或可编程仪表作为DCS小规模系统网络上的设备，以"台"为计量单位，包括单体调试、系统调试、配合机械单体试运转。

(75)"回路数"是控制单元I/O卡模拟量输出点(AO)的数量。

(76)操作站、控制站或监控站调试、I/O卡检查测试及通讯网络检查测试的工作内容覆盖DCS的单元检查、调整、系统调试、回路调试及系统运行的全部工作。

(77)PLC主要用于顺序控制，按过程I/O点为单位计算工程量，目前PLC也具有DCS功能，并且两者功能相互结合。工程量计算仍以PIC的主要功能为基准，执行PLC部分相应定额项目。工程量计算应选择PLC调试、I/O卡和操作站、通讯网络，包括单体检查、系统调试、回路调试。

(78)DDC是集连续数据采集、变换、计算、显示、报警和控制功能为一体的计算机直接数字控制系统，用途广泛。是按一定的算法直接对生产过程几个或几十个控制回路进行在线闭环控制，而不需要中间环节。系统是独立的，可以挂在DCS的总线上作为DCS的一个结点。工程量计算按过程点I/O点的多少，包括I/O转换、操作、功能测试、系统调试、回路调试工作内容，以"套"为计量单位，每"套"应包括操作显示台柜、主机、或控制柜、打印机、信号转换装置等，不得分别再计算各调试内容。

(79)I/O卡试验是以信号转换柜或信号转换单元的过程输入输出点计算的，模拟量、脉冲量以"1点"为计量单位，数字量以"8点"为计量单位。与其他设备接口I/O点试验，是指与上位机或其他需要接口的设备进行的试验，模拟量、脉冲量以"1点"为计量单位，数字量以"8点"为计量单位。

(80)FCS现场总线控制系统的核心是现场总线。现场总线、操作站、总线仪表、网桥、服务器等覆盖单体调试、系统调试、回路调试。

(81)低速通讯总线H1结点数(网络设备)最多为32个，高速通讯总线H2每段结点数最多为124个。H1和H2调试内容包括服务器和网桥功能，可接局域网。H1和H2通过网桥互联。

(82)过程网络控制接口具有通讯功能、控制功能、桥路管理功能，以"套"为计量单位。

(83)FCS有工程师站和操作员站，以"套"为计量单位。

(84)现场总线仪表是现场总线的结点设备，具有网络主站的功能、虚拟控制站的功能、PID功能并兼有通讯等多种功能，其中安全栅除起隔离作用外，还具有总线供电和总线放大器的作用。除此之外,凡可挂在现场总线上、并与之通讯的智能仪表,也可作为总线仪表。总线仪表按台件计算工程量,包括单体调试、系统调试。

(85)自动指令呼叫装置、载波电话系统调试、感应电话装置系统调试,以“套”为计量单位。

(86)对讲电话按对讲形式,以“台”为计量单位。

(87)不间断电源调试包括单元调试、不间断电源充放电试验、逆变试验,不包括配套的发动机组调试。

9.4.2 工程量清单计算规则

1. 过程检测仪表

过程检测仪表工程量清单项目设置及工程量计算规则,应按表9.54的规定执行。

表9.54 过程检测仪表(编码:031001)

项目编码	项目名称	项目特征	计量单位	工程量计算规则	工程内容
031001001	温度仪表	1. 名称 2. 类型 3. 规格	支	按设计图示数量计算	1. 取源部件制作、安装 2. 套管安装 3. 挠性管装 4. 本体安装 5. 单体校验调整 6. 支架制作、安装、刷油
031001002	压力仪表	1. 名称 2. 类型	台	按设计图示数量计算	1. 取源部件安装 2. 压力表制作、刷油、安装 3. 本体安装 5. 单体校验调整 6. 脱脂 7. 支架制作、安装、刷油
031001003	流量仪表	1. 名称 2. 类型 3. 规格	台	按设计图示数量计算	1. 取源部件安装 2. 节流装置安装 3. 辅助容器制作、安装、刷油 4. 挠性管安装 5. 本体安装 6. 单体调试 7. 脱脂 8. 支架制作、安装、刷油 9. 保护(温)箱安装(包括开孔) 10. 防雨罩制作、安装、刷油

续表 9.54

项目编码	项目名称	项目特征	计量单位	工程量计算规则	工程内容
031001004	物位检测仪表	1. 名称 2. 类型 3. 规格	台	按设计图示数量计算	1. 吹气装置安装 2. 辅助容器制作、安装、刷油 3. 挠性管安装 4. 本体安装 5. 脱脂 6. 支架制作、安装、刷油
031001005	显示仪表	1. 名称 2. 类型 3. 功能	台	按设计图示数量计算	1. 表盘开孔 2. 盘柜配线 3. 本体安装 4. 支架制作、安装、刷油

2. 过程控制仪表

过程控制仪表工程量清单项目设置及工程量计算规则，应按表 9.55 的规定执行。

表 9.55　过程控制仪表（编码：031002）

项目编码	项目名称	项目特征	计量单位	工程量计算规则	工程内容
031002001	变送单位仪表	1. 名称 2. 类型 3. 功能	台	按设计图示数量计算	1. 取源部件安装 2. 节流装置安装 3. 辅助容器制作、安装、刷油 4. 挠性管安装 5. 单体校验调整 6. 保护（温）箱安装（包括开孔） 7. 本体安装 8. 单体调度 9. 脱脂（包括拆装） 10. 支架制作、安装、刷油
031002002	显示单元仪表	1. 名称 2. 类型 3. 功能	台	按设计图示数量计算	1. 表盘开孔 2. 盘柜配线 3. 本体安装 4. 支架制作、安装、刷油
031002003	调节单元仪表	1. 名称 2. 类型 3. 功能	台	按设计图示数量计算	1. 表盘开孔 2. 盘柜配线 3. 本体安装 4. 单体调试
031002004	计算单元仪表	1. 名称 2. 类型 3. 功能	台	按设计图示数量计算	1. 盘柜配线 2. 本体安装 3. 单体调试
031002005	转换单元仪表				
031002006	给定单元仪表				
031002007	辅助单元仪表				

续表 9.55

项目编码	项目名称	项目特征	计量单位	工程量计算规则	工程内容
031002008	输入输出组件	1. 名称 2. 功能	件	按设计图示数量计算	1. 盘柜配线 2. 本体安装 3. 单体调试
031002009	信号处理组件				
031002010	调节组装				
031002011	分配、切换等其他组件				
031002012	盘装仪表	1. 名称 2. 功能	台	按设计图示数量计算	1. 表盘开孔 2. 盘柜配线 3. 本体安装 4. 单体调试 5. 支架制作、安装、刷油
031002013	基地式调节仪表	1. 名称 2. 类型 3. 功能 4. 安装位置	台	按设计图示数量计算	1. 表盘开孔 2. 挠性管安装 3. 仪表支柱制作、安装、刷油 4. 保护(温)箱安装(包括开孔) 5. 本体安装 6. 单体调试 7. 支架制作安装、刷油
031002014	执行机构	1. 名称 2. 类型 3. 功能 4. 规格	台	按设计图示数量计算	1. 挠性管安装 2. 执行仪表附件安装 3. 本体安装 4. 单体调试 5. 支架制作、安装、刷油
031002015	调节阀	1. 名称 2. 类型 3. 功能	台	按设计图示数量计算	1. 挠性管安装 2. 执行仪表附件安装 3. 阀门检查接线 4. 本体安装 5. 单体调试 6. 支架制作、安装、刷油
031002016	自动式调节阀	1. 名称 2. 类型	台	按设计图示数量计算	1. 取源部件安装 2. 本体安装 3. 单体调试 4. 支架制作、安装刷油
031002017	仪表回路模拟试验	1. 名称 2. 类型 3. 功能 4. 点数量或回路复杂程度	回路	按设计图示数量计算	调式

3. 集中检测装置仪表

集中检测装置仪表工程量清单项目设置及工程量计算规则,应按表 9.56 的规定执行。

表 9.56　集中检测装置仪表(编码:031003)

项目编码	项目名称	项目特征	计量单位	工程量计算规则	工程内容
031003001	测厚测宽装置	1. 名称 2. 类型 3. 功能 4. 规格	套	按设计图示数量计算	1. 本体安装 2. 系统调试 3. 支架制作、安装、刷油
031003002	旋转机械检测仪表	1. 名称 2. 功能	套	按设计图示数量计算	1. 本体安装 2. 调试
031003003	称重装置	1. 名称 2. 类型 3. 功能 4. 规格	台	按设计图示数量计算	1. 本体安装 2. 系统调试 3. 皮带跑偏检测 4. 皮带打滑检测 5. 电子皮带秤标定
031003004	过程分析仪表	1. 名称 2. 类型 3. 功能	套	按设计图示数量计算	1. 取源部件安装 2. 辅助容器制作、安装、刷油 3. 水封制作、安装、刷油 4. 排污漏斗制作、安装、刷油 5. 挠性管安装 6. 本体安装 7. 系统调试 8. 脱脂(包括拆装) 9. 支架制作、安装、刷油
031003005	物性检测仪表	1. 名称 2. 类型 3. 功能 4. 安装位置	套	按设计图示数量计算	1. 取源部件安装 2. 挠性管安装 3. 本体安装 4. 支架制作、安装
031003006	特殊预处理闭塞	1. 名称 2. 类型 3. 测量点数量	套	按设计图示数量计算	1. 本体安装 2. 调整
031003007	分析柜、室	1. 名称 2. 类型	台	按设计图示数量计算	1. 基础槽钢制作、安装、刷油 2. 本体安装 3. 取样冷却器安装
031003008	气象环保检测仪表	1. 名称 2. 功能	套	按设计图示数量计算	1. 保护箱安装 2. 挠性管安装 3. 本体安装 4. 系统调试

4. 集中监视与控制仪表

集中监视与控制仪表工程量清单项目设置及工程量计算规则,应按表9.57的规定执行。

表9.57　集中监视与控制仪表(编码:031004)

项目编码	项目名称	项目特征	计量单位	工程量计算规则	工程内容
031004001	安全监测装置	1. 名称 2. 功能	套	按设计图示数量计算	1. 挠性管安装 2. 本体安装 3. 系统调试 4. 支架制作、安装、刷油
031004002	工业电视	1. 名称 2. 安装位置	台	按设计图示数量计算	1. 挠性管安装 2. 摄像机及附属辅助设备安装 3. 本体安装 4. 支架制作、安装、刷油
031004003	运动装置	1. 名称 2. 点数量	套	按设计图示数量计算	1. 本体安装 2. 试运行
031004004	顺序控制装置	1. 名称 2. 类型 3. 功能 4. 点数量	套	按设计图示数量计算	1. 本体安装 2. 各类试验
031004005	信号报警装置组、铺	1. 名称 2. 类型 3. 功能	套	按设计图示数量计算	1. 本体安装 2. 模拟试验
031004006	信号报警装置粗、铺	1. 名称 2. 类型 3. 功能	台(个)	按设计图示数量计算	1. 本体安装 2. 框箱组件、元件、安装 3. 基础槽钢制作、安装、刷油 4. 支架制作、安装、刷油
031004007	数据采集及巡回检测报警装置	1. 名称 2. 点数量	套	按设计图示数量计算	1. 本体安装 2. 系统试验

5. 工业计算机安装与调试

工业计算机安装与调试工程量清单项目设置及工程量计算规则,应按表9.58规定执行。

表9.58　工业计算机安装与调试(编码:031005)

项目编码	项目名称	项目特征	计量单位	工程量计算规则	工程内容
031005001	工业计算机柜、台设备	1. 名称 2. 类型 3. 规格	台	按设计图示数量计算	1. 基础槽钢制作、安装、刷油 2. 本体安装 3. 支架制作、安装、刷油
031005002	工业计算机外部设备	1. 名称 2. 类型 3. 功能	台	按设计图示数量计算	1. 本体安装 2. 调试

表9.58

项目编码	项目名称	项目特征	计量单位	工程量计算规则	工程内容
031005003	辅助存储装置	1. 名称 2. 类型 3. 规格	台	按设计图示数量计算	1. 本体安装 2. 调试
031005004	过程控制管理计算机	1. 名称 2. 类型 3. 规模	台	按设计图示数量计算	调试
031005005	生产、经营管理计算机	1. 名称 2. 类型 3. 规模	台	按设计图示数量计算	调试
031005006	管理计算机双机切换装置	1. 名称 2. 功能	台	按设计图示数量计算	调试
031005007	管理计算机网络设备	1. 名称 2. 功能	台	按设计图示数量计算	本体安装调试
031005008	小规模(DCS)	1. 名称 2. 类型 3. 功能	台	按设计图示数量计算	1. 本体安装 2. 回路调试
031005009	中规模(DCS)	1. 名称 2. 类型 3. 功能 4. 回路数量	套	按设计图示数量计算	1. 调试 2. 回路调试
031005010	大规模(DCS)				
031005011	可编程逻辑控制装置(PLC)	1. 名称 2. 点数量	套	按设计图示数量计算	1. 调试 2. 回路调试
031005012	操作站及数据通讯网络	1. 名称 2. 类型 3. 功能	套	按设计图示数量计算	1. 调试 2. 系统调试
031005013	过程I/O组件	1. 名称 2. 类型	点	按设计图示数量计算	1. 调试 2. 系统调试
031005014	与其他设备接口	1. 名称 2. 类型	点	按设计图示数量计算	1. 调试 2. 系统调试
031005015	直接数字控制系统(DDC)	1. 名称 2. 点数量	套	按设计图示数量计算	1. 调试 2. 回路调试
031005016	现场总线(FCS)	1. 名称 2. 功能	套	按设计图示数量计算	调试
031005017	操作站(FCS)	1. 名称 2. 功能	套	按设计图示数量计算	调试

表9.58

项目编码	项目名称	项目特征	计量单位	工程量计算规则	工程内容
031005018	现场总线仪表	1. 名称 2. 类型 3. 功能	台	按设计图示数量计算	1. 取源部件安装 2. 节流装置安装 3. 辅助容器制作、安装、刷油 4. 挠性管安装 5. 仪表支柱制作、安装、刷油 6. 保护(源)箱安装(包括开孔) 7. 本体安装 8. 回路调试 9. 脱脂(包括拆装) 10. 支架制作、安装、刷油

6. 仪表管路敷设

仪表管路敷设工程量清单项目设置及工程量计算规则,应按表9.59的规定执行。

表9.59　仪表管路敷设(编码:031006)

项目编码	项目名称	项目特征	计量单位	工程量计算规则	工程内容
031006001	钢管敷设	1. 名称 2. 连接方式 3. 管径	m	按设计图示以延长来计算,不扣除管件、阀门所占长度	1. 管路敷设 2. 伴热管件热或电伴热 3. 除锈、刷油 4. 保温及保护层 5. 管道脱脂 6. 支架制作、安装、刷油
031006002	高压管敷设	1. 名称 2. 材质 3. 管径	m	按设计图示以延长来计算,不扣除管件、阀门所占长度	1. 管路敷设 2. 伴热管件热或电伴热 3. 除锈、刷油 4. 保温及保护层 5. 管道脱脂 6. 支架制作、安装、刷油 7. 焊口热处理 8. 焊口无损探伤
031006003	不锈钢管敷设	1. 名称 2. 管径	m	按设计图示以延长来计算,不扣除管件、阀门所占长度	1. 管路敷设 2. 伴热管件热或电伴热 3. 除锈、刷油 4. 管道脱脂 5. 支架制作、安装、刷油 6. 焊口热处理 7. 焊口无损探伤 8. 焊口酸洗钝化

续表 9.59

项目编码	项目名称	项目特征	计量单位	工程量计算规则	工程内容
031006004	有色金属管及非金属管敷设	1. 名称 2. 材质 3. 管径	m	按设计图示以延长米计算，不扣除管件、阀门所占长度	1. 管路敷设 2. 伴热管件热或电伴热 3. 除锈、刷油 4. 保温及保护层 5. 管道脱脂 6. 支架制作、安装、刷油
031006005	管缆敷设	1. 名称 2. 材质 3. 芯数	m	按设计图示以延长米计算，不扣除管件、阀门所占长度	1. 管路敷设 2. 支架制作、安装、刷油

7. 工厂通讯、供电

工厂通讯、供电工程量清单项目设置及工程量计算规则，应按表 9.60 的规定执行。

表 9.60　工厂通讯、供电（编码:031007）

项目编码	项目名称	项目特征	计量单位	工程量计算规则	工程内容
031007001	工厂通讯线路	1. 名称 2. 类型 3. 敷设方式 4. 芯数	m(根)	按设计图示规定预留长度以延长米计算，专用系统电缆按计算	1. 电(光)缆敷设 2. 电(光)缆头制作、安装 3. 光缆其他安装项
031007002	工厂通讯设备	1. 名称 2. 类型 3. 功能	套	按设计图示规定预留长度以延长米计算，专用系统电缆按计算	1. 本体安装接线 2. 调试通话系统试验
031007003	供电系统	1. 名称 2. 类型 3. 容量	套(台)	按设计图示数量计算	1. 基础槽钢制作、安装、刷油 2. 本体安装 3. 检查试验

8. 仪表盘、箱、柜及附件安装

仪表盘、箱、柜及附件安装工程量清单项目设置及工程量计算规则，应按表 9.61 的规定执行。

表9.61 仪表盘、箱、柜及附件安装(编码:031008)

项目编码	项目名称	项目特征	计量单位	工程量计算规则	工程内容
031008001	盘、箱、柜安装	1.名称 2.类型 3.规格	台	按设计图示数量计算	1.基础槽钢制作、安装、刷油 2.本体安装 3.支架制作、安装、刷油
031008002	盘柜附件、原件制作安装	1.名称 2.类型	个	按设计图示数量计算	1.本体安装 2.制作 3.校接线 4.试验

9.仪表附件安装

仪表附件安装工程量清单项目设置及工程量计算规则,应按表9.62的规定执行。

表9.62 仪表附件安装(编码:031009)

项目编码	项目名称	项目特征	计量单位	工程量计算规则	工程内容
031009001	仪表阀门	1.名称 2.类型 3.材质	个	按设计图示数量计算	1.本体安装 2.研磨 3.脱脂
031009002	仪表支吊架	1.名称 2.类型	个 (m、根)	按设计图示数量计算	1.本体安装 2.制作 3.除锈、刷油 4.混凝土浇筑
031009003	仪表附件	1.名称 2.类型	个	按设计图示数量计算	1.本体安装 2.制作

9.5 通信设备及线路工程工程量计算

9.5.1 定额工程量计算规则

本节对应《上海市安装工程预算定额(2000)》第十二分册《通信、有线电视、广播工程》。

(1)蓄电池抗震铁架安装,按不同层以"m/架"为计量单位,抗震铁架制作另计材料及加工费用。

(2)铺橡皮绝缘垫,按图示尺寸以"m^2"为计量单位。

(3)蓄电池安装。

1)蓄电池按不同电压,以"组"为计量单位。蓄电池不同电压的每组只数见表9.63。当蓄电池带有尾电池时,另加尾电池的只数,但不增加工程量;当组蓄电池共用一组尾电池时,工程量按单组尾电池计算。

2)蓄电池充放电是指初充电、放电、再充电。定额中未包括充电所用电量,应按表9.64列耗电量计算电费后,列入基价内。当使用其他电源充电时,不得换算。

表9.63　蓄电池不同电压的每组只数

电压/V	每组只数
24	12
48	24
60	30
110	55
130	65
220	110

表9.64　蓄电池充电用电量表　单位:每组

电压/V \ 用电量/(kW·h) \ 容量/(A·h)	50以下	200以下	500以下	1 000以下	1 400以下	2 000以下	3 000以下
24	14	56	140	280	400	560	840
48	28	112	280	560	800	1120	1680

(4)通信用配电设备的安装。

1)市话组合电源以“套”为计量单位。感应调压器安装按不同容量,以“台”为计量单位。组合变换器以“盘”,变换器以“架”为计量单位。

2)感应调压器定额中未包括补充注油的油料费。

(5)三相不停电电源安装按不同容量以“套”为计量单位,交流不间断电源装置、直流电源变换器、逆变器、电源箱、BD振铃器以“台”、“套”为计量单位。

(6)预制安装铁架及其他。

1)铺地漆布按施工图图示尺寸,以“m^2”为计量单位。

2)电缆槽道、列架、走线架安装,以“m”为计量单位。

3)列头柜、列中柜、尾柜、空机架、分配架以“架”为计量单位。

4)保安配线箱安装按不同回线以“个”为计量单位。

5)总配线架安装按不同回线,以“架”为计量单位,配线架规格容量如表9.65所示。定额中4 000回线为2×202×10,6 000回线为3×202×10。

表9.65　配线架规格容量

总配线架规格	直列数	直列回线数	每架回线数	容量扩充
202×8	8	202	1 616	按架扩充
202×9	9	202	1 818	按架扩充
202×10	10	202	2 020	按架扩充
303×8	8	303	2 424	按架扩充

6)总配线架保安器排配置,每1 000回线配20×2保安器排4块,21×2保安器排1块。

(7)配线架与交接箱跳线。

1)中间配线架跳线按表9.66计算。

表9.66　中间配线架跳线的计算

项目	单位	架数									
中间配线架	架	1	2	3	4	5	6	7	8	9	10
平均跳线长度	m/100条	190	220	250	280	310	340	370	400	430	460

2)总配线架与交线箱跳线。

①改接跳线定额用于原有通信局、所扩建与原有交接箱。

②布放跳线定额用于新建通信局、所与新建交接箱。

③通信局、所跳线的工程量计算,应以工程范围内现有用户数为准;机关厂矿用户的交换机总配线架跳线,按计划用户数计算。

3)滑梯、交换设备以"架"为计量单位。

4)交接间配线架按不同对数以"座"为计量单位。

5)测量台、业务台、辅导台、维护终端、打印机、话务台告警设备以"台"为计量单位。

6)总信号灯盘、列信号灯盘、信号设备以"盘"为计量单位。

7)端子板、保安器/试验弹簧排、两用排以"块"为计量单位。

8)交接箱安装按不同对数、不同方式,分线箱、分线盒分别按不同对数、话机插座、保安器、电话单机以"个""部"为计量单位。

(8)程控用户交换机安装按不同门数以"套"为计量单位。

(9)程控车载集装箱以"门/箱"为计量单位。用户集线器设备以"线/架"为计量单位。抗震加固件以"处"为计量单位。

(10)充气设备安装按不同路数、不同安装方式以"套"为计量单位。

(11)气压表、气门、告警器、光发射机终端盒、以"块"、"个"为计量单位。充气管以"条"为计量单位。

(12)光接收机、放大器、供电器、无源器件按不同安装方式以"个"为计量单位。

(13)光纤通信数字设备安装与调测:

1)光端机、PCM设备、复用电端机、复用器以"端",光电端机以"台",通讯接口、端机以"个",数字公务设备以"条/套"为计量单位。

2)端机机架、数字分配架、光分配架以"架"为计量单位。放、绑软光纤,数字分配架改接,布放跳线以"条"为计量单位。

3)再生中继架、远供电源架以"架"为计量单位。远供电源架安装,定额包括远供电源盘安装。

4)子网管理系统、维护终端以"站"为计量单位。监控子中心设备、自动转换设备以"套"为计量单位。

5)数字公务设备以"条/套"为计量单位。

(14)架设自立式钢铁塔以"部"为计量单位。天线、卫星接收机安装按不同直径、安装方式、安装位置及安装高度以"副"为计量单位。

(15)馈线安装按不同形式、安装位置以"条"为计量单位。分路系统、监控设备及直流站设备以"套"为计量单位;微波设备以"架"为计量单位;被控设备波导充气机以"部"为计量单位;电源配线盘以"盘"为计量单位;直流站设备以"全套"为计量单位。

(16)补充电、容量试验以"组"为计量单位。局站内太阳能电池与控制屏联测以"单方阵系统"为计量单位。电缆全程充气以"m条"为计量单位。

1)工作内容不含电源设备安装。

2)超过1 000线时按大容量交换机定额执行。

(17)中继线,不分数字、模拟,均执行同一定额。

(18)用户线以"线"、中继线PCM系统以"系统"为计量单位。软件调测定额中包含配合用工。

(19)通信管道包封安装按不同孔数以"m"为计量单位。定额是按两侧包封与顶部包封分别编制的。

(20)混凝土管道基础、管道碎石底基、水泥通信管道、硬塑料管道、双层壁波纹管管道、镀锌钢管安装按不同类型、不同宽度以“m”为计量单位。

(21)引上水泥管、钢管以“根”为计量单位。砖砌入孔安装按不同方法、不同型号以“个”为计量单位。

(22)防水砂浆抹面、油毡防水法及玻璃布防水法安装按不同方法以“m^2”为计量单位。

(23)各种光(电)缆的敷设定额中,主要材料的数量已包含定额损耗率,但不包括设计中规定的预留等用量,应依规范规定按实计算。

(24)人工、机械敷设塑料子管安装按不同孔数以“m”为计量单位。

(25)光缆敷设按不同敷设方式、不同芯数以“m”为计量单位。

(26)光缆接头按不同芯数以“个”为计量单位。光缆成端接头以“芯”为计量单位。

(27)市话电缆敷设按不同敷设方式、不同对数以“m”为计量单位。

(28)架空电缆吊线,应以电缆图和杆路图相配合计算。凡遇路口有电缆终端或走向改变时,应考虑吊线的终端位置。架空电缆吊线的选用见表9.67。

表9.67 架空电缆吊线的选用表

电缆类别	钢绞线规格	电缆线径(mm)与电缆对数			
		0.4	0.5	0.6	0.9
铅护套	7/2.2	5~50	5~30	5~30	5~10
	7/2.6	80~150	50~100	80	15~30
	7/3.0	300~400	150~300	100~200	50~100
塑料护套	7/2.2	10~200	10~150	10~100	10~30
	7/2.6	300~400	200~300	150	50

(29)直埋电缆。

1)直埋电缆预留长度如采用S弯盘留时,按表9.68计算。

2)直埋电缆敷设按不同对数以“m”为计量单位。定额中已包括电缆接续长度。但如遇下述情况时,可按表9.68规定,另加预留长度。

表9.68 直埋电缆计算取值表

容量/(A·h) 用电量/(kW·h) 电压/V	0.5	1.0	1.5	2.0	2.5	3.0	3.5	4.0	4.5	5.0
1	1.14	2.28	3.42	4.56	5.70	6.84	7.98	9.12	10.26	11.40
2	2.28	4.56	6.84	9.12	11.40	13.68	15.59	18.25	20.52	22.80
3	3.42	6.84	10.26	13.68	17.10	20.52	24.00	27.40	30.80	34.20
4	4.56	9.12	13.68	18.25	22.80	27.40	31.90	36.50	41.10	45.60
5	5.70	11.40	17.10	22.80	28.50	34.20	40.00	45.60	51.40	57.00

(30)成端电缆主要指地下室成端接头至总配线架外线侧,室外进入室内光(电)缆以成端接头为界。成端电缆按不同对数以“根”为计量单位。

(31)市话电缆接续按不同规格、不同方法以“对”为计量单位。

(32)射频同轴线(缆)、3类线、5类线和电话线按不同芯数以“m”为计量单位。

(33)综合布线水平分系统的工程量计算方式:

1)利用水平分系统敷设裁剪下的短线作为配线架跳线的,主材长度确定方法如下:

①确定布线长度方法和走向。

②确立每个干线配线间或交接线间所要服务的区域。

③确认离配线间最近的I/O(*S*)。

④确认离配线间最远的I/O(L)。

⑤按照可能采用的电缆路径测量每条电缆走线距离。

⑥平均电缆长度=最远的(L)和最近的(S)两条电缆路径长度之和除以2。

总电缆长度=平均电缆长度+备用部分(平均电缆长度的10%)+端接容差6 m(变量)

每个楼层用线量的计算公式如下:

$$C=[0.55(L+S)+6]\times n(\mathrm{m}) \tag{9-3}$$

式中,C——每个楼层的用线量;S——最近的信息插座(I/O)离配线间的距离;L——最远的信息插座(I/O)离配线间的距离;n——每层楼的信息插座(I/O)。

整幢楼的用线量为

$$W=\sum NC(\mathrm{m}) \tag{9-4}$$

式中 N——楼层数。

图9.1为水平子系统确定电缆长度的实例。

2)当配线架跳线另行采购时,主材长度按施工图实际长度以延长米计算。

(34)市话光缆中继段测试按不同芯数以"段"为计量单位。市话光缆中继段测试是按单窗口(1 330 mm)测试取定的工日,如按双窗口(增到1 550 mm)测试时,其定额工日增加80%。

(35)市话电缆测试按不同长度以"对"为计量单位。

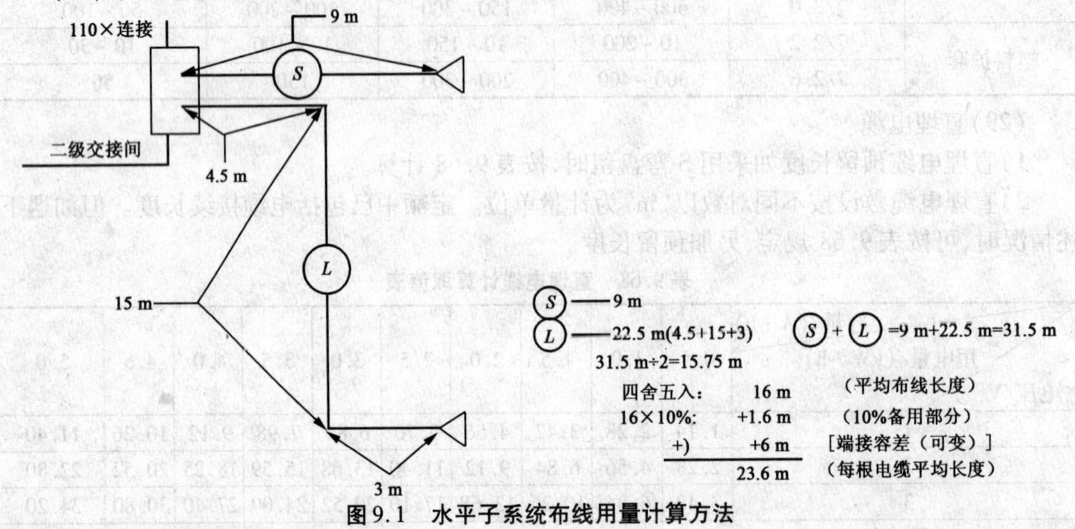

图9.1 水平子系统布线用量计算方法

9.5.2 工程量清单计算规则

1.通信设备

通信设备工程量清单项目设置及工程量计算规则,应按表9.69的规定执行。

表9.69 过程检测仪表(编码:031101)

项目编码	项目名称	项目特征	计量单位	工程量计算规则	工程内容
031103013	无人值守电源设备系统联测	测试内容	结	按设计图示数量计算	系统联测

续表9.69

项目编码	项目名称	项目特征	计量单位	工程量计算规则	工程内容
031101014	控制段内无人站电源设备与主控联测	测试内容	中继站/控制段	按设计图示数量计算	联测
031101015	单芯电源线	1. 规格 2. 型号	m	按设计图示数量计算	1. 敷设 2. 测试
031101016	列内电源线	1. 规格 2. 型号	列	按设计图示数量计算	1. 敷设 2. 测试
031101017	电源母线	1. 规格 2. 型号 3. 材质	m	按设计图示数量计算	1. 支架、铁架 2. 附件 3. 安装 4. 测试
031101018	接地棒(板)	1. 规格 2. 型号 3. 材质 4. 土质	极	按设计图示数量计算	1. 挖填土 2. 接地棒(板)安装 3. 敷设母线 4. 测试
031101019	户外接地母线	1. 规格 2. 型号 3. 材质 4. 土质	m	按设计图示数量计算	1. 挖填土 2. 接地棒(板)安装 3. 敷设母线 4. 测试
031101020	户内接地母线	1. 规格 2. 型号 3. 材质 4. 土质	m	按设计图示数量计算	1. 挖填土 2. 接地棒(板)安装 3. 敷设母线 4. 测试
031101021	地漆布	1. 规格 2. 型号	m^2	按设计图示数量计算	铺地漆布
031101022	电缆槽道、走线架、列架	1. 名称 2. 规格 3. 型号	m	按设计图示数量计算	1. 制作 2. 安装 3. 除锈、刷油
031101023	列头柜、列中柜、尾柜、空机架	1. 名称 2. 规格 3. 型号	架	按设计图示数量计算	1. 制作 2. 安装 3. 除锈、刷油
031101024	电源分配架	1. 规格 2. 型号	架	按设计图示数量计算	1. 制作 2. 安装 3. 除锈、刷油
031101025	可控硅铃流发生器	1. 规格 2. 型号	台	按设计图示数量计算	1. 安装 2. 测试
031101026	房柱抗震加固	按设计规格要求	处	按设计图示数量计算	加固件预制、安装
031101027	抗震机座	按设计规格要求	个	按设计图示数量计算	安装

续表 9.69

项目编码	项目名称	项目特征	计量单位	工程量计算规则	工程内容
031101028	保安配线箱	1. 规格 2. 型号 3. 容量	个	按设计图示数量计算	安装
031101029	总配线架	1. 规格 2. 型号 3. 容量	架	按设计图示数量计算	1. 安装 2. 穿线板 3. 滑梯
031101030	壁挂式配线架	1. 规格 2. 型号 3. 容量	架	按设计图示数量计算	安装
031101031	保安排、试线排	1. 名称 2. 规格 3. 型号	块	按设计图示数量计算	安装、测试
031101032	测量台、业务台、辅助台	1. 名称 2. 规格 3. 型号	台	按设计图示数量计算	安装、测试
031101033	列架、机台、事故照明	1. 名称 2. 规格 3. 型号	列（台、处）	按设计图示数量计算	安装、试通
031101034	机房信号设备	1. 名称 2. 规格 3. 型号	盘	按设计图示数量计算	安装、试通
031101035	设备电缆	1. 名称 2. 规格 3. 型号	m	按设计图示数量计算	1. 放绑 2. 编扎、焊(烧、卡)接
031101036	总配线架、中间配线架跳线	1. 名称 2. 规格 3. 型号	条	按设计图示数量计算	敷设、焊(烧、卡)接、试通
031101037	列内、列间信号线	1. 名称 2. 规格 3. 型号	条	按设计图示数量计算	布放设、焊(烧、卡)接、试通
031101038	中间配线架改接跳线、总配线架带电改接跳线	1. 名称 2. 规格 3. 型号	条	按设计图示数量计算	布放设、焊(烧、卡)接、试通
031101039	电话交换设备	1. 名称 2. 规格 3. 型号	架	按设计图示数量计算	1. 机架、机盘、电路板安装 2. 测试
031101040	维护终端、打印机、话务台告警设备	1. 名称 2. 规格 3. 型号	台	按设计图示数量计算	安装、调测
031101041	程控车载集装箱	1. 规格 2. 型号	箱	按设计图示数量计算	安装

续表9.69

项目编码	项目名称	项目特征	计量单位	工程量计算规则	工程内容
031101042	用户集线器(SLC)设备	1. 规格 2. 型号 3. 容量	线/架	按设计图示数量计算	安装、调测
031101043	市话用户线硬件测试	1. 测试类别 2. 测试内容	干线	按设计图示数量计算	测试
031101044	中继线PCM系统硬件测试	1. 测试类别 2. 测试内容	系统	按设计图示数量计算	测试
031101045	长途硬件测试	1. 测试类别 2. 测试内容	千路端	按设计图示数量计算	测试
031101046	市话用户线软件测试	1. 测试类别 2. 测试内容	干线	按设计图示数量计算	测试
031101047	中继线PCM系统软件测试	1. 测试类别 2. 测试内容	系统	按设计图示数量计算	测试
031101048	长途软件测试	1. 测试类别 2. 测试内容	千路端	按设计图示数量计算	测试
031101049	用户交换机(PABX)	1. 规格 2. 型号 3. 容量	线	按设计图示数量计算	安装、调测
031101050	安装数字分配架(DDF)	1. 规格 2. 型号 3. 容量	架	按设计图示数量计算	安装
031101051	安装光分配架(ODF)	1. 规格 2. 型号 3. 容量	架	按设计图示数量计算	安装
031101052	光传输设备(SDH)	1. 规格 2. 型号 3. 容量	端	按设计图示数量计算	1. 机架(柜)安装 2. 本机安装、测试
031101053	光传输设备(PDH)	1. 规格 2. 型号 3. 容量	端	按设计图示数量计算	1. 机架(柜)安装 2. 本机安装、测试
031101054	再生中继架	1. 规格 2. 型号 3. 容量	架	按设计图示数量计算	安装、调测
031101055	远供电源架	1. 规格 2. 型号 3. 容量	架(盘)	按设计图示数量计算	安装、调测
031101056	子网管理系统设备	1. 规格 2. 型号 3. 容量	站	按设计图示数量计算	安装、调测
031101057	本地维护终端设备	1. 规格 2. 型号 3. 容量	站	按设计图示数量计算	安装、调测

续表 9.69

项目编码	项目名称	项目特征	计量单位	工程量计算规则	工程内容
031101058	子网管理系统试运行	1. 测试类别 2. 测试内容	站	按设计图示数量计算	试运行
031101059	本地维护终端试运行	1. 测试类别 2. 测试内容	站	按设计图示数量计算	试运行
031101060	监控中心及子中心设备	1. 规格 2. 型号 3. 容量	套	按设计图示数量计算	安装、调测
031101061	光端机主/备用自动转换设备	1. 规格 2. 型号 3. 容量	套	按设计图示数量计算	安装、调测
031101062	数字公务设备	1. 规格 2. 型号 3. 容量	套	按设计图示数量计算	安装、调测
031101063	数字公务系统运行试验	1. 运行类别 2. 测试内容	系统（站）	按设计图示数量计算	运行试验
031101064	监控系统运行试验（PDH）	1. 运行类别 2. 测试内容	站	按设计图示数量计算	运行试验
031101065	中继段光端调测	1. 测试类别 2. 测试内容	系统/中继段	按设计图示数量计算	光端调测
031101066	数字段光端调测	1. 测试类别 2. 测试内容	系统/数字段	按设计图示数量计算	光端调测
031101067	复用设备系统调测	1. 测试类别 2. 测试内容	系统/端	按设计图示数量计算	系统调测
031101068	光电调测中间站配合	1. 测试类别 2. 测试内容	站	按设计图示数量计算	中间站配合
031101069	四波波分复用器	1. 规格 2. 型号 3. 容量	套/端	按设计图示数量计算	安装、测试
031101070	八波波分复用器	1. 规格 2. 型号 3. 容量	套/端	按设计图示数量计算	安装、测试
031101071	光转换器	1. 规格 2. 型号	个	按设计图示数量计算	安装、测试
031101072	光线路放大器（ILA）	1. 规格 2. 型号	系统	按设计图示数量计算	安装、测试
031101073	数字段中继站（光放站）光端对测	1. 测试类别 2. 测试内容	系统/站	按设计图示数量计算	光端对测
031101074	数字段端站（再生站）光端对测	1. 测试类别 2. 测试内容	系统/站	按设计图示数量计算	光端对测
031101075	调测波分复用网管系统	1. 测试类别 2. 测试内容	系统/站	按设计图示数量计算	调测

续表 9.69

项目编码	项目名称	项目特征	计量单位	工程量计算规则	工程内容
031101076	数字交叉连接设备(DXC)	1. 规格 2. 型号 3. 容量	系统/站	按设计图示数量计算	安装、测试
031101077	基本子架(包括交叉控制等)	1. 规格 2. 型号 3. 容量	子架	按设计图示数量计算	安装、测试
031101078	155 Mb/s 接口子架	1. 规格 2. 型号 3. 容量	子架	按设计图示数量计算	安装、测试
031101079	2 Mb/s 接口盘	1. 规格 2. 型号 3. 容量	盘	按设计图示数量计算	安装、测试
031101080	连通测试	1. 测试类别 2. 测试内容	端口	按设计图示数量计算	连通测试
031101081	数字数据网(DDN)设备	1. 规格 2. 型号 3. 容量	架	按设计图示数量计算	安装
031101082	调测数字数据网(DDN)设备	1. 测试类别 2. 测试内容	节点机	按设计图示数量计算	调测
031101083	系统打印机	1. 规格 2. 型号	套	按设计图示数量计算	调测
031101084	数字(网络)终端单元(DUT 或 NTU)	1. 规格 2. 型号 3. 容量	架	按设计图示数量计算	安装、调测
031101085	数字交叉连接设备(DACS)	1. 规格 2. 型号 3. 容量	架	按设计图示数量计算	安装、调测
031101086	网管小型机	1. 规格 2. 型号	套	按设计图示数量计算	安装、调测
031101087	网管工作站	1. 规格 2. 型号	套	按设计图示数量计算	安装、调测
031101088	分组交抽象设备	1. 规格 2. 型号 3. 容量	套	按设计图示数量计算	安装、调测
031101089	调制解调器	1. 规格 2. 型号 3. 容量	套	按设计图示数量计算	安装、调测
031101090	分组交换网管中心设备	1. 规格 2. 型号 3. 容量	套	按设计图示数量计算	安装、调测
031101091	铁塔(不含铁塔基础施工)	1. 规格 2. 型号	t	按设计图示数量计算	架设

续表 9.69

项目编码	项目名称	项目特征	计量单位	工程量计算规则	工程内容
031101092	微波抛面天线	1. 规格 2. 型号 3. 地点 4. 塔高	副	按设计图示数量计算	安装、调测
031101093	微波抛面天线	1. 规格 2. 型号 3. 地点 4. 长度	条	按设计图示数量计算	安装、调测
031101094	分路系统	1. 规格 2. 型号	条	按设计图示数量计算	安装
031101095	微波设备	1. 规格 2. 型号 3. 容量	架	按设计图示数量计算	安装、测试
031101096	监控设备	1. 规格 2. 型号 3. 容量	套(部)	按设计图示数量计算	安装、测试
031101097	辅助设备	1. 规格 2. 型号 3. 容量	盘(部)	按设计图示数量计算	安装、测试
031101098	直流站设备	1. 规格 2. 型号 3. 容量	全套	按设计图示数量计算	安装、测试
031101099	数字段内中继段调测	1. 测试类别 2. 测试内容	系统/段	按设计图示数量计算	调测
031101100	数字段主通道调测	1. 测试类别 2. 测试内容	系统/段	按设计图示数量计算	调测
031101101	数字段辅助通道调测	1. 测试类别 2. 测试内容	系统/段	按设计图示数量计算	调测
031101102	数字段内波道倒换	1. 测试类别 2. 测试内容	段	按设计图示数量计算	测试
031101103	两个上下话路站监控调测	1. 测试类别 2. 测试内容	系统/站	按设计图示数量计算	调测
031101104	配合数字终端测试	1. 测试类别 2. 测试内容	系统/站	按设计图示数量计算	调测
031101105	全电路主通道调测	1. 测试类别 2. 测试内容	系统/全电路	按设计图示数量计算	调测
031101106	全电路主通道上下话路站调测	1. 测试类别 2. 测试内容	站/全电路	按设计图示数量计算	调测
031101107	全电路辅助通道调测	1. 测试类别 2. 测试内容	系统/全电路	按设计图示数量计算	调测
031101108	全电路辅助通道上下活动站调测	1. 测试类别 2. 测试内容	站/全电路	按设计图示数量计算	调测

续表 9.69

项目编码	项目名称	项目特征	计量单位	工程量计算规则	工程内容
031101109	全电路主控站集中监控性能调测	1.测试类别 2.测试内容	系统/站	按设计图示数量计算	调测
031101110	全电路次主控站集中监控性能调测	1.测试类别 2.测试内容	站	按设计图示数量计算	调测
031101111	稳定性能调测	1.测试类别 2.测试内容	站	按设计图示数量计算	调测
031101112	一点多址数字微波通信设备	按站性质立项	套	按设计图示数量计算	安装、调测
031101113	测试一点对多点信道机	1. 规格 2. 型号 3. 容量	套	按设计图示数量计算	单项测试
031101114	一点对多点通信系统联测	1.测试类别 2.测试内容	站	按设计图示数量计算	联测
031101115	天馈线系统	1. 规格 2. 型号	站	按设计图示数量计算	1. 安装调试天线底座 2. 安装调试天线主、副反射面 3. 安装调试驱动及附属设备 4. 调测天馈线系统
031101116	高功放分系统	1. 规格 2. 型号 3. 功率			
031101117	1:1 站地面公用设备分系统	1. 规格 2. 型号 3. 方向数	方向/站	按设计图示数量计算	安装、调测
031101118	3:1 站地面公用设备分系统	1. 规格 2. 型号 3. 方向数	方向/站	按设计图示数量计算	安装、调测
031101119	电话分系统 SCPC 设备	1. 规格 2. 型号 3. 路数	路/站	按设计图示数量计算	安装、调测
031101120	电话分系统 IDR 设备(一路 2Mb/s)	1. 规格 2. 型号 3. 路数	路/站	按设计图示数量计算	安装、调测
031101121	电话分系统 TDMA 设备	1. 规格 2. 型号	站	按设计图示数量计算	安装、调测
031101122	电话分系统工程勤务 ESC	1. 规格 2. 型号	站	按设计图示数量计算	安装、调测
031101123	电视分系统(TV/FM)	1. 规格 2. 型号	系统/站	按设计图示数量计算	安装、调测
031101124	低噪声放大器	1. 规格 2. 型号 3.倒换比例	站	按设计图示数量计算	安装、调测

续表 9.69

项目编码	项目名称	项目特征	计量单位	工程量计算规则	工程内容
031101125	监测控制分系统监控桌	1. 规格 2. 型号 3. 每桌盘数	站	按设计图示数量计算	安装、调测
031101126	监测控制分系微机控制	1. 规格 2. 型号	站	按设计图示数量计算	安装、调测
031101127	地球站设备站内环测	1. 测试类别 2. 测试内容	站	按设计图示数量计算	站内环测
031101128	地球站设备系统调测	1. 测试类别 2. 测试内容	站	按设计图示数量计算	系统调测
031101129	小口径卫星地球站(VSAT)中心站高功放(HPA)设备	1. 规格 2. 型号	系统/站	按设计图示数量计算	安装、调测
031101130	小口径卫星地球站(VSAT)中心站低噪声放大器(LPA)设备	1. 规格 2. 型号	系统/站	按设计图示数量计算	安装、调测
031101131	中心站(VSAT)公用设备(含监控设备)	1. 规格 2. 型号	套	按设计图示数量计算	安装、调测
031101132	中心站(VSAT)公务设备	1. 规格 2. 型号	套	按设计图示数量计算	安装、调测
031101133	控制中心站(VSAT)站内环测及金网系统对测	1. 测试类别 2. 测试内容	站	按设计图示数量计算	站内环测及全网系统对测
031101134	小口径卫星地球站(VSAT)端站设备	1. 规格 2. 型号	站	按设计图示数量计算	安装、调测

2. 通信线路工程

通信线路工程工程量清单项目设置及工程量计算规则,应按表 9.70 的规定执行。

表 9.70 通信线路工程(编码:031102)

项目编码	项目名称	项目特征	计量单位	工程量计算规则	工程内容
031102001	路面	1. 性质 2. 结构	m^2	按设计图示宽度×长度计算	开挖
031102002	挖填管道沟及人孔坑	1. 土质 2. 回填方式	m^3	按设计图示截面积×长度计算	1. 施工测量 2. 挖填管道沟及人孔坑 3. 挡土板及抽水
031102003	挖填光(电)缆沟及接头坑	1. 土质 2. 回填方式	m^3	按设计图示截面积×长度计算	1. 施工测量 2. 挖填管道沟及接头坑 3. 挡土板及抽水
031102004	混凝土管道基础	1. 规格 2. 标号	km	按设计图示数量计算	浇筑

续表9.70

项目编码	项目名称	项目特征	计量单位	工程量计算规则	工程内容
031102005	混凝土管道基础加筋	规格	m	按设计图示数量计算	制作铺设
031102006	水泥管道	1. 规格 2. 型号 3. 孔数	km	按设计图示数量计算	铺设
031102007	塑料管道				
031102008	钢管管道		m		
031102009	长途专用塑料管道	1. 规格 2. 型号 3. 孔数 4. 方式	km	按设计图示数量计算	1. 敷设小口径塑料管 2. 大管径内人工穿放小口径塑料管
031102010	通信管道混凝土包封	1. 规格 2. 规格	km	按设计图示数量计算	浇筑
031102011	通信电(光)缆通道	1. 类型 2. 规格	m/处	按设计图示数量计算	砌筑
031102012	微机控制地下定向钻孔敷管	1. 规格 2. 型号 3. 孔数 4. 长度	处	按设计图示数量计算	钻孔敷管
031102013	人孔	1. 规格 2. 型号 3. 砌筑方式	个	按设计图示数量计算	砌筑
031102014	手孔	1. 规格 2. 型号 3. 砌筑方式	个	按设计图示数量计算	砌筑
031102015	人(手)孔防水	1. 类型 2. 规格	m^2	按设计图示数量计算	防水
031102016	立通信电杆	1. 规格 2. 型号 3. 材质 4. 土质	极(座)	按设计图示数量计算	1. 测量 2. 挖、填土 3. 立杆 4. 组装
031102017	电杆加固及保护	1. 名称 2. 规格	处(根、块)	按设计图示数量计算	安装
031102018	撑杆	1. 材质 2. 土质	根	按设计图示数量计算	1. 挖、填土 2. 安装
031102019	拉线	1. 种类 2. 规格 3. 程式 4. 土质	条	按设计图示数量计算	1. 挖、填土 2. 安装
031102020	装电杆附属装置	1. 名称 2. 规格	处(条)	按设计图示数量计算	安装
031102021	架空吊线	1. 规格 2. 程式 3. 地区	km	按设计图示数量计算	架设

续表 9.70

项目编码	项目名称	项目特征	计量单位	工程量计算规则	工程内容
031102022	架空光缆	1. 规格 2. 程式 3. 地区	km	按设计图示数量计算	架设
031102023	埋式光缆	1. 规格 2. 程式 3. 地区	km	按设计图示数量计算	敷设
031102024	人工敷设塑料子管	1. 规格 2. 程式 3. 子管数	km	按设计图示数量计算	敷设
031102025	管道(含室外通道)光缆	1. 规格 2. 程式	km	按设计图示数量计算	1. 测量 2. 敷设
031102026	槽道光缆	1. 规格 2. 程式	m	按设计图示数量计算	敷设
031102027	槽板沿墙光缆	1. 规格 2. 程式	m	按设计图示数量计算	敷设
031102028	室内通道光缆	1. 规格 2. 程式	m	按设计图示数量计算	敷设
031102029	引上光缆	1. 规格 2. 程式	条	按设计图示数量计算	敷设
031102030	水底光缆	1. 规格 2. 程式 3. 土质 4. 方法	m	按设计图示数量计算	1. 测量 2. 敷设 3. 接续
031102031	海底光缆	1. 规格 2. 程式 3. 方法	km	按设计图示数量计算	敷设
031102032	架空电缆	1. 名称 2. 规格 3. 程式 4. 方法	km	按设计图示数量计算	敷设
031102033	埋式电缆	1. 规格 2. 程式 3. 方法	km	按设计图示数量计算	1. 测量 2. 敷设
031102034	管道(通道)电缆	1. 规格 2. 程式 3. 方法	km	按设计图示数量计算	敷设
031102035	墙壁电缆	1. 规格 2. 程式 3. 方法	m	按设计图示数量计算	敷设
031102036	槽道(含地槽)顶棚内电缆				
031102037	引上电缆	1. 规格 2. 程式 3. 方法	条	按设计图示数量计算	敷设
031102038	总配线架成端电缆				

续表 9.70

项目编码	项目名称	项目特征	计量单位	工程量计算规则	工程内容
031102039	市话光缆接续	1. 规格 2. 程式	个	按设计图示数量计算	接续、测试
031102040	长途光缆接续	1. 规格 2. 程式	个	按设计图示数量计算	接续、测试
031102041	光缆成端接续	1. 规格 2. 程式	芯	按设计图示数量计算	接续、测试
031102042	市话光缆中继段测试	1. 测试类别 2. 测试内容	中继段	按设计图示数量计算	测试
031102043	长途光缆中继段测试	1. 测试类别 2. 测试内容	中继段	按设计图示数量计算	测试
031102044	电缆芯线接线	1. 规格 2. 程式	百对	按设计图示数量计算	接续、测试
031102045	电缆芯线改线	1. 规格 2. 程式	百对	按设计图示数量计算	改接、测试
031102046	堵塞成端套管	1. 规格 2. 程式	个	按设计图示数量计算	安装
031102047	充油膏套管接线	1. 规格 2. 程式	个	按设计图示数量计算	安装
031102048	封焊热可缩套管	1. 规格 2. 程式	个	按设计图示数量计算	安装
031102049	包式塑料电缆套管	1. 规格 2. 程式	个	按设计图示数量计算	安装
031102050	气闭头	1. 规格 2. 程式	个	按设计图示数量计算	安装
031102051	电缆全程测试	1. 测试类别 2. 测试内容	百对	按设计图示数量计算	测试
031102052	进线室承托铁架	1. 规格 2. 型号	条	按设计图示数量计算	安装
031102053	托架	1. 规格 2. 型号	根	按设计图示数量计算	安装
031102054	进线室钢板防水窗口	规格	处	按设计图示数量计算	制作、安装
031102055	交接箱	1. 种类 2. 规格 3. 程式 4. 容量	个	按设计图示数量计算	1. 站台、砌筑基座安装 2. 箱体安装 3. 接线模块(保安排、端子板、试验排、接头排)安装 4. 列架安装 5. 成端电缆安装 6. 地线安装 7. 连接、改接跳线
031102056	交接间配线架		座		

续表 9.70

项目编码	项目名称	项目特征	计量单位	工程量计算规则	工程内容
031102057	分线箱	1. 规格 2. 程式 3. 容量	个	按设计图示数量计算	制作、安装、测试
031102058	分线盒				
031102059	充气设备	1. 规格 2. 程式 3. 容量	个	按设计图示数量计算	安装、测试、试动转
031102060	告警器、传感器	名称、型号	个	按设计图示数量计算	安装、调试
031102061	电缆全程充气	名称、型号	km	按设计图示数量计算	充气试验
031102062	顶钢管	1. 规格 2. 程式	m	顶管	
031102063	铺钢管、塑料管	1. 规格 2. 程式 3. 材质	m	按设计图示数量计算	铺设
031102064	铺大长度半硬塑料管	1. 规格 2. 程式	m	按设计图示数量计算	铺设
031102065	铺砖	铺设方式	m	按设计图示数量计算	铺设
031102066	铺水泥盖反、水泥槽	1. 种类 2. 规格 3. 程式	m	按设计图示数量计算	铺设
031102067	石砌坡、坎、堵塞、三七土护坎、封石沟	1. 名称 2. 规格	m	按设计图示数量计算	砌筑
031102068	关节型套管	1. 规格 2. 型号	m	按设计图示数量计算	安装
031102069	水线地锚或永久标桩	1. 名称 2. 规格	m	按设计图示数量计算	安装
031102070	水底光缆标志牌	规格	m	按设计图示数量计算	安装
031102071	排流线	1. 规格 2. 程式 3. 材质	km	按设计图示数量计算	敷设
031102072	消弧线、避雷针	1. 名称 2. 规格 3. 程式	处	按设计图示数量计算	安装
031102073	对地绝缘监测装置	1. 规格 2. 型号	处	按设计图示数量计算	安装
031102074	埋式光缆对地绝缘检查及处理	按设计要求	km	按设计图示数量计算	查修

3. 建筑与建筑群综合布线

建筑与建筑群综合布线工程量清单项目设置及工程量计算规则，应按表 9.71 的规定执行。

表9.71　建筑与建筑群综合布线(编码:031103)

项目编码	项目名称	项目特征	计量单位	工程量计算规则	工程内容
031103001	钢管	1.规格 2.程式	m	按设计图示数量计算	敷设
031103002	硬质PVC管	1.规格 2.程式	m	按设计图示数量计算	敷设
031103003	金属软管	1.规格 2.程式	根	按设计图示数量计算	敷设
031103004	金属线槽	1.规格 2.程式	m	按设计图示数量计算	敷设
031103005	塑料线槽	1.规格 2.程式	m	按设计图示数量计算	敷设
031103006	过线(路)盒(半周长)	1.规格 2.程式	个	按设计图示数量计算	安装
031103007	信息插座底盒(接线盒)	1.规格 2.程式 3.安装地点	个	按设计图示数量计算	安装
031103008	吊装式桥架	1.规格 2.程式	m	按设计图示数量计算	安装
031103009	支撑式桥架	1.规格 2.程式	m	按设计图示数量计算	安装
031103010	垂直桥架	1.规格 2.程式	m	按设计图示数量计算	安装
031103011	砖槽	规格	m	按设计图示数量计算	砌筑
031103012	混凝土槽	规格	m	按设计图示数量计算	砌筑
031103013	落地式机柜、机架	1.名称 2.规格 3.程式	架	按设计图示数量计算	安装
031103014	墙挂式机柜、机架	1.名称 2.规格 3.程式	架	按设计图示数量计算	安装
031103015	接线箱	1.规格 2.型号	个	按设计图示数量计算	安装
031103016	抗震底座	1.规格 2.程式	个	按设计图示数量计算	制作、安装
031103017	4对对绞电缆	1.规格 2.程式 3.敷设环境	m	按设计图示数量计算	1.敷设、测试 2.卡接(配线架侧)
031103018	大对数非屏蔽电缆				
031103019	大对数屏蔽电缆				
031103020	光缆	1.规格 2.程式 3.敷设环境	m	按设计图示数量计算	敷设、测试
031103021	光缆护套				敷设

续表 9.71

项目编码	项目名称	项目特征	计量单位	工程量计算规则	工程内容
031103022	光纤束	1. 规格 2. 程式	m	按设计图示数量计算	气流吹放、测试
031103023	单口非屏蔽八位模块式信息插座	1. 规格 2. 型号	个	按设计图示数量计算	安装、卡接
031103024	单口屏蔽八位模块式信息插座	1. 规格 2. 型号	个	按设计图示数量计算	安装、卡接
031103025	双口非屏蔽八位模块式信息插座	1. 规格 2. 型号	个	按设计图示数量计算	安装、卡接
031103026	双口屏蔽八位模块式信息插座	1. 规格 2. 型号	个	按设计图示数量计算	安装、卡接
031103027	双口光纤信息插座	1. 规格 2. 型号	个	按设计图示数量计算	安装
031103028	四口光纤信息插座	1. 规格 2. 型号	个	按设计图示数量计算	安装
031103029	光纤连接盘	1. 规格 2. 型号	块	按设计图示数量计算	安装
031103030	光纤连接	1. 方法 2. 模式	芯	按设计图示数量计算	接续、测试
031103031	光纤跳线	1. 名称、型号 2. 规格	条	按设计图示数量计算	制作、测试
031103032	光纤跳线	1. 名称、型号 2. 规格	条	按设计图示数量计算	制作、测试
031103033	电缆链路系统测试	1. 测试类别 2. 测试内容	链路	按设计图示数量计算	测试
031103034	电纤链路系统测试	1. 测试类别 2. 测试内容	链路	按设计图示数量计算	测试

4. 移动通讯设备工程

移动通讯设备工程工程量清单项目设置及工程量计算规则，应按表 9.72 的规定执行。

表 9.72 移动通讯设备工程(编码:031104)

项目编码	项目名称	项目特征	计量单位	工程量计算规则	工程内容
031104001	全向天线	1. 规格 2. 型号 3. 塔高 4. 环境	副	按设计图示数量计算	安装
031104002	定向天线				
031104003	室内天线	1. 规格 2. 型号	副	按设计图示数量计算	安装、调测
031104004	卫星全球定位系统天线(GPS)	1. 规格 2. 型号	副	按设计图示数量计算	安装、调测
031104005	射频同轴电缆	1. 规格 2. 型号	条	按设计图示数量计算	布放

续表9.72

项目编码	项目名称	项目特征	计量单位	工程量计算规则	工程内容
031104006	室外馈线走道	1. 规格 2. 程式 3. 敷设环境	m	按设计图示数量计算	布放
031104007	避雷器	1. 规格 2. 型号	个	按设计图示数量计算	安装
031104008	室内分布式天、馈线附属设备	1. 规格 2. 型号 3. 程式	个(架、单元)	按设计图示数量计算	安装、调测
031104009	馈线密封窗	规格	个	按设计图示数量计算	安装
031104010	基站天、馈线系统调测	1. 测试类别 2. 测试内容	条	按设计图示数量计算	调测
031104011	分布式天、馈线系统调测	1. 测试类别 2. 测试内容	副	按设计图示数量计算	系统调测
031104012	泄漏式电缆调测	1. 测试类别 2. 测试内容	条	按设计图示数量计算	调测
031104013	落地式、壁挂式基站设备	1. 规格 2. 型号 3. 程式	架	按设计图示数量计算	安装、检测
031104014	通道板	1. 规格 2. 型号 3. 程式	载频	按设计图示数量计算	安装、检测
031104015	直放站设备	1. 规格 2. 型号 3. 程式	站	按设计图示数量计算	安装、调测
031104016	基站监控配线箱	1. 规格 2. 型号 3. 程式	个	按设计图示数量计算	安装
031104017	GSM基站系统调测	1. 测试类别 2. 测试内容	载频/站	按设计图示数量计算	系统调测
031104018	GDMA基站系统调测	1. 测试类别 2. 测试内容	扇·载/站	按设计图示数量计算	系统调测
031104019	寻呼基站系统调测	1. 测试类别 2. 测试内容	频点/站	按设计图示数量计算	系统调测
031104020	自动寻呼终端设备	1. 规格 2. 型号 3. 程式	架	按设计图示数量计算	安装、调测
031104021	数据处理中心设备	1. 规格 2. 型号 3. 程式	条	按设计图示数量计算	安装、调测

续表 9.72

项目编码	项目名称	项目特征	计量单位	工程量计算规则	工程内容
031104022	人工台	1. 规格 2. 型号 3. 程式	台	按设计图示数量计算	安装、调测
031104023	短信、语言信箱设备	1. 规格 2. 型号 3. 程式	架	按设计图示数量计算	安装、调测
031104024	操作维护中心设备(OMC)	1. 规格 2. 型号 3. 程式	套	按设计图示数量计算	安装、调测
031104025	基站控制器、编码器	1. 规格 2. 型号 3. 程式	架	按设计图示数量计算	安装
031104026	调测基站控制器、编码器	1. 规格 2. 型号 3. 程式	中继	按设计图示数量计算	调测
031104027	GSM 定向天线基站及 CDMA 基站联网调测	1. 测试类别 2. 测试内容	站	按设计图示数量计算	联网调测
031104028	寻呼基站联网	1. 测试类别 2. 测试内容	站	按设计图示数量计算	联网调测

9.6 建筑智能化系统设备安装工程工程量计算

9.6.1 定额工程量计算规则

1. 综合布线系统工程量计算规则

(1)双绞线缆、光缆、漏泄同轴电缆、电话线和广播线敷设、穿放、明布放以“m”计算。电缆敷设按单根延长米计算,如一个架上敷设 3 根各长 100 m 的电缆,应按 300 m 计算,以此类推。电缆附加及预留的长度是电缆敷设长度的组成部分,应计入电缆长度工程量之内。电缆进入建筑物预留长度 2 m;电缆进入沟内或吊架上引上(下)预留 1.5 m;电缆中间接头盒,预留长度两端各留 2 m。

(2)制作跳线以“条”计算,卡接双绞线缆以“对”计算,跳线架、配线架安装以“条”计算。

(3)双绞线缆测试、以“链路”或“信息点”计算,光纤测试以“链路”或“芯”计算。

(4)安装各类信息插座、过线(路)盒、信息插座底盒(接线盒)、光缆终端盒和跳块打接以“个”计算。

(5)光纤连接以“芯”(磨制法以“端口”)计算。

(6)布放尾纤以“根”计算。

(7)光缆接续以“头”计算。

(8)室外架设架空光缆以“m”计算。

(9)制作光缆成端接头以“套”计算。

(10)安装漏泄同轴电缆接头以“个”计算。

(11)成套电话组线箱、机柜、机架、抗震底座安装以“台”计算。

(12)安装电话出线口、中途箱、电话电缆架空引入装置以“个”计算。

2.通信系统设备安装工程量计算规则

(1)铁塔架设,以“t”计算。

(2)天线安装、调试,以“副”(天线加边加罩以“面”)计算。

(3)馈线安装、调试,以“条”计算。

(4)微波无线接入系统基站设备、用户站设备安装、调试,以“台”计算。

(5)微波无线接入系统联调,以“站”计算。

(6)卫星通信甚小口径地面站(VSAT)端站设备安装、调试、中心站站内环测及全网系统对测,以“站”计算。

(7)卫星通信甚小口径地面站(VSAT)中心站设备安装、调试,以“台”计算。

(8)移动通信共用天馈系统中安装、调试、直放站设备、基站系统调试以及全系统联网调试,以“站”计算。

(9)光纤数字传输设备安装、调试以“端”计算。

(10)程控交换机安装、调试以“部”计算。

(11)程控交换机中继线调试以“路”计算。

(12)会议电话、电视系统设备安装、调试以“台”计算。

(13)会议电话、电视系统联网测试以“系统”计算。

3.机网络系统设备安装工程量计算规则

(1)计算机网络终端和附属设备安装,以“台”计算。

(2)网络系统设备、软件安装、调试,以“台(套)”计算。

(3)网络调试、系统试运行、验收测试,以“系统”计算。

(4)局域网交换机系统功能调试,以“个”计算。

4.设备监控系统安装工程量计算规则

(1)基表及控制设备、第三方设备通信接口安装、抄表采集系统安装与调试,以“个”计算。

(2)中心管理系统调试、控制网络通信设备安装、控制器安装、流量计安装与调试,以“台”计算。

(3)楼宇自控中央管理系统安装、调试,以“系统”计算。

(4)楼宇自控用户软件安装、调试,以“套”计算。

(5)温(湿)度传感器、压力传感器、电量变送器和其他传感器及变送器,以“支”计算。

(6)阀门及电动执行机构安装、调试,以“个”计算。

5.电视系统设备安装工程量计算规则

(1)电视共用天线安装、调试,以“副”计算。

(2)敷设天线电缆,以“m”计算。

(3)制作天线电缆接头,以“头”计算。

(4)电视墙安装、前端射频设备安装、调试,以“套”计算。

(5)卫星地面站接收设备、光端设备、有线电视系统管理设备、播控设备安装、调试,以“台”计算。

(6)干线设备、分配网络安装、调试,以“个”计算。

6.扩声、背景音乐系统设备安装工程量计算规则

(1)扩声系统设备安装、调试,以“台”计算。

(2)扩声系统设备试运行,以“系统”计算。

(3)背景音乐系统设备安装、调试,以“台”计算。

(4)背景音乐系统联调、试运行,以“系统”计算。

7. 电源和电子设备防雷接地装置安装工程量计算规则

(1)太阳能电池方阵铁架安装,以“m^2”计算。

(2)太阳能电池、柴油发电机组安装,以“组”计算。

(3)柴油发电机组体外排气系统、柴油箱、机油箱安装,以“套”计算。

(4)开关电源安装、调试、整流器、其他配电设备安装,以“台”计算。

(5)天线铁塔防雷接地装置安装,以“处”计算。

(6)电子设备防雷接地装置、接地模块安装,以“个”计算。

(7)电源避雷器安装,以“台”计算。

8. 停车场管理系统设备安装工程量计算规则

(1)车辆检测识别设备、出入口设备、显示和信号设备、监控管理中心设备安装、调试,以“套”计算。

(2)分系统调试和全系统联调,以“系统”计算。

9. 楼宇安全防范系统设备安装工程量计算规则

(1)入侵报警器(室内外、周界)设备安装工程,以“套”计算。

(2)出入口控制设备安装工程,以“台”计算。

(3)电视监控设备安装工程,以“台”(显示装置以“m^2”)计算。

(4)分系统调试、系统集成调试,以“系统”计算。

10. 住宅(小区)智能化系统工程量计算规则

(1)住宅小区智能化设备安装工程,以“台”计算。

(2)住宅小区智能化设备系统调试,以“套”(管理中心调试以“系统”)计算。

(3)小区智能化系统试运行、测试,以“系统”计算。

9.6.2 工程量清单计算规则

1. 通信系统设备

通信系统设备工程量清单项目设置及工程量计算规则,应按表9.73的规定执行。

表9.73 通信系统设备(编码:031201)

项目编码	项目名称	项目特征	计量单位	工程量计算规则	工程内容
031201001	微波窄带无线接入系统基站设备	1. 名称 2. 类别 3. 类型 4. 回路数	台(个)	按设计图示数量计算	1. 本体安装 2. 软件安装 3. 调试 4. 系统设置
031201002	微波窄带无线接入系统用户站设备	1. 名称 2. 类别 3. 类型 4. 回路数	台(个)	按设计图示数量计算	1. 本体安装 2. 调试
031201003	微波窄带无线接入系统联调及试运行	1. 名称 2. 用户站数量	系统	按设计图示数量计算	1. 系统联调 2. 系统试运行

续表 9.73

项目编码	项目名称	项目特征	计量单位	工程量计算规则	工程内容
031201004	微波宽带无线接入系统基站设备	1. 名称 2. 类别 3. 类型 4. 回路数	台(个)	按设计图示数量计算	1. 本体安装 2. 软件安装 3. 调试 4. 系统设置
031201005	微波宽带无线接入系统用户站设备	1. 名称 2. 类别	台(个)	按设计图示数量计算	1. 本体安装 2. 调试
031201006	微波宽带无线接入系统联调及试运行	1. 名称 2. 用户站数量	系统	按设计图示数量计算	1. 系统联调 2. 系统试运行 3. 验证测试
031201007	会议电话设备	1. 名称 2. 类别 3. 类型	台(架、端)	按设计图示数量计算	1. 本体安装 2. 检查调测 3. 联网试验
031201008	会议电视设备	1. 名称 2. 类别 3. 类型 4. 回路数	台(对、系统)	按设计图示数量计算	1. 本体安装 2. 软硬件调测 3. 功能验证

2. 计算机网络系统设备安装工程

计算机网络系统设备安装工程工程量清单项目设置及工程量计算规则,应按表 9.74 的规定执行。

表 9.74　计算机网络系统设备安装工程(编码:031202)

项目编码	项目名称	项目特征	计量单位	工程量计算规则	工程内容
031202001	终端设备	1. 名称 2. 类型	台	按设计图示数量计算	1. 本体安装 2. 单体测试
031202002	附属设备	1. 名称 2. 功能 3. 规格	台	按设计图示数量计算	1. 本体安装 2. 单体测试
031202003	网络终端设备	1. 名称 2. 功能 3. 服务范围	台(套)	按设计图示数量计算	1. 安装 2. 软件安装 3. 单体调试
031202004	接口卡	1. 名称 2. 类型 3. 传输速率	台(套)	按设计图示数量计算	1. 安装 2. 单体调试
031202005	网络集线器	1. 名称 2. 类型 3. 堆叠单元量	台(套)	按设计图示数量计算	1. 安装 2. 单体调试
031202006	局域网交换机	1. 名称 2. 功能 3. 层数(交换机)	台(套)	按设计图示数量计算	1. 安装 2. 单体调试

续表 9.74

项目编码	项目名称	项目特征	计量单位	工程量计算规则	工程内容
031202007	路由器	1. 名称 2. 功能	台(套)	按设计图示数量计算	1. 安装 2. 单体调试
031202008	防火墙	1. 名称 2. 类型 3. 功能	台(套)	按设计图示数量计算	1. 安装 2. 单体调试
031202009	调制解调器	1. 名称 2. 类型	台(套)	按设计图示数量计算	1. 安装 2. 单体调试
031202010	服务器系统软件	1. 名称 2. 功能	套	按设计图示数量计算	1. 安装 2. 调试
031202011	网络调试及试运行	1. 名称 2. 信息点数量	系统	按设计图示数量计算	1. 系统测试 2. 系统试运行 3. 系统验证测试

3. 楼宇、小区多表远传系统

楼宇、小区多表远传系统工程量清单项目设置及工程量计算规则,应按表 9.75 的规定执行。

表 9.75 计算机网络系统设备安装工程(编码:031203)

项目编码	项目名称	项目特征	计量单位	工程量计算规则	工程内容
031203001	远传基表	1. 名称 2. 类别	个	按设计图示数量计算	1. 本体安装 2. 控制阀安装 3. 调试
031203002	抄表采集系统设备	1. 名称 2. 类别 3. 功能	个	按设计图示数量计算	1. 本体安装 2. 采集器安装 3. 控制箱安装 4. 单体调试
031203003	多表采集中央管理计算机	1. 名称 2. 功能	台	按设计图示数量计算	1. 本体安装 2. 软件安装 3. 单体调试

4. 楼宇、小区自控系统

楼宇、小区自控系统工程量清单项目设置及工程量计算规则,应按表 9.76 的规定执行。

表 9.76 楼宇、小区自控系统(编码:031204)

项目编码	项目名称	项目特征	计量单位	工程量计算规则	工程内容
031204001	中央管理系统	1. 名称 2. 控制制点数量	台	按设计图示数量计算	1. 本体安装 2. 系统软件安装 3. 单体调整
031204002	控制网络通讯设备	1. 名称 2. 类别	台	按设计图示数量计算	1. 本体安装 2. 软件安装 3. 单体调整
031204003	控制器	1. 名称 2. 类别 3. 功能 4.控制点数量	台	按设计图示数量计算	1. 本体安装 2. 控制箱安装 3. 软件安装 4. 单体调整

续表 9.76

项目编码	项目名称	项目特征	计量单位	工程量计算规则	工程内容
031204004	第三方设备通讯接口	1. 名称 2. 类别	个	按设计图示数量计算	1. 本体安装 2. 单体调整
031204005	空调系统传感器传及变送器	1. 名称 2. 类别 3. 功能	支(台)	按设计图示数量计算	1. 本体安装 2. 调整测试
031204006	照明及变电配电系统传感器及变送器	1. 名称 2. 类别 3. 功能	支(台)	按设计图示数量计算	1. 本体安装 2. 调整测试
031204007	给排水系统传感器及变送器	1. 名称 2. 类别 3. 功能	支(台)	按设计图示数量计算	1. 本体安装 2. 调整测试
031204008	阀门及执行机构	1. 名称 2. 类别 3. 规格 4.控制点数量	台(个)	按设计图示数量计算	1. 本体安装 2. 单整测试
031204009	住宅(小区)智能化设备	1. 名称 2. 类型 3.控制点数量	中(套)	按设计图示数量计算	1. 本体安装 2. 智能箱安装 3. 软件安装 4. 系统调试
031204010	住宅(小区)智能化系统	1. 名称 2. 类型	系统	按设计图示数量计算	1. 系统试运行 2. 系统验证测试

5. 有线电视系统

有线电视系统工程量清单项目设置及工程量计算规则,应按表9.77的规定执行。

表9.77 有线电视系统(编码:031205)

项目编码	项目名称	项目特征	计量单位	工程量计算规则	工程内容
031205001	电视共用天线	1. 名称 2. 型号	副	按设计图示数量计算	1. 本体安装 2. 单体调试
031205002	前端机柜	名称	个	按设计图示数量计算	1. 本体安装 2. 连接电源 3. 接地
031205003	电视墙	1. 名称 2. 监视数量	个	按设计图示数量计算	1. 机架、监视器安装 2. 信号分配系统安装 3. 连接电源 4. 接地
031205004	前端射频设备	1. 名称 2. 类型 3. 频道数量	套	按设计图示数量计算	1. 本体安装 2. 单体调试
031205005	微型地面站接收设备	1. 名称 2. 类型	台	套按设计图示数量计算	1. 本体安装 2. 单体调试 3. 全站系统调试

续表 9.77

项目编码	项目名称	项目特征	计量单位	工程量计算规则	工程内容
031205006	光端设备	1. 名称 2. 类别 3. 类型	台	按设计图示数量计算	1. 本体安装 2. 单体调试
031205007	有线电视系统管理设备	1. 名称 2. 类别	台	按设计图示数量计算	1. 本体安装 2. 系统调试
031205008	播控设备	1. 名称 2. 功能 3. 规格	台	按设计图示数量计算	1. 播控台安装 2. 控制设备安装 3. 播控台调度
031205009	传输网络设备	1. 名称 2. 功能 3. 安装位置	个	按设计图示数量计算	1. 本体安装 2. 单体调试
031205010	分配网络设备	1. 名称 2. 功能 3. 安装形式	个	按设计图示数量计算	1. 本体安装 2. 电缆头制作、安装 3. 电缆线盒埋设 4. 网络终端调试 5. 楼板、墙壁穿孔

6. 扩声、背景音乐系统

扩声、背景音乐系统工程量清单项目设置及工程量计算规则,应按表 9.78 的规定执行。

表 9.78　扩声、背景音乐系统(编码:031206)

项目编码	项目名称	项目特征	计量单位	工程量计算规则	工程内容
031206001	扩声系统设备	1. 名称 2. 类型 3. 回路数 4. 功能	台	按设计图示数量计算	安装
031206002	扩声系统	1. 名称 2. 类别 3. 功能	只(副、系统)	按设计图示数量计算	1. 单体调试 2. 试运行
031206003	背景音乐系统设备	1. 名称 2. 类别 3. 回路数 4. 功能	台	按设计图示数量计算	安装
031206004	背景音乐系统	1. 名称 2. 类别 3. 功能	台(系统)	按设计图示数量计算	1. 单体调试 2. 试运行

7. 停车场管理系统

停车场管理系统工程量清单项目设置及工程量计算规则,应按表 9.79 的规定执行。

表 9.79　停车场管理系统(编码:031207)

项目编码	项目名称	项目特征	计量单位	工程量计算规则	工程内容
031207001	车辆检测识别设备	1. 名称 2. 类型	套	按设计图示数量计算	1. 本体安装 2. 单体调试

续表 9.79

项目编码	项目名称	项目特征	计量单位	工程量计算规则	工程内容
031207002	出入口设备	1. 名称 2. 类型	套	按设计图示数量计算	1. 本体安装 2. 单体调试
031207003	显示和信号设备	1. 名称 2. 类型 3. 规格	套	按设计图示数量计算	1. 本体安装 2. 单体调试
031207004	监控管理中心设备	名称	系统	按设计图示数量计算	1. 安装 2. 软件安装 3. 系统联试 4. 系统试运行

8. 楼宇安全防范系统

楼宇安全防范系统工程量清单项目设置及工程量计算规则，应按表 9.80 的规定执行。

表 9.80　楼宇安全防范系统(编码:031208)

项目编码	项目名称	项目特征	计量单位	工程量计算规则	工程内容
031208001	入侵探测器	1. 名称 2. 类别	套	按设计图示数量计算	1. 本体安装 2. 单体调试
031208002	入侵报警控制器	1. 名称 2. 类别 3. 回路数	套	按设计图示数量计算	1. 本体安装 2. 单体调试
031208003	报警中心设备	1. 名称 2. 类别	套	按设计图示数量计算	1. 本体安装 2. 单体调试
031208004	报警信号传输设备	1. 名称 2. 类别 3. 功率	套	按设计图示数量计算	1. 本体安装 2. 单体调试
031208005	出入口目标识别设备	1. 名称 2. 类别	套	按设计图示数量计算	1. 本体安装 2. 系统调试
031208006	出入口控制设备	1. 名称 2. 类别	台	按设计图示数量计算	1. 本体安装 2. 系统调试
031208007	出入口执行机构设备	1. 名称 2. 类别	台	按设计图示数量计算	1. 本体安装 2. 系统调试
031208008	电视监控摄像设备	1. 名称 2. 类型 3. 类别	台	按设计图示数量计算	1. 本体安装 2. 云台安装 3. 镜头安装 4. 保护罩安装 5. 支架安装 6. 调试 7. 试运行
031208009	视频控制设备	1. 名称 2. 类型 3. 回路数	台	按设计图示数量计算	1. 本体安装 2. 单体调试 3. 试运行
031208010	控制台和监视器柜	1. 名称 2. 类型	台	按设计图示数量计算	安装

续表9.80

项目编码	项目名称	项目特征	计量单位	工程量计算规则	工程内容
031208011	音频、视频及脉冲分配器	1. 名称 2. 回路数	台	按设计图示数量计算	1. 本体安装 2. 单体调试 3. 试运行
031208012	视频补偿器	1. 名称 2. 通道量	台	按设计图示数量计算	1. 本体安装 2. 单体调试 3. 试运行
031208013	视频传输设备	1. 名称 2. 回路数	台	按设计图示数量计算	1. 本体安装 2. 单体调试 3. 试运行
031208014	录像、记录设备	1. 名称 2. 类型 3. 规格	台	按设计图示数量计算	1. 本体安装 2. 单体调试 3. 试运行
031208015	监控中心设备	1. 名称 2. 类型 3. 规格	台	按设计图示数量计算	1. 本体安装 2. 单体调试 3. 试运行
031208016	CRT显示终端	1. 名称 2. 类型	台	按设计图示数量计算	1. 本体安装 2. 单体调试 3. 试运行
031208017	模拟盘	1. 名称 2. 类型 3. 规格	台	按设计图示数量计算	1. 本体安装 2. 单体调试 3. 试运行
031208018	安装防范系统	1. 名称 2. 类型 3. 规格	台	按设计图示数量计算	1. 联调测试 2. 系统试验运行 3. 验交

第10章　工程决(结)算

10.1　竣工决算的概念及作用

1. 建设项目竣工决算

建设工程竣工决算是指在竣工验收交付使用阶段,由建设单位编制的建设项目从筹建到竣工投产或者使用全过程的全部实际支出费用的经济文件。它是竣工验收报告的重要组成部分,是建设单位反映建设项目实际造价、投资效果及正确核定新增资产价值的文件。工程竣工决算的内容包括竣工决算报表、竣工决算报告说明书、工程竣工图与工程造价比较分析四个部分。通常,大中型建设项目的竣工决算报表包括建设项目竣工财务决算审批表、竣工财务决算表、竣工工程概况表、建设项目交付使用财产总表及明细表、建设项目建成交付使用后的投资效益表等;小型建设项目竣工决算报表通常包括建设项目竣工财务决算审批表、竣工财务决算总表和交付使用财产明细表等。

竣工决算是办理交付使用财产价值的依据,交付使用资产(又称为新增资产)按照资产性质可划分为固定资产、流动资产、无形资产、递延资产与其他资产五大类。新增固定资产应以单项工程为核算对象,包括单项工程的实际造价与待摊投资的分摊费用,前者按照已发生的实际价格列入,待摊费用中建设单位管理费一般按照建筑工程、安装工程及需安装设备的价值按比例分摊,征地费与勘察设计费通常只按建筑工程费用分摊。而其他几类资产通常按照实际入账价值或实际支出费用等进行核算。

2. 建设项目竣工决算的作用

建设项目竣工决算的作用主要表现在以下方面:

(1)建设项目竣工决算是综合、全面地反映竣工项目建设成果以及财务情况的总结性文件,它采用货币指标、实物数量、建设工期与各种技术经济指标综合、全面地反映建设项目自开始建设到竣工为止的全部建设成果与财物状况。

(2)建设项目竣工决算是竣工验收报告的重要组成部分,也是办理交付使用资产的依据。建设单位与使用单位在办理交付资产的验收交接手续时,通过竣工决算反映交付使用资产的全部价值,具体包括固定资产、流动资产、无形资产与递延资产的价值。同时,它还详细提供了交付使用资产的名称、规格、数量、型号及价值等明细资料,是使用单位确定各项新增资产价值并登记入账的依据。

(3)建设项目竣工决算是分析和检查设计概算的执行情况,也是考核投资效果的依据。竣工决算反映了竣工项目计划、实际的建设规模、建设工期以及设计和实际的生产能力,同时也反映了概算总投资和实际的建设成本,反映了所达到的主要技术经济指标。通过对这些指标计划数、概算数与实际数进行对比和分析,不仅可以全面掌握建设项目计划与概算执行情况,而且可以考核建设项目投资效果,为日后制订基建计划、提高投资效果、降低建设成本提供必要的资料。建设项目的竣工验收是建设全过程的最后一道程序，它是全面考核基本建设工作、检验设计与施工质量的重要环节，是建设投资成果转入生产或使用的标志。建设项目的竣工验收通常分为单项工程验收与全部工程验收两个阶段，首先由施工单位进行竣工自验，然后会同建设单位、监理单位与设计单位等进行正式验收，在建设单位验收完毕并确认工程符合竣工标准与合同条款规定以后，签发竣工验收证明书，及时办理工程的移交手续，至此合同双方除了施工单位承担的工程保修工作以外，建设单位与施工单位双方之间的经济关系与法律责任即予解除。这一阶段与工程造价管理有关的工作主要是确定建设工程最终的实际造价即竣工决算价格，编制竣工决算文件，办理项目的资产移交。

10.2　竣工工程结算的准备

1. 技术资料的整理

技术资料主要包括竣工图、隐蔽工程验收记录、工程质量自检记录、中间验收记录以及各种检测、试压记录等。这些技术资料均由施工单位整理成册，送交建设单位作为档案资料保存备查。

2. 有关签证资料的整理

(1)材料变化情况主要指安装工程在施工过程中发生的主材代用签证，按主材类别、规格、型号，逐一整理，以便计算其主材价差。

(2)设计变化情况主要指安装工程在施工过程中对原设计的修改变更，主要是根据设计院出具的设计变更修改核定单为依据，按安装工程各专业分类整理出其增减工程量，并且以此编制调整预算。

③施工现场不属于预算定额范围内的签证记工，按经建设单位驻场代表签发的记工单为依据，逐一整理并计算出其签证记工的总工日，并且以此编制调整预算。

3. 设备和主要材料的清理核对

在安装工程竣工验收后，建设单位与施工单位的物资管理部门应对设备及主要材料进行清理核对工作，为及时办理工程结算创造条件。

设备和主要材料的供应，通常有三种供应方式：

(1)设备和主要材料均由建设单位负责提供。

(2)设备和主要材料均由施工单位负责组织供应。

(3)设备由建设单位负责提供，主要材料由施工单位负责组织供应。

上述三种物资供应方式，无论采取何种，均应在工程承包合同中明确。

如果安装工程的设备及主要材料按工程承包合同规定由建设单位负责提供，则建设单位和施工单位的物资部门应进行清理和核对，核对内容包括设备名称、型号规格、数量，主要材料按类别及名称、规格型号、数量，当双方核对无误后，由建设单位有关部门根据审定后的预算所列价格，分别计算出其设备及主要材料的总金额，经施工单位有关部门确认后，此款应在工程资金结算时予以抵扣，但设备及主要材料的预算价格与实际采购价格发生的差异(价差)应由建设单位承担，并不再办理该项结算。

10.3　竣工工程总造价

在工程竣工资料整理就绪,调整预算、设备及主材价差均已经由建设单位确认签证后,即可进行竣工工程造价的编制。

竣工工程造价的计算公式为

$$竣工工程总造价 = 已审定预算 + 调整预算 + 设备及主材价差 \quad (10-1)$$

在竣工工程造价经建设单位审查确认后,才可进行竣工工程的资金结算,以便完清理其财务手续,并编制工程资金结算表。

1. 设备及材料的价差调整

(1)材料价差计算。材料价差是指预算定额中未计价主材价差。材料价差的计算公式为

$$材料价差 = 材料实际采购价格 - 预算价格 \quad (10-2)$$

1)安装工程预算定额中的未计价主材,通常在编制预算时,均按地区材料预算价格计算。所以预算价格与实际采购价格(经建设单位确认)发生的差异为主材价差。按预算及调整预算的消耗量分别按其主材的类别、品种、规格型号进行整理,并以此按式(10-2)计算。

2)安装工程中的特殊主材,在编制预算时,往往地区材料预算价格中没有此种材料的价格,通常采取暂估价格列入预算。所以,暂估价格与实际采购价格(经建设单位确认)会发生差异,其主材价差的调整仍按式(10-2)计算。

(2)设备价格调整。

1)凡是属于由建设单位提供的设备,在工程结算时,无论按暂估价格还是制造厂的出厂价格计入预算的,如果实际采购价格与列入预算内的暂估价格发生差异时,均不作调整,其设备差值由建设单位承担。

需要注意的是,在工程结算时,由建设单位提供的设备,按规定施工单位应收取设备的现场保管费(指设备出库点交给施工单位后,至安装完成试车达到验收标准,未经建设单位验收期间的现场保管),其费率按地区工程造价主管部门的规定执行。如果当地工程造价主管部门规定不收取此项费用时,则不应再计算其设备保管费。

2)由建设单位委托施工单位负责代购该安装工程所需的设备,而当实际采购价格(经建设单位确认)与预算中所列价格有出入时,均应调整其设备价值,并由建设单位承担此项费用。其设备差值计算的方法与主材价差计算相同。

2. 调整预算的编制

(1)以建设单位驻场代表签证的记工单整理出的总工日为依据,按照预算的编制程序和方法,编制其签证记工的调整预算。

(2)以设计变更修改核定单整理出的增减工程量为依据,按照预算编制的程序和方法,编制其安装工程调整预算。

10.4 竣工决算的编制

1. 竣工决算的编制依据

(1)可行性研究报告、投资估算书、初步设计或扩大初步设计、修正总概算以及其批复文件;

(2)设计变更记录、施工记录或施工签证单及其他施工发生的费用记录。

(3)经批准的施工图预算或标底造价、承包合同、工程结算等有关资料。

(4)历年基建计划、历年财务决算及批复文件。

(5)设备、材料调价文件和调价记录。

(6)其他有关资料。

2. 竣工决算的编制要求

为了严格执行建设项目竣工验收制度,正确核定新增固定资产价值,考核分析投资效果,并且建立健全经济责任制,所有新建、扩建和改建等建设项目竣工后,均应及时、完整、正确地编制好竣工决算,建设单位要做好以下工作。

(1)按照规定组织竣工验收,保证竣工决算的及时性。及时组织竣工验收是对建设工程的全面考核,所有的建设项目(或单项工程)按照批准的设计文件所规定的内容建成后,具备了投产和使用条件的,均应及时组织验收。竣工验收中发现的问题应及时查明原因,采取措施加以解决,从而保证建设项目按时交付使用和及时编制竣工决算。

(2)积累、整理竣工项目资料,保证竣工决算的完整性。积累、整理竣工项目资料关系到竣工决算的完整性与质量的好坏,它是编制竣工决算的基础工作。在建设过程中,建设单位必须随时收集项目建设的各种资料,并在竣工验收前,对各种资料进行系统整理,分类立卷,为投产后加强固定资产管理提供依据,为编制竣工决算提供完整的数据资料。在工程竣工时,建设单位应将各种基础资料与竣工决算一起移交给生产单位或使用单位。

(3)清理、核对各项账目,保证竣工决算的正确性。在工程竣工后,建设单位应认真核实各项交付使用资产的建设成本;做好各项账务、物资以及债权的清理结余工作,并应偿还的及时偿还,该收回的应及时收回,对各种结余的材料、设备及施工机械工具等,应逐项清点核实,妥善保管,按照国家有关规定进行处理,不得任意侵占;竣工后的结余资金应按规定上交财政部门或上级主管部门。在做完上述工作,核实了各项数字的基础上,正确编制从年初起到竣工月份止的竣工年度财务决算,以便根据历年的财务决算与竣工年度财务决算进行整理汇总,编制建设项目决算。

按照规定,竣工决算应在竣工项目办理验收交付手续后1个月内编好,并上报主管部门,有关财务成本部分还应报送经办行审查签证。主管部门与财政部门对报送的竣工决算审批后,建设单位即可办理决算调整和结束有关工作。

3. 竣工决算的编制步骤

(1)收集、整理和分析有关依据资料。在编制竣工决算文件之前,就应当系统地整理所有的技术资料、工料结算的经济文件、施工图纸与各种变更与签证资料,并分析它们的准确性。完整、齐全的资料是准确而迅速编制竣工决算的必要条件。

(2)清理各项财务、债务和结余物资。在收集、整理与分析有关资料时,应注意建设工程从筹建到竣工投产或使用的全部费用的各项账务、债权和债务的清理,要求做到工程完毕账目清晰,既要核对账目,又应查点库有实物的数量,做到账与物相等,账与账相符;对结余的各种材料、工器具和设备,应逐项清点核实,妥善管理,并按规定及时处理,收回资金;对各种往来款项。应及时进行全面清理,为编制竣工决算提供准确的数据和结果。

(3)填写竣工决算报表。安装建设工程决算表格中的内容,根据编制依据中的有关资料进行统计或计算各个项目和数量,并将其结果填到相应表格的栏目内,完成所有报表的填写。

(4)编制建设工程竣工决算说明。按照建设工程竣工决算说明的内容要求,根据编制依据材料填写在报表中的结果,编写文字说明。

(5)做好工程造价对比分析。

(6)清理、装订好竣工图。

(7)报主管部门审查。

上述编写的文字说明与填写的表格经核对无误后装订成册,即为建设工程竣工决算文件。将建设工程竣工决算文件上报主管部门审查,并把其中财务成本部分送交开户银行签证,同时抄送有关设计单位。对于大、中型建设项目的竣工决算,还应抄送财政部、建设银行总行和省、市、自治区的财政局和建设银行分行各一份。建设工程竣工决算的文件由建设单位负责组织人员编写,在竣工建设项目办理验收使用1个月之内完成。

参考文献

[1]吴心伦.安装工程定额与预算[M].重庆:重庆大学出版社,2002.

[2]周承绪.安装工程概预算手册[M].北京:中国建筑工业出版社,2001.

[3]张怡,方林梅.安装工程定额与预算[M].北京:中国水利水电出版社,2003.

[4]张银龙.工程量清单计价及企业定额编制与应用[M].北京:中国石化出版社,2004.

[5]《建筑工程工程量清单计价规范》编制组.《建筑工程工程量清单计价规范 GB 部分 50500—2008》宣贯辅导教材[M].2 版.北京:中国计划出版社,2008.

[6]刘庆山.建筑安装工程预算[M].北京:机械工业出版社,2004.

[7]袁建新.建筑工程定额与预算[M].北京:高等教育出版社,2002.

[8]茂安,等.建筑设备工程概预算与技术经济[M].哈尔滨:黑龙江科学技术出版社,2000.

[9]袁建新.建筑工程预算[M].2 版.北京:高等教育出版社,2000.

[10]沈祥华.建筑工程概预算[M].武汉:武汉工业大学出版社,2001.

[11]黄伟典.建筑工程计量与计价[M].北京:中国电力出版社,2007.